Jahrbuch Technikphilosophie

11. Jahrgang 2025

Suzana Alpsancar | Alexander Friedrich
Petra Gehring | Andreas Kaminski
Alfred Nordmann [Hrsg.]

Täuschung und Illusion

Nomos

Die Deutsche Nationalbibliothek verzeichnet diese Publikation in der Deutschen Nationalbibliografie; detaillierte bibliografische Daten sind im Internet über http://dnb.d-nb.de abrufbar.

The Deutsche Nationalbibliothek lists this publication in the Deutsche Nationalbibliografie; detailed bibliographic data are available on the Internet at http://dnb.d-nb.de

ISBN 978-3-7560-3462-8 (Print)
978-3-7489-6497-1 (ePDF)

ISSN 2297-2072 (print)
2297-2080 (eBooks)

Redaktion / Editorial Team: Kai Denker, Dawid Kasprowicz,
Hildrun Lampe, Viet Anh Nguyen Duc, Tom Poljanšek, Željko Radinković, Jörn Wiengarn
Korrektorat / Copy Editors: Melina Licht, Arthur Wei-Kang Liu, Thorid Charlotte Schäfer,
Lisa Schwarz

1. Auflage 2026

Inhaltsverzeichnis

Archiv

Diskussion

Kontroverse

Kommentar

Glosse

Editorial

Keine guten Täuschungen oder Illusionen ohne gute Techniken. Jeder Trick braucht gutes Handwerk, jedes Blendwerk die passende Apparatur und die richtigen Werkzeuge: die Retusche, die Bühnenkulisse, den Algorithmus oder geschickte rhetorische Handgriffe. Magierinnen, Kunstfälscher, Computerspieldesignerinnen und Propagandisten wissen, dass technisches Können und die richtigen technischen Mittel den Unterschied zwischen billiger Kopie und perfekter Illusion und Täuschung ausmachen. Einmal zur Hand oder antrainiert erleichtern Techniken dabei ungemein das Metier der Scheinerzeugung. Effizienzgewinne durch verbesserte Techniken gibt es auch auf dem Gebiet der Täuschungsproduktion. Und neue technische Entwicklungen und Tools eröffnen oft ebenso neue, verblüffende Möglichkeiten für Immersion und Irreführung.

Der Beziehung von Technik und Täuschung und Illusion widmet sich die diesjährige Ausgabe des Jahrbuch Technikphilosophie. Das Begriffspaar Täuschung und Illusion baut dabei eine bewusst breite Spannweite an Phänomenen auf. Zwar basiert deren Grundgrammatik stets auf dem Spiel mit der Differenz von Sein und Schein; die obigen Beispiele zeigen aber bereits an, dass dies variantenreich erfolgen kann: Manipulation, Fake, Lüge, Simulation, Irrtum, Einbildung, Fiktion oder auch nur die Steigerung von Anmutung, Anschein und Unsicherheit – all dies stellt unterschiedliche Konfigurationen von Täuschung und Illusion dar. Zu der Vielfältigkeit dieser Formen kommt die Vielfältigkeit der Motive, aus denen Menschen Irrtümer und Illusionen erzeugen; sei es aus manifester Täuschungsabsicht, aus einer bloßen Lust am Spiel mit der Illusion oder – vielleicht paradox – gerade zu Aufklärungszwecken.

Auch wenn sich vielleicht die Geschichte der Technik als eine Geschichte der Scheinerzeugung erzählen ließe, gegenwärtig drängt sich ihr Zusammenhang besonders auf. Aktuelle technische Entwicklungen eröffnen neue Möglichkeiten der Erzeugung von Schein und Lüge, die infrage stellen, was einst als gesichert originär, authentisch und wahr angenommen werden konnte. Dabei sind derzeit auf frappierende Weise gleich zwei Grundmedien betroffen, durch die wir als Menschen indirekt, nicht durch unmittelbare eigene Wahrnehmung überprüfbare, Informationen gewinnen können: Sprache und Bilder. Sprache ist dies durch die rasante Entwicklung auf dem Gebiet der Large Language Models, die – wie viele schmerzhaft oder mit Amüsement feststellen konnten – sich entweder unfreiwillig von den Fakten entfernen und ›halluzinieren‹ oder gar gezielt zur Generierung geschickt manipulativer Texte eingesetzt werden; nicht zuletzt begegnet uns hier auch die tragende Grundillusion, dass hier ein Mensch zu schreiben scheint, wo in Wahrheit nur eine Maschine operiert. Ebenso kennt das Medium der Bilder durch die ebenfalls KI-getriebene und rasant fortschreitende Entwicklung auf dem Gebiet der Deepfakes neue Täuschungsmöglichkeiten, die Erstaunen hervorrufen – hier scheint der Realisierung visueller Fantasien keine Grenze mehr gesetzt, bis auf die Mühe, einen passenden Prompt einzutippen.

Dies ist nur ein Gebiet der aktuellen rasanten Entwicklungen scheinerzeugender Techniken. Mit ihnen aber schreitet auch die Entwicklung der Entlarvungstechniken voran, die den neuen Täuschungsformen entgegenwirken sollen. Auch hier spielen KI-Anwendungen die entscheidende Rolle und ermöglichen neue Wege der direkten Lügendetektion, der Detektion von Fake News oder Deepfakes. Deren Entwicklung und Einsatz löst nicht einfach ein Problem, es wirft selbst wiederum neue auf – keine rein technischen –, sondern ebenso ethische, rechtliche und politische Probleme. Zunehmend ist wahrnehmbar, dass der Streit um Entlarvungstechniken ein politischer, zum Teil sehr polarisierter Streit ist.

Der ernsten Seite der technischen Scheinerzeugung, dort, wo sie uns ungewollt und schadhaft täuscht, steht die »leichte« Seite gegenüber – dort, wo Technik die *Hingabe* an die Fiktion fördert: Die stilistischen Techniken eines packenden Romans, die Schauspieltechniken auf der Bühne, oder graphische Techniken in Computerspielen. Auch Fantasien sind kein technikfreier Raum; sie können technisch angeregt und durch Techniken gelenkt werden.

Bei dieser schroffen Gegenüberstellung zwischen einerseits schadhaften Täuschungen, die einem andere antun und die wir unwissentlich und unwillentlich erleiden, und andererseits dem freiwilligen und lustvollen Sich-Einlassen auf Illusionen sollte ein dazwischenliegender Mischbereich nicht aus den Augen geraten. Besonders perfide ist die Täuschung dort, wo sie zur *Manipulation* wird, sprich dort, wo sie gerade ein Moment der Freiwilligkeit der manipulierten Person ausspielt, wo sie vermeintlich nicht übergriffig ist und sich bewusst harmlos gibt. Gerade diese Form aber scheint eine besondere technische Raffinesse und Geschicklichkeit zu erfordern, um nicht durchschaubar zu sein.

Man sieht schnell: Das Feld an Phänomenen im Bereich von Täuschung und Illusion ist breit. Und: Alle kennen Techniken zur Ermöglichung, Verbesserung und Vereinfachung derselben. Ein nur kleines Gebiet auf diesem Feld wollen wir im diesjährigen Jahrbuch abstecken.

Der erste Beitrag zum Schwerpunkt *Wer ist hier eigentlich Fake News?: Automatisierte Fake News Erkennung und die Politik des öffentlichen Raumes* von **Jörn Wiengarn** widmet sich einer Entlarvungstechnik – in diesem Fall: der automatisierten Fake News Detektion. Der Beitrag zeigt verschiedene Hinsichten auf, in denen es diffizil sein kann, Nachrichten als Fake News zu klassifizieren. Im Lichte dieser Einordnungsschwierigkeiten interpretiert der Autor die Klassifikationsfrage als in einem normativen Spannungsfeld situiert, das im Kern die Werte der Inklusivität sowie der epistemischen Qualität des öffentlichen Raumes betrifft. Diese normative Spannung ist nicht nur grundlegend für die Praxis der Content-Moderation überhaupt, sondern, so die zentrale These des Beitrags, schreibt sich auch invisibel in Detektionstechniken für Fake News ein.

Der Beitrag *Täuschung im Grenzgebiet: Erkenntnistheoretische Prüfung automatischer Betrugserkennung* von **Daniel Minkin** befasst sich kritisch mit dem Einsatz von automatisierten Technologien zur Lügendetektion. Im Fokus steht hierbei das ADDS – *Automatic Deception Detection System* –, das im Rahmen von iBorderCtrl entwickelt und innerhalb der EU eingesetzt wurde (und vielleicht noch wird); es handelt sich dabei um ein von der Europäischen Union gefördertes Forschungs- und Entwicklungsprojekt, das der effizienteren Kontrolle der EU-Außengrenzen dient. Das technische Modul ADDS stellt dabei eine Art KI-Lügendetektor dar, mittels dessen die Aussagen von einreisenden Personen daraufhin überprüft werden sollen, ob sie andere täuschen wollen. Welche Kritiken gegenüber dem ADDS wurden bislang vorgebracht? Worin liegen die Defizite der bisher vorgebrachten Kritik und an welcher Stelle ließen sie sich vertiefen? Zur Beantwortung dieser Fragen zieht Minkin Einsichten aus der erkenntnis- und wissenschaftstheoretischen Diskussion heran.

Geht es in den ersten beiden Artikeln um Technologien, mittels derer man zielsicherer die Täuschungsabsichten von Menschen aufdecken soll, so nimmt der Artikel *Die Heranzüchtung künstlicher (Ver)Sprecher: Dennett und Brandom über das Beherrschen inferentieller Fähigkeiten von sprachbasierter KI* von **Sebastian Bücker** speziell Technologien in den Blick, die den Schein einer sprechenden Person erzeugen, hier: ChatGPT. Ausgehend von der Beobachtung, dass sogenannte Large Language Models (LLMs) Texte produzieren können, die den Anschein geben, als seien von einer Person verfasst, wirft der Artikel die grundlegende Frage auf, wie die sprachlichen Fähigkeiten von LLMs nun eigentlich zu verstehen sind. Versteht ChatGPT den von ›ihm‹ generierten Text? Oder produziert es hier – gewissermaßen blind – lediglich eine symbolische Struktur? Was heißt Verstehen? Daniel C. Dennetts und Robert B. Brandoms Überlegungen zum kompetenten Sprechen dienen hierbei dem Autor als sprachphilosophische Grundlage.

Im Beitrag *Die Metapher des Holografischen* nimmt **Jens Schröter** Holografie nicht als technische Bezeichnung, sondern als Metapher in den Blick und stellt einige ihrer Funktionen heraus. Er verortet diese u.a. im Rahmen eines medienhistorischen Narrativs, das auf die Idee einer »totalen Illusion« zuläuft. Losgelöst von ihrer technischen Bedeutung zeigt der Autor, wie das Hologramm in wissenschaftlichen wie populären Diskursen metaphorisch aufgerufen wird – häufig, um einen futuristischen Anstrich zu erzeugen oder Versprechen von Grenzüberschreitungen zu evozieren. Insgesamt erscheint Holografie als kulturelles Raster, das zur Stabilisierung kapitalistischer Fortschrittserwartungen beiträgt.

Um Immersion – genauer: das Verschwimmen von Realem und Inszenierten – geht es in **Theresa Schütz**' Beitrag *Penetrante Affizierung: Bindungstechnologien in immersiven Lebensformen am Beispiel der Muehl-Kommune (1974–1986)*. Ausgehend vom Konzept des immersiven Theaters nimmt Schütz die Praktiken der Muehl-Kommune in den Blick, die dazu beigetragen haben, die Kommunard:innen an die Regeln und Ideale der Kommune zu binden. Diese verpflichtete sich dem Ideal einer freien Liebe und verstand sich als Alternative zur Kleinfamilie. Sie geriet jedoch in heftige Kritik, als zahlreiche sexuelle Missbrauchsfälle an Minderjährigen innerhalb der Kommune bekannt wurden.

In der Rubrik *Abhandlungen* befasst sich **Dawid Kasprowicz** mit *Virtual Reality in der Wissenschaft*. Anders als im Schwerpunkt geht es ihm bei diesem Thema nicht um Täuschung und Illusionen, sondern vielmehr um die Frage, welchen methodischen und epistemischen Status VR hat, wenn sie als wissenschaftliches Mess- und Visualisierungswerkzeug genutzt wird.

Das diesjährige Archiv widmen wir dem spanisch-mexikanischen Technikphilosophen **José Gaos González Pola**. **Nicole C. Karafyllis** hat Ausschnitte aus Gaos' Text *Über die Technik* (*Sobre la técnica*) von 1959 ausgewählt und kommentiert sowie eine kurze kontextualisierende Einführung in Leben und technikphilosophisches Werk des Autors vorangestellt. Karafyllis verortet Gaos als gegenüber Ortega y Gasset und Heidegger eigenständigen Technikphilosophen, der sich unter anderem durch einen phänomenologischen Blick auszeichnet, der stets auch kritisch die lebensweltlichen Auswirkungen von Technik einfängt. Dem Archivbeitrag nachgestellt sind *Reflections on the 'Wirkungsgeschichte' of José Gaos' Philosophy of Technique*, in denen **María Antonia González Valerio** die Wirkungsgeschichte von Gaos einordnet. Valerio zeichnet die Trajektorien von Gaos' Schüler:innen nach, erläutert seine Philosophie vor dem Hintergrund der mexikanischen Exilsituation und stellt heraus, inwiefern sein Schaffen insgesamt von einem Hinwenden von der Transzendentalphänomenologie zu historisch-kontextualistischen Reflexionen geprägt ist.

In der Rubrik *Diskussion* rezensiert **Sven Thomas Mark Coeckelberghs** und **David J. Gunkels** Buch *Communicative AI: A Critical Introduction to Large Language Models*. Thomas hebt dabei einerseits den philosophisch klaren Charakter als kritisches Einführungsbuch hervor, das andererseits vor einer klaren politischen Positionierung zugunsten strengerer Regulierung von LLMs nicht zurückscheut. Kritisch sieht Thomas hingegen insbesondere Thesen, wie die eines Endes der Vorherrschaft gesprochener Sprache – sowohl empirisch als auch im Kontext des politischen Anspruchs des Buches. Ebenso kritisch führt er aus, dass das Verständnis von Autorschaft innerhalb der Mensch-Maschine-Interaktion mit LLMs im Buch doppeldeutig und unklar bleibt.

Kai Denker befasst sich in seiner Rezension mit **Rainer Mühlhoffs** Buch *Künstliche Intelligenz und der neue Faschismus*. Er geht hierin insbesondere der Frage nach, ob Mühlhoffs Faschismusbegriff geeignet ist, um die derzeit demokratiegefährdenden Tendenzen in Hinblick auf den Gebrauch von KI in den USA und Europa angemessen zu beschreiben. Vermag Mühlhoffs Faschismusbegriff Neues in den Blick zu nehmen, oder handelt es sich hierbei eher um einen politischen Kampfbegriff, der lediglich dazu dienen soll, die Dringlichkeit der Thematik zu unterstreichen? Denker zeigt auf, dass eher letzteres der Fall ist, wenngleich er das Anliegen des Buches teilt.

Bruno Gransche rezensiert die Monographie *Technikphilosophie: Neue Perspektiven für das 21. Jahrhundert* von **Kevin Liggieri**, **Marco Tamborini** und **Olivier Del Fabbro**. Gransche hebt positiv den informativen und anregenden Überblick über zentrale Problemfelder in der gegenwärtigen Technikphilosophie hervor, die anhand geschickt gewählter Begriffspaare verfährt und dabei insgesamt Technikphilosophie als kritische Übung praktiziert. Kritisch merkt Gransche hingegen insbesondere die Spannung zwischen dem Anspruch auf philosophischem Tiefgang und dem knappen Überblickscharakter an, ebenso fehlende Erläuterungen einiger Grundbegriffe sowie fehlende Bezüge zur internationalen Technikphilosophie.

Christian Driesen bespricht **Manfred Sommers** Buch *Stoff, Blatt und Kant. Philosophie des Graphismus.* Er hebt das Singuläre und Neuartige von Sommers phänomenologischen Ansatz hervor, unsere leiblichen Selbstverhältnisse von der graphischen Tätigkeit (Kritzeln, Zeichnen, Schreiben etc.) her zu erschließen. Nicht nur nimmt er hierbei die Bewegung der Hand als die linienzeichnende Instanz in den Blick, sondern auch das leere Blatt, das vermittelst dieser Leere ein Eigenleben führt und gewissermaßen die Hand zum Zeichnen bewegt.

Jessica Hainke rezensiert das Buch *Diskursive Unruhe. Max Bense in der Nachkriegsära (1945–1956)* von **Masetto Bonitz**, das aus vorrangig literaturwissenschaftlicher Perspektive das Zusammenwirken der biographischen Situation Benses mit seinem Werk beleuchtet. Hainke hebt insbesondere die von Bonitz erschlossenen technikphilosophischen Bezüge Benses hervor. Sie merkt kritisch an, dass ein Gesamtüberblick über den recht unbeforschten Nachlass Benses fehlt und dass eine Begründung der konkreten Quellenauswahl wünschenswert gewesen wäre.

Gegenstand der diesjährigen *Kontroverse* ist die Rolle der Technikphilosophie bei der philosophischen Durchdringung von KI. Die Bedeutung und Bewertung dieser Technologie ist nicht mehr bloß Thema spezialisierter technikphilosophischer und -historischer Beiträge; in dem Maße, in dem diese Technologie alle Lebensbereiche zu durchdringen und zu betreffen scheint, ist sie auch in allen philosophischen Binnendisziplinen (Ethik, Wissenschaftsphilosophie, Rechts- und politischer Philosophie) aufgegriffen worden. Dies ist Anlass, zwei Fragen zu stellen: In welcher Weise wird die *technische* Dimension von KI in den philosophischen Binnendisziplinen verhandelt? Und ist für diese auch eine spezifisch technik*philosophische* Sichtweise prägend oder relevant? Zu diesen Fragen positionieren sich **Johannes Lenhard, Florian J. Boge, Jan Georg Schneider, Anna Strasser, Karoline Reinhardt** und **Susanne Beck**.

In seinem *Kommentar The Cloud is on the Ground: the Magic Tricks of Silicon Valley* geht **Gerry McGovern** den Strategien des Silicon Valley nach, die materielle Dimension von Digitalität aufgrund ihrer fraglichen sozialen und ökologischen Implikationen zum Verschwinden zu bringen. Hinter einer schönen Fassade gerät schnell aus dem Blick: Nicht nur betreibt das Valley in hohem Maße ›Greenwashing‹, auch verlagert es umweltbelastende Technikproduktion in ärmere Regionen der Welt.

Zum Schluss widmet sich die Glosse von **Lucy Osler** und **Joel Kruger** dem Phänomen des AI Gossip. Dass KI-Chatbots zuweilen halluzinieren und Bullshit verbreiten können, ist hinlänglich klar. Ebenso klar ist, dass

KI falsche Tatsachen verbreiten kann, die öffentliche Personen zu Unrecht in ein schlechtes Licht rücken. Aber gibt es da nicht noch mehr: Kann KI nicht sogar geradezu lästern? Teilt sie mit Usern gerne pikante Tatsachen und Meinungen über andere? Und wenn ja: Was macht ›Gossip‹, wenn es von einem scheinbar nicht in unseren sozialen Beziehungen verwickelten Chatbot kommt?

Schwerpunkt

Jörn Wiengarn

»Wer ist hier eigentlich Fake News?«

Automatisierte Fake News-Erkennung und die Politik des öffentlichen Raumes

Abstract

Techniken der automatisierten Fake News-Erkennung (FND) sind ein verbreitet eingesetztes Hilfsmittel der Content-Moderation. In dem Artikel geht es darum aufzuzeigen, dass diesen FND-Techniken irreduzibel eine bestimmte Politik des öffentlichen Raumes eingeschrieben ist. Dafür geht der Artikel in drei Schritten vor: Zunächst fächert er verschiedene Hinsichten auf, in denen die Frage, welche Nachrichtenmeldungen als Fake News einzuordnen sind (und welche nicht) epistemisch unklar sein kann. Hier werden verschiedene Typen von Grenzfällen von Fake News aufgezeigt. Darauf aufbauend wird argumentiert, dass sich die Einordnung als ›fake‹ oder ›nicht-fake‹ auch als Priorisierung eines bestimmten nicht-epistemischen Wertes des öffentlichen Raums verstehen lässt. Genau genommen, soll nachgewiesen werden, wie sich diese Einordnungsfrage als situiert in der Spannung zwischen dem normativen Anspruch der Inklusivität des öffentlichen Raums vs. der Vernunft- und Wahrheitsorientierung desselben verstehen lässt. Nach einer Erläuterung der typischen Funktionsweisen der algorithmusbasierten FND-Techniken wird zuletzt aufgezeigt, inwiefern sich diese ebenso irreduzibel in dieser Spannung positionieren. Dies hängt damit zusammen, dass mit den Daten anhand derer die eingesetzten Algorithmen trainiert werden, bereits die wertgeladene Einordnungsfrage nach ›fake‹ oder ›nicht-fake‹ beantwortet sein muss.

Automated Fake News Detection (FND) techniques are a commonly used tool in content moderation. This article aims to demonstrate that these FND techniques are inextricably linked to a specific politics of the public sphere. The article proceeds in three steps: Firstly, it explores various ways in which the question of which news reports should be classified as fake news (and which should not) can be epistemically unclear. Here, different types of borderline cases of fake news are discussed. Building on this, it is argued that classifying a report as ›fake‹ or ›not fake‹ can also be understood as prioritizing a certain non-epistemic value of the public sphere. More precisely, this classification issue is shown to be situated within the tension between the normative requirement of the inclusivity of the public sphere vs. its orientation towards reason and truth. After explaining the typical functionalities of algorithm-based FND techniques, the article finally demonstrates how these techniques are also irreducibly positioned within this tension. This is related to the fact that the data used to train the algorithms already must answer the value-laden classification question of ›fake‹ or ›not fake‹.

Das Täuschungspotenzial von Fake News hat einen gleich doppelten Problemcharakter. Zum einen können Fake News durch das Imitieren von eigentlich glaubwürdigen Nachrichtenformaten Leser:innen zu falschen Überzeugungen führen. Zum anderen können sie aber auch Verwirrung stiften. Dadurch, dass sie glaubwürdige Nachrichten imitieren, *exploitieren* sie schließlich auch deren Kredibilität. Einfach gesagt, provozieren Fake News dadurch auch eine höherstufige Frage, nämlich: Was kann man *überhaupt noch* glauben – und was nicht?

Informative Verwirrung und Orientierungslosigkeit sind somit die weiteren Folgen, die durch Fake News drohen, ebenso wie die durch sie gefütterte Segmentierung und Polarisierung öffentlicher Debatten.[1] Naheliegenderweise evoziert das Phänomen ›Fake News‹ deshalb auch ganz grundlegende demokratietheoretische Bedenken: Es scheint, sie drohen rationalen öffentlichen Diskursen immer stärker eine vernünftige Bezugsbasis zu entziehen. Nicht nur dort, wo Fake News und Desinformation in gezielten Kampagnen auf die Delegitimierung demokratischer Institutionen abzielen, zeigt sich deshalb ihre demokratieschädliche, wenn nicht gar -gefährdende Tendenz.[2] Kurzum, Fake News drohen eine sozialepistemologisch tiefgehende und gesamtgesellschaftlich bedeutsame Strukturkrise des Informations- und Diskursraumes zu befeuern.[3] Sie sind nicht nur ein Problem, da sie Individuen täuschen, sondern auch, da sie die *Öffentlichkeit als Ganze* dysfunktional zu machen drohen.

Die schwerwiegenden Folgen von Fake News drängen die Frage auf, wie es zu ihrer aktuellen Konjunktur kommen konnte. Hier nun scheint es, kann man über technische Entwicklungen als Teil der Erklärung nicht schweigen. Immerhin gibt es Fake News zwar im gewissen Sinne schon, solange es das Medium Zeitung gibt (das Phänomen als solches ist also historisch mitnichten neu).[4] Besonders akut scheint das Problem aber heute aufgrund technischer Neuerungen, die sowohl das Verfassen als auch

---

1 Zu einer Konzeptualisierung dieser Mechanismen als verschiedene Umstrukturierungseffekte von Vertrauensnetzwerken, siehe: Jörn Wiengarn und Maike Arnold: »Algorithm-Driven Reconfigurations of Trust Regimes. An Analysis of the Potentiality of Fake News«, in: Juliane Jarke u.a. (Hg.): *Algorithmic Regimes. Methods, Interactions and Politics*, Amsterdam 2024, S. 169–185.

2 Siehe exemplarisch für eine solche Problematisierung Lejla Turčino und Mladen Obrenović: *Fehlinformationen, Desinformationen, Malinformationen. Ursachen, Entwicklungen und ihr Einfluss auf die Demokratie.* Publikation der Heinrich Böll Stiftung, E-paper. 2020. Siehe auch prominent Jürgen Habermas: *Ein neuer Strukturwandel der Öffentlichkeit und die deliberative Politik*, Berlin 2022.

3 Vgl. Axel Gelfert: »Fake News, False Beliefs, and the Fallible Art of Knowledge Maintenance«, in: Amy K. Flowerree u.a. (Hg.): *The Epistemology of Fake News*, Oxford 2021, S. 310–333.

4 Vgl. Lee McIntyre: *Post-Truth*, Cambridge/London 2018, S.70 – 73. Ebenso: Catarina Dutilh Novaes und Jeroen de Ridder: »Is Fake News Old News?«, in: Amy K. Flowerree u.a. (Hg.): *The Epistemology of Fake News*, Oxford 2021, S. 156–179.

das Verbreiten von Fake News massiv erleichtern. So ist mit dem Internet nicht nur ein digitaler Informationsraum entstanden, der insgesamt die Menge an verfügbaren Informationen hat explodieren lassen. Insbesondere schafft er Räume, in denen die alte massenmediale Logik der Trennung zwischen Autor:innen und Rezipient:innen von öffentlichen Informationen aufgehoben wurde.[5] Noch nie ging es so schnell und einfach, eigene Inhalte zu kreieren und auch in Form von Fake News an eine große Öffentlichkeit zu bringen – vorbei an den Institutionen des klassischen Journalismus, denen rückblickend die Funktion von ›Gatekeepern‹ zugeschrieben werden kann.[6] Hinzu kommen neue KI-Systeme wie GPT, die das Generieren von Fake News beschleunigen, sowie insgesamt eine technisch-algorithmische Infrastruktur der sozialen Medien, die deren Viralität begünstigt – und damit Fake News ein großes Stück der Aufmerksamkeitsressourcen zukommen lässt.[7]

Neue technische Möglichkeiten erhöhen die Masse an Fake News, zugleich liegt in der Technik aber auch ein Versprechen, dieser Masse Herr zu werden. Schließlich droht die schiere Flut an Fake News in den sozialen Medien menschliche Faktenchecker schlicht zu überfordern, oder lässt diese nicht mehr so schnell hinterherkommen, wie es eigentlich vonnöten wäre, um die Viralität von Fake News möglichst früh einzudämmen. Nicht zuletzt versprechen automatisierte Methoden der Fake-News-Detektion (im Folgenden: FND) damit auch erhebliche Kosten einzusparen.[8] Diese werden deshalb als entscheidendes Komplement in der Content-Moderation, und damit als unverzichtbarer Teil der Lösung des Fake News-Problems angesehen.[9] Möglichkeiten der Automatisierung von Content-Moderation erscheinen deshalb besonders attraktiv. Nicht überraschend boomt deshalb auch das Feld der automatisierten Fake-News-Detektion in der Informati-

5 Vgl. Habermas: *Ein neuer Strukturwandel der Öffentlichkeit und die deliberative Politik*, S. 44–47. Sue Robinson und Cathy DeShano: »›Anyone Can Know‹. Citizen Journalism and The Interpretive Community of The Mainstream Press«, in: *Journalism* 12 (2011), Heft 8: S. 963–982.

6 McIntyre: *Post-Truth*, Kap. 4 und 5.

7 Für eine Übersicht darüber wie aktuelle technische Entwicklungen und Implementationsentscheidungen die Verbreitung von Fake News erhöhen, siehe: Noah Giansiracusa: *How Algorithms Create and Prevent Fake News*, New York City 2021.

8 Vgl. Tarleton Gillespie: »Content Moderation, AI, and the Question of Scale«, in: *Big Data & Society* 7 (2020), Heft 2, S. 1–5.

9 Vgl. Victoria L. Rubin: *Misinformation and Disinformation. Detecting Fakes with the Eye and AI.*, Cham 2022, Kap. 8.1.1.

onstechnik, im Besonderen im ML-Bereich.[10] Dabei werden Algorithmen eingesetzt, die versprechen Fake News großflächig schneller zu erkennen. Je nach Implementationsweise werden derart identifizierte Fake News entweder automatisiert bearbeitet, oder aber, wie es meistens geschieht, an menschliche Faktenchecker:innen zur endgültigen Überprüfung weitergeleitet, und dann je nach Verfahrenspraxis entweder mit einem Warnhinweis oder zusätzlichen Informationen versehen, in der Sichtbarkeit reduziert oder schlichtweg gelöscht.[11]

So verführerisch dieses von der Technik ausgehende Versprechen klingen mag, so sehr täuscht es aber über diffizile vorgelagerte politische Fragen hinweg. Wie schließlich die zentrale These lautet, die in diesem Artikel plausibilisiert werden soll, ist den Detektionsalgorithmen unvermeidlich eine bestimmte Politik der Öffentlichkeit eingeschrieben. Grundsätzlich gilt, dass die Frage danach, was letztlich als Fake News anzusehen ist, nicht trivial ist. Nichttrivial ist diese Frage nicht nur deshalb, sofern sie epistemisch herausfordernd sein kann, sondern da es klassifikatorische Demarkationsprobleme gibt, die zutage treten lassen, dass die Frage, was als ›fake‹ anerkannt wird, *auch eine Wertenscheidung* ist – eine Entscheidung, die sich in Bezug auf in Spannung stehende Grundwerte des öffentlichen Raumes verhalten muss. Eine solche Wertpositionierung, so die hier zu entwickelnde These, schreibt sich implizit in die FND-Technik ein. Sie ist somit inhärent (und nicht bloß mit der Frage ihrer Anwendung) auf die eine oder andere Art wertgeladen. Wie ich zeigen möchte, *verkörpern FND-Techniken somit eine gewissermaßen invisible Politik des öffentlichen Raumes.*

Im Einzelnen werde ich wie folgt vorgehen. In einem ersten Schritt werde ich die prinzipiellen Klassifikationsschwierigkeiten von Fake News erläutern und hier systematisch verschiedene Ebenen der klassifikatorischen Graubereiche unterscheiden. Zweitens werde ich argumentieren, dass die Entscheidung, was als ›fake‹ oder ›nicht fake‹ eingeordnet wird, aus der praktischen Perspektive der Content-Moderation als wertgeladene Entscheidung aufzufassen ist. Im Kern besteht hier eine Spannung zwischen zwei normativen Anforderungen an eine demokratische Öffentlichkeit, nämlich deren Inklusivität, im Sinne der Wahrung des Partizipationsrech-

10 Alessandro Bondielli und Francesco Marcelloni: »A Survey on Fake News and Rumour Detection Techniques«, in: *Information Sciences* 497 (2019), S. 38–55, hier S. 39.

11 Zur Übersicht aber auch kritischen Auseinandersetzung mit diesem Versprechen der Technik, siehe: Gillespie: »Content Moderation, AI, and the Question of Scale«.

tes an Meinungs- und Willensbildungsprozessen, einerseits und deren Vernunft- und Wahrheitsorientierung andererseits. Im Raum dieses Konflikts sind auch FND-Algorithmen zu verorten. Um dies zu zeigen, werde ich, drittens, einen Überblick über die prinzipielle Funktionsweise der hierbei eingesetzten Algorithmen geben. Daran anschließend werde ich zuletzt konkret analysieren, inwiefern technische Entscheidungen hier implizite Wertentscheidungen im zuvor erläuterten Sinne widerspiegeln. Dies wird primär mit Verweis auf die Verwendung der Daten geschehen, die zum Trainieren, Optimieren und Evaluieren der Algorithmen herangezogen werden.

»I know it when I see it«? Die klassifikatorischen Graubereiche von Fake News

Was sind eigentlich Fake News? Wenn man diese Frage begriffsklärend versteht, mangelt es in der philosophischen Diskussion nicht an Antwortvorschlägen: Fake News können verstanden werden als bloße Falschmeldung, als Lügen mit Täuschungsabsicht der Verfasser oder als spezifische Form von ›Bullshit‹.[12] Es gibt zwar Versuche, eine allgemeingültige und klar hergeleitete Definition von Fake News zu formulieren, allerdings kann man nicht davon sprechen, dass sich eine solche durchgesetzt hätte.[13] Insbesondere umstritten ist dabei die Frage nach den Motiven der Produzent:innen von Fake News: Gehört zu Fake News qua Definition auch, dass ihre Ver-

---

12 Für eine Übersicht über die Definitionsangebote verweise ich hier nur auf: Romy Jaster und David Lanius: »Speaking of Fake News. Definitions and Dimension«, in: Amy K. Flowerree u.a. (Hg.): *The Epistemology of Fake News*, Oxford 2021, S. 19–45. Ebenso liefern Tandoc, Lim und Ling auf Grundlage einer multidisziplinären Literaturauswertung eine typologische Übersicht über typische Fake News-Definitionen. Siehe Edson Tandoc, Zheng Wei Lim und Richard Ling (2018) »Defining ›Fake News‹. A Typology of Scholarly Definitions«, in: *Digital Journalism 6* (2018), Heft 2, S. 137–153. Sowohl Jaster und Lanius als auch Tandoc et al. streichen dabei zwei ähnliche zentrale Dimensionen hervor, entlang derer sich die Definitionen unterscheiden können: Zum einen anhand des Faktizitätslevels, damit ist grob das Maß gemeint, in dem sich Fake News auf wahre Sachverhalte beziehen. Zum anderen anhand der Motive der Verfasser von Fake News.

13 Siehe auch zur grundlegenderen methodischen Kritik an den Versuchen zur Bestimmung einer kontextübergreifend ›richtigen‹ Definition von Fake News durch Explikation durch Sprachintuitionen: Thomas Grundmann: »Fake News: The Case for a Purely Consumer-Oriented Explication«, in: Inquiry 66 (2020), Heft 10, S. 1758–1772. Ebenso: Frank Hofman: »Fake News und unsere epistemische Grundsituation«, in: Amelie Bendheim und Jennifer Pavlik (Hg.): *›Fake News‹ in Literatur und Medien.*

fasser:innen kein Interesse an deren Wahrheitsgehalt haben? Und wenn ja, zeichnen sich Fake News dadurch aus, dass hinter ihnen eine Täuschungsabsicht steckt? Oder sind Fake News durch ein bloßes Desinteresse an der Wahrheit seitens ihrer Verfasser:innen charakterisiert?

Aufgrund der Schwierigkeit, dass auf keine allgemeinverbindliche Definition von Fake News verwiesen werden kann, scheint es umso sinnvoller mit einem für unsere Zwecke zugeschnittenen Minimalbegriff von Fake News zu arbeiten, der den Kern des Problemcharakters von Fake News für den öffentlichen Raum hervorhebt – der Problemcharakter der Fake News auch zu einem potenziellen Ziel der Content-Moderation macht. Er besteht im Grunde darin, dass man es mit öffentlichen Nachrichteninhalten zu tun hat, die einerseits dadurch glaubwürdig erscheinen, dass sie nachrichtenförmig aufbereitet sind (1), in Wirklichkeit jedoch falsche oder irreführende Inhalte verbreiten (2). Dieser unumstrittene Problemkern soll im Folgenden auch die Definition von Fake News darstellen, von der ich ausgehen werde.[14]

Zur kurzen Erläuterung:

1. Fake News versuchen sich als glaubwürdige Nachrichtenformate auszugeben. Illokutionär betrachtet lassen sie sich damit ganz grundlegend als Kommunikationselemente mit einer Wahrheitsgarantie einordnen.[15] Allein durch ihr Erscheinen im Format einer *Nachricht* haftet ihnen ein

---

Fakten und Fiktionen im interdisziplinären Diskurs. Bielefeld 2022, S. 35–54, hier S. 35f.

14 Die Definition entspricht damit dem, was Zhou u.a. für die informationstechnische Literatur als weiteste Definition von Fake News ansehen, siehe: Xinyi Zhou und Reza Zafarani: »A Survey of Fake News. Fundamental Theories, Detection Methods, and Opportunities«, in: *ACM Computing Surveys* 53 (2020), Heft 5, S. 1–40, hier S. 4. Mit guten Gründen nehmen viele Definitionen (auch in der technischen Literatur) an, dass mit Fake News eine Täuschungsabsicht oder zumindest ein Desinteresse ihrer Verfasser:innen an der Wahrheit verbunden sei. Ich blende diesen Aspekt hier aber aus, da er zumindest nicht die Eigentlichkeit des Problems von Fake News auszumachen scheint. Unabhängig von den Verfasser:innen nämlich scheinen täuschende oder irreführende Nachrichten *als solche* zunächst ein Problemartefakt für die Öffentlichkeit zu sein. Hinzu kommt, dass die Absicht als solche auch für die Techniken der automatisierten Fake News Erkennung zumindest keine direkte Rolle spielen, da sich diese schwer direkt identifizieren lässt.

15 Vgl. Jaster: »Speaking of Fake News«, in: Floweree (Hg.): The Epistemology of Fake News, S. 20; Nicola Mößner: »Trusting the Media? TV News as a Source of Knowledge«, in: *International Journal of Philosophical Studies* 26 (2018), Heft 2, S. 205–220, hier: S. 212. Ebenso wird dies umgekehrt auch auf der Rezipientenseite von Nachrichten erwartet, siehe: Bill Kovach und Tom Rosenstiel: *The Elements of Journalism:*

assertorischer Charakter an, denn Nachrichten erheben der Textart nach den Anspruch darauf, etwas Neues, öffentlich Relevantes *und Wahres* mitzuteilen. Die Nachrichtenförmigkeit hat dabei auch die Funktion, an ein grundlegendes Vertrauen der Rezipient:innen in Standard-Nachrichtenformate anzuknüpfen und dieses zu exploitieren. Erst dadurch sind sie überhaupt in der Lage ihren in der Einleitung beschriebenen doppelten Problemcharakter anzunehmen: Durch das Nachahmen vermeintlich seriöser Nachrichtenformate erhalten sie zum einen eine scheinbare Glaubwürdigkeit, die ihren *täuschenden* Charakter ausmacht. Zum anderen können Fake News dadurch auch das Vertrauen, das tatsächlich wahrhaftigen Nachrichtenmeldungen entgegengebracht wird, langfristig unterminieren oder zumindest irritieren.[16]

2. Im Gegensatz zu glaubwürdigen Nachrichten sind Fake News falsch oder irreführend. Der Begriff ›irreführend‹ umfasst dabei variantenreiche Formen, in denen Fake News zwar nicht wortwörtlich etwas Falsches sagen, aber etwas Falsches suggerieren oder implizieren. Jaster und Lanius beispielsweise weisen auf den Fall hin, in dem Breitbart im Januar 2017 darüber berichtete, wie eine Gruppe von etwa 1.000 Menschen in Dortmund eine historische Kirche in Brand steckten.[17] Wortwörtlich gesehen stimmt diese Aussage, da in der Silvesternacht aus Versehen ein Sicherheitsnetz am Gerüst einer Kirche durch Feuerwerkskörper entzündet wurde. Die Meldung suggeriert aber mindestens darüber hinaus, dass dies mit kollektiver Absicht geschehen sei und kann insofern als Fake News angesehen werden.

Damit stellen Fake News insgesamt eine spezifische Unterkategorie von Falschinformation allgemein dar. Ihr abgrenzendes Spezifikum liegt dabei in ebenjenem erstgenannten Aspekt: Fake News sind eine Form von Falschinformation, die per definitionem in ihrem Erscheinungsbild seriöse Nachrichtenformate nachahmen.

What Newspeople Should Know and The Public Should Expect. New York 2007, hier: S.17.

16 Zu diesem doppelten Problemcharakter siehe Sanford C. Goldberg: »Fake News and Epistemic Rot; or, Why We Are All in This Together«, in: Amy K. Flowerree u.a. (Hg.): *The Epistemology of Fake News*, Oxford 2021, S. 265 -285.

17 Jaster: »Speaking of Fake News«, in: Floweree (Hg.): *The Epistemology of Fake News*, S. 21. Wie Jaster und Lanius hervorheben wird hier ausgelassen, dass dies unabsichtlich geschehen sei. Tatsächlich haben die Feuerwerkskörper aus Versehen ein Fangnetz an einem Baugerüst an der Kirche zum Brennen gebracht. Das Feuer war nach Feuerwehrangaben klein und konnte unmittelbar gelöscht werden.

Man mag vielleicht an dieser Stelle einwenden, dass der Terminus Fake News aktuell zu stark politisch aufgeladen sei bzw. als politischer Kampfbegriff zur Delegitimierung einer politischen Gegenseite, und deswegen nicht sinnvoll als wissenschaftlicher Begriff zu verwenden sei.[18] Auch wenn ich die Kritik an der möglichen Verwendungsweise des Begriffs nachvollziehe, bleibe ich jedoch aus drei Gründen weiterhin bei dieser Vokabel: Zum einen, da ich den Begriff hier explizit unabhängig von seinen Verwendungsweisen als klar definierten *terminus technicus* einführe – der zudem in diesem Kontext als allgemeiner Genus und nicht als politischer Kampfbegriff zu verstehen ist.[19] Hinzu kommt aber auch, dass der Terminus den zentralen erstgenannten Aspekt zum Ausdruck bringt, nämlich, dass es sich hierbei speziell um vermeintliche Nachrichten handelt. Und drittens versuche ich schlichtweg eine pragmatische Kontinuität zu der gängigen Forschungsliteratur beizubehalten. Der Begriff Fake News hat sich, wenn auch in den klaren definitorischen Konturen flexibel, in Teilen der Forschungslandschaft als Fachbegriff eingebürgert. Er ist zudem in der genannten Forschungsrichtung der Fake-News-Detektion (FND) zentral, auf die ich mich unten beziehen werde.

Soweit zur Begriffsbestimmung von Fake News. Die Frage danach, was Fake News sind, lässt sich nun aber nicht nur definitorisch, sondern auch als klassifikatorische Herausforderung verstehen: Was fällt eigentlich *konkret unter* diesen Begriff – und was nicht. Dies jedoch lässt sich keinesfalls immer so eindeutig an den jeweiligen Nachrichtenmeldungen ablesen. Wie ich im Folgenden aufzeigen möchte, erweist es sich gleich auf mehreren Ebenen als nicht trivial, was als Fake News einzustufen ist, da sich hier Graubereiche auftun. Dies betrifft, so möchte ich hier vorschlagen, erstens eine illokutionäre, zweitens eine inhaltliche und drittens eine epistemische Ebene, sowie viertens das, was ich die Ebene der Gesamteinordnung nennen möchte:

---

18 Joshua Habgood-Coote: »Stop Talking about Fake News!«, in: Inquiry 62 (2019), Heft 9–10, S. 1033–1065; David Coady: »The Trouble with ›Fake News‹«, in: *Social Epistemology Review and Reply Collective* 8 (2019), Heft 10, S. 40–52.

19 Vgl. diese methodische Herangehensweise in: João Pedro Baptista und Anabela Gradim: »A Working Definition of Fake News«, in: *Encyclopedia* 2 (2022), S. 632–645, hier: S. 635. Für eine grundlegende begriffsstrategische Verteidigung siehe auch: Sven Bernecker, Amy K. Flowerree, und Thomas Grundmann: »Einleitung«, in: Amy K. Flowerree u.a. (Hg.): *The Epistemology of Fake News*, Oxford 2021, S. 1–16, hier S. 5f.

1. In der obigen Definitionserläuterung wurde festgehalten, dass Fake News illokutionär betrachtet assertorischen Charakter haben: Sprechakttheoretisch geben sie also eine Art Garantie auf die Wahrheit dessen, was sie behaupten. Tatsächlich aber gibt es eine ganze Reihe an Präsentationsmodi von Falschaussagen, die deren illokutionären Charakter verwischen. Hier lässt sich schlichtweg nicht eindeutig sagen, *wie* solche Aussagen gemeint sind – und ob mit ihnen eine *Garantie auf Wahrheit* verbunden ist. Oft ist dies sogar gerade Teil einer Unverbindlichkeitsstrategie, die in Desinformationskampagnen genutzt wird.
   Ein gutes Beispiel hierfür sind Aussagen, die sich als ›Meinungsäußerung‹ ausgeben. Bei diesen ist tendenziell unklar, ob sie mit einer Garantie auf Wahrheit einhergehen, oder sich nicht vielmehr expressiv, eben als bloßer *Ausdruck* einer Meinung verstehen lassen müssen. Aussagen können so formuliert werden, dass sie auf der feinen Linie zwischen Assertion und Expression balancieren. Hieraus erklärt sich auch die notorische Kontroverse darum, ob Meinungsbeiträge, auch wenn sie falsche Aussagen beinhalten, als legitime Beiträge zu bewerten sind, oder vielmehr problematische Schlupflöcher für eigentliche Desinformation darstellen.[20]
   Ein weiteres Beispiel für den illokutionären Graubereich sind Aussagen, die aufgrund ihres womöglich (halb-)ironischen oder sarkastischen Tonfalls schwer einzuordnen sein können. Üblicherweise (aber auch das ist nicht ganz unumstritten) wird Satire zwar nicht als Fake News eingestuft, zumindest insofern diese nicht zur ernsthaften Irreführung geeignet scheint. Aber auch hier gibt es einen Graubereich von Meldungen, bei denen – teilweise bewusst – vernebelt wird, ob diese tatsächlich ernst gemeint sind oder eine ernstgemeinte Aussage mit ernstgemeinter Wahrheitsgarantie bloß *nachahmen*.
2. Neben der Frage, *wie* eine Nachrichtenmeldung gemeint sein kann, kann aber auch uneindeutig sein, *was* genau die Meldung eigentlich besagt. Dies kann mitunter sehr direkt durch das Verwenden von mehrdeutigen Symbolen oder Ausdrücken geschehen.[21] Es kann aber auch elaboriertere

20 Diese Diskussion entzündete sich etwa an der Entscheidung Facebooks, Meinungsbeiträge vom Fact-Checking auszunehmen. Siehe: Jeff Horwitz: »Facebook to Exempt Opinion and Satire from Fact-checking«. *The Wall Street Journal*, 30.09.2019, https://www.wsj.com/articles/facebook-to-create-fact-checking-exemptions-for-opinion-and-satire-11569875314 (aufgerufen: 12.2.2024).

21 Anregend sind hierzu auch die Überlegungen von Jason Stanley, der verschiedene Bedeutungsebenen von Begriffen und Aussagen erläutert und wie diese in Propaganda

Formen annehmen. Die obige Definition von Fake News wies bereits darauf hin, dass ein großer Teil dessen, was in Nachrichten kommuniziert wird, nicht wortwörtlich formuliert, sondern vielmehr impliziert wird. In manchen Fällen mag aber nicht klar sein, ob eine Implikation vom Text offenbar ›mitgemeint‹ ist, oder vielmehr von der Leserin unzulässigerweise in diesen ›hineingelesen‹ wird. Auch hier gibt es offenbar keine klare Grenze und somit Fälle, die auf der Kippe stehen.

3. Auch wenn in einer Nachrichtenmeldung klar sein mag, wie und was diese meint, kann es immer noch Fälle geben, in denen aus Gründen der epistemischen Unsicherheit uneindeutig ist, ob diese als ›falsch‹ einzuordnen ist. So scheint es etwa berechtigt anzunehmen, dass die Leugnung des anthropogenen Klimawandels einen klaren Fall von Desinformation darstellt; und das, obwohl man zugestehen kann, dass es natürlich einen minimalen, prinzipiellen Restzweifel daran geben mag. Wo aber ist hier die Grenze zu ziehen? Ab welchem *Grad* an Gewissheit kann man hier eine Aussage eindeutig als falsch einsortieren? Auch in dieser Hinsicht gibt es offenkundig uneindeutige Grenzfälle.
4. Zuletzt gilt: auch in Fällen, in denen klar sein mag, was und wie etwas in einer Nachrichtenmeldung ausgesagt wird, und zudem relativ feststeht, was demgegenüber die tatsächliche Faktenlage ist, mag es weiterhin unklar sein, ob eine solche Meldung in der *Gesamtbetrachtung* als falsch eingestuft werden sollte. Wie etwa sind Fälle einzuordnen, bei denen in einer gesamten Nachrichtenmeldung nur wenige Falschaussagen vorkommen; oder wenn Sachverhalte schlichtweg nicht ganz ›sauber‹ dargestellt wurden; oder wenn Falschaussagen in Bezug auf belanglose Nebensächlichkeiten getroffen werden, die damit auch keinen großen Schaden zu verursachen drohen? Auch auf dieser Ebene tut sich ein Bereich der Unschärfe der Trennung zwischen ›fake‹ und ›nicht-fake‹ auf.

Die verschiedenen Arten von Grenzfällen zeigen somit auf, dass man keineswegs so einfach an den Meldungen *ablesen* könnte, ob diese letztlich als Fake News einzustufen sind.[22] Man kann hier gleichsam nicht nach dem

---

eingesetzt werden: Jason Stanley: *How Propaganda Works,* Princeton/Oxford 2015, Kap. 4.

22 Natürlich kann man argumentieren, dass dies doch gar nicht notwendig ist. Immerhin kann man auch nuanciertere Einordnungen vornehmen, eine Nachricht also als mehr oder weniger falsch bzw. irreführend einordnen. Tatsächlich wird dies üblicherweise auch im Bereich der Content-Moderation gemacht (s.u.). Das Grundproblem

Motto operieren: »I know it when I see it.«[23] Die Frage danach, wann Fake News eine illegitime Form der Täuschung darstellen, erweist sich in vielen Fällen vielmehr als sensibel und nicht durch klare Anwendung harter epistemischer Kriterien entscheidbar.

Allerdings, so werde ich im nächsten Schritt zeigen, muss die Frage der Einordnung auch gar nicht als ein rein epistemisches Klassifikationsproblem gedeutet werden. Im Lichte der Relevanz, die diese Unterscheidung schließlich für die Content-Moderation hat, zeigt sich vielmehr, dass solcherlei Klassifikationsfragen immer auch Fragen der Wertpriorisierung sind.

Fake oder Nicht-Fake? Die Politik einer Unterscheidung

Content-Moderation hat das allgemeine Ziel, Medieninhalte in Hinblick auf ihre Angemessenheit für eine entsprechende Plattform oder Webseite zu prüfen und im Falle der Nichtangemessenheit so zu intervenieren, dass deren Schaden begrenzt wird (im einfachsten Fall etwa, indem entsprechende Inhalte gelöscht werden). Medieninhalte können dabei aus verschiedenen Gründen unangemessen sein, etwa da es sich um Hassrede, Gewaltdarstellungen, politisch extremistische Inhalte oder illegale Inhalte handelt. Content-Moderation kann aber auch das Ziel haben Falschinformationen einzudämmen.

Aus Sicht der Content-Moderation stellt sich damit die Frage nach ›fake‹ oder ›nicht-fake‹ mit Blick auf einen ganz bestimmten Zweck, nämlich daraufhin, dass *problematische* Inhalte weniger oder gar keine öffentliche Beachtung erhalten sollen. Die Einordnung als ›fake‹ fällt also der Idee nach mit der Einordnung als für den öffentlichen Raum problematisch zusammen – mit der angestrebten Konsequenz, dass solcherlei Inhalte gelöscht, gekennzeichnet oder weniger sichtbar gemacht werden. Damit deutet sich an, dass die Frage der Einordnung als ›fake‹ oder ›nicht-fake‹ nicht einfach nur eine epistemische Frage darstellt, sondern immer auch

---

aber scheint zu bleiben, nämlich dass auch bei feineren Abstufungen Fälle auf der Kippe stehen können und die Frage der Klassifizierung uneindeutig bleibt.

23 Damit spiele ich an auf eine berühmte Aussage des Richters des Obersten Gerichtshofes der USA Potter Stewart zur Frage, wie man »hard-core pornography« erkennen könne. Siehe hierzu: Peter Lattman: »The Origins of Justice Stewart's ›I Know It When I See It‹«, in: *The Wall Street Journal*, 27.09.2007, https://www.wsj.com/articles/BL-LB-4558 (aufgerufen: 12.2.2024).

von einer normativen Vorstellung von der Gestaltung des öffentlichen Raumes geleitet ist bzw. sich hier auch normativ positioniert.

Einer ähnlichen Stoßrichtung folgend hat Elizabeth Stewart vorgeschlagen, die Entscheidung für oder gegen eine Klassifikation als ›Fake News‹ auch als Ausdruck der Priorisierung eines bestimmten Wertes des öffentlichen Raums zu verstehen. Genau genommen verortet sie diese Entscheidung in einen Konflikt zwischen zwei Werten, nämlich der freien Meinungsäußerung auf der einen Seite und dem Schutz der Öffentlichkeit vor unfairer und schädlicher Fehlinformation auf der anderen.[24] Dieser Idee folgend kann etwa Facebooks Entscheidung, Meinungsbeiträge prinzipiell vom Faktencheck auszunehmen, als Ausdruck der Priorisierung freier Meinungsäußerung verstanden werden;[25] die Entscheidung von Faktencheck-Webseiten wie Snopes hingegen, diese miteinzubeziehen, stellt sich wiederum als Ausdruck der Priorisierung von fairer und unschädlicher Kommunikation dar.

Der von Stewart beschriebene Grundkonflikt lässt sich auch als Widerstreit zwischen zwei fundamentalen normativen Anforderungen an den demokratischen öffentlichen Raum ausdeuten, wie sie jüngst erneut Jürgen Habermas herausgestellt hat. Wie in der Einleitung skizziert wurde, besteht das schädliche Potenzial von Fake News nicht nur darin, dass diese Einzelpersonen täuschen können. In ihrer Breitenwirkung besteht ein Teil des Schadens, den Fake News verursachen können, schließlich in ihrer Tendenz den Informationsraum zu verwirren und Meinungen so weit zu polarisieren, dass sinnvolle öffentliche Diskussionen erschwert werden. Damit aber wird eine zentrale Funktionsleistung von demokratischer Öffentlichkeit gefährdet, die Habermas darin sieht, Meinungen in gründegeleitete Diskurse einzubinden und zu rational akzeptablen Ergebnissen zu führen. Auf der anderen Seite steht nach Habermas jedoch die Forderung

24 Elizabeth Stewart: »Detecting Fake News. Two Problems for Content Moderation«, in: *Philosophy & Technology* 34 (2021), S. 923–940.

25 Diese Leitlinie besteht bei Facebook schon länger (siehe FN 20) und unabhängig von den (zur Zeit der Entstehung dieses Artikels) jüngeren Ankündigungen von Mark Zuckerberg, den Faktencheck zukünftig generell auf den zu Meta gehörenden Plattformen abzuschaffen und die Content-Moderation auf Community Notes abzustellen. Ob dieser Moderationszustand in der Praxis mit dem Digital Service Act der EU überhaupt vereinbar ist, scheint allerdings juristisch fragwürdig. Siehe die Einschätzungen in: »Zuckerbergs Pläne zur Moderation von Inhalten bei Meta«, in: *science media center germany,* 10.1.2025, https://www.sciencemediacenter.de/angebote/zuckerbergs-plaene-zur-moderation-von-inhalten-bei-meta-25004 (aufgerufen: 24.1.2025).

an die Öffentlichkeit inklusiv zu sein, das heißt, die öffentliche Artikulation verschiedener Meinungen, insbesondere von den Personen, die von kollektiv bindenden Entscheidungen betroffen sind, zu ermöglichen.[26] An den oben diskutierten Grenzfällen lässt sich nun besonders eindrücklich zeigen, dass sich die Content-Moderation als situiert in einer Spannung zwischen diesen beiden Anforderungen deuten lassen kann. Derart normativ umgedeutet, stellt sich auch für die Grenzfälle die Frage: Sollte man hier die Inklusion potenzieller Fake News im Grenzfallgebiet favorisieren, womöglich auf Kosten vernunft- und wahrheitsgeleiteter öffentlicher Diskurse? Oder sollte man primär den vernunftorientierten Charakter der Öffentlichkeit bewahren, womöglich unter Einschränkung seiner Inklusivität? In diesem grundlegenden Spannungsfeld lässt sich auch die Praxis der Content-Moderation bei der Frage nach der Einordnung als ›fake‹ oder ›nicht-fake‹ verstehen.[27]

Man mag hier einwenden wollen, dass dies womöglich arg zugespitzt ist und sich der Wertekonflikt nur dann ergibt, wenn man das *Löschen* von Nachrichten als primäre Aufgabe der Content-Moderation ansieht. Dann liegt es auch besonders nahe, freie Meinungsäußerung bzw. Inklusivität als einen zentralen Wertpol zu akzentuieren, und auch, wie Stewart es formuliert, ›Zensur‹ als eine mögliche Gefahr zu benennen.[28] Jedoch: Auch wenn man andere Arten der Intervention durch Content-Moderation betrachtet, etwa erstens die Reduktion von Sichtbarkeit oder zweitens das Versehen mit Warnhinweisen,[29] so zeigen sich diese im ähnlichen Sinne als

26 Habermas: *Ein neuer Strukturwandel der Öffentlichkeit und die deliberative Politik*, S. 21.

27 Was nicht bedeutet, dass diese Spannung nicht auch weitere Implikationen hat, etwa auf dem Feld der journalistischen Aufbereitung von Themen. Neben dem Grundsatz, dass hierbei keine Fehlinformationen verbreitet werden sollten, ist dabei natürlich auch die Ausgewogenheit in der Darstellung entscheidend und kann als ein Gütekriterium verstanden werden, das versucht die Wahrheitsorientierung bei gleichzeitiger Inklusion möglichst diverser Sichtweisen zu vereinbaren.

28 Die zugespitzte Frage nach dem Löschen von Inhalten tangiert dabei auch besonders prägnant normative Vorstellungen darüber, in welchem Maße gewissermaßen paternalistisch in den öffentlichen Raum eingegriffen werden sollte bzw. in welchem Maße vielmehr die eigenständige Urteilsbildung der Rezipient:innen von Nachrichten hochzuhalten ist.

29 Auch dies sind bei Weitem nicht die einzigen Interventionsmöglichkeiten von Content-Moderation. So gibt es auch stärker rezipientenbezogene Eingriffsmöglichkeiten, die etwa darin bestehen, Falschaussagen durch Links zu entsprechenden Faktencheck-Webseiten zu entkräftigen oder Indikatoren hervorzuheben, die die Glaubwürdigkeit eines Medieninhalts in Frage stellen. Das damit verbundene Ziel kann hierbei

wertgeladen. Offenbar nämlich stellen sie eine werteabwägende Intervention in den öffentlichen Raum dar. Im ersten Fall etwa wird eine Verteilung der Ressource Aufmerksamkeit vorgenommen, die gedacht werden muss als von der evaluativen Frage geleitet, welche Meldung es *wert* ist *so und so viel* öffentliche Aufmerksamkeit zu erhalten. Im zweiten Fall wird darüber entschieden, welche Meldung es *wert* ist, gewissermaßen mit einer Kredibilitätshürde versehen zu werden. In beiden Fällen findet also eine Entscheidung darüber statt, wie *wertvoll* bzw. irrelevant eine Meldung *für die Öffentlichkeit* ist. Auch solche Entscheidungen lassen sich somit als an der Frage orientiert deuten, *welches Maß und welche Art von Inklusion* bestimmte Meldungen verdienen, auch angesichts ihrer potenziellen Gefahr, die Wahrheits- und Vernunftorientierung der Öffentlichkeit zu unterminieren.

Der Punkt bleibt also ganz grundlegend, dass solche Entscheidungen eine normativ geleitete Formierung der Öffentlichkeit vornehmen. Sie manifestieren insofern eine bestimmte Politik des öffentlichen Raumes. Und eine solche Politik des öffentlichen Raumes, so soll im Folgenden gezeigt werden, schreibt sich auch in die Algorithmen zur Detektion von Fake News fort. Zunächst aber werde ich kurz die Funktionsweise dieser Technik grob skizzieren.

Zur automatisierten Detektion von Fake News[30]

Das zentrale Ziel der Technik der automatisierten Fake-News-Detektion (FND) liegt darin, großflächiger, schneller und kostengünstiger als allein

---

auch darin bestehen, Rezipient:innen im Umgang mit Medieninhalten kritisch zu schulen. Für eine Übersicht über mögliche Interventionsmöglichkeiten und deren Prominenz in der Forschung: Katrin Hartwig, Frederic Doell und Christian Reuter: »The Landscape of User-centered Misinformation Interventions – A Systematic Literature Review«, in: *ACM Computing Surveys* 56 (2024), Heft 11, S. 1–36. Es scheint mir aber auch für diese die grundlegende Idee einschlägig, dass mit solchen Interventionen eine Entscheidung getroffen wird, die Auswirkungen auf die Kredibilität von zur Diskussion stehenden Medieninhalten hat und somit ebenfalls im Rahmen der angesprochenen normativen Spannung operiert.

30 Neben dem Forschungsbereich der automatisierten Fake-News-Detektion gibt es noch andere Bereiche der generellen automatisierten Erkennung von Desinformation. So gibt es beispielsweise eine eigene Forschungslinie der sogenannten Rumour Detection oder der Erkennung von Deep Fakes. Inwieweit die hier entfaltete Argumentation auch für diese einschlägig ist, wäre gesondert zu prüfen.

menschliche Faktenchecker:innen arbeiten zu können. Dies ist insbesondere in den sozialen Medien relevant, in denen Fehlinformationen schnelle Verbreitung finden und schnell irreversible Schäden verursachen können.[31] Ein strategischer Schwerpunkt, der mit FND verbunden ist, liegt deshalb darin, Fake News möglichst instantan zu identifizieren und zu entfernen bzw. einzudämmen.[32]

Dabei gibt es im Bereich der automatisierten FND eine schier unüberblickbare Reihe verschiedener Ansätze aus dem Bereich der KI bzw. des Maschinellen Lernens, speziell dem Natural Language Processing und der Graphentheorie.[33] Im Groben wird hier zwischen zwei Grundansätzen unterschieden, und zwar zwischen einerseits wissensbasierten und andererseits merkmalbasierten Ansätzen.[34] Bei ersteren wird auf eine Wissensbasis zurückgegriffen, anhand derer Aussagen von Meldungen direkt auf ihren Wahrheitsgehalt hin überprüft werden können. Zweitere versuchen demgegenüber anhand gewissermaßen indirekter Merkmale zu erkennen, ob es sich bei einer Nachrichtenmeldung um Fake News handelt. In Bezug auf diese Ansätze wird üblicherweise noch binnendifferenziert zwischen solchen Ansätzen, die Fake News an Merkmalen des Textes, an Merkmalen der Quelle oder anhand von Charakteristika ihres Verbreitungs- und Interaktionsmusters zu erkennen versuchen.[35]

In der folgenden Darstellung werde ich nicht alle Ansätze erläutern können und mich stattdessen auf die grundlegende Funktionsweise der

31 Shubhangio Rastogi und Divya Bansal: »Time is Important in Fake News Detection: A Short Survey«, in: *International Conference on Computational Science and Computational Intelligence (CSCI) 2021*, Las Vegas, NV, USA, S. 1441–1443.

32 Was nicht heißen soll, dass Fake News als Problem allein in der Sphäre der sozialen Medien bleiben. Dies gilt allein deshalb nicht, da sie auch im erweiterten öffentlichen Raum, etwa in den klassischen Medien aufgegriffen werden können. Siehe etwa: Giansiracusa: *How Algorithms Create and Prevent Fake News*, Kap. 1.

33 Siehe etwa die Übersicht in: Zhou u.a.: »A Survey of Fake News«: in: *ACM Computing Surveys* 53. Aktuell wird auch zunehmend an den Möglichkeiten zum Einsatz von *Large Language Models* geforscht, siehe etwa: Eleftheria Papageorgiou u.a.: »A Survey on the Use of Large Language Models (LLMs) in Fake News«, in: *Future Internet* 16 (2024), Heft 8, 298.

34 Vgl. Suhaib Kh Hamed u.a.: »A Review of Fake News Detection Approaches. A Critical Analysis of Relevant Studies and Highlighting Key Challenges Associated with the Dataset, Feature Representation, and Data Fusion«, in: *Heliyon* 9 (2023), Heft 10, e20382.

35 Ebd.

an Textmerkmalen orientierten Erkennungsmethoden fokussieren.[36] Auf diese werde ich dann auch die Diskussion unten beziehen. Auch wenn ich leider nicht den Platz habe dies zu zeigen, so meine ich doch, dass die Grundargumente auch für alle anderen Ansätze einschlägig sind.

An Textmerkmalen orientierte Ansätze gehen die Identifikation von Fake News üblicherweise als eine Klassifikationsaufgabe im Bereich des überwachten Lernens an.[37] In diesem Fall werden Algorithmen mit vorab annotierten Daten trainiert, um Fake News anhand von textlichen Merkmalen identifizieren zu können. Die überwiegende Anzahl der Ansätze fasst die Klassifikationsaufgabe als eine binäre zwischen ›falsch‹ und ›wahr‹ auf. Einige Ansätze nehmen aber auch feinstufigere Einordnungen vor, die etwa auch Zwischenkategorien wie ›überwiegend wahr‹, ›gleichermaßen wahr und falsch‹ und ›überwiegend falsch‹ einschließen.[38] Der von Entwickler:innen zum Training und internen Validieren genutzte *Ground Truth*-Datensatz besteht dabei aus maschinenlesbaren und bereits gelabelten Nachrichtenartikeln. Ein solcher Datensatz wird manchmal passend zum jeweiligen Forschungsvorhaben manuell erstellt, häufiger jedoch greifen die Forschenden auf mittlerweile vielzählig vorhandene öffentlich zugängliche Datensätze zurück, die in der Regel mit Hilfe professioneller Faktenchecker:innen, etwa durch Rückgriff auf Faktencheck-Webseiten wie Politifact oder Snopes erstellt wurden.[39]

Auf der Grundlage dieser Daten erlernen die Algorithmen nun Nachrichten anhand bestimmter typischer Merkmale als ›fake‹ oder ›nicht-fake‹ einzuordnen. Im Gegensatz also zum wahrheitsbasierten Ansatz funktioniert diese Einordnung nicht aus einem direkten Abgleich mit den Fakten.

---

36 Ohnehin scheint dies die meistgenutzte Methode zu sein, vgl.: Kai Shu u.a.: »Fake News Detection on Social Media. A Data Mining Perspective«, in: *ACM SIGKDD Explorations Newsletter* 19, Heft 1, S.22 – 36, hier: S. 26.

37 Für eine Übersicht über die Typen von dabei verwendeten Algorithmen, siehe: Bondielli: »A Survey on Fake News and Rumour Detection Techniques«, S. 47.

38 Für eine Übersicht, siehe: Murayama u.a.: »Annotation-Scheme Reconstruction for ›Fake News‹ and Japanese Fake News Dataset«, in: Nicoletta Calzolari u.a. (Hg.): *Proceedings of the 13th Conference on Language Resources and Evaluation* (LREC 2022), Paris 2022, S. 7226–7234, http://www.lrec-conf.org/proceedings/lrec2022/LREC-2022.pdf (aufgerufen: 2.1.2024).

39 Eine (nicht vollständige) Übersicht und Auswertung der üblichen Datensätze findet sich etwa in: Ariana D'Ulizia u.a.: »Fake News Detection. A Survey of Evaluation Datasets«, in: *PeerJ Computer Science* 7 (2021), e518. Neben expert:innenorientiertem Faktencheck wird dabei auch Crowdsourcing zur Datenannotierung eingesetzt, siehe: Bondielli: »A Survey on Fake News and Rumour Detection Techniques«, S. 41.

Vielmehr werden bestimmte *indirekte*, gewissermaßen *typisch-symptomatische* Kennzeichen von Fake News erkannt und zur Identifikation herangezogen.[40] Diese Merkmale können verschiedener Natur sein. Grob unterschieden werden üblicherweise syntaktische, lexikalische und semantische Eigenschaften.[41] Die stilistischen Merkmale anhand derer sich Fake News typischerweise erkennen lassen sind etwa das vermehrte Auftreten von informellen Ausdrücken und ein überproportionales Maß an subjektiv und emotional gefärbten Vokabeln, insbesondere solche die Wut und Empörung ausdrücken. Auch etwa eine geringe Komplexität des Textes und Wortwiederholungen sowie grammatische Fehler und ähnliches stellen typische Erkennungszeichen von Fake News dar.[42]

Die Frage, die sich nun stellt, ist, inwiefern sich diese Techniken eigentlich zu dem oben beschriebenen basalen Wertkonflikt der Content-Moderation verhalten. Tatsächlich scheint sie demgegenüber nicht neutral bleiben zu können. Wie ich im letzten Schritt nämlich nachweisen möchte, schreiben sich diese Wertfragen auf versteckte Weise auch in die FND-Algorithmen mit ein.

Automatisierte Fake News Erkennung: Werte in den Ecken und Ritzen

Es wäre trivial festzustellen, dass die *Anwendung* von FND-Techniken wertgeladen ist. Offensichtlich ist sie das, da sie nun einmal weitreichende praktische Folgen mit sich bringt – in diesem Fall nimmt sie eine Strukturierung von Aufmerksamkeit im öffentlichen Raum vor und berührt damit unvermeidbar einschlägige Wertfragen.

---

40 Die theoretische Grundannahme hierbei entspricht einer Hume'schen Bewertung der Verlässlichkeit von Aussagen anhand indirekter, aber empirisch mit mangelndem Wahrheitsgehalt korrelierender Observablen. Siehe hierzu Andreas Kaminski: »Hat Vertrauen Gründe oder ist Vertrauen ein Grund? Eine dialektische Tugendtheorie von Vertrauen und Vertrauenswürdigkeit«, in: Jens Kertscher und Jan Müller (Hg.): *Praxis und ›zweite Natur‹. Begründungsfiguren normativer Wirklichkeit in der Diskussion*, Paderborn 2017, S. 167–188, hier S. 171f.

41 Bondielli: »A Survey on Fake News and Rumour Detection Techniques«, S. 45.

42 Vgl. Benjamin D. Horne und Sibel Adali: »This Just In. Fake News Packs a Lot in Title, Uses Simpler, Repetitive Content in Text Body, More Similar to Satire than Real News.« In: *Proceedings of the International AAAI Conference on Web and Social Media* 11 (2017), Heft 1, S. 759–766. Siehe auch zur Übersicht der Forschungslage diesbezüglich: Zhou u.a.: »A Survey of Fake News«: in: *ACM Computing Surveys* 53, S. 19.

Auf der Seite der Anwendung besteht damit natürlicherweise auch eine Verantwortung Risiken mitzubedenken, die der Einsatz dieser Technologie mit sich bringt. Die Algorithmen zur Erkennung von Fake News sind alles andere als perfekt und haben nicht zu vernachlässigende Fehlerraten.[43] Plattformbetreiber:innen müssen deshalb prinzipiell, im Rahmen der gesetzlichen Vorgaben,[44] abwägen, wie man mit der mangelnden Verlässlichkeit umgeht: Unterhalb welcher Verlässlichkeitsschwelle sollten sie nicht eingesetzt werden? Was sollte man hier bereit sein in Kauf zu nehmen?

In Bezug auf solche Fragen ist es nicht unplausibel zu sagen, dass es sich um wertbezogene Fragen handelt, die aber primär auf der Seite der *Anwendung* dieser Technik zu verorten sind. In dieser Hinsicht scheint also noch nicht klar, dass die Technik *als solche* wertgeladen ist. Demgegenüber soll in diesem letzten Teil aufgewiesen werden, dass die Algorithmen auf versteckte Weise *inhärente* Wertpriorisierungen verkörpern. Letztlich hängt das, so das hier vorgelegte Argument, mit den Vorentscheidungen zur Annotierung der Daten zusammen, die zum Training und Optimieren der Algorithmen verwendet werden.[45]

---

43 Verwiesen sei hier nur auf die tabellarische Auswertung der Studienlage in Hamed: »A Review of Fake News Detection Approaches«, Fig.5. Nur in 7 von 48 betrachteten Studien konnte demnach eine »Accuracy« von über 90 % erzielt werden. Knapp die Hälfte der Studien kommt nicht an eine 80 %ige Genauigkeit ran.

44 Hier kann man insbesondere an die neuen Pflichten des AI Act und des Digital Service Act der EU denken. Siehe hierzu auch FN 53.

45 Weitere Kritiken, die ebenso auf eine übersehene politische Dimension der FND aufmerksam machen wurden etwa von Hernández u.a. (2023) im Rahmen einer ethnographischen Studie und von Gillespie (2020) hervorgebracht. Von Ersteren grenze ich mich mit meinen Überlegungen in zwei wesentlichen Punkten ab. Zum einen ist meine Argumentation nicht von der (in meinen Augen stark erläuterungsbedürftigen) Annahme getragen, dass Fakten per se sozial konstruierten Charakter haben. Faktenontologische Fragen bleiben für meine Argumentation zunächst offen. Auch nämlich, wenn man so etwas wie einen harten Faktenrealismus annimmt, ergeben sich die obigen Probleme der Einordnung von illokutionären, semantischen und epistemischen Grenzfällen und die entsprechenden politischen Implikationen im Umgang mit diesen. Zum anderen fügt mein Argument unten noch eine Erläuterung hinzu, inwiefern die politische Dimension den Algorithmen gewissermaßen inhärent eingeschrieben ist. Vgl.: Andrés Domínguez Hernández u.a.: »Ethical, Political and Epistemic Implications of Machine Learning (Mis)Information Classification. Insights from an Interdisciplinary Collaboration between Social and Data Scientists«, in: *Journal of Responsible Innovation* 10 (2023), Heft 1, S. 1–25, hier S. 3–5. Gillespie (2020) unterstreicht im Gegensatz zu meiner Argumentation vor allen Dingen die politische Färbung der Frage, was als *hate speech* eingestuft wird. Bei der Frage nach der Einstufung von Fake News hingegen, macht er primär auf verschiedene Probleme der mangelnden *Verlässlichkeit* der Klassifikationsalgorithmen aufmerksam. Die

Das Ziel von FND-Techniken besteht darin Fake News zu erkennen, um diesen – wie oben gesehen – in irgendeiner Form weniger öffentliche Aufmerksamkeit zuteil werden zu lassen. Damit jedoch muss bereits vorgelagert eine Entscheidung über *die wertgeladene Frage* getroffen werden, was überhaupt als Fake News zählen soll. Auch in den FND-Algorithmen *muss deshalb diese Frage schon beantwortet sein.* Die Stelle, an der sie maßgeblich beantwortet wird, ist die Auswahl und Annotation der Daten, die zum Training und zur Performanz-Evaluation der Algorithmen eingesetzt werden. Zur Erinnerung: Diese Daten bestehen aus annotierten Nachrichten, die bereits voreingeteilt sind in entweder ›fake‹ oder ›nicht-fake‹.

Schematisch gesprochen, lässt sich die Form des Argumentes folgendermaßen zusammenfassen:

1) Die Frage danach, wie Grenzfälle von Fake News eingeordnet werden, ist eine nicht epistemisch klar beantwortbare. Ihre Antwort nimmt vielmehr eine Gewichtung der Werte *Inklusivität* vs. *Wahrheitsorientierung* der Öffentlichkeit vor.
2) Im Prozess der Erstellung von FND-Algorithmen werden Entscheidungen in Bezug auf den Trainingsdatensatz getroffen, die voraussehbar beeinflussen, wie das System solche Grenzfallentscheidungen treffen wird.
3) FND-Algorithmen sind deshalb unvermeidlich öffentlichkeitsbezogen wertgeladen.

Es ist auffällig, wie auch Hernández u.a. feststellen, dass in der technischen Literatur selten das Problem erwähnt wird, dass die Einteilung nach ›fake‹ und ›nicht-fake‹ keine rein epistemische Entscheidung darstellt.[46] Aufgrund der obigen Überlegung scheint dies aber unvermeidbar, da sich spätestens in offensichtlichen Grenzfällen diese Frage als epistemisch nichttriviale und vielmehr öffentlichkeitspolitisch wertgeladene Frage aufdrängt. Die Entscheidung für eine bestimmte Annotierung bzw. für einen bestimmten vorab annotierten Datensatz erscheint damit als eine, die irreduzibel Wertpriorisierungen vornimmt.

---

hier entfaltete Argumentation geht demgegenüber tiefer, da es das Problem aufwirft, dass allein schon die Frage, was *überhaupt als* verlässliche Identifikation *zählt*, eine Unterscheidung zwischen ›fake‹ und ›nicht-fake‹ voraussetzt und insofern politisch aufgeladen ist. Vgl. Gillespie: »Content Moderation, AI, and the Question of Scale«.

46 Hernández: »Ethical, Political and Epistemic Implications of Machine Learning (Mis)Information Classification«, S. 2.

Dieser allgemeine Punkt lässt sich an ein paar konkreten Beispielen aus der FND-Forschung illustrieren, an denen sich diese Wertgeladenheit besonders eindrucksvoll geradezu aufdrängt. Einfach einsehbar ist dies in solchen Fällen, in denen die Entwickler:innen eigenhändige Datensätze kreieren. Als Beispiel greife ich hier nur die Studie von Kolluri u.a. (2022) heraus, in der verschiedene Strategien zum Trainieren von ML-Modellen zur Detektion von Covid-19 bezogener Falschinformation evaluiert wurden. [47] Es soll hier nur der Datensatz betrachtet werden, der zur externen Evaluation der ML-Modelle konstruiert wurde. Dafür wurden zum einen vermeintlich ›wahre‹ Nachrichtenmeldungen, einem üblichen Verfahren entsprechend, über Nachrichtenwebseiten mit (vermeintlicher) Reputation gewonnen (für einen Datensatz waren dies etwa Meldungen von BBC, AXIOS, CBS News, theGlobe und Mail). Falschmeldungen wurden ebenfalls einer üblichen Herangehensweise entsprechend über eine Faktencheck-Webseite gewonnen. In diesem Falle war das Poynter, die Covid-bezogene als ›falsch‹ deklarierte Nachrichten enthielt. Man muss hier gar nicht argumentieren, dass die entsprechenden Nachrichtenquellen bereits mit einem politischen Bias assoziiert sein mögen, was sich entsprechend darauf auswirkt, was eher als ›fake‹ oder ›nicht-fake‹ einsortiert wird. Allein epistemisch ist hier interessant, dass mit dieser Herangehensweise eine Entscheidung darüber gefällt wurde, welche Nachrichtenquellen bzw. auch welche Faktenchecker:innen als *ausreichend verlässlich* angesehen werden dürfen, um solche Zuordnungen vorzunehmen.

Auch liefert diese Studie eine offensichtlich wertgeladene Entscheidung im Umgang mit Grenzfällen auf der Ebene, die ich oben als Gesamteinordnungsproblematik bezeichnet habe. So merken die Autor:innen an, dass sie im Poynter-Datensatz Meldungen auch dann als ›falsch‹ eingestuft haben, wenn diese von Poynter selber auch eine Einschätzung als ›halb wahr‹ oder ›zumeist wahr‹ erhalten haben, und damit – wie die Autor:innen selbst anmerken – womöglich auch insgesamt als eher ›wahr‹ hätten eingestuft werden können.[48] Auch ein solches Vorgehen ist nicht unüblich.[49] Unserer

47 Nikhil Kolluri u.a.: »COVID-19 Misinformation Detection. Machine-Learned Solutions to the Infodemic«, in: *JMIR Infodemiology* 2 (2022), Heft 2, e38756.

48 Ebd., Discussion.

49 In dem von Hernández u.a. begleiteten Projekt wurden etwa Nachrichtenmeldungen, bei denen nicht klar war, ob sie stimmen, aus dem Datensatz herausgenommen, während ›halbwahre‹ Nachrichten schlichtweg als ›Misinformation‹ eingestuft wurden. Hernández: »Ethical, Political and Epistemic Implications of Machine Learning (Mis)Information Classification«, S. 11.

obigen Analyse folgend sind aber auch solche Einordnungspraktiken von Grenzfällen nicht wertneutral. Demnach etwa könnte man sich *im Sinne der Inklusivität* der Öffentlichkeit auch dafür entscheiden, grob als ›halbwahr‹ eingestufte Nachrichten vorsichtshalber nicht einfach als ›Misinformation‹, sondern als ›wahr‹ einzuordnen.

Ähnliche Beispiele finden sich, wenn man nicht die manuelle Annotierung, sondern die Auswahl bereits zur Verfügung stehender Trainings- und Evaluationsdatensätze betrachtet. Eine interessante wertbezogene Frage ist etwa die Frage nach dem Umgang mit Satire und Gerüchten (wobei unter Gerüchten üblicherweise solche Informationen gefasst werden, die nicht unbedingt falsch sein müssen, für die es aber keine klaren Belege gibt – mit einem Stichwort von oben: Sie sind epistemisch womöglich unklar einzuordnen[50]). In vielen Datensätzen sind diese enthalten und tatsächlich als ›Misinformation‹ gelabelt.[51] Auch dies scheint aber eine wertende Vorentscheidung zu sein, die auch anders hätte ausfallen können. Im Sinne des Wertes der Inklusivität etwa hätte es auch Gründe dafür gegeben, Satire und eventuell auch Gerüchte nicht als Fake News einzustufen, womit diese in einer möglichen Implementation von den Maßnahmen der Content-Moderation unberührt blieben.

An dieser Stelle möchte ich auf eine naheliegende Erwiderung gegen diese Argumentationsweise eingehen. Womöglich möchte man einwenden, dass dem Problem entgangen werden kann, indem die erwähnten Grenzfälle aus dem Datensatz einfach herausgenommen werden.[52] Kann man die FND-Algorithmen nicht schlichtweg anhand von Daten trainieren, in denen die Einordnung als ›fake‹ oder ›nicht-fake‹ so eindeutig ist, dass das Ganze gewissermaßen eine faktisch vorgegebene und damit auch keinesfalls mehr wertgeladene Entscheidung darstellt? Tatsächlich jedoch, so scheint es, kann man sich damit nicht dem prinzipiellen Problem entziehen. Auch das Weglassen von Grenzfällen aus den Trainingsdaten ist schließlich eine Art des Umgangs mit ihnen, die sich darauf auswirkt, wie der Algorithmus dann letztendlich mit ›realen‹ Fällen umgeht. Am klarsten kann man die Nicht-Neutralität des Weglassens vielleicht durch folgende Überlegung sehen: Beim Umgang mit Grenzfällen gibt es gewissermaßen zwei mögliche Extrempositionen. Eine Extremposition bestünde

50 Vgl. Bondielli: »A Survey on Fake News and Rumour Detection Techniques«, S. 39.

51 Siehe die tabellarische Auswertung der Datensätze dazu in: D'Ulizia: »Fake News Detection«, Tabelle 2.

52 Auch dies ist eine übliche Verfahrensweise. Vgl. Victoria L. Rubin: *Misinformation and Disinformation. Detecting Fakes with the Eye and AI*, Berlin 2022, S. 217.

darin, Grenzfälle schlichtweg als ›nicht-fake‹ zu behandeln, um maximal im Sinne der Inklusion der Öffentlichkeit zu handeln. Eine andere Extremposition hingegen, die maximal im Sinne des Erhalts des deliberativen, an Wahrheit orientierten Charakters der Öffentlichkeit ausgerichtet wäre, wäre es, Grenzfälle vorsichtshalber pauschal als ›fake‹ einzuordnen. Wenn man nun hingegen Grenzfälle aus den Trainingsdaten *weglässt*, bleibt damit zunächst einmal mehr oder weniger unklar, wie der Algorithmus mit realen Grenzfällen umgehen würde. Diese Entscheidung liegt damit erwartbar *irgendwo* zwischen den beiden Extrempositionen und damit unvermeidlich auch auf einer Mittelposition zwischen den beiden genannten Werten. Damit aber stellt dies auch unvermeidbar eine Wertentscheidung eben im Sinne einer (auch noch unklaren) Zwischenposition zwischen zwei evaluativen Polen dar.

Ich möchte zuletzt noch einen wichtigen Zusammenhang in der hier vorgetragenen Argumentation herausstellen. So zeigt sich, dass die hier entwickelte These, dass die erläuterten Wertentscheidungen den Algorithmen gewissermaßen *inhärent* sind, stark mit der mangelnden Einsichts- oder zumindest mangelnden Überblicksmöglichkeit über die Daten zusammenhängt. Wären die in die Datenannotierungen einfließenden Wertpriorisierung gewissermaßen von außen transparent und übersehbar, ließe sich sagen, dass die eigentliche Wertentscheidung dann wiederum auf die Anwendungsseite fiele: Auf dieser Seite würde sich die Frage danach stellen, ob man den Algorithmus mit der entsprechenden Wertpriorisierung einsetzt oder nicht. Die Opazität der Daten ist somit gewissermaßen ein entscheidendes Scharnier der hier vorgetragenen Argumentation.[53]

---

53 Es bleibt noch unklar und abzuwarten, inwiefern sich die Intransparenz in Bezug auf die Trainingsdaten durch den Digital Services Act (DSA) oder den AI-Act der Europäischen Union entschärft. Der DSA etwa sieht zwar Maßnahmen vor, die die Transparenz in Bezug auf die Content-Moderation großer Plattformen erhöhen soll. Dazu gehört etwa die Bewertung und Dokumentation von Risiken, den der Einsatz von Moderationsalgorithmen bringen kann, regelmäßige Berichterstattung über die Maßnahmen zur Bekämpfung illegaler Inhalte (unter die Desinformation und Fake News jedoch nicht zwangsläufig fallen müssen), ebenso die Zusammenarbeit mit Forschenden, um die Funktionsweise von Systemen zu untersuchen sowie neue Informationspflichten gegenüber Nutzer:innen, wie und nach welchen Kriterien moderiert wird. Im Rahmen dessen sieht der DSA keine expliziten Verpflichtungen zum Offenlegen von Trainingsdaten vor, weshalb dieser Punkt Frage der noch ausstehenden Auslegung sein dürfte. Der AI Act nennt demgegenüber in Artikel 10 Anforderungen an Trainingsdaten (auch in Bezug auf Annotationen und Labeling) für sogenannte hochrisikohafte KI-Anwendungen (unter die womöglich auch Algo-

Diese Opazität der Daten wird selbstverständlich auch in anderen algorithmischen Anwendungsgebieten, insbesondere in der Debatte um unfaire und mit Bias geladenen Algorithmen, als ein zentrales Problem hervorgehoben. Die Algorithmen sind demnach inhärent wertgeladen, aber sie sind es nur, insofern die Wertgeladenheit auch versteckt ist – sie steckt gewissermaßen in den »Ecken und Ritzen«[54] der eingesetzten Technik. Aufgrund ihrer Verstecktheit kann man leicht die eigentliche Wertgeladenheit der Technik übersehen – sich gewissermaßen auch leicht darüber täuschen. Ziel dieses Aufsatzes war es, zumindest *diese* Täuschung ein Stück weit zu entlarven.[55]

---

rithmen zur Content-Moderation fallen könnten). Auch hier wird zukünftige Rechtsauslegung darüber entscheiden, ob und welche konkreten Transparenzpflichten in Bezug auf Trainingsdaten in der Content-Moderation bestehen. In jedem Fall ist zu bedenken, dass ein solcher Schritt stets auch mit anderen Rechtsgütern, wie dem Geschäftsgeheimnis und Datenschutz abzuwägen sein dürfte. Auch technisch stellt das Offenlegen der Trainingsdaten aber Herausforderungen bereit, da Trainingsdatensätze riesig und komplex sein können sowie dynamisch angepasst werden.

54 Diese Formulierung hat Eric Winsberg benutzt, um die versteckte Wertgeladenheit von Klimamodellen metaphorisch zu fassen. Laut Winsberg sind Klimamodelle auf eine spezifische Weise komplex, sodass frühere wertgeladene Modelierungsentscheidungen nur schwer nachzuvollziehen sind. Eric Winsberg: »Values and Uncertainties in the Predictions of Climate Models«, in: Kennedy Institute of Ethics Journal 22 (2012), Heft 2, S. 111–137, hier S. 130–132.

55 Ich danke herzlich Kai Denker, Carsten Dutt, Andreas Kaminski und den zwei unbekannten Reviewer:innen für die hilfreichen Rückmeldungen zu früheren Versionen dieses Artikels. Bodo Bützler danke ich herzlich für seine Expertise in den juristischen Einschätzungen.

Daniel Minkin

Täuschung im Grenzgebiet

Erkenntnistheoretische Prüfung automatischer Betrugserkennung

Abstract

Um ihre Außengrenzen besser zu schützen, finanzierte die Europäische Union zwischen 2016 und 2019 das iBorderCtrl-Projekt, das verschiedene Systeme des Maschinellen Lernens zwecks Aufdeckung illegaler Einreise verwendet. Hierzu gehört das sog. Automatic Deception Detection System (ADDS), das die Mikromimik Reisender analysiert, um auf dieser Basis eine Wahrscheinlichkeit von Täuschungsabsichten zu errechnen. Der Text geht der Frage nach, ob der Einsatz solcher Systeme aus erkenntnistheoretischer Sicht gerechtfertigt ist. Hierfür wird das Funktionsprinzip des ADDS skizziert und eine Kritik an solch einem Einsatz vorgestellt. Argumentiert wird dafür, dass die geäußerte Kritik nicht überzeugt, jedoch überzeugend weiterentwickelt werden kann.

In order to better protect its external borders, the European Union funded the iBorderCtrl project between 2016 and 2019, which uses various Machine Learning systems to detect illegal entries. These include the Automatic Deception Detection System (ADDS), which analyses travellers' micro-expressions to calculate the probability of deception. This text examines whether the use of such systems is justified from an epistemological point of view. To this end, it outlines how the ADDS works and presents a critique of its use. It argues that the critique put forward is not convincing, but can be developed in a convincing manner.

1. Einführung

Zwischen 2016 und 2019 finanzierte die Europäische Union (EU) im Rahmen des Forschungsförderungsprogramms Horizon 2020 mit ca. 4,5 Mio. Euro ein Projekt namens ›iBorderCtrl‹.[1] Das angestrebte Ziel ist eine effizientere Kontrolle und Sicherung der EU-Außengrenzen. iBorderCtrl versammelt verschiedene Systeme der Künstlichen Intelligenz (KI) bzw. des Maschinellen Lernens (ML), zu denen auch das sog. Automatic Deception Detection System (ADDS) gehört. Das ADDS analysiert u.a. die Mikromimik Reisender, um auf dieser Basis eine Wahrscheinlichkeit von Täuschungsabsichten zu errechnen und als Human-in-the-loop-Sys-

1 Vgl. [Europäische Kommission]: »Intelligent Portable Border Control System«, in: CORDIS, 17.8.22, https://cordis.europa.eu/project/id/700626 (aufgerufen: 26.3.2026).

tem menschliche Grenzschützer[2] zu unterstützen, weswegen es auch als »KI-Lügendetektor« bezeichnet wird.[3] Nachdem das Funktionsprinzip des ADDS bekannt wurde, übten Politiker, Wissenschaftler und Journalisten Kritik an der EU-Förderung. So bezeichnete Patrick Breyer, Mitglied des EU-Parlaments, das ADDS als »pseudowissenschaftliche[n] Hokuspokus«.[4] Trotz solcher Bewertungen innerhalb der europäischen Legislative, behält sich die EU vor, solche Systeme in der Strafverfolgung einzusetzen. »Lügendetektoren und ähnliche Instrumente«[5] sind im europäischen AI Act als Hochrisiko-Systeme geführt und dürfen daher unter hohen Auflagen verwendet werden. Damit stellt sich (auch weiterhin) die Frage, ob es gerechtfertigt ist, ein System wie das ADDS zu verwenden.

Was meint aber ›Rechtfertigung‹ in diesem Kontext? Vor dem Hintergrund der Tatsache, dass ML-Systeme Diskriminierungstendenzen aufweisen, wird der Rechtfertigungsbegriff meistens ethisch oder rechtlich interpretiert. Es gibt allerdings auch eine epistemische Rechtfertigung, die hier relevant wird. Als epistemisch gerechtfertigt wird eine Überzeugung verstanden, die sich auf etwas stützt, was uns in die Lage versetzt, die betreffende Überzeugung als einen Kandidaten für Wahrheit anzusehen.[6] Der zitierte Vorwurf, dass das ADDS pseudowissenschaftlich ist, lässt sich in diesem Lichte als ein Absprechen der epistemischen Rechtfertigung verstehen, insofern Pseudowissenschaften i.d.R. als Praktiken erachtet werden, die uns nicht in diese Lage versetzen (können).

In diesem Text soll eine solche Kritik am ADDS geprüft werden. Im zweiten Abschnitt möchte ich das Funktionsprinzip und den theoretischen Hintergrund darstellen, um den Angriffspunkt der geäußerten Kritik offenzulegen. Der dritte Abschnitt widmet sich der Kritik. Sie wird in 3.1.

---

2 Männliche Formen im Plural und weibliche im Singular stehen stellvertretend für alle geschlechtlichen Orientierungen. Ausnahmen ergeben sich aus dem Kontext.

3 Vgl. z.B. Andreas Kaminski: »Begriffe in Modellen. Die Modellierung von Vertrauen in Computersimulation und maschinellem Lernen im Spiegel der Theoriegeschichte des Vertrauens«, in: Nicole Saam, Michael Resch und Andreas Kaminski (Hg.): *Simulieren und Entscheiden. Entscheidungsmodellierung, Modellierungsentscheidungen, Entscheidungsunterstützung*. Wiesbaden 2019, S. 173–197, hier S. 178.

4 Patrick Breyer: iBorderCtrl – Transparenzklage gegen geheime EU-Überwachungsforschung »iBorderCtrl«, https://www.patrick-breyer.de/beitraege/iborderctrl/ (aufgerufen: 26.3.2026).

5 [Europäisches Parlament]: *P9_TA(2024)0138 (Gesetz über künstliche Intelligenz)*, Anhang III, 7. a), https://www.europarl.europa.eu/doceo/document/TA-9-2024-0138_DE.docx (aufgerufen: 26.3.2026).

6 Dies wird unten näher ausgeführt.

zunächst rekonstruiert und gedeutet. Dabei sollen auch Desiderata offengelegt werden. In 3.2. wird ein Exkurs aus der Sozialen Erkenntnistheorie integriert, der ein zentrales Problem dieses erkenntnistheoretischen Strangs beschreibt. In diesem Lichte wird in 3.3. schließlich ein Weg aufgezeigt, die erarbeiteten Desiderata zu füllen.

2. Das ADDS: Funktionsprinzip und theoretischer Hintergrund

In einer ersten Annäherung lässt sich das ADDS als ein System beschreiben, das ML-Methoden verwendet, um die Sicherung der EU-Außengrenzen zu unterstützen.[7] Es errechnet aus Input-Daten eine Betrugswahrscheinlichkeit aus und leitet diesen Risikoscore an menschliche Grenzschützer weiter, die darüber entscheiden, ob ein Betrug zu vermuten ist. Insofern handelt es sich um ein Human-in-the-loop-System, das die Entscheidungsfindung unterstützen, aber nicht durchführen soll. Die Input-Daten werden innerhalb des Registrierungsprozesses gewonnen: Reisende, die in die EU einzureisen beabsichtigen, sollen in ihrem Heimatland von einer computergenerierten Animation einer Grenzschutzbeamtin (Avatar) interviewt werden. Abgefragt werden etwa Reiseabsichten, Bezugspersonen in der EU (Verwandte, Bekannte) usw. Das Interview wird auf Video aufgezeichnet und zusammen mit weiteren Daten wie Name und Wohnort an diverse ML-Subsysteme weitergeleitet, die die gesammelten Daten auswerten, zu denen auch die Aufzeichnung des Interviews gehört. Analysiert werden u.a. Mikroexpressionen, d.h. non-verbale Gesichtsausdrücke, die aufgrund ihrer Subtilität und Kurzlebigkeit weder bewusst ausgeführt noch von untrainierten Betrachtern erkannt werden können. Im Folgenden wird diese Analyse im Fokus stehen.

Im offiziellen Bericht von iBorderCtrl aus dem Jahr 2018 ist das ML-Subsystem, das die Analyse der Mikroexpressionen durchführen soll, ge-

---

7 Die folgende Darstellung des Funktionsprinzips orientiert sich hauptsächlich an: Janet Rothwell u.a.: »Silent Talker. A New Computer-based System for the Analysis of Facial Cues to Deception«, in: *Applied Cognitive Psychology* 20 (2006), Heft 6, S. 757–777, James O'Shea u.a.: »Intelligent Deception Detection Through Machine Based Interviewing«, in: [IEEE] (Hg.): *Proceedings of the International Joint Conference on Neural Networks 2018*, Rio de Janeiro 2018, S. 1–8, und [iBorderCtrl] (2018): *D7.6 Yearly communication report including communication material.* 2018, https://ec.europa.eu/research/participants/documents/downloadPublic?documentIds=080166e5be014692&appId=PPGMS (aufgerufen: 26.3.2026).

nannt. Es handelt sich um den sog. Silent Talker (ST).[8] Das System wurde von einem Forschungsteam an der University of Manchester entwickelt und 2002 zum Patent angemeldet.[9] In den nächsten Jahren testeten es die Entwickler unter Laborbedingungen und beschrieben sein Funktionsprinzip. Um mithilfe des ST das menschliche non-verbale Verhalten analysieren zu können, entwickelten sie die folgende Ebenenunterscheidung:

- *Multichannel*: Damit ist das gesamte non-verbale Verhalten gemeint, wobei mehrere *channels* einen allgemeinen psychischen Zustand repräsentieren.[10]
- *Channel*: Hierunter sollen die messbaren Einheiten verstanden werden, die das non-verbale Verhalten konstituieren: »Each channel is an attribute being measured, such as an eye contact event, gaze direction or body movement.«[11]
- *Microexpressions*: Die Channels werden ihrerseits durch elementare Verhaltensaspekte gebildet, die die Entwickler als ›Mikroexpressionen‹ bezeichnen, d.h. »short-lived, unexpected expressions«[12].[13]

Klassische Lügendetektoren oder Experten, die Täuschungsabsichten erkennen sollen, konnten nur eine geringe Zahl an Channels begutachten und waren mit *Kombinationen* von Channels überfordert. Ein ML-System wie ST, das mithilfe künstlicher neuronaler Netze arbeitet, lässt sich dagegen mit einer großen Menge an Channel-Kombinationen trainieren, sodass es diejenigen Kombinationen identifizieren könnte, die mit höherer Wahrscheinlichkeit auf Täuschungsabsichten hinweisen (vorausgesetzt, dass solche Kombinationen solche Hinweise sein können). In diesem Lich-

8 [iBorderCtrl]: *D7.6 Yearly communication report including communication material*, S. 15.
9 Vgl. Zuhair Bandar u.a.: *International patent number WO02087443*, Genf 2002.
10 Vgl. Rothwell u.a.: »Silent Talker«, in: *Applied Cognitive Psychology* 20, Heft 6, S. 758.
11 Ebd.
12 Ebd., S. 759.
13 Später wurde diese Charakterisierung verfeinert: »A microgesture is a very fine-grained non-verbal gesture, such as the movement one eye from fully-open to half-open.« – O'Shea u.a.: »Intelligent Deception Detection Through Machine Based Interviewing«, in: [IEEE] (Hg.): *Proceedings of the International Joint Conference on Neural Networks 2018*, S. 3. Dabei weist O'Shea u.a. darauf hin, dass es einen Unterschied zwischen Mikroexpressionen und Mikrogesten gibt, insofern die letztgenannten kein psychologisches Modell zur Erklärung ihrer Ursachen erforderten. Es wird jedoch nicht erläutert, weshalb das so sein soll, sodass der Unterschied zwischen diesen Verhaltensdimensionen (m.E.) unklar bleibt. Daher folge ich in diesem Text der ursprünglichen Beschreibung bei Rothwell u.a.

te scheint das Delegieren der Täuschungserkennung an ein ML-System gut motiviert zu sein. Ein Teil der in der Einleitung angesprochenen Kritik am ADDS dreht sich jedoch um die Frage, ob sich dieser zunächst nur auf Spekulation beruhende Vorteil in den Testergebnissen niederschlägt. Diese Frage möchte ich im nächsten Abschnitt deswegen noch einmal im Detail thematisieren.

Den Fokus lege ich allerdings auf eine Kritik am theoretischen Hintergrund des ADDS, weswegen dieser Hintergrund hier zunächst kurz beschrieben wird. Unabhängig davon, ob ein ML-System oder eine menschliche Expertin die jeweiligen Mikroexpressionen analysiert, stellt sich die Frage, weshalb man überhaupt davon ausgehen sollte, dass Mikroexpressionen einen Hinweis auf Täuschungsabsichten darstellen können. Es muss, mit anderen Worten, eine Theorie zur Verbindung zwischen (Mikro-)Expressionen und mentalen Zuständen wie Absichten vorausgesetzt werden. In ihren Beschreibungen erwähnen die Entwickler eine solche Theorie nicht. Sie weisen aber explizit darauf hin, dass einige Eckpfeiler durch die Arbeit Paul Ekmans gestiftet wurden. So übernehmen sie die zitierte Charakterisierung von Mikroexpressionen von Ekman sowie die Auswahl der Channels.[14] Da gerade die dreiteilige Typologie des non-verbalen Verhaltens, die auf diesen beiden Punkten basiert, die Entwicklung des ST motivieren soll, werde ich Ekmans Arbeit als zentrales Element des besagten theoretischen Hintergrunds behandeln.

Einen großen Einfluss auf die Emotionsforschung übten v.a. die kulturvergleichenden Studien, die Ekman in den 1960er Jahren durchgeführt hatte. Er und sein Team reisten bspw. nach Neuguinea, das zur damaligen Zeit größtenteils isoliert von Europa war, und zeigten den dort lebenden indigenen Menschen Fotografien von Mitteleuropäern, die eine für jeweils eine Emotion in Europa typische Mimik zeigten. Anschließend sollten die Probanden Wörter wie ›traurig‹ den Fotografien zuordnen. Die Experimente wurden in verschiedenen Kulturen wiederholt. Eine Metastudie zeigte, dass Genauigkeitsraten solcher Zuordnungen zumindest über derjenigen einer zufälligen Zuordnung lagen (better-than-chance).[15] Ausgehend von einer universalen Emotionsmimik wandte sich Ekman zusammen mit Wallace

---

14 Vgl. Rothwell u.a.: »Silent Talker«, in: *Applied Cognitive Psychology* 20, S. 759 und 774.

15 Vgl. u.a. Hillary A. Elfenbein und Nalini Ambady: »On the Universality and Cultural Specificity of Emotion Recognition. A Meta-analysis«, in: *Psychological Bulletin* 128 (2002), Heft 2, S. 203–235.

Friesen dann der Untersuchung von universellen Mikroexpressionen zu.[16] Hierfür setzten sie eine Frame-by-Frame-Videoanalyse ein, bei der eine Videoaufzeichnung eines Gesprächs zwischen einem Psychiater und einer Patientin einer psychiatrischen Klinik in Einzelsequenzen zerlegt wurde. So berichtet Ekman von Mary, einer 42-Jahre-alten Frau mit schwerer Depression. Nach drei Wochen in der Klinik, Gruppentherapie und Behandlung mit Psychopharmaka, erklärte Mary ihrem Arzt, dass es ihr besser ging und bat um Erlaubnis, nach Hause zu fahren. Bevor die Erlaubnis jedoch erteilt wurde, gestand sie, dass sie gelogen und die Absicht gehabt hatte, zu Hause Suizid zu begehen.[17]

Das Studium solcher aufgezeichneten Gespräche bestand u.a. in der Identifikation fazialer Muskelgruppen, die als typisch für bestimmte Emotionen angesehen wurden: »using slow-motion repeated replay, we saw a complete *sadness* facial expression, but it was there only for an instant, quickly followed by a smiling appearance«.[18] Dabei führten Ekman und Friesen die Analysen im Lichte der Annahme universaler Mimik durch. Die Deutung, dass es sich bei der gezeigten Mikroexpression um den Ausdruck von *Traurigkeit* handelte, begründet sich erst durch diese Annahme, was deutlich macht, wie Ekmans Feldforschung und die Forschung zu Täuschungsabsichten ineinandergreifen.

Natürlich kann die Analyse eines Falles wie desjenigen Marys nicht als wissenschaftlicher Beleg für die Ansicht gelten, dass Gesichtsausdrücke über Täuschungsabsichten aufklären können. Motiviert durch diesen Fall entwickelten Ekman und Friesen aber Experimente, die solche Belege erbringen sollten. Probanden mussten in solchen Experimenten etwa verstörende Filmaufnahmen (z.B. von blutigen operativen Eingriffen) ansehen und später einer Interviewerin, die den Film nicht gesehen hatte, über ihre Emotionen berichten. Die Versuchsleiter trugen ihnen auf, die Interviewerin zu belügen. Laut Ekman ergaben die Auswertungen, dass Probanden einige ihrer fazialen Muskelgruppen nicht kontrollieren konnten, wenn sie die Interviewerin anlogen, wobei diese Muskelgruppen nicht in der gleichen Weise aktiviert wurden, wenn die Probanden ehrlich waren. In diesem Sinn schreibt Ekman: »If you can't deliberately move a muscle to

---

16 Die folgende Darstellung orientiert sich an: Paul Ekman: *Telling Lies. Clues to Deceit in the Marketplace, Politics and Marriage*, New York 1985.

17 Vgl. Ekman: *Telling Lies*, S. 129. Ekman berichtet, dass Mary ihre Depression später überwunden hat.

18 Ekman: *Telling Lies*, S. 129 (meine Herv.).

falsify an expression, you won't be able to readily inhibit the muscle from moving to conceal part of an emotional expression«.[19] Auch dies wurde empirisch getestet.

Zusammenfassend lässt sich also sagen, dass das ADDS mithilfe eines ML-Systems arbeitet, das künstliche neuronale Netze einsetzt, um aus fazialen Muskelkombinationen Wahrscheinlichkeiten für Täuschungsabsichten abzuleiten. Wesentliche Teile des theoretischen Hintergrunds dieser Technologie werden dabei von Annahmen über universelle Mikroexpressionen geformt.

3. Das ADDS: Rechtfertigungsprobleme

Ist es aus epistemologischer Perspektive gerechtfertigt, ein System wie ADDS einzusetzen? Wie in der Einleitung gesagt, wurden in der medial-politischen wie auch in der wissenschaftlichen Diskussion diverse Zweifel vorgebracht. Daniel Minkin und Lou Brandner fassen diese Kritik in zwei Gruppen zusammen[20]: Die empirische Kritik bezieht sich auf die Zuverlässigkeit und Genauigkeit des ST und damit des ADDS. Die epistemische zielt dagegen auf Rechtfertigungsdefizite, die im theoretischen Hintergrund liegen. Obwohl die empirische Kritik im Folgenden ebenfalls angesprochen wird, soll hier – anders als bei Minkin und Brandner – die letztgenannte Kritik im Vordergrund stehen. In den nächsten Unterabschnitten wird sie interpretierend rekonstruiert und im Lichte eines Problems aus der Sozialen Erkenntnistheorie diskutiert. Dabei wird auch erläutert, worin die epistemische Rechtfertigung im Falle des Einsatzes eines Systems wie des ADDS besteht.

3.1. Die Kritik

In der Einleitung wurde bereits Patrick Breyer zitiert, der das ADDS als ein pseudowissenschaftliches System betrachtet. Breyer ist nicht der Einzige.

---

19 Ebd., S. 133.

20 Vgl. Daniel Minkin und Lou T. Brandner: »Borderline Decisions? The Lack of Justification for Automatic Deception Detection at EU Borders«, in *TATuP* 33 (2024), Heft 1, S. 34–40.

In der Presse, die sich mit dem ADDS beschäftig, wird ebenfalls von »Pseudowissenschaft« gesprochen.[21] Diese journalistischen und politischen Quellen berufen sich dabei auf oder zitieren Experten, die an der Güte des theoretischen Hintergrunds zweifeln – so z.B. Ryan Gallagher und Jona Ludovica: »*[S]ome* academics are questioning the value of the system, which they say relies on pseudoscience«.[22] Entscheidend ist hier das ›some‹. Es deutet an, dass nur ein Teil der Wissenschaftler bzw. Experten, die sich mit dem Thema beschäftigen, diese Kritik teilt. Man kann also von einem *Expertendissens* hinsichtlich ADDS sprechen. Neben Gallaghers und Ludovicas Artikel scheinen auch andere Quellen diesen Dissens nicht nur zu dokumentieren, sondern führen ihn als einen Grund an, am Einsatz des ADDS zu zweifeln.

Noch deutlicher wird diese Argumentationsstrategie in der akademischen Literatur. Dem *AI Now Report 2018*[23] zufolge etwa sei das ADDS nicht nur pseudowissenschaftlich, sondern reaktiviere »eine lange Tradition der Physiognomie«.[24] Mit Blick auf »Affect recognition applications«, zu denen ADDS gehört, wird berichtet: »[R]esearchers are worried about a reemergence of physiognomic ideas in affect recognition applications«.[25] Und hinsichtlich des von Ekman erarbeiteten theoretischen Hintergrunds dieser Systeme heißt es: »Ekman's work has been deeply criticized by psychologists, anthropologists, and other researchers who have found his theories do not hold up under sustained scrutiny«.[26] Auch Lena Podoletz führt den Mangel an Konsens als Beleg für ihr Plädoyer gegen das ADDS an. Podoletz weist v.a. auf die Kritik hin, die an der Annahme der kulturüber-

21 Vgl. u.a. Ryan Gallagher und Jona Ludovica: »We Tested Europe's New Lie Detector for Travelers – and Immediately Triggered a False Positive,« in: *The Intercept*, 26.07.2019, https://theintercept.com/2019/07/26/europe-border-control-ai-lie-detector/, (aufgerufen: 27.3.2026). Daniel Boffey: »EU Border ›Lie Detector‹ System Criticised as Pseudoscience«, in: *The Guardian*, 2.11.2018, https://www.theguardian.com/world/2018/nov/02/eu-border-lie-detection-system-criticised-as-pseudoscience (aufgerufen: 27.3.2026). Und Ann-Katrin Nezik: »Falsch geblinzelt«, in: *Zeit Online*, 29.8.2020, https://www.zeit.de/2020/36/iborder-ctrl-luegen-detektor-software-algorithmus-forschung-kritik (aufgerufen: 27.3.2026).

22 Gallagher und Ludovica: »We Tested Europe's New Lie Detector for Travelers – and Immediately Triggered a False Positive«, in: *The Intercept* (meine Herv.).

23 Das AI Now Institute ist ein an der New York University angesiedeltes interdisziplinäres Forschungsinstitut, das sich mit sozialen Auswirkungen der KI beschäftigt.

24 Meredith Whittaker u.a.: *AI Now Report 2018*, New York 2018, S. 14, https://ec.europa.eu/futurium/en/system/files/ged/ai_now_2018_report.pdf, (aufgerufen: 27.3.2026).

25 Ebd.

26 Ebd.

greifenden Universalisierbarkeit von fazialen Emotionsausdrücken, geübt wurde:

> [T]he universalisation of the classification of the correlation between facial expressions and emotional states is subject to criticism and so is the hypothesis that there is a universal understanding of emotions such as anger or fear as these may be highly dependent on cultural context.[27]

Meine Diskussion der zitierten Kritik möchte ich mit der Frage beginnen, ob das ADDS tatsächlich auf einer pseudowissenschaftlichen Grundlage basiert. Mindestens zwei Probleme sprechen dagegen: Eine erste Schwierigkeit liegt darin, dass eine auch nur ansatzweise ausgearbeitete Version dieses Vorwurfs einen befriedigenden Vorschlag zum Umgang mit dem (speziellen) Demarkationsproblem beinhalten sollte. Dieses Problem besteht darin, eine überschaubare Anzahl von Kriterien zu finden, die wissenschaftliche von pseudowissenschaftlichen Praktiken abgrenzen. Zurzeit scheint es in der Wissenschaftstheorie keinen Konsens darüber zu geben, welche Kriterien dies leisten können oder ob man überhaupt solche Kriterien formulieren kann.[28] Diese Schwierigkeit lässt sich jedoch beseitigen. Das Problem muss nämlich nicht gelöst werden, um paradigmatische Fälle von Pseudowissenschaft auszuweisen. Der Vergleich des ADDS bzw. dessen theoretischen Hintergrunds mit der Physiognomie durch den *AI Now Report* ist hier einschlägig, denn dass Physiognomie eine Pseudowissenschaft ist, ist in der Philosophie weitestgehend eingestanden.[29] Zwar muss noch gezeigt werden, dass das ADDS in wissenschaftstheoretischer Hinsicht relevante Merkmale mit der Physiognomie teilt. Doch hierfür scheint eine globale Lösung des Demarkationsproblems nicht mehr erforderlich zu sein.

Eine zweite Schwierigkeit mit dem Pseudowissenschaftsvorwurf lässt sich m.E. jedoch nicht vermeiden: Selbst wenn man annimmt, dass der Expertendissens über die theoretische Grundlage des ADDS problematisch ist, ist nicht zu sehen, weshalb aus dieser Tatsache der pseudowissenschaftliche Charakter dieser Grundlage folgen soll. Offenbar ist gerade das Ge-

---

27 Lena Podoletz: »We Have to Talk About Emotional AI and Crime«, in: *AI & Society* 38 (2023), Heft 3, S. 1067–1082.

28 Zu einer relativ neueren Übersicht über die Debatte: Vgl. Sven Ove Hansson: »Science and Pseudo-Science«, in: Stanford Encyclopedia of Philosophy, 2021, https://plato.stanford.edu/entries/pseudo-science/ (aufgerufen: 30.5.2024).

29 Vgl. z.B. David Coady: »Psychology and Conspiracy Theories«, in: David Coady und James Chase (Hg.): *Routledge Handbook of Applied Epistemology*, Oxon, New York 2019, S. 166–175, hier S. 175.

genteil der Fall. Gerade die Rede von einem ›*Experten*dissens‹ setzt offensichtlich voraus, dass alle Seiten des Dissenses eben keine Pseudowissenschaft betreiben. Sobald man zugesteht, dass der theoretische Hintergrund von Experten qua Experten[30] entwickelt wurde – was in den genannten Quellen nicht bestritten wird – führt kein Weg an der Festlegung vorbei, dass es sich bei diesem Hintergrund um einen wissenschaftlichen Beitrag bzw. eine Expertise handelt.[31] Der Pseudowissenschaftsvorwurf lässt sich daher nicht aus der Annahme des Expertendissenses ableiten. Vielmehr scheint dieser Vorwurf Teil einer Position *innerhalb* eines Expertendissenses zu sein.

Dieser Umstand verweist auf das bereits angekündigte erkenntnistheoretische Problem, das hier als ›LE²-Problem‹ bezeichnet wird. Im folgenden Abschnitt soll es zunächst ohne einen Bezug auf das ADDS dargestellt werden. In 3.3. wird diese Darstellung dann herangezogen, um die Frage zu diskutieren, inwiefern der Expertendissens auf Rechtfertigungsdefizite der theoretischen Grundlage, auf der das ADDS basiert, hinweist.

3.2. Exkurs: Das LE²-Problem

Das besagte Problem ist in der Sozialen Erkenntnistheorie beheimatet. Dieser Strang der Erkenntnistheorie nimmt die sozialen Bedingungen von Wissen und epistemischer Rechtfertigung in den Fokus. Nicht selten wird dabei die Annahme vertreten, dass sich bestimmte Überzeugungen gar nicht anders rechtfertigen lassen als durch den sozialen Kontext.[32] Besonders deutlich wird dies bei Überzeugungen, die man von Experten übernimmt: Auf dem Gebiet der Klimawissenschaften bin ich ein Laie und habe daher niemals die globale Durchschnittstemperatur gemessen. Ich

30 Damit ist gemeint, dass diese Experten nicht rein zufällig auf die Entdeckungen gestoßen sind, die den theoretischen Hintergrund bilden, sondern aufgrund ihrer Ausbildung, ihrer Kompetenzen und ihrer Fachkenntnisse.

31 Das ist nicht trivial und erfordert eine Begründung, die ich hier nur andeuten kann: Man nehme an, dass Wissenschaftler qua Wissenschaftler bzw. Experten qua Experten Pseudowissenschaft betreiben können. Nach dem zumindest in der Wissenschaftstheorie etablierten Verständnis ist eine Pseudowissenschaft eine Praxis, die nicht wissenschaftlich ist, aber vorgibt wissenschaftlich zu sein. Daraus folgt, dass Wissenschaftler qua Wissenschaftler vorgeben Wissenschaft zu betreiben, ohne Wissenschaft zu betreiben. Doch Wissenschaftler *qua Wissenschaftler* betreiben per definitionem Wissenschaft.

32 Vgl. z.B. C.A.J. Coady: *Testimony. A Philosophical Study*, Oxford 1992.

wüsste auch gar nicht, was ich tun muss, um eine Messung angemessen durchzuführen. Und selbst wenn ich es in der Theorie wüsste, würde ich als Laie keine Kompetenzen haben, die Temperatur zu messen. Trotzdem bin ich davon überzeugt, dass es einen anthropogenen Klimawandel gibt, zu dem der Anstieg der Durchschnittstemperatur gehört. Ich sehe diese Überzeugung als sehr gut gerechtfertigt an, weil ich sie von Experten übernommen habe, die die Messungen durchgeführt und die betreffenden Daten ausgewertet haben. Hier scheint also ein Fall vorzuliegen, in dem sowohl die Entstehung als auch die Rechtfertigung meiner Überzeugung von einem speziellen sozialen Kontext abhängt – nämlich von klimawissenschaftlichen Experten.

Anders als im Falle des anthropogenen Klimawandels sind sich Experten jedoch oftmals nicht einig. Und genau hier entsteht das LE^2-Problem. Es wurde v.a. durch eine Arbeit von Alvin Goldman berühmt gemacht und lässt sich wie folgt skizzieren: Wenn ich mit Blick auf die Frage, ob etwas der Fall ist (ob p), ein Laie und – wie soeben beschrieben – nicht in der Lage bin, selbständig herauszufinden, ob p, wende ich mich an eine Expertin. Sie teilt mir mit, dass p. Allerdings treffe ich unmittelbar danach eine zweite Expertin, die mir mitteilt, dass nicht-p. Hier kann angenommen werden, dass ich keine andere Wahl habe als mich zu positionieren, sodass eine Urteilsenthaltung nicht in Frage kommt. Ich kann die Belege für oder gegen p nicht beurteilen, gleichzeitig helfen mir die beiden Expertinnen nicht weiter, da sie sich widersprechen. Hier ist also *ein Laie* (›L‹) mit den sich widersprechenden Ansichten von *zwei Expertinnen* (›E^2‹) konfrontiert, wodurch sich der Name dieses Problems erklärt. Im Lichte dieser Situation fragt Goldman: »Can novices, while remaining novices, make justified judgments about the relative credibility of rival experts? When and how is this possible?«[33]

Ein erster Schritt, diese Fragen zu beantworten, besteht in der Aufspaltung der Belege in Belege erster und zweiter Stufe. In der beschriebenen LE^2-Situation sind Belege erster Stufe allein den Expertinnen zugänglich und sprechen direkt für bzw. gegen p. Belege zweiter Stufe sprechen dagegen nur indirekt für oder gegen p, insofern sie darauf hindeuten, dass eine der beiden Expertinnen bessere Belege erster Stufe für p hat als die Konkurrentin gegen p oder vice versa. Der Hauptteil von Goldmans Argu-

33 Alvin I. Goldman: »Experts: Which Ones Should You Trust?«, in: *Philosophy and Phenomenological Research* 63 (2001), Heft 1, S. 85–101, hier: S. 89.

mentation besteht in der Beschreibung von fünf Belegen zweiter Stufe.[34] Zumindest einige dieser höherstufigen Belege lassen sich am Beispiel der Frage nach dem menschengemachten Klimawandel illustrieren. So glaube ich an den menschengemachten Klimawandel, weil zwischen 90 und 100 % der Klimawissenschaftler ebenfalls an diesen glaubt.[35] Die meisten Teilnehmer der philosophischen Debatte sehen die Größe einer Expertenpartei als einen Beleg zweiter Stufe an, was unten wichtig wird. Als ein weiterer Beleg wird die Abwesenheit bzw. das Vorhandensein sachfremder Interessen angesehen. In der Debatte um den menschengemachten Klimawandel haben sich einige Naturwissenschaftler mit Zweifeln an ihm oder zumindest an der Dringlichkeit, ihn zu bekämpfen, gemeldet. Wie u.a. Naomi Oreskes und Erik Conway jedoch aufgedeckt haben, wurden viele dieser Wissenschaftler von wirtschaftsnahen Organisationen gefördert, die die staatliche Regulierung im Zuge von Klimaschutzmaßnahmen fürchteten, sodass hier wohl sachfremde Interessen im Spiel waren.[36]

Die Idee der Belege höherer Stufe führte zu einer mittlerweile weit verzweigten Debatte, in der weitere solcher Belege beschrieben wurden.[37] Die nächsten Schritte zur Lösung des LE^2-Problems bestehen in der Deutung und Anwendung dieser Beschreibungen sowie in der Gewichtung der verschiedenen Belege, worüber ebenfalls verbissene Kontroversen geführt werden. Hier kann es nicht darum gehen, einen Beitrag zu diesen Diskussionen zu leisten. Vielmehr soll gezeigt werden, dass das LE^2-Problem und damit die Relevanz der Belege zweiter Stufe die theoretische Grundlage des ADDS als auch die Kritik an ihr betrifft.

---

34 Ebd., S. 93–108.

35 Dies ergab eine groß angelegte Metastudie: Vgl. John Cook u.a: »Consensus on Consensus. A Synthesis of Consensus Estimates on Human-caused Global Warming«, in: *Environmental Research Letters* 11 (2016), Heft 4, S. 1–7.

36 Vgl. Naomi Oreskes und Erik M. Conway: *Merchants of Doubt. How a Handful of Scientists Obscured the Truth on Issues from Tobacco Smoke to Global Warming*, New York, Berlin und London 2010.

37 Vgl. u.a. Maria Baghramian und Michel Croce: »Experts, Public Policy, and the Question of Trust«, in: Michael Hannon und Jeroen de Ridder (Hg.): *The Routledge Handbook of Political Epistemology*, London und New York 2021, S. 446–457, hier S. 449–451.

3.3. Das ADDS und die Kritik im Lichte des LE²-Problems

Welche Rolle spielt nun das LE²-Problem für die Frage, ob der Einsatz des ADDS epistemisch gerechtfertigt ist? Im Folgenden sollen drei Berührungspunkte offengelegt werden, die durch drei Fragen aufgezeigt werden können:

a) *Wie tiefgreifend ist der Expertendissens über die theoretische Grundlage des ADDS?*
b) *Wie relevant ist dieser Expertendissens? Und*
c) *Was folgt aus der Tatsache seines Bestehens?*

a) Wie tiefgreifend ist der Expertendissens über die theoretische Grundlage des ADDS? Die in Abschnitt 3.1. umrissene Kritik weist auf den Expertendissens über den theoretischen Hintergrund des ADDS hin. Allerdings wird nicht beschrieben, in welchen Dimensionen dieser Dissens ausgetragen wird. Aufbauend auf eigenen Literaturrecherchen soll hier dagegen deutlich gemacht werden, dass der Dissens in mehreren Hinsichten stattfindet und eine Vielzahl von Aspekten tangiert.

Seit den 1990er Jahren wird Ekmans Grundannahme, einige faziale Emotionsausdrücke seien kulturunabhängig, von Studien und Metastudien herausgefordert.[38] Wie gesehen liegt diese Annahme Ekmans Analyse von Mikroexpressionen als Hinweise auf Betrugsabsichten zugrunde. Auch Arbeiten, die seine Befunde im Großen und Ganzen stützen, weisen darauf hin, dass es eine leichte aber statistisch signifikante Tendenz gibt, die Expressionen von Mitgliedern eigener Kultur besser zu erkennen.[39] Des Weiteren spielt der Kontext, in dem die jeweilige Gesichtsexpression interpretiert wird, eine Rolle, wobei man davon ausgehen kann, dass Vertreter verschiedener Kulturen verschiedene Kontexte verschieden inter-

38 Vgl. u.a. James A. Russell: »Is there universal recognition of emotion from facial expression? A Review of the Cross-cultural Studies«, in: *Psychological Bulletin* 115 (1994), Heft 1, S. 102–141. Alan Fridlund und James A. Russell: »The Functions of Facial Expressions. What's in a Face?«, in: V. Manusov und M. L. Patterson (Hg.): *The Sage Handbook of Nonverbal Communication*. Thousand Oaks 2006, S. 299–319. Lisa Feldman Barrett u.a.: »Emotional Expressions Reconsidered. Challenges to Inferring Emotion From Human Facial Movements«, in: *Psychological Science in the Public Interest* 20 (1). pp. 1–68.

39 Vgl. Elfenbein und Ambady: »On the Universality and Cultural Specificity of Emotion Recognition. A Meta-analysis«, in: *Psychological Bulletin* 128 (2002), Heft 2, S. 205.

pretieren.[40] Schließlich variiert auch die Intensität, mit der Emotionen ausgedrückt werden, insofern Mitglieder westlicher Kulturen Emotionen offenkundiger ausdrücken und Menschen mit ostasiatischem Hintergrund diese eher zurückhalten.[41]

Dissens findet sich nicht nur hinsichtlich der Frage nach der Kulturunabhängigkeit von Emotionsausdrücken. Etwa zu der Zeit, zu der Ekman und Friesen die Mikroexpressionen entdeckt und ihre Analyse erarbeitet haben, fanden auch Ernest Haggard und Kenneth Isaacs diese Form von Expressionen. Diese interpretierten sie jedoch nicht als Hinweise auf Täuschungsabsichten, sondern als ein »Sicherheitsventil«[42] für unterdrückte Gefühle. Zwar hat sich diese Deutung nicht durchgesetzt, doch neuere Studien weisen auf eine Vielfalt von Interpretationen im Lichte empirischer Befunde hin,[43] sodass es fraglich wird, weshalb Mikroexpressionen so gedeutet werden sollten, dass sie über Täuschungsabsichten Aufschluss geben können und nicht in einer anderen Weise.

Schließlich existiert in einer dritten Hinsicht ein Expertendissens über Ekmans Arbeit. Die Annahme kulturunabhängiger Emotionsausdrücke und damit die Idee der Mikroexpressionen als Hinweise auf Täuschungsabsichten setzt ein sog. diskretes Klassifizierungsmodell von Emotionen voraus, das Ekman explizit verteidigt hat.[44] Dieses Modell geht von einer relativ kleinen Zahl von basalen Emotionen aus, die komplexere Emotionen formen können. Verschiedene diskrete Modelle stufen jedoch verschiedene Emotionen als basal ein und implizieren verschiedene Vorstellungen davon, was ›basal‹ bedeutet. Der eigentliche Dissens besteht allerdings darin, dass es weitere Modelle gibt, die mit dem diskreten Modell konkurrieren. Dimensionale Modelle wie das Circumplexmodell systematisieren Emotionen, indem sie von zwei oder mehreren Dimensionen ausgehen, die

40 Vgl. etwa Hillel Aviezer u.a.: »Angry, Disgusted, or Afraid?: Studies on the Malleability of Emotion Perception«, in: *Psychological Science 19* (2008), Heft 7, S. 724–732.

41 Vgl. David Matsumoto, Bob Willingham und Andres Olide: »Sequential Dynamics of Culturally Moderated Facial Expressions of Emotion«, in: *Psychological Science* 20 (2009), Heft 10, S. 1269–1274.

42 Ernest Haggard und Kenneth Isaacs: »Micromomentary Facial Expressions«, in: Louis Gottschalk und Arthur Auerbach (Hg.): *Methods of Research in Psychotherapy*, New York 1966, S. 129–147. Meine Übersetzung von »safety valve«.

43 Liangfei Zhang und Ognjen Arandjelović: »Review of Automatic Microexpression Recognition in the Past Decade« in: *Machine Learning and Knowledge Extraction* 3 (2021), Heft 2, S. 414–434, hier S. 415.

44 Vgl. Paul Ekman: »An Argument for Basic Emotions«, in: *Cognition & Emotion* 6 (1992), Heft 3–4, S. 169–200.

ein Feld aufspannen, in dem Emotionen angeordnet werden. Traurigkeit wird etwa als unangenehm und eher ruhig charakterisiert, Fröhlichkeit dagegen als angenehm und eher erregt.[45]

Was diese Übersicht über die Hinsichten, in denen es einen Expertendissens zur theoretischen Grundlage des ADDS gibt, zeigt, ist, dass der Dissens weiter reicht als die in Abschnitt 3.1. umrissene Kritik annimmt. Hieraus folgt aber noch nicht, dass der Einsatz des ADDS auf dieser Grundlage ungerechtfertigt ist. Dies wäre nur dann der Fall, wenn der Dissens auch relevant ist.

b) Wie relevant ist der Expertendissens über die theoretische Grundlage des ADDS? Diese Frage lässt sich womöglich durch ein Analogie-Argument besser beantworten: Obwohl die Allgemeine Relativitätstheorie heute sicherlich die beste meso- bzw. makrokosmische Theorie des Raumes und der Zeit ist, existiert auch über sie Dissens innerhalb der physikalischen Gemeinschaft. Dieser Dissens scheint aber irrelevant zu sein, wenn es um praktische Anwendungen wie das Global Positioning System (GPS) geht, für das relativistische Berechnungen benötigt werden. Solange das System hinreichend gute Genauigkeitswerte aufweist, scheint ein Expertendissens für die praktische Anwendung nicht mehr von Bedeutung zu sein. Andererseits wäre der Einsatz eines Systems selbst dann nicht gerechtfertigt, wenn es einen absoluten Konsens gäbe – d.h. wenn 100 % aller Experten derselben Meinung wären –, das jeweilige System aber nicht die nötigen Genauigkeitsraten aufweisen würde. Zurzeit sprechen die im Labor ermittelten Werte des ST, dem Subsystem des ADDS, das für die Errechnung der Risikowahrscheinlichkeit zuständig ist, jedoch gegen den Einsatz. Je nach Experimentdesign liegen die von den Entwicklern erhobenen Genauigkeitsraten zwischen 63 und 75 %.[46] Zum Vergleich: Kanadische Beamte, die auf Täuschungen spezialisiert wurden, erreichten in einer Studie etwa 77 %.[47] Ein weiteres Problem, das die Genauigkeit betrifft, ist, dass ST

---

45 Zur Übersicht: Vgl. Andreas Eder und Tobias Brosch: »Emotion«, in: Jochen Müsseler und Martina Rieger (Hg.): *Allgemeine Psychologie*, 3. Aufl. Berlin und Heidelberg 2017, S. 185–222, hier S. 193f.

46 Vgl. Rothwell u.a.: »Silent Talker«, in: *Applied Cognitive Psychology* 20. Und O'Shea u.a.: »Intelligent Deception Detection Through Machine Based Interviewing«, in: [IEEE] (Hg.): *Proceedings of the International Joint Conference on Neural Networks 2018.*

47 Vgl. Stephen Porter, Mike Woodworth und Angela Birt: »Truth, Lies, and Videotape. An Investigation of the Ability of Federal Parole Officers to Detect Deception«, in: *Law and Human Behavior* 24 (2000), Heft 6, S. 643–658.

mit relativ wenigen Probanden trainiert und getestet wurde. Rothwell u.a. berichten von 39 und O'Shea u.a. von 30 Probanden, wobei die meisten der Probanden europäisch und männlich waren, sodass etwa Rothwell u.a. die Gefahr eines Data Bias' einräumen.[48] Wie gesagt, in diesem Text soll es aber nicht um diese ›empirische‹ Kritik gehen.[49]

Entscheidend ist, dass selbst bei besseren Genauigkeitsraten und bei einer größeren Stichprobe der theoretische Hintergrund die epistemische Rechtfertigung des Einsatzes eines solchen Systems mitbestimmt. Um dies deutlich zu machen, soll hier kurz darauf eingegangen werden, was ›epistemische Rechtfertigung‹ im Kontext eines Einsatzes des ADDS bedeutet.

In der Erkenntnistheorie unterscheidet man für gewöhnlich zwischen internalistischen und externalistischen Theorien der Rechtfertigung. Beide Theoriefamilien versuchen zu erläutern, was es heißt, dass wir eine in Frage stehende Überzeugung – wie in der Einleitung beschrieben – ›als einen Kandidaten für Wahrheit ansehen‹ sollten. *Internalistische Theorien* behaupten, dass dieser Status der Überzeugung Ü nur dann zugeschrieben werden kann oder sollte, wenn die Person, die Ü hat, auch hinreichend gute Belege für Ü besitzt, erkennt und/oder anführt.[50] In diesem Sinne hängt die Zuschreibung des genannten Status von der jeweiligen Person *internen* Faktoren ab. *Externalistische Theorien* bestreiten das und konzipieren Rechtfertigung etwa, indem sie diejenigen überzeugungsbildenden Prozesse auszuweisen versuchen, die in der Vergangenheit mehr wahre als falsche Überzeugungen produziert haben.[51] Ü ist in diesem Rahmen nur dann gerechtfertigt, wenn sie von einem solchen Prozess generiert wurde. Der Anteil der wahren zu falschen Überzeugungen ist aber unabhängig davon, ob eine Person, die jetzt Ü hat, Belege für diese Überzeugung besitzt und gilt somit als ein *externer* Faktor (selbst wenn die Prozesse innerhalb der Person abgelaufen sind).

An dieser Unterscheidung ansetzend führt Andreas Kaminski in seiner Begutachtung des ADDS aus, dass sich externalistisch konzipierte Rechtfer-

---

48 Vgl. Rothwell u.a.: »Silent Talker«, in: *Applied Cognitive Psychology* 20, S. 768.

49 Vgl. hierfür Kaminski: »Begriffe in Modellen.«, in: Saam, Resch und Kaminski (Hg.): *Simulieren und Entscheiden.*

50 Zu erläutern, was das genau heißt, ist ein Desiderat internalistischer Theorien. Mittlerweile gibt es diverse Vorschläge hierzu: Vgl. etwa Kevin McCain: *Evidentialism and Epistemic Justification*, New York, London 2014.

51 Vgl. z.B. Alvin Goldman: »What is Justified Belief?«, in: George S. Pappas (Hg.): *Justification and Knowledge. New Studies in Epistemology.* Dordrecht, Boston, London 1979, S. 1–23.

tigung in Form von Verlässlichkeit bzw. Genauigkeit daran bemisst, wie sich ein System wie ST *in einer Reihe von Fällen* verhält. Internalistisch verstandene Rechtfertigung wird jedoch gefordert, wenn es um einen *individuellen Fall* geht. So lässt sich ein Schuldspruch gegenüber der Beschuldigten nicht dadurch internalistisch rechtfertigen, dass 95 % aller Beschuldigten tatsächlich schuldig sind.[52] Stattdessen verlangt die Rechtsstaatlichkeit, dass Belege angeführt werden, die zeigen, warum die Annahme, dass *diese* Beschuldigte schuldig ist, gerechtfertigt ist. Nun sind Belege in einer unproblematischen Weise theorieabhängig; Fingerabdrücke z.B. können eine Beschuldigte nur vor dem Hintergrund der theoretischen Annahme überführen, dass keine zwei Menschen identische Fingerabdrücke haben.[53] Die Annahme selbst wurde durch andere Belege gestützt, die wiederum theorieabhängig sind. In diesem Sinne kann und muss in manchen Fällen der theoretische Hintergrund in die Rechtfertigung einer Entscheidung einfließen. Im Falle des Fingerabdrucks gehört der Hintergrund zum Allgemeinwissen und muss nicht explizit angeführt werden. Im Falle des ADDS ist dies jedoch anders, weswegen der Expertendissens über diesen Hintergrund relevant bleibt.

c) Was folgt aus der Tatsache des Expertendissenses über die theoretische Grundlage des ADDS? Wenn die gerade gemachte Überlegung richtig ist, dann erfordert eine gerechtfertigte Entscheidung, die mithilfe des ADDS getroffen wird, einen Bezug auf die theoretische Grundlage dieses Systems. Genau hier kommt das LE^2-Problem wieder ins Spiel. Denn weder Entscheidungsträger (Beamte der EU) noch die von einer Entscheidung Betroffenen (Einreisende in die EU) sind (in der Regel) Experten mit Blick auf diese Grundlage und können dementsprechend Belege erster Stufe, die für oder gegen diese Grundlage sprechen, nicht bewerten. Eine internalistische Rechtfertigung einer individuellen Entscheidung und damit des Einsatzes des ADDS erfordert somit Belege zweiter Stufe.

Hier kann keine detaillierte Prüfung dieser Belege gegeben werden. Sie soll aber zumindest angedeutet werden. Obwohl soziale Erkenntnistheoretiker selbst nicht darüber einig sind, welche Belege zweiter Stufe in welchen

52 Vgl. Andreas Kaminski: »Gründe geben. Maschinelles Lernen als Problem der Moralfähigkeit von Entscheidungen, in: Klaus Wiegerling, Michael Nerurkar, Christian Wadephul (Hg.): *Datafizierung und Big Data. Anthropologie – Technikphilosophie – Gesellschaft,* Wiesbaden 2020, S. 151–174, hier 165f. Bei Kaminski spielt außerdem die Opazität eine Rolle. Für den Punkt, auf den ich hinausmöchte, kann dieses Thema aber ausgeklammert werden.

53 Dies gilt auch für eineiige Zwillinge.

Fällen herangezogen werden sollten, sehen die meisten die Größe der Parteien innerhalb eines Expertendissenses als einen entscheidenden Faktor an. Der in Abschnitt 3.2. veranschaulichte Fall des menschengemachten Klimawandels macht deutlich, dass die Größe manchmal bereits hinreichend ist, um eine Laien-Überzeugung zu rechtfertigen. Betrachtet man die theoretische Grundlage des ADDS unter diesem Gesichtspunkt, zeigen sich tatsächlich Rechtfertigungsdefizite: Ekman selbst ist sich darüber bewusst, dass seine Theorie innerhalb der psychologischen Fachgemeinschaft angegriffen wurde. 2016 führte er eine Umfrage unter 248 Emotionspsychologen durch. Während die Befragten der Annahme universeller »Emotionssignale«[54] mit 80 % zustimmten, vertraten nur 16 % und damit die Minderheit der Emotionsforscher das diskrete Modell, das der gesamten Theorie Ekmans zugrundeliegt.

Als Beleg zweiter Stufe scheint diese Tatsache gegen den Einsatz des ADDS zu sprechen. Allerdings begründet dies nur einen Anfangsverdacht. Um zu einer differenzierten Einschätzung hinsichtlich der Frage, ob ein Einsatz gerechtfertigt ist, zu gelangen, sollte geprüft werden, ob es weitere höherstufige Belege gegen den Einsatz gibt. So sollte – auf empirischem Wege – untersucht werden, ob etwa ökonomische und politische Interessen die Wahl der theoretischen Grundlage beeinflussen. Die besagte Frage lässt sich deshalb nicht auf eine Beziehung zwischen einer Reisenden und einer Grenzschutzbeamtin oder zwischen Täuschendem und Getäuschtem reduzieren. Vielmehr müssen auch die Interessen und Konstellationen der Institutionen betrachtet werden, die für die Entwicklung und den Einsatz derartiger Systeme verantwortlich sind.

4. Schluss

Das Automatic Deception Detection System (ADDS) soll im Rahmen des durch die EU finanzierten Projektes iBorderCtrl dabei helfen, Täuschungsabsichten von in die EU einreisenden Personen aufzudecken. Das Projekt zog teilweise heftige Kritik auf sich, die letztlich besagt, dass der Einsatz des ADDS nicht gerechtfertigt ist. Der hier vorliegende Text hat versucht, diese Kritik im Lichte erkenntnis- und wissenschaftstheoretischer Einsichten zu deuten und zu erörtern. Dabei zeigten sich diverse Probleme und Deside-

54 Paul Ekman: »What Scientists Who Study Emotion Agree About«, in: *Perspectives on Psychological Science* 11 (2016), Heft 1, S. 31–34, hier S. 32.

rata: Der durch die Kritiker erhobene Vorwurf, dass das ADDS auf einer pseudowissenschaftlichen Grundlage steht, ist nicht haltbar. Der hiermit einhergehende Hinweis, dass es über die Grundlage dieses Systems keinen Konsens gibt, ist dagegen richtig. Dieser Hinweis reicht jedoch nicht aus, um Rechtfertigungsdefizite offen zu legen. Denn zum einen kann nicht vorausgesetzt werden, dass die Bedingungen, unter denen der Einsatz eines Systems wie ADDS gerechtfertigt sind, klar sind. Zum anderen muss empirisch gezeigt werden, dass unter einem gegebenen Rechtfertigungsbegriff die fraglichen Bedingungen tatsächlich erfüllt sind. Zur Erfüllung dieser Desiderata wird eine interdisziplinäre Anstrengung erfordert, die diverse soziale Dimensionen und Akteure in den Blick nimmt. Durch Bezug auf ein zentrales Problem der sozialen Erkenntnistheorie (LE^2-Problem) sollte hier zumindest ein Weg aufgezeigt werden, wie dies zu leisten ist.

Sebastian Bücker

Die Heranzüchtung künstlicher (Ver)Sprecher

Dennett und Brandom über das Beherrschen inferentieller Fähigkeiten von sprachbasierter KI[1]

Abstract

Durch die Einführung neuer KI-Sprachmodelle (Large-Language-Models) wie z.B. ChatGPT können nun Texte und Gespräche auf hohem sprachlichem Niveau produziert werden. Es scheint, als ob diese Algorithmen tatsächlich eine sprachliche Fähigkeit besitzen, mit Begriffen so umzugehen, wie wir es tun. Besitzen sie jedoch wirklich die Fähigkeiten, sich im sprachlichen Spiel des Gebens und Nehmens von Gründen bewegen zu können? In meinem Beitrag untersuche ich die Bedingungen der Möglichkeit, um solche Fähigkeiten zuschreiben zu können, wie sie von Daniel Dennett und Robert Brandom expliziert wurden, und beziehe sie auf eine aktuelle, umfangreiche Studie zur Leistungsfähigkeit solcher KI-Sprachmodelle. Dabei ergeben sich insbesondere durch die Differenz der philosophischen Positionen von Dennett und Brandom interessante Perspektiven.

With the introduction of large language models such as ChatGPT, texts and conversations can now be produced at a high linguistic level. It seems that these algorithms actually have the linguistic ability to deal with concepts in the same way that we do. But do they really have the ability to navigate in the linguistic game of giving and taking of reasons? In my article, I examine the conditions of possibility for ascribing such abilities, as explicated by Daniel Dennett and Robert Brandom, and relate them to a recent, extensive study on the capabilities of such AI language models. This results in interesting perspectives due to the difference between the philosophical positions of Dennett and Brandom.

Einführung

Mit der Einführung von ChatGPT im November 2022 fand, in den Begriffen der Technologieindustrie gesprochen, ein ›revolutionärer‹ Einschnitt statt. Plötzlich konnte jeder mit einem Chatbot schreiben, welcher ›sinnvolle‹ Texte produzieren kann und nicht auf eine spezielle Domäne beschränkt ist. ChatGPT bzw. sein zugrundeliegendes Sprachmodell GPT-4 scheint

1 Ich danke Laura Grosser und Andreas Kaminski für die schönen Gespräche zum Thema dieses Textes und für ihre konstruktiven Anmerkungen zu meinen Gedankengängen. Ebenso möchte ich Suzana Alpsancar und den mir unbekannten Autorinnen oder Autoren der beiden Gutachten für ihre konstruktiven Anmerkungen danken.

mathematische Beweise schreiben und diese als Dialog à la Shakespeare darstellen zu können;[2] Studierende können sich Essays und Hausaufgaben von ihm schreiben lassen und Programmierer sich mittels natürlichsprachlicher Spezifikationen den entsprechenden Programmcode generieren lassen. Die neuen Sprachmodelle scheinen die Muster unserer Sprache, wie Bedeutungen miteinander verknüpft werden, in vielen Bereichen nahezu perfekt zu beherrschen, wenngleich nicht jedes generierte Stück Text sinnvoll ist. Solche Imperfektionen werden gerne als noch zu behebende Ungenauigkeiten betrachtet, und tatsächlich verbessern sich die Modelle von Version zu Version.

Die Faszination dieser Programme geht von ihren scheinbar schlussfolgernden Fähigkeiten aus, da sie die Begriffe der natürlichen Sprache häufig so miteinander verknüpfen, wie *wir* es tun. Sie scheinen zu *verstehen*, was man von ihnen möchte. Was aber bedeutet dieses Verstehen? Robert Brandom illustriert dies gerne am Beispiel eines Papageis, welcher die responsive Disposition erlernt hat, auf rote Dinge durch das Ausrufen von ›Das ist rot‹ zu reagieren. Versteht ein solcher Papagei den Begriff ›Rot‹, und falls nicht: Welche Fähigkeit genau fehlt ihm? Ihm fehlt die Fähigkeit, Aussagen wie ›Das ist rot‹ in einem *inferentiellen* Sinn zu behandeln: entscheiden zu können, welche Aussagen aus ihnen folgen, aus welchen Aussagen sie selbst wiederum hergeleitet werden können, als auch, mit welchen sie inkompatibel sind. ›Das ist rot‹ folgt aus ›Das ist purpur‹ und ist inkompatibel mit ›Das ist grün‹.[3] Brandom schreibt:

> »Verstehen ist so nicht mehr das Anknipsen eines cartesischen Lichts, sondern wird als praktische Beherrschung einer bestimmten Art inferentiell gegliederten *Tuns* verstanden: als unterscheidendes Reagieren auf die Umstände der richtigen Anwendung eines Begriffs und als Erkennen der richtigen inferentiellen Folgen einer solchen Anwendung.«[4]

Gerade diese Bestimmung scheint auf die neuen Sprachmodelle zuzutreffen, da sie in vielen Bereichen menschlichen Wissens die Begriffe richtig anzuwenden scheinen und auch die jeweiligen Kontexte zu berücksichtigen

---

2 Vgl. zu den mathematischen Fähigkeiten von LLMs die kritische und instruktive Studie von Konstantine Arkoudas: »GPT-4 Can't Reason«, 2023, arXiv: 2308.03762 [cs.CL].

3 Vgl. Robert B. Brandom: *Expressive Vernunft. Begründung, Repräsentation und diskursive Festlegung*, übers. v. Eva Gilmer und Hermann Vetter, Frankfurt am Main 2000, S. 150ff.

4 Ebd., S. 193.

wissen, wie eine in der KI-Community populär gewordene Studie von Microsoft Research mit dem ehrgeizigen Titel *Sparks of Artificial General Intelligence. Early experiments with GPT-4* attestiert.[5] Oder handelt es sich doch um sogenannte »stochastic parrots«,[6] also Wesen, dessen Sprachäußerungen keine inferentielle Struktur aufweisen?

Untersuchungen zu den Fähigkeiten von LLMs setzen den Fokus dabei meist auf epistemische Gesichtspunkte und weniger auf die normativen Aspekte des Sprechens.[7] Die Frage nach den normativen Aspekten des Sprechens führt von den Fragen, ob LLMs begrifflich reagieren können, hin zu Fragen, ob sie durch Begriffe geleitet verantwortlich agieren können. Für eine Behauptung kann der Sprecher als Person im »Spiel des Gebens und Verlangens von Gründen«[8] zur Verantwortung gezogen werden. Als Sprecher muss er Gründe geben können, die seine Behauptung inferentiell absichern, als auch für die inferentiellen Konsequenzen sich verantworten. Betrachten wir LLMs jedoch lediglich als Mechanismen, die Sprachausdrücke mit begrifflicher Struktur produzieren, so müsste die Verantwortung für ein ›unbefriedigendes‹ Resultat an jemand anderes delegiert werden, zumeist an die Entwickler der LLMs. Ist es also möglich, die neuen Sprachmodelle in diesem Sinn als *sprechende Person* zu verstehen, die am Spiel des Gebens und Verlangens von Gründen teilnehmen *können*?

Im Folgenden werde ich zuerst versuchen durch die Folie von Daniel C. Dennetts Arbeiten die aktuellen, oft impliziten, Leitideen zu beleuchten, welche die Heranzüchtung[9] von Sprachkompetenz zu motivieren scheinen. Der Grund dafür ist folgender: Nimmt man an, dass die Anerkennung von jemandem als Person eine notwendige Bedingung dafür darstellt, seinen Aussagen eine normative Bedeutung zuweisen zu können, für die der Spre-

---

5 Sébastien Bubeck u. a.: »Sparks of Artificial General Intelligence. Early experiments with GPT-4«, 2023, arXiv: 2303.12712 [cs.CL].

6 Emily M. Bender u. a.: »On the Dangers of Stochastic Parrots. Can Language Models Be Too Big?«, in: *Proceedings of the 2021 ACM Conference on Fairness, Accountability, and Transparency*, FAccT '21, New York 2021, S. 610–623.

7 Vgl. z.B. Matej Zečević u. a.: »Causal Parrots: Large Language Models May Talk Causality But Are Not Causal«, 2023, arXiv: 2308.13067 [cs.AI].

8 Robert B. Brandom: *Begründen und Begreifen. Eine Einführung in den Inferentialismus*, übers. von Eva Gilmer, Frankfurt am Main 2001, S. 210 *et passim*.

9 Wie unten genauer erläutert, bezeichnet dies eine Design-Methodologie, welche sich stärker an biologischer Züchtung als am expliziten Entwerfen von Algorithmen orientiert.

cher verantwortlich ist,[10] dann scheint Dennett durch eine Liste notwendiger Bedingungen für ›Person-Sein‹ eine schematische Leiter anzubieten, auf welcher es durch technische Fortschritte weiter hinaufzuklettern gilt.[11] Dennetts Ideen werden dann mit der oben bereits erwähnten aktuellen Studie über die Intelligenzleistungen von Sprachmodellen verglichen, welche als ein Versuch gelesen werden kann, deren Leistungen innerhalb von Dennetts Stufenleiter zu verorten. Dabei ergeben sich jedoch einige Probleme, welche dann in einem weiteren Schritt durch die Differenz von Brandoms und Dennetts philosophischen Positionen beleuchtet werden können.

Dennetts Idee der Heranzüchtung von ›Personen‹

Der genealogische Zündfunke für die Idee, Computern bzw. Maschinen Sprachkompetenz anzüchten zu können, liegt in Alan Turings Artikel »Computing Machinery and Intelligence«.[12] Zwei Vorstellungen von Turing sind hierfür entscheidend, wie Dennett hervorhebt.[13] Erstens versucht Turing gar nicht erst, an die Frage »Can machines think?« durch die Bestimmung von Wesensmerkmalen und Definitionen des Begriffs ›Denken‹ heranzugehen. Stattdessen schreibt sein Testszenario einen menschlichen, ansonsten jedoch unspezifizierten Fragesteller vor, für welchen sich der Computer *als* ein Mensch darstellen müsse. Zweitens antizipiert Turing bereits, dass es Programme mit einer *autopoietischen* Funktionalität geben wird, durch welche sie als *lernend* beschrieben werden können. Es handelt sich also nicht mehr um Maschinen im klassischen Sinne, welche einen vom Entwickler erdachten, statischen Algorithmus ausführen, sondern um *transklassische* Maschinen, welche ihre eigenen Operationsregeln anpassen können.

---

10 Vgl. z.B. Richard Moran: »Getting Told and Being Believed«, in: *Philosophers' Imprint* 5 (2005), S. 1–29 und Brandom, *Expressive Vernunft.*

11 Vgl. Daniel C. Dennett: »Conditions of Personhood«, in: *Brainstorms. Philosophical Essays on Mind and Psychology*, London, New York 1981, S. 267–285.

12 Alan M. Turing: »Computing Machinery and Intelligence«, in: *Mind* 59 (1950), Heft 236, S. 433–460.

13 Daniel C. Dennett: »Turings seltsame Umkehrung der Argumentation. Was uns Darwins Evolutionstheorie über Künstliche Intelligenz verrät«, in: *Künstliche Intelligenz. Die große Verheißung*, hrsg. v. Anna Strasser u. a., Berlin 2021, S. 27–36.

Lange Zeit war die Entwicklung von KI durch das Paradigma bestimmt, welches Dennett als »Trickle-Down-Theorie«[14] bezeichnet und das sich der Denktradition anschließt, in welcher abgeleitetes Wissen im Rekurs auf erste Prinzipien verständlich begründet werden sollte. Eine grundlegende Anforderung dieses Paradigmas ist, dass die entwickelten Prozesse zumindest im Prinzip verstehbar und nachvollziehbar sein sollten. Ein Computer mag vielleicht logische Schlüsse zeitlich wesentlich effizienter und verlässlicher durchführen, die im Einzelnen vollzogenen Schritte sollten jedoch symbolische Repräsentationen mittels logischer Regeln zu neuen symbolischen Repräsentationen umformen. Ein anschauliches Beispiel hierfür ist die Repräsentation von Schachspielen in der algebraischen Notation, in welcher jeder Zug durch eine symbolische Repräsentation dargestellt wird, z.B. Dxe4 – Sh4+,[15] sodass ein ganzes Schachspiel als Liste solcher Züge repräsentierbar und ggf. auf einem echten Schachfeld nachvollzogen werden kann. Entlang des Modells mathematischer Beweise wurde dann versucht Programme zu entwickeln, welche durch effizientes Erkunden des Möglichkeitsraums, der durch logische Regeln abgesteckt war, gute Lösungen für das jeweilige Problem zu finden. In Bezug auf das Schachspielen bedeutete dies, möglichst viele Züge im Voraus zu berechnen, um dann denjenigen auszuwählen, welcher die höchste Gewinnwahrscheinlichkeit verspricht. Die mögliche erklärende Bezugnahme auf solche Systeme, also im Rekurs auf ihre konstitutiven, expliziten Regeln, ohne dabei physikalische Störfaktoren zu berücksichtigen, bezeichnet Dennett als ›design stance‹.[16]

Diese Art und Weise der erklärenden Bezugnahme durch den ›design stance‹ wird bei zunehmender Komplexität der Programme praktisch unmöglich. Bereits im Jahr 1981 schreibt Dennett, es sei nicht mehr realisierbar, sich im Modus des ›design stance‹ zu einem Schachcomputer zu verhalten: Selbst dessen Entwickler könnten nicht die konkreten Züge durch ihr Wissen vorhersagen. Eine andere Weise der erklärenden Bezugnahme sei deshalb besser geeignet dies zu leisten, nämlich der »intentional stance«.[17] Dabei handelt es sich um Strategien der Vorhersage des Verhaltens eines Wesens, welche durch Zuschreibungen von Überzeugungen, Begier-

---

14 Ebd., S. 32.

15 ›Die weiße Dame (D) schlägt (x) die Figur auf Feld e4 – Der schwarze Springer (S) zieht auf Feld h4 und bietet Schach (+).‹.

16 Daniel C. Dennett: »Intentional Systems«, in: *Brainstorms. Philosophical Essays on Mind and Psychology*, London, New York 1981, S. 3–21.

17 Ebd., S. 5.

den und Zielen an dieses versuchen die sich daraus ergebenden *rationalen* Verhaltensweisen zu antizipieren. Ebenso zielen intentionale Zuweisungen darauf ab, Begründungen für denjenigen, der diese Zuweisung vornimmt, bereitzustellen. Durch die wesentlich präskriptive Funktion, welche die Zuweisungen erfüllen sollen, erhalten diese ihre *normative* Signifikanz und sind »nicht wegen ihrer deskriptiven Genauigkeit angebracht.«[18] Für die Anwendung des ›intentional stance‹ hält Dennett ähnlich wie Turing die Frage, ob solchen Zuschreibungen *reale* Überzeugungen, Begierden und Ziele *im* Wesen, dem sie zugeschrieben werden, entsprechen, für deplatziert.[19] Es kommt darauf an, welche Inferenzen durch die intentionalen Zuschreibungen ermöglicht werden, und hierfür ist die wichtigste Voraussetzung i.S. einer Zuschreibung, dass das jeweilige Wesen sich *rational* verhält.

Das Zuerkennen von Rationalität dient dazu, die intentionalen Zuschreibungen durch logische Inferenzen erweitern zu können, also aus der Perspektive des Zuschreibers das mögliche Verhalten als logisch aus den Zuschreibungen herleitbar darzustellen: »Surely our mouse follows or believes in modus ponens, for we ascribed to it the beliefs: (a) there is a cat to the left and (b) if there is a cat to the left, I had better not go left, and our prediction relied on the mouse's ability to get to the conclusion.«[20] Die Zuweisung von Rationalität soll dabei nicht so weit gehen, dass gleichzeitig eine sprachliche oder anderweitig reflexive Fähigkeit im Umgang mit Logik unterstellt wird und ist an keinen strengen Begriff der Logik gebunden. Rationalität bezieht sich für Dennett auf die Möglichkeit, überhaupt Fähigkeiten des Folgerns zuschreiben zu können, selbst wenn diese später falsifiziert bzw. kontextsensitiv eingeschränkt werden. Es werden also Abstufungen bezüglich der Zuweisungen benötigt: das Verhalten eines Hundes ebenso wie das einer Person kann durch intentionale Zuschreibungen antizipiert werden, die Zuschreibungen an Personen sind jedoch komplexerer Natur.

---

18 Brandom, *Expressive Vernunft*, S. 109. Das *normative* Moment besteht hier darin, dass Phänomene nicht physikalisch, sondern durch intentionale Zustände erklärt werden. Dies bringt eine zusätzliche Prämisse ins Spiel, die der Zuschreiber *nicht* empirisch verifizieren kann. Mittels dieser gestattet er sich selbst, deskriptive Sachverhalte als Folgen intentionaler Zuschreibungen erklären zu *dürfen*.

19 Dennett, »Intentional Systems«, *Brainstorms*, S. 7. Dennett sieht hierin nicht etwa eine epistemische Unmöglichkeit, wie etwa bei Kant ein Wissen über ein *Ding-an-sich*, sondern eher eine temporäre Unzulänglichkeit. So redet er z.B. davon, dass der »Loan of intelligence« einer Rationalitätszuweisung durch physikalische Erklärungen zurückzahlbar ist.

20 Ebd., S. 11.

Eine solche Abstufung hat Dennett bzgl. des Begriffs ›Person-Sein‹ entwickelt, nämlich welches die notwendigen Bedingungen sind, um einem Wesen das ›Person-Sein‹ zuzuschreiben, ohne dabei auf biologische Verfasstheiten zu rekurrieren.[21] Hierbei handelt es sich um eine Stufenleiter von notwendigen Bedingungen, die aufeinander aufbauend den Begriff des ›Person-Seins‹ immer genauer explizieren, dabei jedoch in ihrer Summe kein hinreichendes Kriterium abgeben. Dennett beginnt seine Stufenleiter mit einem ›metaphysischen‹ Begriff einer Person, i.S. eines intelligenten, bewussten und fühlenden Akteurs, dessen Verhalten aufgrund der ihm zugeschriebenen intentionalen Zustände und dessen Rationalität antizipiert werden kann. Dieser ›metaphysische‹ Begriff unterscheidet sich von dem ›moralischen‹ Personen-Begriff, zu dessen Bedeutung gehöre, dass Personen Verantwortung zugesprochen wird und sie Rechte und Pflichten besitzen. Letzteres würden wir z.B. einem Wahnsinnigem absprechen, während wir ihn jedoch weiterhin im metaphysischen Sinne als Person behandeln, sodass Dennett der metaphysischen Person eine *grundlegendere* Rolle zuweist als der moralischen, letztere also auf ersterer aufbauen müsse. Mittels einer schematischen Entwicklung soll verständlich gemacht werden, für welche Bedingungen es Gründe zu suchen gälte, die rechtfertigen, ein Wesen *als* Person im moralischen Sinne zu verstehen, sodass diesem eine Verantwortung für seine Aussagen zugesprochen werden könne.

Die nächste notwendige Bedingung auf dem Weg zur moralischen Person ist die Wechselseitigkeit. Eine solche Einstellung bezüglich einer (metaphysischen) Person würde bedeuten, dass man ihr höherstufige Intentionen zuschreibt, also Überzeugungen *über* Überzeugungen.[22] Diese Bedingung setzt für Dennett noch keine sprachliche Kompetenz voraus, es ist daher für höherstufige Intentionen nicht notwendig, sprachlich dargestellt zu werden. Die Sprache diene dazu, eine Ordnung, ›die da ist‹ widerzuspiegeln, nicht diese zu konstituieren. Wichtiger ist für Dennett, dass es nicht möglich sein solle, solche Zuschreibungen auf *einfache* Intentionen zu reduzieren. Ein sicherer Grund hierfür wäre, dass ein Wesen mit höherstufigen Intentionen die Fähigkeit besitzt, falsche Überzeugungen in anderen zu evozieren. Dennett beschreibt das Beispiel eines Vogels, welcher einen

21 Dennett, »Conditions of Personhood«, *Brainstorms*. Ich verwende absichtlich nicht die Sprechweise der *Anerkennung als Person*, erstens da Dennett selbst das Wort »ascription« benutzt und zweitens, da *Anerkennung* für die vorliegenden Betrachtungen ein moralisch bereits *zu* aufgeladener Begriff ist.

22 An dieser Stelle sind dies noch *fremde*, später kommen *durch* sprachliche Darstellung auch die eigenen Überzeugungen in den Blick.

gebrochenen Flügel vortäuscht, um einen Raubvogel von seinem Nest wegzulocken. In diesem Beispiel sei es nicht möglich, das Verhalten des Vogels durch einfache Intentionen zu erklären, sodass es gerechtfertigt sei, diesem höherstufige Intentionen zuzuschreiben.

Sprachliche bzw. kommunikative Fähigkeiten sind nun für Dennett etwas, was auf Wechselseitigkeit aufbaut. Das Zuschreiben von wechselseitigen Intentionen ist nicht an das gleichzeitige Zuschreiben der Benutzung eines Repräsentationssystems gebunden. Vielmehr versteht er die Sprachlichkeit, im Rekurs auf Grice' ›nonnatural meaning‹, *durch* wechselseitige Intentionen:

»›S meinte etwas mit der Äußerung von x‹ ist wahr gdw. für einen Hörer H gilt: S äußerte x mit der Absicht, daß

(1) H eine bestimmte Reaktion r zeigt
(2) H glaubt (erkennt), daß S (1) beabsichtigt
(3) H (1) aufgrund seiner Erfüllung von (2) erfüllt«[23]

Dabei handelt es sich um verschachtelte, wechselseitig aufeinander bezogene intentionale Zuweisungen: S muss intendieren, dass H erkennt, dass S intendiert, dass H r produziert. Dennett schließt sich jedoch den vielen Kritikern von Grice an und behauptet, dass es sich nicht um *bewusste* intentionale Überzeugungen handeln könne. Fragte man jemanden, welcher einen einfachen Satz kommuniziert, ob die oben beschriebene Struktur auch seinen Überzeugungen entspreche, würde dieser verneinen: »I intended nothing so devious.«[24] Nichtsdestotrotz hält Dennett daran fest, dass Grice mit seiner Charakterisierung notwendige Bedingungen liefert, welche eine Ordnung aufzeigen, ›die da ist‹. Man müsse folglich diese Überzeugungen in eine Art unter- oder vorbewussten Hintergrund schieben.

Die sprachliche Kommunikation führt schließlich für Dennett hin zur letzten notwendigen Bedingung, da sie als Repräsentationssystem es erlaubt, dass Personen sich ihrer Handlungen unter ihrer jeweiligen Beschreibung bewusst sind. Nur durch dieses Bewusstsein sei es möglich, Personen *mittels* Sprache beim Nehmen und Geben von Gründen dazu zu bringen, Handlungen entweder zu tun oder zu unterlassen und Charaktereinstellungen einzunehmen oder zu ändern. Ohne dieses Bewusstsein i.S. einer

---

23 H. Paul Grice: »Sprecher-Bedeutung und Intention«, in: *Handlung, Kommunikation, Bedeutung*, hrsg. v. Georg Meggle, Frankfurt am Main 1993, S. 16–51.

24 Dennett, »Conditions of Personhood«, *Brainstorms*, S. 280.

privilegierten, ›darüberstehenden‹ Position würde es keinen Grund geben, einen Handelnden *als Person* anzusprechen. *Inter*personal betrachtet bestehe hierin die moralische Funktion der Sprache. Zugleich ermögliche die Sprache auch eine *intra*personale moralische Dimension, da Personen durch Sprache reflexiv auf ihre eigenen Überzeugungen und Wünsche Bezug nehmen können. Im Rekurs auf Harry Frankfurt[25] zeigt sich für Dennett dies hauptsächlich in der Möglichkeit, ›zweitstufige Willensäußerungen‹ zu formen, also gewisse Wünsche zwar zu besitzen, diesen jedoch *willentlich nicht* entsprechend zu handeln.[26] In einer solchen Form der ›reflective self-evaluation‹ realisiere sich nun die letzte notwendige Bedingung für ›Person-Sein‹, nämlich das *Selbstbewusstsein* als die Fähigkeit, sich selbst Gründe zu geben, sich selbst nach ihnen zu befragen sowie auch nach ihnen zu handeln.[27]

Dennetts Stufenleiter wandert also von einem ›metaphysischen‹ Begriff von Personen hinauf zu einem ›moralischen‹: Auf der ersten Stufe muss das Verhalten eines Wesens lediglich durch einfache intentionale Zuweisungen erklärbar sein. Darauf baut die Stufe der Wechselseitigkeit auf, indem Verhalten durch die Zuweisung von intentionalen Zuständen, die sich auf andere intentionale Zustände beziehen, erklärt wird. Bis zu diesem Punkt ist es dafür nicht notwendig, dem Wesen auch sprachliche Fähigkeiten zuzuweisen. Auf der letzten, ›moralischen‹ Stufe ermöglicht die Sprache es als Repräsentationssystem spezielle Arten wechselseitiger Verschränkungen von intentionalen Zuständen zuzuschreiben, wie sie z.B. Grice' ›nonnatural-meaning‹ explizit macht. Da diese Verschränkungen auf eine Praxis des *Gründe-Gebens* hin ausgerichtet sind, erhalten sie eine normative Signifikanz.

Zum Schluss bleibt noch zu erklären, welche *äußeren* Bedingungen eine solche Entwicklung für die hier skizzierte Stufenleiter hinauf nach Dennett notwendig sind, um realisiert zu werden; d.h. wie also Dennetts Genealogie des ›Person-Seins‹ sich aufwärts entwickeln könnte. Hier greift Dennett auf das Konzept der natürlichen Selektion zurück. Wäre diese (hintergründig) am Werk, würde sie uns berechtigen, mittels dem ›intentional stance‹

25 Harry G. Frankfurt: »Freedom of the Will and the Concept of a Person«, in: *The Journal of Philosophy* 68 (1971), Heft 1, S. 5–20.

26 Dennetts Beispiel hierfür ist, zwar den Wunsch besitzen zu können, Heroin einmal auszuprobieren, jedoch aufgrund der vielen assoziierten Nebeneffekte und schnellen Abhängigkeit diesem Wunsch entsprechend *nicht* zu handeln, also die Finger vom Heroin zu lassen, vgl. Dennett, »Conditions of Personhood«, *Brainstorms*, S. 283.

27 Vgl. ebd., S.283ff.

Vorhersagen z.B. über eine Population außerirdischer Wesen zu treffen. Wir müssten dafür versuchen, die Gefahren als auch Möglichkeiten ihrer Umgebung bezüglich der Ziele der Wesen zu klassifizieren, welche sich wiederum aus der Nützlichkeit zur Erhaltung und Verbreitung der Spezies ergeben. Die Evolution als Prozess beschreibt dann, dass sich die Wesen auf eine *unverständliche* Weise bezüglich ihrer Zwecke zu optimieren suchen: »Bis heute beschäftigt viele Menschen die beunruhigende Vorstellung, dass sich ein planloser, geistloser Prozess durch die Zeitalter werkelt«.[28] Diesen Prozess beschreibt Dennett als »*Bubble-up*-Schöpfungstheorie«,[29] da die sich zeitigenden Optimierungen nicht aus einem konstitutiven Prinzip logisch herleiten, sondern wir ihre intentionalen Zuschreibungen nur *post-hoc* zur Erklärung zukünftigen Verhaltens benutzen. Die Genese dieser Zuschreibungen müsse dem *für uns* sich als zufällig darstellenden Prozess der Evolution zugeschrieben werden. Erkennen wir jedoch, dass dieser bezüglich einer Population am Werk ist, ist es für Dennett gerechtfertigt, intentionale Erklärungen für dessen Verhaltensweisen zu benutzen.[30]

Leitideen der KI-Entwicklung

Im Folgenden wird untersucht, ob Dennetts Ansatz als eine *Explikation* von theoretischen Grundannahmen, Denkweisen und Vorgehensweisen verstanden werden kann, welche in der Entwicklung von künstlicher Intelligenz *implizit* im Hintergrund stehen. Dies wird anhand der populären Studie von Bubeck u.a. plausibilisiert. In dieser untersucht ein interdisziplinäres Autorenteam die inferentiellen Fähigkeiten von ChatGPT und GPT-4 und kommt zu dem Schluss, dass diese erste Funken von *genereller* künstlicher Intelligenz aufzeigen, es sich also bei ihnen nicht um spezialisierte ›Intelligenzen‹ handle, die an ihre jeweiligen Anwendungskontexte gebunden sind. Dieser Abschnitt soll zeigen, inwiefern sich die Leitideen der KI-Entwicklung, wie sie insbesondere von Bubeck u.a. exemplifiziert werden, mit Dennetts Ansichten harmonisieren ließen. Hierbei kommt es mir hauptsächlich auf die Art und Weise der Fragestellung an, und *noch* nicht, wie diese beantwortet werden. Die Kompatibilität mit Dennett liegt insbesondere darin, dass den Leitideen ebenfalls das Schema einer Stufen-

---

28 Dennett, »Turings seltsame Umkehrung der Argumentation«, Anna Strasser u.a. (Hg.), *Künstliche Intelligenz*, S. 29.

29 Ebd., S. 28.

30 Vgl. Dennett, »Intentional Systems«, *Brainstorms*, S. 8.

leiter zugrunde liegt, welche es hinaufzuklettern gilt. Dies soll in diesem Abschnitt gezeigt werden. Gerade diese Idee wird von Brandom jedoch nicht geteilt, sodass sich im nächsten Abschnitt aus seiner Perspektive interessante und kritische Fragen entwickeln lassen.

Die verwendete Vorgehensweise der Studie agiert so gut wie immer im Modus des ›intentional stance‹, ohne sich dabei explizit auf Dennett zu beziehen:[31] Es werden sprachliche Darstellungen, z.B. von mathematischen Problemen, an die Modelle gegeben, und anhand des jeweiligen Outputs wird dann versucht auf die intentionalen Überzeugungen und inferentiellen Fähigkeiten zu schließen. Im Idealfall sollte sich dabei zeigen, dass die intentionalen Überzeugungen und ihre inferentiellen Relationen, welche die Modelle produzieren, menschlichen Überzeugungen und ihren inferentiellen Relationen entsprechen. In dem Beispiel des mathematischen Schlussfolgerns würde dies bedeuten, dass die Modelle eine mathematische Argumentation in Beweisform produzieren und die einzelnen Schritte auf die richtige Weise kombinieren, also so, wie es menschliche Mathematiker akzeptieren würden. Ganz im Sinne von Dennett (und Turing) argumentieren Bubeck u.a., dass dabei die Zuschreibung von einem *Begriffsverständnis* nur davon abhänge, wie die Modelle sich in jenen Testszenarien (sprachlich) verhalten und ob dieses Verhalten durch intentionale Zuschreibungen *antizipiert* werden könne.[32] Dabei wurde zuerst betrachtet, ob sich in Bezug auf eine Vielzahl von Kontexten (Mathematik, Programmieren, Navigation und das Spielen von textbasierten Spielen), diese Strategie durch das Zuweisen von einfachen, *nicht wechselseitigen* Überzeugungen als vielversprechend erweist. In Dennetts Terminologie entspräche dies der Frage, ob die Modelle als ›metaphysische Person‹ betrachtet werden können. Die Verwendung des ›intentional stance‹ wird ebenfalls in der Begründung der Forschungsmethodik sichtbar, dass nämlich *neuartige* Aufgaben und Fragen zum Testen zu entwickeln seien, da alle bisherigen Testszenarien in den Trainingsdaten wahrscheinlich vorhanden waren, und die Modelle diese somit bereits ›kennen‹ und durch Memoisation die Antworten einfach reproduzieren könnten.[33]

Interessant in Bezug auf eine mögliche interpersonale Rationalität und ihre normative Bedeutung ist die Untersuchung von Bubeck u.a. über das

31 Siehe Bubeck u.a., *Sparks of Artificial General Intelligence*, S. 94: »Our study of GPT-4 is entirely phenomenological«.

32 Vgl. ebd., S. 9 als auch die Diskussion der ›process consistency‹ auf S. 60.

33 Vgl. ebd., S. 7.

Räsonieren der Modelle über Interaktionen von Personen.[34] Die Untersuchung geht also von der Zuweisung einfacher intentionaler Zustände weiter zu deren Wechselseitigkeit, ob den Modellen intentionale Zustände über intentionale Zustände zugeschrieben werden können. Die Fähigkeit, über solch höherstufige intentionale Zustände zu räsonieren, sei eine essentielle Voraussetzung für effektive Kommunikation und Kooperation mit anderen intelligenten Agenten. Der explizite Theoriebezug hierfür ist die ›Theory of Mind‹,[35] welche Dennetts Ansatz sehr ähnlich ist.[36] Es werden insbesondere dessen entwicklungspsychologische Schriften als Inspirationsquelle zur Entwicklung neuartiger Testszenarien, wie dem Sally-Anne Test, herangezogen. Für diesen entwickelten die Autoren ein neues Szenario, welches darauf basiert, dass Person A eine Datei an einem Dateipfad ablegt und Person B diese Datei danach verschiebt, ohne dass Person A dies erfährt. Die Frage ist dann, ob ein Modell richtig herleitet, dass Person A die Datei zukünftig an seinem ursprünglichen Dateipfad aufsuchen wird, anstatt dem tatsächlichen. Die Fähigkeit, auch mittels der Tatsachen widersprechender intentionaler Zustände zu räsonieren, ist für Dennett eine notwendige Bedingung, um die Beherrschung solch höherstufiger Zustände zuzuschreiben, da nur so sichergestellt sei, dass es sich um Überzeugungen über intentionale Zustände und nicht weltliche Tatsachen handelt.[37]

Nachdem Bubeck u.a. Fähigkeiten untersucht haben, welche mit den ersten vier von Dennetts Stufen gleichgesetzt werden können, betrachten sie die Fähigkeit der Modelle, *sich selbst* zu erklären. Dies wird im Hinblick auf die Fähigkeit des *gemeinsamen* Argumentierens motiviert, also die Fähigkeit, durch Argumente einen Diskussionspartner dazu zu bewegen, sich auf gewisse Aussagen festzulegen.[38] Diese würden auf den Fähigkeiten des Argumentierens mittels der Theory of Mind aufbauen, also dem Zuschreiben von intentionalen Zuständen an andere wie auch sich selbst. Es ist nicht schwierig einzusehen, dass gerade beim gemeinsamen Argumentieren die Bedingungen von Grice' ›nonnatural meaning‹ erfüllt sind: Jeder argumentative Zug intendiert, sein Gegenüber zu einer gewissen Erwiderung zu

34 Vgl. ebd., S. 54 – 68.

35 Ebd., S. 54.

36 Vgl. Jairo Perez-Osorio und Agnieszka Wykowska: »Adopting the Intentional Stance Toward Natural and Artificial Agents«, in: *Philosophical Psychology* 33 (2019), Heft 3, S. 369–395.

37 Daniel C. Dennett: »Beliefs about Beliefs«, in: *Behavioral and Brain Sciences* 1 (1978), Heft 4, S. 568–570.

38 Vgl. Bubeck u.a., *Sparks of Artificial General Intelligence*, S. 60.

bewegen, *weil* er diesen nachvollzogen hat. Der Verweis auf eine abstrakte Gesprächssituation, ohne explizit dessen Analyse, wie sie Grice' Definition liefert, zu diskutieren, scheint Dennetts Punkt zu stärken, es handle sich bei Grice' Definition um eine Struktur, die nicht bewusst bestätigt wird, die jedoch ›da ist‹. Durch die Fokussierung auf das gemeinsame Argumentieren scheint man also implizit die Fähigkeiten untersuchen zu wollen, die nach Dennett von der ›nonnatural meaning‹ expliziert werden.

Bei der Untersuchung der Selbsterklärung betonen die Autoren jedoch, dass nun eine Schwierigkeit existiere, da die Modelle kein persistierendes ›Selbst‹ besäßen. Dieser Schritt wird, interessanterweise, nicht mehr durch den ›intentional stance‹ gerechtfertigt: Die Sprachmodelle *simulieren* einen Prozess zur Lösung einer gegebenen Aufgabe, welcher unter Berücksichtigung des bisherigen Chat-Verlaufs und der aktuellen Eingabe durchlaufen wird.[39] Die nicht genannte Prämisse dieses Arguments scheint zu sein, dass Prozesse nun mal kein ›Selbst‹ besitzen. Der daraufhin vollzogene Schritt ist nun interessant, da scheinbar an den Forderungen der ›nonatural meaning‹ festgehalten wird, jedoch ohne, dass die Variable *S* aus dessen Definition (s.o.) durch die Modelle *als* Person im normativen Verständnis besetzt wird. Dies zeigt sich in den verwendeten Metriken zur Evaluation der Ausgaben: Einerseits wird die ›*output consistency*‹ der Modelle betrachtet, ob also die Ausgaben mit dem jeweils aktuellen Gesprächskontext konsistent sind, andererseits die ›*process consistency*‹, mittels welcher gemessen wird, ob die Ausgaben der Modelle über ähnliche, jedoch leicht variierende Gesprächskontexte miteinander konsistent sind.[40] Insbesondere die ›*process consistency*‹ sei eine Forderung, welche wir Menschen erwarten würden, um unser Vertrauen in ein System zu begründen. So werden also die normativen Forderungen, welche ein Sprecher eingeht und die von dem adressierten Hörer geltend gemacht werden können, fallen gelassen. Die Einstellung auf die Modelle ist, in Dennetts Terminologie, eine, die sie als ›metaphysische‹ Person betrachtet, während die Aspekte des ›moralischen‹ Personen-Begriffs aktiv verneint werden. Es wird also eine *als-ob*-Perspektive eingenommen: Die sprachlichen Äußerungen der Modelle sollen so betrachtet und behandelt werden, *als ob* eine Person diese äußert, jedoch ohne die Modelle im Dialog als verantwortlich für ihre Äußerungen zu

39 Ebd., S. 60.
40 Vgl. ebd., S. 60.

betrachten.[41] Die letzte von Dennetts Stufen wird demnach aktuell nicht erreicht, gleichwohl aber anvisiert.

Es zeigt sich also, dass zur Überprüfung der Sprachfähigkeiten eine Methodik gewählt wurde, welche analog zu Dennetts Stufenleiter vorgeht: Zuerst wurde versucht, das Verhalten der Modelle durch die Zuschreibung von basalen intentionalen Zuständen zu antizipieren, und erst danach durch die Zuschreibung von komplexeren Zuständen. Aber nicht nur das Vorgehen zur Überprüfung der Fähigkeiten scheint gut mit Dennetts Vorschlägen im Einklang zu sein. Auch die aktuelle Entwicklung von KI-Modellen, aus welcher die zu überprüfenden Fähigkeiten hervorgehen, steht im Einklang mit seinen Ideen zur Genese des ›Person-Seins‹ durch natürliche Selektion. Dies kann anhand von den Veränderungen im Entwicklungsprozess erklärt werden, auf die Angius und Plebe aufmerksam machen: Dessen Aktivitäten müssten heute weniger durch das Verb ›coding‹, sondern eher durch ›curing‹ beschrieben werden.[42] Hintergrund ihrer Beobachtung ist, dass es in der Entwicklung von Deep-Learning Modellen wichtiger sei, dass der zum Training verwendete Datensatz sich für die zu lösende Aufgabe eigne und dementsprechend *kuriert* werden müsse. Deshalb findet eine Verschiebung der Aktivitäten statt, die sich insbesondere in der Einstellung *auf* das entwickelte System niederschlägt. Die involvierten Entwickler agieren längst nicht mehr allein aus einer Einstellung heraus, die in Dennetts Sinn als ›design stance‹ beschrieben werden könnte. Die Debatte um die Opazität der KI-Modelle macht dies sichtbar.[43] Stattdessen nimmt die Entwicklung aus der Einstellung des ›intentional stance‹ zu, was bedeute, dass nun andere Methoden zur Spezifikation und dessen Validierung gefunden werden müssten. Ein formallogischer Beweis, dass eine Implementation eine Spezifikation erfülle, wie er für programmierte Algorithmen zumindest theoretisch erbracht werden könne, ist nun nicht mehr vorstellbar. *Deshalb* erfolge bei Fehlfunktionen von Deep-Learning

41 Durch diese Einstellung werden, wie Kaminski schreibt, die Gründe für das Vertrauen nur erkannt, nicht jedoch das Gegenüber *als* Grund des Vertrauens anerkannt, vgl. Andreas Kaminski: »Hat Vertrauen Gründe oder ist Vertrauen ein Grund?«, in: *Praxis und zweite Natur. Begründungsfiguren normativer Wirklichkeit in der Diskussion*, hrsg. v. Jens Kertscher und Jan Müller, Münster 2017, S. 121–139.

42 Nicola Angius und Alessio Plebe: »From Coding To Curing. Functions, Implementations, and Correctness in Deep Learning«, in: *Philosophy & Technology* 36 (2023), Heft 3.

43 Vgl. Paul Humphreys: »The Philosophical Novelty of Computer Simulation Methods«, in: *Synthese* 169 (2009), Heft 3, S. 615–626 als auch die durch Humphreys ausgelöste Diskussion.

Modellen dessen Anpassung nicht auf der Code-Ebene, sondern auf der Daten-Ebene, indem der zum Training benutzte Datensatz *kuriert* werde, d.h. besser annotiert, vergrößert oder anderweitig verändert werde.

Ebenfalls geschieht nach Angius und Plebe die Spezifikation der gewollten Funktionalität nicht mehr nur *ex ante*, sondern ebenfalls *post hoc*, also nach dem Training der Modelle. Die Funktionalitäten von Deep-Learning Modellen *emergieren* eher, als dass sie bewusst i.S. des ›design stance‹ entwickelt werden. Die Modelle an sich, bevor sie trainiert werden, sind intrinsisch agnostisch gegenüber der Funktionalität, welche sie nach dem Training erfüllen sollen.[44] Die Untersuchungen von Bubeck u.a. liefern hierfür ein gutes Beispiel, da diese keine Spezifikation im strengen Sinn validieren, sondern überprüfen, ob gewisse Verhaltensweisen der Modelle emergieren, *ohne* dass diese im Vorfeld so spezifiziert und anvisiert wurden. Der Entwicklungsprozess der Modelle befindet sich folglich ebenfalls im Einklang mit Dennetts Ideen zur Genese: Es handelt sich um eine *künstliche* Selektion, ein Heranzüchten, dessen Artefakte besser als ›Bubble-Up-Schöpfungen‹ beschrieben werden können, wobei die Selektion der Modelle anhand sogenannter Benchmark-Tests geschieht, die mal mehr, mal weniger angebracht sind.[45]

Brandom'sche Einwände

Obwohl Brandom und Dennett sich bezüglich vieler philosophischer Fragen einig sind,[46] existiert eine grundlegende Differenz bezüglich der *Richtung*, wie intentionale Fähigkeiten erklärt werden müssten. Wie oben erläutert liegt Dennetts Ansatz darin, dass intentionalen Systemen *zuerst* basale Fähigkeiten zugeschrieben werden müssten, auf denen *dann* komplexere aufbauen können, wie z.B. das Beherrschen wechselseitiger Zuschreibungen. Brandom betont hingegen, dass die Sprechweise von einer solch einfachen Intentionalität bereits die Komplexität unserer Sprachgemeinschaft voraussetzt, ja nur vor dessen Hintergrund verständlich ist. Unsere diskur-

---

44 Vgl. Angius und Plebe, »From Coding To Curing«, in: *Philosophy & Technology* 36, Heft 3, S. 3.

45 Vgl. Maria Eriksson u.a.: »Can We Trust AI Benchmarks? An Interdisciplinary Review of Current Issues in AI Evaluation«, 2025, arXiv: 2502.06559 [cs.AI].

46 Dies wird von beiden anerkannt in Bernhard Weiss und Jeremy Wanderer (Hg.): *Reading Brandom. On Making it Explicit*, London 2010.

sive Praxis als Sprachgemeinschaft können wir nicht auf so einfache Weise ›ausblenden‹, wie dies bei Dennett und (implizit) in der Entwicklung von KI und LLMs geschieht. Die Frage nach einer Genealogie des Sprechen-Könnens jedoch, wie sie von Dennett anvisiert wird, legt er dafür in seinen früheren, hier maßgeblichen, Schriften beiseite.[47] Brandoms Fokus ist es zu *explizieren*, was wir tun, wenn wir sprechen, und wie sich in der Sprachgemeinschaft die begrifflichen Normen herausbilden, mittels denen dann auch einfache intentionale Systeme beschreibbar sind. Eine seiner zentralen Einsichten ist die, dass die Verwendung von Begriffen *wesentlich* mit einer Verantwortung des Sprechers verschränkt ist.[48] Eine Trennung zwischen ›metaphysischer‹ und ›moralischer‹ Person, mittels welcher die begrifflichen Gehalte intentionaler Zuweisungen erklärt werden sollen, führt aus Brandoms Perspektive zu Problemen, aus welchen sich Einwände gegen den Versuch, ›Sprecher heranzuzüchten‹, ableiten lassen.

Brandom und Dennett haben gemeinsam, dass sie die begrifflichen Gehalte intentionaler Zuweisungen durch die praktische Fähigkeit verstehen, zwischen richtigen und falschen Inferenzen zu unterscheiden.[49] Für Dennetts intentionale Systeme ist *Rationalität* eine wichtige vorausgesetzte Zuschreibung (s.o.), und an dessen Verständnis setzt Brandoms Kritik an. Dennetts Verständnis von Inferenz sei *formalistisch*, da es »die ›gute Inferenz‹ mit ›formal gültiger Inferenz‹ gleichsetzt«.[50] Dieses Verständnis verführe Dennett folglich dazu, spezifisch logische Fähigkeiten, wie die Anwendung des *Modus ponens*, einem inferentiellen Verhalten zugrunde zu legen. Damit geht einher, dass die notwendigen Konditionale, welche die Inferenzen logisch absichern, ebenfalls zugewiesen werden.[51]

---

47 »Es wird also nicht versucht zu zeigen, wie das sprachliche Abenteuer zuallererst begonnen haben könnte.« Brandom, *Expressive Vernunft*, S. 238. Dieser Aspekt wird in Daniel C. Dennett: »The Evolution of Why«, in: *Reading Brandom. On Making it Explicit*, hrsg. v. Bernhard Weiss und Jeremy Wanderer, London 2010 als auch Brandoms Antwort darauf in selbigem Band beleuchtet.

48 Nach Brandom hatte diese Einsicht bereits Kant, da dessen semantische Erläuterungen vom *Urteil* ausgehen: es sei die minimale Einheit, für welche Verantwortung übernommen werden kann, vgl. Robert B. Brandom: *Reason in Philosophy. Animating Ideas*, Cambridge 2013, S. 34.

49 Vgl. Brandom, *Expressive Vernunft*, S. 165.

50 Ebd., S. 164.

51 Vgl. hierzu das obige Zitat aus Dennett, »Intentional Systems«, *Brainstorms*, S. 11, hier S. 68, in dem Dennett davon spricht, einer Maus das Beherrschen des Modus ponens zuzuschreiben.

Brandom hingegen setzt für sein Verständnis von Rationalität bei dem Primat der *materiellen Inferenz* an, welches er von Sellars übernimmt.[52] Dies sind Inferenzen, welche durch den in ihnen vorkommenden *begrifflichen Gehalt* legitimiert werden und nicht aufgrund ihrer logischen Form. Ein paradigmatisches Beispiel ist die Inferenz von »Jetzt ist ein Blitz zu sehen« auf »Bald wird ein Donner zu hören sein«.[53] Diese Inferenz erhalte ihre Billigung aufgrund der *nicht-logischen* Inhalte der verknüpften Urteile, also ›Blitz‹, ›Donner‹ und dem temporalen ›bald‹.[54] Dementgegen würde eine formalistische Interpretation fordern, dass diese Inferenz als ein Enthymem behandelt werden müsse, dem das Konditional ›Immer, wenn ein Blitz zu sehen ist, wird bald ein Donner zu hören sein‹ fehlt. Für Brandom liegt die Funktion solcher Konditionale nicht darin, dass sie vorgelagert eine Inferenz logisch absichern, sondern, dass sie eine »expressive Kraft« zur Verfügung stellen, »*sagen* zu können, *daß* es sich bei diesen Inferenzen um richtige Inferenzen handelt.«[55] Die *implizite* Billigung einer Inferenz wird durch sie *explizit* gemacht. Die Billigung einer materiellen Inferenz beruht jedoch nicht auf der Explikation des sie formallogisch absichernden Konditionals.

Sellars hatte gezeigt, dass insbesondere *irreale Bedingungssätze*, wie sie für kontrafaktisches Argumentieren benötigt werden, sich nicht auf formallogische Schlüsse reduzieren lassen, und somit aufgezeigt, inwiefern wir einen originär *materiellen* Modus für Inferenzen benutzen.[56] Aus der Irreduzibilität folgert er, dass es sich bei materiellen Inferenzen erstens nicht um Enthymeme handle, und zweitens, dass sie aufgrund nicht-logischer Begriffe gebilligt werden. Brandom fügt dem hinzu, dass materielle Inferenzen *nichtmonotonisch* sind. Dies deutet auf eine prinzipielle Anfechtbarkeit der materiellen Inferenzen hin, da der gebilligte Übergang auf dem Vorhandensein von *Normalbedingungen* beruht, welche nicht durch »*schwächende*

---

52 Vgl. Wilfrid Sellars: »Inference and Meaning«, in: *Mind* 62 (1953), Heft 247, S. 313–338. Für Brandoms Diskussion *materieller Inferenzen* siehe Brandom, *Expressive Vernunft*, insb. Kap. 2.4.

53 Ebd., S. 163.

54 Dies darf nicht in die Richtung missverstanden werden, dass sich der Gehalt eines Satzes aus seinen subsententialen Elementen konstituiere. *Auch* die Gehalte subsententialer Ausdrücke konstituieren sich für Brandom *aus* materiellen Inferenzen, vgl. ebd., Kap. 6.

55 Brandom, *Begründen und Begreifen*, S. 114, Herv. i. Orig.

56 Sellars, »Inference and Meaning«, in: *Mind* 62, Heft 247.

oder *damit kollidierende* Bedingung[en]«[57] außer Kraft gesetzt wurden. Folgendes Beispiel verdeutlicht dies:

> »1. Wenn ich dieses trockene, ordentlich gefertigte Zündholz über diese Reibfläche streiche, dann wird es sich entzünden. (p→q)
> 2. Wenn p und das Zündholz befindet sich in einem sehr starken elektromagnetischen Feld, dann wird es sich nicht entzünden. (p&r→ ~q)
> 3. Wenn p und r und das Zündholz befindet sich in einem Faradayschen Käfig, dann wird es sich entzünden. (p&r&s→q)
> 4. Wenn p und r und s und aus dem Zimmer wurde der Sauerstoff abgepumpt, dann wird es sich nicht entzünden. (p&r&s&t→ ~q)«[58]

Solch schwächende oder kollidierende Bedingungen aufzulisten, selbst i.S. einer indefiniten Liste, sei prinzipiell nicht möglich. Man könne den materiellen Inferenzen nur eine *ceteris-paribus*-Klausel anfügen, um dessen Nichtmonotonizität explizit zu machen. Es wäre jedoch sinn- und aussichtslos, dies bei allen materiellen Inferenzen zu tun.

Brandom setzt für seine Erklärung der Rationalität bei dem Vermögen an, materielle Inferenzen zu vollziehen, welches implizit in der Praxis unseres Sprechens benutzt wird, ohne eine *a priori* logische Fähigkeit vorauszusetzen. Letztere, als *sprachliche Tätigkeit*, könne mittels dem Substitutionsprinzip von Frege aus dem Primat der materiellen Inferenz entwickelt werden, nicht jedoch andersherum:

> »Nötig ist nur eine Aufteilung des Vokabulars in zwei Arten: solches, das fixiert werden muß (hier *K-Vokabular* genannt) und solches, das als ersetzbar betrachtet werden kann. Die allgemeine Struktur von Definitionen der formalen Gültigkeit lautet dann, daß die Menge der *K-gültigen* Inferenzen (die als richtig allein aufgrund ihrer *K-Form* gelten) jene sind, die (1) gute Inferenzen sind und (2) nicht zu schlechten werden können, wenn Nicht-K-Vokabular durch Nicht-K-Vokabular ersetzt wird.«[59]

Das Substitutionsprinzip wird also nicht wie in der an Frege anschließenden klassischen Logik benutzt, um *mittels* logischen Vokabulars eine Grammatik zu definieren, die den Gebrauch nichtlogischen Vokabulars festlegt, sondern es erklärt, wie logisches Vokabular auf einem vorrangigen Verständnis nichtlogischer Inferenzen sich herausbilden lässt. Die in der

57 Brandom, *Begründen und Begreifen*, S. 117.

58 Ebd., S. 116. Vgl. auch die Argumentation in Wilfrid Sellars: *Empiricism and the Philosophy of Mind*, Cambridge, Massachusetts 1997, Kap. 3.

59 Brandom, *Expressive Vernunft*, S. 171.

Praxis impliziten Richtigkeiten von Inferenzen sollen dann durch das logische Vokabular explizit gemacht werden können, statt jene konstitutiv zu erklären.

Der Erklärreihenfolge von Brandom hat sich Dennett später angeschlossen: »Now that I see the work that ›material inference‹ can do, I am ready to agree wholeheartedly with Brandom about this.«[60] Die Frage nach der ›Rationalität‹ der Sprachmodelle, i.S. einer Fähigkeit, formallogische Schlussformen bewusst anzuwenden, müsste für beide also bei dem Begriff der materiellen Inferenz ansetzen. Können die Äußerungen von LLMs also als solche interpretiert werden? Dies mag *prima facie* als eine unangebrachte Frage erscheinen, bliebe man starr in der Perspektive des ›design stance‹ und betrachte auch die KI-Modelle *nur* als ›Logikmaschinen‹. Wie Angius und Plebe schreiben, handelt es sich jedoch bei den Modellen nicht mehr um Instanziierungen von im Vorhinein spezifizierten logischen Strukturen, sodass keine hintergründigen Konditionale die Aussagen als Enthymeme ›billigen‹. Die Hoffnung ist, dass durch den Lernprozess alle relevanten inferentiellen Muster in das Modell übertragen werden.[61] Was dabei relevant ist, wird nicht vorher mittels einer formallogischen Sprache explizit spezifiziert, sondern *emergiert* im Lernprozess der Modelle. Dies bedeutet, dass die gelernten inferentiellen Muster nicht auf eine für Menschen verständliche Weise auf ihre Ursachen zurückgeführt und erklärt werden können. Sie bleiben in den Modellen implizit bzw. *opak* und können in ihrer Art und Weise davon abweichen, wie diese Inferenzen ›gewöhnlicherweise‹ vollzogen und gebilligt werden. Dies wird insbesondere durch das Phänomen der *Halluzinationen* sichtbar, also Ausgaben der Sprachmodelle, die in Bezug auf die Eingabe und ihren Kontext *für uns* inkohärent oder sinnlos sind, wie z.B. Fakten, die verändert oder hinzugesponnen werden, falsche Regelanwendungen als auch sinnwidrige Übersetzungen.[62] Die sprachlichen Inferenzen der Modelle mögen zwar implizit, d.h. ohne eine verstehbare, explizierbare Hintergrundlogik, vollzogen werden, es muss jedoch noch gefragt werden, ob die simple Abwesenheit einer *verstehbaren* Hintergrundlogik ausreicht, um sie als materielle Inferenzen in Brandoms Sinn auszuzeichnen.

60 Dennett, »The Evolution of Why«, Bernhard Weiss und Jeremy Wanderer (Hg.), *Reading Brandom. On Making it Explicit*, S. 53.

61 Vgl. Angius und Plebe, »From Coding To Curing«, in: *Philosophy & Technology* 36, Heft 3.

62 Vgl. Ziwei Ji u.a.: »Survey of Hallucination in Natural Language Generation«, in: *ACM Computing Surveys* 55 (2023), Heft 12, S. 1–38.

Die sprachlichen Inferenzen der Modelle ließen sich auch als *nichtmonoton* beschreiben, da ihre Resultate sehr sensitiv gegenüber der Eingabe und dem Kontext sind:

> »The model's responses can be very sensitive to details of the framing or wording of prompts and their sequencing in a session. Such non-robustness suggests that significant effort and experimentation is often required with engineering prompts and their sequencing and that uses in the absence of such investments of time and effort by people can lead to suboptimal and non-aligned inferences and results.«[63]

Aus einer Einstellung des ›intentional stance‹ heraus mag es also so erscheinen, als ließen sich die Inferenzen der LLMs als materielle Inferenzen beschreiben, da sie nicht formalistisch anmuten und nichtmonoton sind. Dies würde jedoch bedeuten zu folgern, dass *weil* die Inferenzen nicht aufgrund ihrer Form gebilligt werden, sie *deshalb* aufgrund ihres begrifflichen Gehalts gebilligt würden. Dies würde wiederum dem begrifflichen Gehalt nicht gerecht werden. Brandom schreibt hierzu, »[zwei] Behauptungen haben den gleichen begrifflichen Gehalt dann und nur dann, wenn sie die gleiche inferentielle Rolle spielen: eine gute Inferenz wird niemals dadurch zu einer schlechten, daß man die eine Behauptung durch die andere ersetzt.«[64] Dass die Modelle diesem Kriterium nicht gerecht werden, zeigt sich in der Studie von Bubeck u.a., neben dem bereits Erwähntem, an ihrer fehlenden »process-consistency«.[65] Damit ist die Konsistenz der Antworten und dessen Erklärungen der Modelle über mehrere Unterhaltungen hinweg gemeint, ob sie also eine Frage mit gleichem begrifflichen Gehalt auch konsistent gleich beantworten und begründen, wenn sie ihnen mehrmals gestellt wird. Dabei variieren die Kontexte der Unterhaltungen zwar, jedoch ohne, dass die *Normalbedingungen* der Inferenzen verletzt werden. Das Ziel der Untersuchungen war herauszufinden, ob sich *für uns* aus den Aussagen eine verlässliche Schlussfolgerung auf die begrifflichen Zusammenhänge ergibt, *mittels* welchen die Modelle zu ihren Aussagen gelangen. Das Fehlen der ›*process consistency*‹ bedeutet also, dass für die Modelle Behauptungen mit gleichem begrifflichen Gehalt *unterschiedliche* inferentielle Rollen spielen können.

---

63 Bubeck u.a., *Sparks of Artificial General Intelligence*, S. 94.

64 Brandom, *Begründen und Begreifen*, S. 74.

65 »GPT-4 often generates explanations that contradict its own outputs for different inputs in similar contexts.« Bubeck u.a., *Sparks of Artificial General Intelligence*, S. 62.

Dass den Sprachmodellen ebenfalls die formallogische Fähigkeit, explizite Regeln anzuwenden, nicht zugeschrieben werden kann, plausibilisiert sich z.B., wenn man gegen ChatGPT eine Partie Schach spielt. Dabei verstößt ChatGPT insbesondere in fortgeschrittenen Stadien der Partien häufig gegen die Regeln des Schachs, indem es illegale Züge spielen ›möchte‹ und Figuren mal hinzu, mal weg ›zaubert‹. Ein solcher Zug wäre z.B., dass ChatGPT eine Rochade spielen will, obwohl der eigene Springer zwischen dem jeweiligen Turm und dem König noch auf seiner Ausgangsposition ist, es also seine eigene Figur schlagen will.[66] Diese Art von Phänomenen wird auch von Bubeck u.a. beobachtet. Sie beschreiben die Beschränkungen der Modelle so, dass diese keinen ›inneren Dialog‹ mit sich selbst führen können und keine ›imaginären Schmierzettel‹[67] benutzen. Beispielhaft zeigt sich dies an einer Frage, welche die Modelle je nach ihrer Formulierung richtig oder falsch beantworten: »How many Prime numbers are there between 150 and 250?«[68] Auf diese Frage antworten die Modelle lediglich mit einer zweistelligen, (meist) falschen Zahl, z.B. 13. Stellt man die Frage jedoch anders und bittet die Modelle, zuerst die Primzahlen zwischen 150 und 250 *aufzulisten*, und dann ihre Anzahl zu bestimmen, kommen sie (wahrscheinlicher) auf die richtige Antwort (18). Diese Art von Phänomen wiederholt sich bei komplexeren arithmetischen Aufgaben. In Bezug auf die Textgenerierung zeigt sich diese Beschränkung z.B. darin, dass die Modelle mit Anforderungen nicht zurechtkommen, die ein Vorausplanen oder rückwirkendes Ändern benötigen. Sollen sie z.B. ein Gedicht produzieren, in welchem die letzte Zeile gleich der ersten ist, nur rückwärts gelesen, wird das Ergebnis ein Gedicht sein, deren letzte Zeile keinen sinnvollen Bezug zu dessen Rest aufzeigt. Es fehlt den Modellen die praktische Fähigkeit, mittels eines expliziten, regelhaften Wissens gewisse inferentielle Möglichkeiten zu antizipieren, diese dann unter einer

66 Meine Hypothese ist, dass ChatGPT die Anfänge der Spiele gut hinbekommt, da einerseits die Varianz der Züge noch vergleichsweise gering ist, als auch, dass es eine Vielzahl an Schriftstücken zu Schacheröffnungen gibt, die in dem Trainingsdatensatz der Modelle gewesen sein könnten. Die Eröffnungen könnte es also durch Memoisationseffekte gut hinbekommen.

67 In Kantischer Terminologie: Sie vermögen nicht, sich der transzendentalen Anschauungsformen zu bedienen, wie das berühmte »7 + 5 = 12« Beispiel verdeutlicht, vgl. Immanuel Kant: *Kritik der reinen Vernunft*, hrsg. v. Jens Timmermann, Hamburg 1998, B 15–16.

68 Bubeck u.a., *Sparks of Artificial General Intelligence*, S. 76.

Beschreibung reflexiv zu bewerten und ggf. anzupassen.[69] Dabei werden sich aufgrund der Nichtmonotizität der materiellen Inferenzen regelmäßig begriffliche Inkompatibilitäten ergeben, auf welche die Modelle somit *nicht angemessen* reagieren können. Dieses Verhalten führen Bubeck u.a. auf die Architektur der Textgenerierung zurück, welche *Wort für Wort* die Texte generiert, ohne dabei bereits generierte Wörter re-evaluieren zu können.

Es sind diese rationalen Fähigkeiten, nämlich eine kohärente Konstellation der eigenen Festlegungen zu bewahren, welche sich in den Äußerungen der Modelle nicht zeigt. Hierzu wäre es nötig, dass sie keine material inkompatiblen Äußerungen tätigen bzw. für Hinweise auf solche vom Gesprächspartner empfänglich sind. Auf solche Vorwürfe durch oberflächliches Entschuldigen zu reagieren, ohne eine material kompatible Äußerung folgen zu lassen, wird dem nicht gerecht.[70] Solches Verhalten ist z.B. bei ChatGPT gerade dann beobachtbar, wenn gegen es Vorwürfe in Gesprächssituationen gemacht werden, die durch komplexe Regeln strukturiert sind, wie z.B. beim oben erwähnten Schachspielen. Dass die Modelle in solchen Situationen wie einem fortgeschrittenen Schachspiel nicht mehr regelkonform antworten können zeigt, dass sie die eigentlichen inferentiellen Regeln, durch welche das Spiel sich konstituiert, nicht beherrschen. Mit Brandom kann den Sprachmodellen in ihrer jetzigen Gestalt kein ›rationaler Wille‹ zugesprochen werden:

> »Das Haben eines rationalen Willens kann dann als das Haben der Fähigkeit verstanden werden, verläßlich auf die eigene Anerkennung einer Festlegung (einer Norm, die einen bindet) zu reagieren, indem man unterscheidend Performanzen hervorbringt, die dem Gehalt der anerkannten Festlegung entsprechen.«[71]

Die Äußerungen der Sprachmodelle können nicht als »Anerkennung einer Festlegung« interpretiert werden, da sie weder einen formalen noch einen materiellen Begriff davon besitzen, worauf sie sich festgelegt haben, wie oben gezeigt wurde. Es sind keine begrifflichen Normen, explizite wie im-

69 Die hier genannten Punkte plausibilisieren diese Behauptung lediglich. Die beschriebene Fähigkeit wird weitaus genauer analysiert in Arkoudas, »GPT-4 Can't Reason«.

70 Das Bewahren einer kohärenten Konstellation eigener Festlegungen expliziert Brandom entlang von drei diskursiven Fähigkeiten: der *kritischen*, materiell inkompatible Festlegungen auszusondern; der *erweiternden*, aus bisherigen Festlegungen andere materielle Folgerungen ebenfalls einzugehen; und der *rechtfertigenden*, die absichernden Gründe liefern zu *können*, vgl. Brandom, *Reason in Philosophy*, S.36ff.

71 Brandom, *Begründen und Begreifen*, S. 123.

plizite, am Werk, wenn die Sprachmodelle etwas äußern. Somit können wir, die sich mit den Modellen im Medium der Sprache austauschen, uns nicht darauf verlassen, dass sich ihre Äußerungen aufgrund des begrifflichen Gehalts so und nicht anders gebildet haben. Es fehlt eine verlässliche Verknüpfung zwischen den *begrifflichen Normen* und den hervorgebrachten Performanzen, dass also aus geäußerten Gründen Ursachen für (sprachliche) Performanzen werden. Dies macht es wiederum uns, als Gesprächspartnern von Sprachmodellen, nicht möglich, *selbst* begrifflich strukturierte Festlegungen *über* die Modelle einzugehen, z.B. eine Äußerung wie »ChatGPT meint, dass …«.[72] Solche Äußerungen kann man zwar aussprechen, streng genommen handelt es sich mit Brandom dann aber nicht um Züge im »Spiel des Gebens und Verlangens von Gründen«.[73]

Sowohl aus der Perspektive von Dennett wie Brandom konnte also argumentiert werden, warum aktuell die Modelle in einem normativen Sinn *nicht* als Personen mit einem ›rationalen Willen‹ betrachtet werden können. Für Dennett nicht, da die letzte Stufe seiner Stufenleiter des Personenbegriffs nicht erreicht wird. Den Sprachmodellen kann aktuell nicht die Fähigkeit zuerkannt werden, dass sie sich reflexiv auf sprachliche Darstellungen ihrer eigenen Überzeugungen richten, um diese von einer ›darüberstehenden‹ Perspektive zu bewerten, wie Dennett es nennt. Für Brandom nicht, da dieser Status für ihn wesentlich mit Fähigkeiten der diskursiven Verantwortungsübernahme verbunden ist, die nicht anerkannt werden können.[74] Die Art und Weise wie die Modelle mit ihren eigenen begrifflichen Fehlern umgehen können, hatte dies gezeigt. Es hat sich insgesamt erwiesen, dass die Sprachmodelle eine Vielzahl von normativen Aspekten unserer Sprachbenutzung aktuell nicht beherrschen. Auf Brandoms Antwort auf die Frage der Genese dieser Fähigkeiten, die er in seinen früheren Schriften wie *Making it Explicit* ausklammert, kann hier nicht mehr eingegangen werden. Sie bleibt aber eine philosophisch interessante Anschlussfrage. Aus einer Brandom'schen Sicht müssten m.E. die Sprachmodelle zum ›Lernen‹ in unsere sprachliche, durch die Verantwortungsdimensionen strukturierte Praxis so integriert werden, dass des-

72 »Zuschreiben heißt eine Festlegung (einem anderen) *zuerkennen* und eine andere Festlegung (selbst) *eingehen* (anerkennen).« Brandom, *Expressive Vernunft*, S. 701.

73 Brandom, *Begründen und Begreifen*, S. 210.

74 »[We] are the kind of creatures we are – knowers and agents, creatures whose world is structured by the *commitments* and *responsibilities* we undertake – only because we are always liable to normative assessments of our *reasons*.« Brandom, *Reason in Philosophy*, S. 38.

sen Berücksichtigung sich in die Sprachmodelle als Fähigkeit einschreiben kann. Brandom selbst diskutiert einen genealogischen Weg, wie dies in *unserer* Praxis geschieht, in seiner Auseinandersetzung mit Hegel.[75] Es gälte seine Antworten auf die Bedingungen der Möglichkeit zu befragen, wie und ob ein solches ›Lernen‹ auch in Bezug auf Sprachmodelle gestaltet werden könnte, und inwiefern diese Bedingungen sich überhaupt technisch realisieren ließen. Entlang der Frage, *wie* und *ob* sich künstliche Sprachmodelle realisieren lassen, die im normativen Sinne als Personen betrachtet werden können, gelangt man also zu schwierigen und interessanten philosophischen Fragestellungen.

75 Vgl. Robert B. Brandom: *Im Geiste des Vertrauens. Eine Lektüre der »Phänomenologie des Geistes«*, übers. v. Sebastian Koth und Aaron Shoichet, Berlin 2021, S. 1177.

Jens Schröter

Die Metapher des Holografischen

Abstract

Gegenwärtig ist zu beobachten, dass der Begriff der ›Holografie‹ vielfach verwendet wird, um besonders ›illusionistische‹ mediale Inszenierungen zu beschreiben, ein frühes Beispiel dafür ist der scheinbare Auftritt des toten Rappers Tupac Amaru Shakur im Jahr 2011. Die für solche Auftritte verwendeten Technologien haben jedoch mit der Holografie, deren Konzept 1948 von Denis Gabor entwickelt wurde und die auf der Nutzung der Wellenoptik beruht, nichts zu tun. Woher kommt diese Rolle der Metapher des Holografischen – auch in zahlreichen Essays, die sich in den 1990er Jahren mit dem neuen Illusionismus der ›Virtual Reality‹ auseinandersetzen?

Currently, the term ›holography‹ is often used to describe particularly ›illusionistic‹ media stagings, an early example being the apparent appearance of the dead rapper Tupac Amaru Shakur in the year 2011. However, the technologies used for such appearances have nothing to do with holography, the concept of which was developed by Denis Gabor in 1948 and which is based on the use of wave optics. Where does this role of the metaphor of the holographic come from – also in numerous essays that deal with the new illusionism of ›virtual reality‹ in the 1990s?

1. Einleitung

Es gibt die Vorstellung oder das ›soziotechnische Imaginäre‹,[1] dass die Mediengeschichte auf eine Art totale Illusion zulaufe, auf Bilder und Töne, die nicht mehr von der Wirklichkeit unterscheidbar wären. Thema dieses Textes ist, dass diese Vorstellung öfters mit den Begriffen der Holografie und des Hologramms in Verbindung gebracht wird, auch wenn in diesen Verwendungen oft nicht wirklich klar ist, was Holografie wirklich ist. ›Holografie‹ wird zur Metapher für die vollendete Illusion. In diesem Text sei einigen verschiedenen Verwendungsweisen und Funktionen dieser Metapher nachgegangen. In 2) wird gezeigt, dass sich diese Metapher sowohl in wissenschaftlichen als auch in populären Texten findet. Dies ist im Sinne einer Diskursanalyse auffällig, die sich anschickt, die »Verstreuungen selbst

1 Vgl. Sheila Jasanoff und Sang-Hyun Kim (Hg.): *Dreamscapes of Modernity: Sociotechnical Imaginaries and the Fabrication of Power*, Chicago 2015.

zu beschreiben«.[2] In 3) wird ein besonders auffälliger Ort dieser Streuung kurz beschrieben, nämlich die trotz aller Dementis wieder und wieder verwendete Bezeichnung verschiedener Formen hyper-realistischer Präsentationen im Rahmen spektakulärer popkultureller Events als ›Hologramm‹. Ausgehend von diesen Beobachtungen wird in 4) die Metapher des – mit Rosalind Krauss – ›Holografischen‹ diskutiert.

2. Die Metapher der Holografie in wissenschaftlichen und populären Texten.

Die Vorstellung einer vollendeten Illusion wurde v.a. in Zusammenhang mit Computertechnologien und näherhin so genannter ›virtueller Realität‹ perpetuiert. Sie durchzieht viele wissenschaftliche Texte. Um nur ein Beispiel zu nennen: So stand für Vilém Flusser 1991 fest, dass die »alternative[n] Welten aus den Computern [...] in naher Zukunft auch betastet, berochen und geschmeckt werden« können. Hier hat die totale Illusion auch die Festigkeit realer Materie und soll offenbar auch die chemischen Sinne ansprechen können. Flusser spricht weiterhin von »synthetischen Bildern, Tönen und Hologrammen [...]«.[3] Es fällt der Begriff des Hologramms. »In einem vollendend [sic] gelungenen Projekt virtueller Wirklichkeit soll der Realitätseffekt so wirkungsvoll sein, dass die Objekte nicht mehr von den Objekten der von der Maschine unabhängigen ›realen Wirklichkeit‹ unterschieden werden können« schrieb 1995 Elena Esposito.[4] In den frühen bis mittleren 1990er Jahren war es der erste große Hype um die Virtuelle Realität, den ›Cyberspace‹, der zu solchen Einschätzungen führte

2 Michel Foucault: *Die Archäologie des Wissens*, Frankfurt am Main 1981, S. 57. Vgl. S. 58: »In dem Fall, wo man in einer bestimmten Zahl von Aussagen ein ähnliches System der Streuung beschreiben könnte, in dem Fall, in dem man bei den Objekten, den Typen der Äußerung, den Begriffen, den thematischen Entscheidungen eine Regelmäßigkeit (eine Ordnung, Korrelationen, Positionen und Abläufe, Transformationen) definieren könnte, wird man übereinstimmend sagen, daß man es mit einer *diskursiven Formation* zu tun hat.«

3 Vilém Flusser: »Digitaler Schein«, in: Florian Rötzer (Hg.): *Digitaler Schein. Ästhetik der elektronischen Medien*, Frankfurt am Main 1991, S. 147–159, hier S. 147. In diesem Band ist auch ein instruktiver Text zur Holografie, Vito Oražem: »Holografie und Gesellschaft – Über vier Aspekte der bildnerischen Holografie«, S. 294–304.

4 Elena Esposito: »Illusion und Virtualität. Kommunikative Veränderungen der Fiktion«, in: Werner Rammert (Hg.): *Soziologie und Künstliche Intelligenz. Produkte und Probleme einer Hochtechnologie*, Frankfurt am Main, New York 1995, S. 187–216, hier S. 187.

(ab Mitte der 1990er Jahre zog dann das populär emergierende Internet alle Aufmerksamkeit auf sich).[5] Es häuften sich Texte und Bücher mit ›Illusion‹ und ›Simulation‹ im Titel.[6] Von den zahlreichen Beispielen nur noch ein weiteres: »Die Virtualität steuert auf die vollkommene Illusion zu. Es handelt sich dabei aber keineswegs um die gleiche schöpferische Illusion wie bei der des Bildes oder auch des Zeichens, des Konzeptes usw., sondern um eine realistische, mimetische, hologrammatische Illusion [...]«, schreibt ebenfalls 1995 Jean Baudrillard.[7] An diesem Zitat sei hervorgehoben, dass Baudrillard (ähnlich wie Flusser) den Begriff ›hologrammatisch‹ verwendet, d.h. im Zusammenhang mit einem Diskurs über ›vollkommene Illusion‹ die Holografie einführt.

Das Imaginäre der vollkommenen Illusion erscheint noch mehr in populärkulturellen Texten. Dies ist heute im populären Kino immer wieder zu beobachten. Kaum ein Science-Fiction-Film kommt heute ohne die Darstellung fiktiver dreidimensionaler Displays bzw. futuristischer Bildtechnologien aus, ja es ist geradezu ein Marker von Futurizität geworden, unfassbare Zukunftsmedien zu präsentieren, dafür gibt es im Kino viele Beispiele.[8] Besonders radikal und ikonisch ist das ›Holodeck‹ aus der amerikanischen Science-Fiction-Fernsehserie »Star Trek – The Next Generation« (1987 ff.). Das Holodeck ist ein Raum an Bord der Raumschiffe (und Raumstationen), in welchem eine begehbare, audiovisuell absolut ›realistische‹ – und wie von Flusser beschworen – haptisch berührbare und olfaktorisch sowie gustatorisch erfahrbare Simulation erschaffen werden kann. Diese Simulationen dienen als Entertainment, aber auch für Sportliches oder Kampftraining. Zunächst ist dies natürlich der einfachste televisuelle Weg eine Computersimulation darzustellen: Man muss sie nur als so perfekt konzipieren, dass man – statt tatsächlich und kostenaufwendig ein computergrafisches Szenario zu generieren – Schauspieler*innen in entsprechen-

---

5 Vgl. Jens Schröter: *Das Netz und die Virtuelle Realität. Zur Selbstprogrammierung der Gesellschaft durch die universelle Maschine*, Bielefeld 2004.

6 Vgl. auch Jens Schröter: »Medienästhetik, Simulation und ›Neue Medien‹«, in: *Zeitschrift für Medienwissenschaft* 8 (2013), S. 88–100.

7 Jean Baudrillard: »Illusion, Desillusion, Ästhetik«, in: Stefan Iglhaut, Florian Rötzer und Elisabeth Schweeger (Hg.): *Illusion und Simulation. Begegnung mit der Realität*, Ostfildern 1995, S. 90–101, hier S. 92.

8 Vgl. Christoph Ernst und Jens Schröter: *Zukünftige Medien*, Wiesbaden 2021. Vgl. Thomas Weber: *Medialität als Grenzerfahrung. Futuristische Medien im Kino der 80er und 90er Jahre*, Bielefeld 2008.

den Settings die Simulation spielen lässt.[9] Aber das ist nur die Hälfte der Antwort: Umgekehrt ist eine solche Darstellung eines virtuellen Raums nur möglich und glaubwürdig, wenn es das Imaginäre gibt, virtuelle Räume müssten quasi selbstverständlich auf den implizit fotografisch und filmisch aufgefassten, ›vollkommenen Realismus‹ zulaufen. Michael Heim bemerkt, dass das Holodeck auf den SIGGRAPH-Konferenzen 1989 und 1990 – bei denen VR erstmals stark diskutiert wurde – eines der Leitbilder war, das den ›Virtual Reality‹-Forscher*innen als Ansporn diente.[10] Ein technisches und designerisches Handbuch über VR von 1993 benennt ganz selbstverständlich das Holodeck als »ultimate goal« der VR-Forschung.[11] Im Namen führt das Holodeck das Wort holos (altgriechisch ὅλος, in Deutsch ›ganz‹, ›vollständig‹), das auch im Begriff der Holografie (als ›Schrift des Ganzen‹) vorkommt – wenn nicht der Name Holodeck direkt auf die Holografie anspielt. Nicholas Negroponte bemerkte in seiner Keynote zur SIGGRAPH-Konferenz 1989: »My view of future desktop computing is one where the bezel becomes a proscenium and agents are embodied to any degree of literalness you may desire. In the longer term, as holography prevails, little people will walk across your desktop [...]«.[12] Und mit dem Halbsatz »In the longer term, as holography prevails« reiht sich auch Negroponte, immerhin einer der Gründer des MIT Media Lab, in die Reihe derjenigen ein, die von einer offenbar von der Holografie geprägten Zukunft die Ankunft eines überrumpelnden Illusionismus erwarten. Am Media Lab wurde tatsächlich auch mit Holografie experimentiert.[13]

Die Metapher der Holografie hat sich verselbstständigt und bezeichnet nun allerlei verschiedene Bildtechnologien, die gar nichts mit Holografie zu tun haben, aber irgendwie einen futuristisch anmutenden gesteigerten Illu-

---

9 Vgl. Schröter: *Das Netz und die Virtuelle Realität*, S. 221–234.

10 Michael Heim: *The Metaphysics of Virtual Reality*. Oxford 1993, S. 122. SIGGRAPH steht für Special Interest Group on Graphics and Interactive Techniques. Sie ist eine Untergruppe der Association for Computing Machinery aus den USA, die sich speziell mit Computergrafik beschäftigt. Sie hatte und hat eine große Bedeutung im Bereich der Entwicklung der Computergrafik und ist weithin bekannt und sichtbar.

11 Francis Hamit: *Virtual Reality and the Exploration of Cyberspace*, Carmel, Indiana 1993, S. 48.

12 Nicholas Negroponte, zitiert in: Schröter: *Das Netz und die Virtuelle Realität*, S. 221.

13 Vgl. Stewart Brand: *The Media Lab. Inventing the Future at MIT*, New York 1987, S. 11, 12, 77 und besonders S. 83–91. Das Buch ist für den hier diskutierten Zusammenhang insofern besonders einschlägig, weil es nicht nur die ›Erfindung der Zukunft‹ im Titel trägt, sondern auch ein Hologramm auf dem Cover zeigt (auch wenn eine solche Abbildung den tatsächlichen visuellen Eindruck eines Hologramms nicht wiedergeben kann).

sionismus erzeugen. Im Folgenden möchte ich einen zentralen Ort der Metapher der Holografie diskutieren, nämlich jenen des Wiederauftauchens verschwundener Popstars, wofür das erste Beispiel das ›Tupac-Hologram‹ von 2012 ist.

3. *Das ›Tupac-Hologram‹*

2012 erregte das sogenannte ›Tupac-Hologram‹ Aufsehen. Der bekannte Rapper Tupac Amaru Shakur, 1996 erschossen, tauchte plötzlich wieder auf einer Bühne mit dem ebenfalls bekannten Rapper Snoop Dogg auf. Dieses Leben nach dem Tode wurde zunächst mit dem Begriff des Hologramms in Verbindung gebracht, so in einem Artikel vom 16.12.2012, wenige Tage nach dem Konzert:

> »HOLOGRAMM: Snoop Dogg holt Tupac auf die Bühne zurück. Die Besucher des Coachella-Festivals in Kalifornien waren am vergangenen Wochenende Zeugen einer Wiederauferstehung: Rapper Snoop Dogg holte für einen Song seinen verstorbenen Kumpel Tupac als holographische Illusion auf die Bühne.«[14]

In demselben Artikel findet sich aber am Ende ein Zusatz, nur einen Tag später hinzugefügt:

> »Bei der Technik handelt es sich jedoch nicht um ein Hologramm, sondern vielmehr um eine Projektion: Auf der Bühne wird eine Folie in einem Winkel von 45 Grad in Richtung des Publikums aufgespannt. Davor befindet sich flach auf dem Boden eine reflektierende Fläche. Auf diese wurde von oben ein Video von Tupac projiziert. Die Fläche reflektierte den Rapper auf die Folie aus Biaxial-orientiertem Polyester. Für das Publikum vor der Bühne sah es so aus, als befinde sich der Rapper auf der Bühne. Für die Projektion zeichnete das US-Unternehmen AV Concepts aus San Diego verantwortlich. AV Concepts stellte vor Ort Server auf, die unkomprimierte Mediendateien für drei übereinandergelegte Bilder mit einer Auflösung von 1.920 x 1.080 Pixeln lieferten. Projiziert wurde mit 54.000 Lumen. Das US-Unternehmen bezeichnet ein solches freischwebendes Bild als holographisches Bild. Das ist aber nicht zu

14 https://www.golem.de/news/hologramm-snoop-dogg-holt-tupac-auf-die-buehne-zurueck-1204-91196.html, (aufgerufen: 20.1.2025).

verwechseln mit einem Hologramm. Folie und Technik mit der Bezeichnung Musion Eyeliner stammen von dem britischen Unternehmen Musion Systems, das von dem Deutschen Uwe Maass gegründet wurde. Die Technik hinter Musion Eyeliner ist schon rund 150 Jahre alt. Sie wurde in den 1860er Jahren von dem Briten John Henry Pepper unter anderem für Geisterauftritte im Theater entwickelt, weshalb sie auch Pepper's Ghost genannt wird.«[15]

Also: Mit Holografie hat das nichts zu tun. Das wurde schon früh angemerkt. Dennoch hat sich die Bezeichnung ›Hologramm‹ für diese Präsentation bis heute gehalten, wie eine Google-Suche sofort ergibt. 2022 wiederholte sich das Ganze in gewisser Weise, als ABBA mit ihrer neuen Show ›Voyage‹ als junge Band wiederauferstanden sind. Auch hier wurde, obwohl es sich um Computergrafik auf einem großen Screen handelte, sofort die Metapher der Holografie bemüht.[16] Und auch hier: Obwohl in den begleitenden Kommentaren zu diesem Ereignis immer wieder hervorgehoben wird, dass es sich eigentlich nicht um Hologramme handelt, wird der Begriff immer und immer wieder bemüht. Warum? Ist es bloß Naivität und die Vorliebe für einen griffigen Begriff?

Vielleicht ist es Marketing, um der Veranstaltung Futurizität zu verleihen – schließlich gelten, wie oben bemerkt, irgendwie dreidimensionale Bilder als Marker zukünftiger Technologie, wie jeder Science-Fiction-Film zeigt (diese Futurizität dürfte auch der Grund sein, warum Microsoft seine VR-Brille »Hololens« genannt hat). Aber es ist auch auffällig, dass die Metapher in beiden Beispielen mit dem Wiedererscheinen verschwundener Körper zusammenhängt: Im ersten Beispiel mit der geradezu christlich anmutenden Wiederauferstehung des erschossenen Tupac (die visuelle Anmutung des ›Hologramms‹ als buchstäbliche Lichtgestalt trägt zu diesem

15 Ebd. Vgl. auch Ekaterina E. Inglesis Barcellos und Galdenoro Botura Junior: »The Interactive Holography as Metaphor and Innovation in Optical Representation in Design«, in: *Procedia Manufacturing* 3 (2015) S. 754–761, die m.E. aber Holografie, phantasmagorische Technologien (wie in der Tupac-Inszenierung) und auch die Verwendung des Begriffs der Holographie in der theoretischen Physik recht umstandslos vermischen.

16 Vgl. Jens Schröter: »Zur Geschichte und Ästhetik des holographischen Kinos«, in: Lars Grabbe, Patrick Rupert-Kruse und Nobert Schmitz (Hg.): *Neue Erzählformen in dynamischen Bildtechnologien. Formprobleme zwischen Populärkommunikation und autonomer Kunst*, Marburg 2024, S. 203–211. Ein anderes Beispiel wären die Bühnenshows der Popgruppe Gorillaz.

Eindruck bei); im zweiten zumindest mit der Wiedererscheinung alternder und verfallender Popstars in ewiger Jugend.

Allerdings scheint nicht nur eine Überwindung der Zeit mit der Holografie versprochen zu werden: Am 7.7.2022 erscheint in der TAZ ein Artikel mit dem Titel: »Digitale Doubles. Hologramme sind der neue Trend. Politiker und andere Prominente lassen sich als dreidimensionale Hologramme auf Bühnen projizieren. Was macht das mit dem analogen Zuschauer?«[17] Der Autor beschreibt sogar das technische Verfahren: »Während der leibhaftige Mélenchon in Lille redete, wurden die Live-Bilder an 11 anderen Wahlkampforten in Frankreich auf einen Bildschirm projiziert, wo sie von einem transparenten Film in einem Neigungswinkel von 45 Grad reflektiert wurden. So entstand die Illusion einer dreidimensionalen Figur, die das Publikum glauben ließen, da stünde der echte Mélenchon.«[18] Die beschriebene Technik ähnelt ›Pepper's Ghost‹ und kein bisschen dem Hologramm (abgesehen von der absurden Bezeichnung der Zuschauer als ›analog‹) – aber ›Hologramm‹ bedeutet hier, dass Mélenchon an zwölf verschiedenen Orten gleichzeitig sein kann. Eine, zumindest phantasmatische, Überwindung der gewöhnlichen Gegebenheit von Raumdingen, die nur an einem Ort zu sein pflegen.

4. Die Metapher der Holografie

Es ist nicht nötig, hier detailliert die Geschichte der wirklichen Holografie darzulegen.[19] Es soll nur daran erinnert werden, dass die mit dem holografischen Verfahren der Wellenfrontrekonstruktion erzeugbaren Bilder anders als z.B. stereoskopische Bilder wirklich dreidimensional sind. Es ist möglich, sich vor einem holografischen Bild zu bewegen und die abgebildeten Gegenstände von verschiedenen Seiten zu betrachten. Dieser (trotz Abstrichen wie der meist monochromen Farbigkeit und der fehlenden Bewegung) verblüffende Illusionismus erzeugt den Eindruck, als sehe man durch ein Fenster (ein wahres *fenestra aperta*) auf eine Szene. Trotz

17 Adrian Lobe: »Digitale Doubles. Hologramme sind der neue Trend. Politiker und andere Prominente lassen sich als dreidimensionale Hologramme auf Bühnen projizieren. Was macht das mit dem analogen Zuschauer?«, in: *TAZ*, 7.7.2022, https://taz.de/Hologramme-sind-der-neue-Trend/!5863789/ (aufgerufen: 25.8.2024).

18 Ebd.

19 Vgl. Jens Schröter: *3D. Zur Geschichte, Theorie und Medienästhetik des technisch-transplanen Bildes*, München 2009, S. 233–309.

dieser verblüffenden Eigenschaften aber ist die Holografie niemals ein bedeutendes Medium der Unterhaltung oder der Kunst geworden (auch wenn sie in vielen anderen Zusammenhängen extrem wichtig ist).[20] Obwohl sie anfänglich eine neue Stufe des Illusionismus zu versprechen schien, ist sie nun von verschiedenen Formen der Computergrafik und Displayformen (die auch in VR operativ sind) sozusagen ›überholt‹ worden.

Dies zeigt zunächst: Die Mediengeschichte, genauer: die Geschichte der Darstellungsmedien ist trotz bestimmter Entwicklungen, die als Annäherungen an ›die Realität‹ verstanden werden können (Bewegung, Farbe, Ton), keine homogene und teleologische Entwicklung hin zu immer mehr Illusionismus. Erzählerische Techniken wie die Montage, die (zusammen mit Kamerabewegungen, Dialog etc.) z.B. im ›Hollywood mode of narration‹[21] für einen reibungslosen Informationsfluss an die Zuschauer sorgen, entsprechen ohnehin keiner realen Erfahrung und funktionieren trotzdem. Die zusätzliche räumliche Information, die Stereoskopie oder gar Holografie liefern, ist weder für das narrative Kino noch für Spektakel à la Tupac oder ABBA wirklich notwendig. Offenbar ist, abhängig von der konkreten Praxis, nur ein bestimmtes Maß an mitreißendem Illusionismus nötig. André Bazin hat schon in einem kurzen Text von 1946, »Der Mythos vom totalen Film«, die Vorstellung kritisiert, die Filmgeschichte würde teleologisch auf einen Endzustand, eben den »totalen Film« hinauslaufen: »Es ist der Mythos eines allumfassenden Realismus, einer Wiedererschaffung der Welt nach ihrem eigenen Bild, einem Bild, das weder mit der freien Interpretation des Künstlers noch mit der Unumkehrbarkeit der Zeit belastet wäre.«[22] Die Wiederauferstehung von Tupac oder die ewige Jugend von ABBA sind genau solche phantasmatischen Befreiungen von der Unumkehrbarkeit der Zeit, die sich in der Metapher der Holografie spiegeln.

Allerdings verrät die Metapher der Holografie noch etwas. Sie steht auf interessante Weise neben der Rede von der ›Digitalisierung‹. Deren Diskurs zu rekonstruieren ist hier nicht nötig und möglich, aber in der Nutzung

20 Vgl. Eric de Bruyn: »Das holografische Fenster und andere reale Anachronismen«, in: Eva Kernbauer (Hg.): *Kunstgeschichtlichkeit. Historizität und Anachronie in der Gegenwartskunst*, Paderborn 2015, S. 67–98 zum holografischen Fenster und zum Anachronismus. Vgl. Schröter: *3D*, S. 262–284 zu anderen wichtigen Verwendungen der Holografie, etwa in der Holo-Interferometrie.

21 Vgl. David Bordwell: *Narration in the Fiction Film*, Wisconsin 1985, S. 99–146.

22 André Bazin: »Der Mythos vom totalen Film«, in: ders. *Was ist Film?*, hrsg. v. Robert Fischer, übers. v. Robert Fischer und Anna Düpee, Berlin 2009, S. 43–49, hier S. 47.

der Metapher der Holografie wird deutlich: Es gibt ein – wenn auch oft unklares – Wissen darüber, dass es in der Mediengeschichte nicht nur eine relevante, sondern mehrere Entwicklungen gibt.[23] Die ständige Anrufung des Hologramms gerade in Bezug auf Darstellungen, die als ›digitales Video‹ (Tupac) oder ›Computergrafik‹ (ABBA) angesprochen werden könnten, ist symptomatisch. Die Mediengeschichte kennt nicht nur eine Linie (z.B. von analog zu digital, was in dieser einfachen Sukzession ohnehin falsch ist), sondern kennt verschiedene ›Serien‹.[24] Diese Multiplizität kann vom dominanten Diskurs der Digitalisierung, der im Interesse von Big Tech eine komplizierte Entwicklung zu einer einfachen sukzessiven Erzählung reduziert, nicht völlig verdeckt werden.

Aber es ist nicht nur ein beschränktes Maß an Illusionismus nötig, sondern auch sinnvoll: Eine ›vollkommene Illusion‹, wie sie Baudrillard und viele andere immer wieder an die Wand malen, ist ja auch etwas zutiefst Beängstigendes. Es ist gut im Kino zu wissen, dass die Monstren auf der Leinwand eben nur Bilder sind und nicht plötzlich tatsächlich nach einem greifen.[25] Es definiert das Vergnügen an (fiktionalen) illusionistischen Darstellungen, zugleich sich überwältigen zu lassen und zu wissen, dass es nur eine Illusion ist. Es dürfte enorm beunruhigend sein, nicht zu wissen, ob das, was man erlebt nun ›wirklich‹ ist oder nicht, eine Angst, mit der das populäre Kino natürlich immer wieder spielt (»The Matrix«). Und ob man will, dass die ›alternativen Welten aus dem Computer‹ nach etwas ›riechen‹, wie Flusser behauptet hatte, dürfte wohl sehr vom gewählten Szenario abhängen (von den technischen und praktischen Problemen olfaktorischer oder gar gustatorischer Darstellungen ganz zu schweigen). Ob Spieler*innen bei Ego-Shootern mit dem Gestank von verbranntem

---

23 Vgl. Schröter: *3D*, S. 23–41, wo, in Anlehnung an Foucault: *Archäologie des Wissens*, der Begriff der »Serie« für die Beschreibung der Mediengeschichte fruchtbar gemacht wird. Verschiedene Entwicklungen laufen zeitgleich auf verschiedenen Ebenen ab, können sich verbinden, aber auch in Konflikt geraten. So ist etwa die Nutzung von Effekten der Wellenoptik in der Holografie ein Bruch mit dem Paradigma der (geometrisch-optischen) Fotografie, hat aber gar nichts mit der parallelen Entwicklung digitaler Technologien zu tun. Diese Entwicklungen können sich treffen (z.B. in der computergenerierten Holografie), müssen es aber nicht. Der Illusionismus der Holografie geht nicht aus ihrer Digitalität hervor, die Holografie ist zumeist ein rein analoges Verfahren – trotzdem wird sie heute als Metapher für den Illusionismus digitaler Technologien verwendet.

24 Vgl. Foucault: *Archäologie des Wissens*, S. 10, 14, 16 und passim.

25 Vgl. Schröter: *Das Netz und die Virtuelle Realität*, S. 188–194 zu dem beängstigenden Szenario von Ivan Sutherlands ›ultimativen Display‹.

Fleisch, Blut, Exkrementen und Erbrochenem belästigt werden wollen, ist zu bezweifeln. Das Phantasma einer »komplette[n] technologischen Reproduktion der Realität«[26] entspricht kaum den Bedürfnissen der Entertainment-Industrie und ihrer Publika – und hat wohl eher tiefe Wurzeln in tiefsitzenden okzidentalen Wünschen oder Ideologemen von Kontrolle, Beherrschbarkeit und Machbarkeit. Raum (siehe oben das Beispiel des omnipräsenten Jean-Luc Mélenchons) und Zeit selbst scheinen überwindbar durch die Holografie. Damit schließt die Metapher der Holografie durchaus an bekannte Topoi der Mediengeschichte an. Medien verschiedener Art wurde schon seit langer Zeit zugeschrieben, Raum und Zeit zumindest partiell transzendieren zu können – und damit Macht und Herrschaft zu ermöglichen.[27] Die vermeintlich endgültige Überwindung von Zeit und Raum in Formen der holografischen Verkörperung wäre eine extreme Macht.[28]

Die Rolle der Holografie als Metapher für die raum- und zeitüberwindende Macht der Medien überhaupt, die in der Zukunft scheinbar noch gesteigert werden soll und so auch eine Reflexion auf den strukturell mediatisierten Charakter der gegenwärtigen Weltgesellschaft darstellt, erinnert an die Rolle, die Rosalind Krauss dem ›Photographischen‹ zugesprochen hat. In ihrem Buch »Das Photographische. Eine Theorie der Abstände« ersetzt sie den Diskurs ›über die Photographie‹ durch Überlegungen zum ›Photographischen‹. Ihr Argument ist, dass so »die Photographie zum theoretischen Objekt [wird], das heißt zu einer Art Raster oder Filter, durch die die Gegebenheiten eines anderen, zweiten Feldes organisiert werden können. Die Photographie ist das Zentrum, von dem aus dieses Feld genauer betrachtet werden kann. Insofern sie allerdings ein Zentrum ist, wird die Photographie selbst, so kann man sagen, zum blinden Fleck.«[29] Krauss gelingen weitreichende und erhellende Argumente auf dieser Basis. Sie nutzt etwa die ›Reproduzierbarkeit‹ und den ›Index‹, als mit der Photographie verbundene Begriffe, für neuartige Lektüren künstlerischer Artefakte und Praktiken. ›Das Holografische‹ scheint zu einer Art Raster

---

26 Slavoj Žižek: *Die Pest der Phantasmen. Die Effizienz des Phantasmatischen in den neuen Medien*, Wien 1997, S. 123.

27 Ein frühes, aber einflußreiches Beispiel ist natürlich: Harold Innis: *Empire and Communications*, Oxford 1950.

28 Vgl. auch Stefan Rieger: »Holographie. Das Versprechen der Ganzheit«, in: ders und Jens Schröter (Hg.): *Das holographische Wissen*, Berlin 2009, S. 87–106.

29 Rosalind Krauss: *Das Photographische. Eine Theorie der Abstände*, München 1998, S. 14.

oder Filter geworden zu sein (mindestens schon seit Flusser und Baudrillard in den frühen 1990ern), um eine illusionistische Zukunft der audiovisuellen Medien zu beschwören, die ähnlich wie Bazins totales Kino auf eine Aufhebung der Differenz von Objekt und Bild zuläuft. Doch erstens kommt diese Zukunft offenbar nie – selbst im phantasmatischen Holodeck ist diese Unterscheidung noch akzeptiert, weswegen der temporäre Verlust der Differenz zwischen dem Bild und dem Objekt ja gerade Anlass allerlei spannender Erzählungen sein kann. Zweitens wird die Holografie darin tatsächlich ein blinder Fleck: Je mehr sich die Metapher verbreitet, desto weniger wird über die Holografie gesprochen. Niemand weiß, was sie ist. Sie ist nur noch eine Metapher – aber mit einer wichtigen Funktion: Sie versichert uns, dass die Geschichte der Illusion und des (kapitalistischen) Spektakels weitergeht. Die Holografie ist heute die zentrale Metapher, über die der scheinbar ewige Fortgang des technologischen Fortschritts zu immer illusionistischeren Technologien konzeptualisiert wird. Welche Krisen die Welt auch erschüttern mögen – *the show must go on.* Der Fortschritt der Illusion soll nicht aufhören und uns so die Zukunft versichern, die als strukturell medial modelliert wird und in der Zeit und Raum potentiell überwunden werden können.

Theresa Schütz

Penetrante Affizierungen

Bindungstechnologien in immersiven Lebensformen am Beispiel der Muehl-Kommune (1974–1986)

Abstract

Der Beitrag schlägt vor, Künstler*innenkommunen wie die Aktionsanalytische Organisation (AAO), die sich Anfang der siebziger Jahre auf Impuls des Wiener Aktionskünstlers Otto Muehl gegründet hat, als immersive Lebensformen zu betrachten. Analog zu immersiven Theaterinstallationen, die alternative Weltentwürfe gestalten, um Zuschauer*innen darin mit allen Sinnen möglichst umfassend zu affizieren, kommt es bei der Muehl-Kommune zu einer Radikalisierung einer solchen Form. Denn hier wird die gestaltete, alternative Wirklichkeit auf Dauer gestellt und als realisierte Lebensform behauptet. Die Tatsache, dass Muehl das Kommuneleben selbst als erweiterte Form der Aktionskunst begriff und komplett dokumentieren ließ, macht es möglich, entlang der Aufzeichnungen die verschiedenen Aufführungs-, Therapie- und Begegnungssituationen als spezifische Bindungstechnologien zu konzeptualisieren, die Zeugnis über strategische Formen ›penetranter‹ Affizierungen ablegen.

The contribution proposes a perspective on artist communes such as the Aktionsanalytische Organisation (AAO), which was founded in the early 1970s on the initiative of Viennese artist Otto Muehl, as immersive form of life. Analogous to immersive theater installations, which create alternative worlds in order to affect and involve their spectactors as completely as possible, the Muehl commune radicalizes this artistic form: Their worldmaking is made permanent and asserted as a shared reality. The fact that Muehl understood communal life itself as an extended form of action art (Aktionskunst), and had it completely documented makes it possible to conceptualize the various performances, therapies, and encounters along the lines of the recordings as specific bonding technologies (Bindungstechnologien) that bear witness to strategic forms of ›penetrating‹ affect modulations.

1. Immersion: Begriff – Diskurs – Theaterform – Dispositiv – Lebensform[1]

Vom lateinischen ›immergere‹ abgeleitet, bedeutet ›Immersion‹ im Deutschen Prozess und Zustand des *Eintauchens* bzw. *Eingetaucht-Seins*. Wäh-

1 Der Beitrag basiert auf meinen Forschungen im theaterwissenschaftlichen Teilprojekt *Reenacting Emotions II. Lebensformen und Technologien der Immersion in den performativen Künsten*, die ich in der zweiten Laufzeit (2019–2023) im von der DFG geförderten Sonderforschungsbereich »Affective Societies« an der Freien Universität Berlin im Anschluss an das abgeschlossene Promotionsprojekt zu Publikumsinvolvierung im immersiven Theater durchgeführt habe. Der Fokus lag auf aktuellen und historischen

rend Immersion begriffshistorisch mit der physischen Ganzkörpertaufe oder dem Eingetaucht-Sein in eine (Sprach-)Umgebung verbunden wurde, wird der Begriff mit dem Aufkommen computergenerierter, virtueller Realitäten vornehmlich für das Eintauchen in komplex mediatisierte Welten verwendet. Insbesondere in den 2010er Jahren hat sich ein umfangreicher, interdisziplinärer Immersionsdiskurs entfaltet, in dem je nach Disziplin und Gegenstand Immersion als mediale Konstellation oder Ästhetik intensiver Rezeptionserfahrungen beschrieben, analysiert, vermessen oder gesellschaftlich eingeordnet wurde. Immersion wurde dabei zu einem *umbrella term*, der auf intensive körperliche, sinnliche wie emotionale Wahrnehmungserfahrungen von Grenzverwischung, Distanzverlust und zeiträumlicher Entrückung verweist.

Ausgangspunkt meiner intensiven Beschäftigung mit Immersion war das Aufkommen einer neuer Theaterform mit Beginn der 2000er Jahre. Dabei handelt es sich um komplexe Performanceinstallationen, die an Orten jenseits klassischer Theatergebäude stattfinden. Ein Kriterium »immersiven Theaters«[2] ist das Vorhandensein einer narrativen, fiktionalisierten Weltversion, die in den Aufführungen von Darsteller*innen unter vielfältiger Involvierung der mobilisierten Zuschauer*innen gemeinsam als Wirklichkeitssimulation hervorgebracht wird. Nicht selten kommt es vor, dass Zuschauer*innen die gestalteten »Fake-Institutionen«[3] trotz ästhetischer Verfremdungsstrategien oder inhaltlicher Übertreibungen bis zum Schluss für sich temporär als (nicht gespielte) Realität *framen*.[4] Entscheidend ist, dass diese Theaterform symptomatisch für den Einsatz eines medialen Dispositivs in den darstellenden Künsten steht, wonach Zuschauer*innen und Darsteller*innen nicht nur gemeinsam einen Bühnen- als Erfahrungsraum teilen, sondern die Gespräche, Erinnerungen, Re-Aktionen und Emotionen der Gäste gleichermaßen zum Material der Aufführung werden.[5]

Künstler*innenkollektiven und ihrer Perspektivierung als »Lebensformen der Immersion«.

2 Vgl. Theresa Schütz: *Theater der Vereinnahmung. Publikumsinvolvierung im immersiven Theater.* Berlin 2021, S. 66–73.

3 Mit Fake-Institutionen sind fiktiv erdachte, aber an der Wirklichkeit orientierte Einrichtungen mitsamt all ihrer gesellschaftlich geltenden Normen, Regeln und Praktiken gemeint, die im immersiven Theater hyperrealistisch nachgeahmt werden, wie z.B. eine Sozialstation, ein Hotel, ein Vereinsgebäude einer fiktiven Organisation etc., vgl. ebd., S. 76f.

4 Dieses Wissen basiert auf Publikumsbefragungen, die ich für SIGNA-Produktion durchgeführt habe, vgl. ebd., S. 134f.

5 Vgl. ebd., S. 52–66.

Inhaltlich sind es in den 2010er Jahren interessanterweise vor allem dystopische Weltentwürfe, die in immersiven Theateraufführungen realisiert wurden, während sich seit der Pandemie ein Wechsel zu utopischen Wirklichkeitssimulationen beobachten lässt.[6] Produktionen wie *Söhne & Söhne* (2015), *Das Heuvolk* (2017) oder *Die Ruhe* (2021) von SIGNA, deren gestaltete Fake-Institutionen geschlossene Gemeinschaften mit kommunen- oder sektenähnlichen Strukturen re/präsentierten, haben mich inspiriert, mich historischen Vorbildern wie der Muehl-Kommune als einer theatral verfassten, immersiven Lebensform zuzuwenden. Eine Gemeinsamkeit zwischen immersivem Theater, wie ich es im Rahmen meiner Forschung definiert habe, und Kommunen sehe ich in der gezielten – und zumeist mit künstlerischen Mitteln erwirkten – emotionalen *Vereinnahmung* teilnehmender Gäste durch das immersive Aufführungsdispositiv, dass das Bewusstsein für die gestaltete Weltversion in den Hintergrund des Erlebens rückt.[7]

Meine These ist, dass sich das immersive Aufführungsdispositiv bei der Muehl-Kommune zu einer immersiven Lebensform radikalisiert, in der sich Menschen einer gestalteten ›alternativen‹ Weltversion als Realität verschreiben. Analog zu ausgewählten Involvierungsstrategien im immersiven Theater, kommt es zu systematischer Emotionalisierung und Affektmodulation, welche sich im Fall der Betrachtung der immersiven Lebensform der Kommune allerdings über die Faktoren Dauer, Wiederholung, Ritualisierung und Medieneinsatz präziser als *Bindungstechnologien* beschreiben lassen.[8] Der namengebende bildende Künstler Otto Muehl gehörte in den 70er Jahren wie auch Valie Export, Hermann Nitsch oder Rudolf

6 Beispiele sind u.a. *Transit* von Mona el Gammal, *Respublika* von Łukasz Twarkowski oder *ReEDOcate me!* von les Dramaturx.

7 Vgl. Schütz: *Theater der Vereinnahmung*, S. 50–65.

8 Der Neologismus der Bindungstechnologie funktioniert in Teilen analog zu Konzepten wie Stieglers »Psychotechnologie«, wenn er z.B. von der Aufmerksamkeitsvereinnahmung junger Menschen durch die Affordanzen neuer Medien spricht (vgl. Bernard Stiegler: *Die Logik der Sorge. Verlust der Aufklärung durch Technik und Medien*. 2008, S. 56.). »Psychotechnik« und »Psychotechnologie« verweisen auf spezifische »Weisen des Verfügens« (Bernd Bösel: *Die Plastizität der Gefühle. Das affektive Leben zwischen Psychotechnik und Ereignis*. Frankfurt 2021, S. 29) über die menschliche Psyche. Allerdings zielt der Begriff der Technologie auf ein komplexeres *Netzwerk von Techniken und dem Wissen über ihr Zusammenwirken*. Die weiterreichende These ist deshalb, dass die verschiedenen Affekt- und Psychotechniken, derer sich Muehl seinerzeit mit Blick auf die Kommunard*innen bediente, für mich – über die Existenz der Videodokumentation – primär als Bindungstechnologien in Erscheinung treten, die Wissen über strategische Affektmodulation belegen und zugänglich machen.

Schwarzkogler zum Kreis des *Wiener Aktionismus*. Mit ihrem Interesse an gesellschaftlicher Provokation durch radikale Gesten und Ästhetiken des Tabubruchs führten sie die in den 1960er in den USA aufgekommene *Aktionskunst* weiter. Immersives Theater und Wiener Aktionismus teilen sich das wirkungsästhetische Versprechen einer Verwischung der Grenze von Kunst und Leben durch intensive (Selbst-)Erfahrungen. Mit dem Lebensform-Projekt der Kommune erweiterte Otto Muehl seine Materialaktionen: Material seiner Kunstaktionen waren nun nicht mehr nur sein eigener Körper, Exkremente oder Tierkadaver, sondern andere Menschen, ihre Geschichten, Emotionen und Wünsche nach gesellschaftlicher Transformation.

Ausschlaggebend für meine Überlegungen waren Besuche im Archiv des Friedrichshofs, wo sich die Muehl-Kommune 1974 niederließ.[9] Ich hatte mit der Einsicht in Schriften, Bildmaterial und Kunstaktionen gerechnet, nicht aber mit dem, was sich mir offenbarte: eine zeitlich unsortierte, aber scheinbar *umfassende Dokumentation des gesamten Kommune-Lebens* auf Video, U-matic oder bereits digitalisierter DVD findet sich heute an der Stelle, wo sich einst die Kommune befand. Mit der Sichtung von allein nur ca. 60 der insgesamt 7.663 Stunden[10] des aufgezeichneten Materials bekam ich Einblick in den Alltag der Kommunard*innen. Zugleich bekam ich eben jenen Eindruck, dass die Kommune von Otto Muehl nicht nur initiiert und angeführt, sondern von ihm selbst als eine räumlich und zeitlich ausgeweitete Form der Aktionskunst begriffen wurde, in der die Kommunard*innen, ihre zwischenmenschlichen Interaktionen und Emotionen

9 Der erste Besuch war im Dezember 2022, ein zweiter Aufenthalt erfolgte im Mai 2023. An dieser Stelle möchte ich mich bei der ehemaligen Kommunardin und Archivbetreuerin Amalia Rausch für den so gastfreundschaftlichen Empfang, die Bereitstellung von Archivmaterialien sowie der wertvollen Begleitung in Form zahlreicher Gespräche bedanken.

10 Tanja Jellinek: *Die Medienpraktiken der Aktionskunst. Zur Videodokumentation der Otto Mühl Kommune.* Diplomarbeit Uni Wien 2015, S. 16. Allein die kursorisch von mir gesichteten Mitschnitte versammelten: SD-Abende (siehe 2.1), Strukturreden, Wahlen sowie Kinder- und Fehlleistungspalaver (siehe 2.2), Wochenschauen, Monatsbänder sowie Werbe- und Propagandafilme (siehe 2.3). Darüber hinaus Mal- und Siebdruckaktionen von Otto Muehl, Atelierbesuche, Geburtstagsfeiern, Kinder- und Babygruppen beim Spielen, Szenen aus dem Schulunterricht, Genossenschaftsversammlungen, Geburten, Vorträge, Klavierwettbewerbe, Besuche von Gästen aus Kunst und Politik, Versammlungen der Stadtgruppen, Laientheateraufführungen außerhalb vom Friedrichshof, Landschaftsaufnahmen, in der Kommune entstandene Experimentalfilme sowie etliche TV-Dokumentationen über die Kommune, die mitarchiviert wurden.

zum zentralen Material seiner (künstlerischen) »Gestaltung« wurden.[11] Ausgehend von einer historisch situierten, gesellschaftsutopisch linksalternativen Idee zeigt sich entlang der Aufzeichnungen des Kommunelebens, dass auch Lebensformen, verstanden als ein Set von Praktiken, »die miteinander sinnhaft koordiniert jeweils die gesamte Alltags- und Lebenszeit von Subjekten füllen«[12] grundsätzlich der Gestaltbarkeit unterliegen. Mit dem Einlassen auf den Kommunenalltag mit all seinen Ritualen, Regeln, Abläufen, Normen und Performanzen tauchten die Kommunard*innen, so stellt es zumindest ihr Nachlass dar, buchstäblich in eine Version einer »alternativen Wirklichkeit«[13] ein, die sie zugleich wesentlich mithervorbrachten.

2. Bindungstechnologien in der Muehl-Kommune

Als der 1925 im österreichischen Burgenland geborene Otto Mühl Anfang der 1970er Jahre – also bereits in seinen späten Vierzigern – seine Kommune gründete, lagen Jahre bei der Wehrmacht während des Zweiten Weltkriegs, ein nachgeholter Schulabschluss, ein Lehramtsstudium, eine Malereiausbildung sowie die Zusammenarbeit mit den Künstlerkollegen Hermann Nitsch, Günter Brus oder Oswald Wiener hinter ihm. In einem sich selbst als antiautoritär und antiinstitutionell begreifenden Milieu verortet, beschäftigte sich Mühl Ende der 1960er Jahre neben seinen transgressiven Kunstspektakeln und dem Verfassen von Manifesten über eine Totalrevolution in der Kunst[14] intensiv mit den Schriften von Wilhelm Reich sowie zeitgenössischen Formen der Psychotherapie und Psychoanalyse.[15]

---

11 In der Dokumentation *Otto Mühl – Die Zukunft?* (ORF 1976) sagt Muehl über die Kommune: »Wir leben in einem Kunstwerk, das wir gemeinsam machen. Das ist revolutionäre Kunst, das erste lebende Kunstwerk der Welt überhaupt.«

12 Andreas Reckwitz: *Kreativität und soziale Praxis. Studien zur Sozial- und Gesellschaftstheorie.* Bielefeld 2016, S. 125.

13 Hier beziehe ich mich auf die Verwendung des Begriffspaars in: Katrin Götz-Votteler und Simone Hespers: *Alternative Wirklichkeiten? Wie Fake News und Verschwörungstheorien funktionieren und warum sie Aktualität haben.* Bielefeld 2019.

14 Dazu gehören Texte wie das ZOCK-Manifest (1967), in Teilen abgedruckt in Levy 1998, S. 10–18.

15 Dazu gehören u.a. die Primär- und Urschreitherapie von Arthur Janov, die bioenergetische Analyse nach Alexander Lowen sowie Jakob Levy Morenos Psychodramas, vgl. u.a. Wencke Mühleisen: *Du lebst ja auch für deine Überzeugung. Mein Vater, Otto Muehl, und die Verwandtschaft extremer Ideologien.* Wien 2020, S. 96. Auch die persönlichen Therapieerfahrungen, die Muehl beim österreichischen Tiefenpsychologen Josef Dvorak seit 1959 machte, flossen mit ein, vgl. Fanny Stapf: *Die »Akti-*

Regelmäßige Zusammenkünfte von Studierenden der Universität Wien in der Wohnung Otto Muehls waren 1972 der Auslöser für die Gründung der sog. »Aktionsanalytischen Organisation« bzw. der »AA-Kommune«, wie die Mühl-Kommune zunächst hieß.

Diese Gründung fällt in eine Zeit, in der alternative Gegengesellschaften – vor allem in den USA, aber im Ausgang der 68er Bewegung auch in Europa – Konjunktur hatten.[16] Die Kommunard*innen der ersten Stunde teilten die Überzeugung, dass für einen umfassenden gesellschaftlichen Wandel eine umfassende Bewusstseinsarbeit der Menschen von Nöten sei. Als Quelle allen Übels wurde die Kleinfamilie und die psychischen Folgen, die sich aus einer bürgerlich-autoritären Erziehung ergäben, ausgemacht. Zur Ideologie der Muehl-Kommune gehörten deshalb: freie Sexualität, Gemeinschaftseigentum und kontinuierliche Emotionsarbeit, um sich vom angestauten »Charakterpanzer« – ein von Wilhelm Reich entlehnter Begriff – voller erziehungsbedingter Hemmungen, Ängste und Neurosen zu befreien. Mit dem Erwerb des Friedrichshofs bei Wien institutionalisierte sich die Muehl-Kommune ab 1974 räumlich und auch hinsichtlich der kollektiven Organisationsstruktur des alltäglichen Zusammenlebens. Es formierte sich ein sozialer Mikrokosmos, dessen bis zu 650 Mitglieder[17] sich – insbesondere in der Anfangsphase – künstlerisch angewandten Formen der ›Therapie‹ hingaben. Die Rolle des Therapeuten nahm Otto Muehl selbst ein. Als mit Abstand älteste und in der Kunst erfolgreichste Persönlichkeit oblag ihm die ›väterliche‹ Führung der gesamten Unternehmung.

Im Folgenden möchte ich mich ausgehend von dem gesichteten Archivmaterial auf vier dominante Bindungstechnologien der Muehl-Kommune fokussieren.[18] Erstens die ›Selbstdarstellungen‹, zweitens die ›Palaver‹ und drittens das Ausleben ›freier Sexualität‹. Diese drei Bindungstechnologien fallen in den Bereich Foucaultscher Selbsttechnologien mit klar subjektivie-

---

onsanalytische Organisation« der Mühl-Kommune Friedrichshof und amerikanische »Megachurches«. Masterarbeit Universität Wien 2015, S. 14.

16 Vgl. dazu u.a. Sven Reichardt: *Authentizität und Gemeinschaft. Linksalternatives Leben in den siebziger und frühen achtziger Jahren.* Berlin 2014 sowie Maik Tändler: *Das therapeutische Jahrzehnt. Der Psychoboom in den siebziger Jahren.* Göttingen 2016, S. 249–281.

17 Benoît Tremsal: *Die Kunstpraxis in der Mühl-Kommune. Wenn Leben und Kunst verschmelzen sollen.* Hamburg 2016, S. 17.

18 An der Stelle danke ich Martina Leeker für die inspirierenden Gespräche. Vorüberlegungen zu meinen Ausführungen habe ich unter dem Titel »Immersives Theater 2.0. Bindungstechnologien von der Mühl-Kommune bis zum immersiven Theater der Gegenwart« am 5.12.2023 an der Universität Köln vorgestellt.

renden Effekten. Sie erfüllen die Funktion, maßgeblich zwei Bindungen zu modulieren: jene zwischen den Kommunard*innen und Muehl (im Sinne einer Vater/Kind-Konstellation) und jene der Kommunard*innen untereinander (im Sinne eines beständigen Konkurrenz-Verhältnisses). Eine vierte Form fasst diejenigen Medienpraktiken zusammen, die in der Kommune als *Bindungstechnologien zweiter Ordnung* wirkten, insofern sie zur Modulierung der Relationen zwischen dem Friedrichshof als Herzstück und den ›Satelliten‹ der Kommune in den verschiedenen (auch internationalen) Stadtgruppen sowie jener zwischen der Kommune und der Außenwelt fungierten. Sie sind Bindungstechnologien zweiter Ordnung, weil hierbei das erzeugte, aufgezeichnete Material gesichtet, sortiert, montiert und bearbeitet wurde, um das Lebensformprojekt nicht nur medial für sich und andere zu bezeugen, sondern auch zum Gegenstand der kontrollierenden Selbstbetrachtung zu nutzen.[19]

In der anglophonen Literatur der Affect Studies entspricht der deutsche Begriff ›Bindung‹ dem des ›attachment‹. Ich verwende ihn hier in der queerfeministischen Tradition von Sara Ahmed und Laurent Berlant als *längerfristige Form der emotionalen Anhaftung*, die auf »Struktur[en]«[20] affektiver Relationalität hinweisen, insbesondere auf solche, die »dem Gedeihen und Blühen von Einzelnen und Kollektiven«[21] *nicht* zuträglich sind. Gleichzeitig bietet sich der Bindungsbegriff auch aufgrund seiner psychoanalytischen Verortung in der Erforschung früher Eltern-Kind-Beziehungen (u.a. durch John Bowlby in den 1940er Jahren) an. Entlang der genannten Bindungstechnologien zeigt sich, wie eine emotionale Anhaftung der Kommunad*innen an Muehl, seine Ideologie und die alternative Lebensform produziert wurde. Und es zeigt sich zudem, dass in der Muehl-Kommune »Verfügungsregimes«[22] wirksam waren, die – ausgehend von der

19 Das aufgezeichnete Material gleicht TV-Reality Formaten, bei denen die teilnehmenden Menschen wissen, dass sie aufgezeichnet werden, es im sozialen Miteinander über die Zeit aber auch auszublenden beginnen.

20 Lauren Berlant: *Grausamer Optimismus.* Aus dem Englischen von Jen Theodor. Berlin 2024, S. 26.

21 Ebd., S. 27.

22 Mit dieser Begriffsverwendung folge ich Bernd Bösel, der medientheoretische Überlegungen Marie-Luise Angerers zu »affektiven Dispositiven« und Bernhard Stieglers zu »Psychomacht« und »Psychotechnologien« zum Begriff der »Verfügungsregime« kombiniert, um genealogisch aufzuzeigen, welche Weisen der Affizierung zu verschiedenen Zeiten hegemonial waren; er unterscheidet sieben verschiedene Affektverfügungsregime, entlang derer sich zeigt, wie über Menschen (und ihre Affekte) gezielt und machtvoll »verfügt« wurde, siehe: Bernd Bösel: *Die Plastizität der Gefüh-*

Prämisse, dass menschliche Gefühle und Emotionen grundsätzlich form- und gestaltbar seien – auf Strategien *penetranter Affizierung* basierten. Ich verstehe darunter ein Affektverfügungsregime, das sich nicht nur über Rückkopplungsmechanismen des Feedbacks und der Kontrolle, sondern vornehmlich durch die beständige (Über-)Produktion an Affekten und Emotionen in sozial geteilen Aufführungszusammenhängen stabilisiert. Penetranz, vom Lateinischen ›penetrare‹ (dt. ›hinein- bzw. durchdringen‹) mit seiner begrifflichen Nähe zur Penetration spitzt hierbei den Immersionsbegriff (des Eintauchens) auf Dimensionen aufdringlicheren und auch gewaltvolleren Eindringens zu.[23]

2.1 Penetrante Affektproduktion I: Selbstdarstellungen

Die sog. ›Selbstdarstellungen‹ (SD) stellen eine erste Form der Bindungstechnologie dar. Wenngleich sich die Formen der SD-Abende in der Kommune über die Jahre veränderten, zeichnen sie sich von Beginn an durch eine immersive Aufführungssituation aus, in der einzelne Kommunard*innen in die Kreismitte gebeten wurden, um – angeleitet von Otto Muehl – eine authentische Performance frei gesetzter Empfindungen darzubieten. Muehl selbst bezeichnete die SD-Abende als Form der radikal demokratischen, »emotionellen Ausdruckskunst«[24] mit dem Ziel der Bewusstseinsgestaltung. Filmemacher Paul-Julien Robert, der in der Kommune geboren und bereits als Kind in die ›SD-Kunst‹ eingeführt wurde, beschreibt sie

---

le. Das affektive Leben zwischen Psychotechnik und Ereignis. Frankfurt am Main 2021, insb. S. 60–78.

23 Otto Muehl wurde 1991 u.a. wegen Sittlichkeitsdelikten, Unzucht mit Minderjährigen sowie Verstößen gegen das Suchtgiftgesetz zu sieben Jahren Haft verurteilt. Damit sei hingewiesen, dass das alternative Lebensform-Projekt der Muehl-Kommune mit zeitlichem Verlauf – insbesondere ab Ende der 70er Jahre – in eine Konstellation schweren Machtmissbrauchs und Gewalt kippte, die insbesondere zu schweren Traumatisierungen bei der Kindergeneration, d.h. der in die Kommune hineingeborgenen Kinder von Kommunard*innen, führte. Ein möglicher Grund für dieses Kippen linker Gegengesellschaften wie der Muehl-Kommune in autoritäre, sektenähnliche Strukturen sieht Daniel Loick u.a. bei der Konstitution der Gründungsgeneration, die selbst von zurückliegenden Erfahrungen der Gewalt, Traumatisierung oder Erniedrigung (z.B. durch ihre Eltern) geprägt war, anfällig für »ideologische Täuschung und moralische Korruption« zu sein, vgl. Daniel Loick: »The Ethical Life of Counter-Communities«, in: *Critical Times* (2021), 4 (1), S. 1–28, hier: S. 19.

24 Zitiert nach »SD – eine demokratische Kunst«, einem Artikel aus einer im Archiv befindlichen Ausgabe der *AA Nachrichten* von 1977.

als Teil eines kollektiven »Entladungskult[s]«, bei dem »alle Hemmungen oder Blockaden von der Seele zu spielen, zu heulen, zu kotzen«[25] gewesen seien. Im Fokus standen dabei Kindheitserinnerungen der Kommunard*innen, die Muehl als sozialisationsbedingte, ungesunde Bindungen an die zu überwindende bürgerliche, kapitalistische Kleinfamilienwelt entwertete.

Die aufgezeichneten, von mir gesichteten SD-Abende aus den 70er Jahren folgten i.d.R. der Dramaturgie der von Muehl notierten »AA-Parabel«. Ihr entsprechend galt es, verschiedene Stadien – »von der körperlichen und emotionellen Abwehr« über die wesentlichen Abreaktionsphasen »agressiven Ekels«, »depressiven Weinens« und »infantilen Hasses« hin zu einem »Geburtserlebnis« zu durchlaufen. Letzteres markierte die Initiation für die Folgeetappen der »Überwindung der Eltern«, der »Entdeckung der Sexualität«, dem »Durchbrechen der Inzestschranke« hin zur »genitalen und sozialen Identität«, derer es für den Aufbau einer neuen Gesellschaft bedürfe. SD-Abende waren dasjenige Format, in dem die Neumitglieder ihre »freiwillig gesuchte[n] Extremzustände«[26] unter Anleitung Muehls erstmals konsequent ausleben können sollten. Auch nach Erreichen der letzten Bewusstseinsstufe gingen die Selbstdarstellungen weiter – zuvorderst als Trance- oder Material-SD, bei denen die Körper mit Lebensmitteln, Kunstblut oder Körperflüssigkeiten in Aktion traten.

Der ehemalige Kommunarde Nikolaus Helbich bezeichnet die Selbstdarstellungen retrospektiv auch als »stabilisierende[n] Sozialfaktor der Kommune«,[27] insofern das voreinander aufgeführte »Gefühlseigentum«[28] kollektiviert wurde. Deutlich wird sowohl in den Mitschnitten als auch in den Äußerungen ehemaliger Kommunard*innen, dass sich vornehmlich 20- bis 30-Jährige versammelt haben, die der Wunsch nach gesellschaftlicher Veränderung verband, die in Otto Muehl eine positive Autorität, Inspiration und charismatische Kraft sahen, der sie sich anvertrauten; junge Menschen also, die die intensive Erfahrung emergierender Emotionen als befreienden Akt wahrnahmen.[29]

25 Interview mit Paul Julien Robert: https://sz-magazin.sueddeutsche.de/maenner/paul-julien-robert-80294 (aufgerufen 16.12.24).

26 William Levy: *Eine Studie zu Kulturschock. Unser Freund Otto Mühl*. Löhrbach 1998, S. 35.

27 Helbich, Nikolaus: *Der Friedrichshof. Utopisches Modell und konkrete Geschichte*. Dissertation Universität Wien 1990, S. 120.

28 Ebd., S. 182.

29 Vgl. u.a. Theo Altenberg: *Das Paradies Experiment. Die Utopie der freien Sexualität. Kommune Friedrichshof 1973–1978*. Wien 2001, insb. S. 11.

Visuell wurden die Kommunard*innen in der frühen Phase einander angeglichen. So trugen Männer wie Frauen einen kurz rasierten Haarschopf und eine Latzhose, um die performative Hervorbringung einer neuen kollektiven Identität als Kommunard*in zu fördern.[30] Die SD-Abende hatten selbst eine dem Ritual nahestehende Struktur und trugen zugleich maßgeblich zur Ritualisierung des Alltags bei, da sie fester Bestandteil des täglichen Programms waren. Sich immer wieder vor einer großen Menge an Zuschauenden Kindheitserinnerungen oder Traumata und den damit verbundenen, emotionalen Reaktionen hinzugeben, und für diese von Muehl entweder Lob, Trost oder Kritik zu erhalten, war wesentlich für die Etablierung eines Verfügungsregimes, das qua Dauer-Affizierung auf der *ausgestellten Verletzbarkeit* der Anhänger*innen fußte.

Das buchstäbliche Ausgesetzt-Sein der Körper – vor den Blicken der anderen, vor der (wissentlich) mitlaufenden Kamera, vor der »Gestaltung« durch Muehl, und der damit verbundenen Verfügbarmachung für potenzielle Manipulationen, Erniedrigungen und Übergriffe – wurde durch die SD-Abende normalisiert. Die wirkungsästhetische Penetranz, die im Wiener Aktionismus von der Gewalt gegenüber dem Material und den radikalen Normbrüchen z.B. durch den exzessiven Umgang mit Fäkalien und mit Ekel besetzten Ausscheidungen ausging, dominierte in Gestalt der SD-Abende schließlich den Kommune-Alltag. Im Sinne der Radikalität und Destruktivität der Muehl'schen Kunstproduktion sollten mit den Selbstdarstellungen existierende Bindungen zerschlagen, und durch an modulierten Begehrensstrukturen neuausgerichtete Bindungen ersetzt werden.

Die Faszination und Anziehung, die von Otto Muehl für die ca. 20 Jahre Jüngeren auszugehen schien und immerhin im Verlauf der 20-jährigen Existenz der Kommune bis zu 2.000 Menschen anzog, darf dabei nicht unterschätzt werden. Just von der affektiven Disposition[31] dieser Autoritätsbezogenheit, die sich zugleich als Unterwerfungsbereitschaft aufgrund eines erhöhten Anerkennungsbedürfnisses zeigt, das insbesondere durch die SD-Abende eingeübt wurde, profitierte Muehl schließlich in hohem Maße selbst, wenngleich er ebendiese an der Nachkriegsgesellschaft so sehr verachtet hatte.[32]

30 Vgl. u.a. Stapf 2015, S. 18ff.

31 Zum Konzept der »affektiven Disposition« siehe Rainer Mühlhoff: »Affective Disposition«, in: Jan Slaby und Christian von Scheve (Hrsg.): *Affective Societies – Key Concepts*, London und New York, S. 119–130, insb., S. 119.

32 Vgl. dazu auch Tändler 2016, S. 330.

Parallelen zwischen Selbstdarstellungen und immersivem Theater liegen nicht nur im vergleichbaren Aufführungsdispositiv. Ähnlich sind auch die Formen zielgerichteter sozial-relationaler Vereinnahmung vor Zuschauer*innen, bei denen die manipulative Modulierung von Körpern entlang der Aufführung bestimmter Emotionen wie Wut, Trauer oder Ekel inszeniert wird. Gleichzeitig besteht ein großer Unterschied darin, dass die Selbstdarstellungen in der Muehl-Kommune nicht nur temporär sind, sondern sich als auf Dauer gestelltes Aufführungsformat als Teil der immersiven Lebensform entgrenzt.

2.2 Penetrante Affektproduktion II: Palaver

Ein verbales Pendant zu den primär körperlich ausagierten Selbstdarstellungen stellten die ›Palaver‹ dar. Von den von mir gesichteten, zu denen vor allem ›Fehlleistungspalaver‹ und ›Kinderpalaver‹ gehörten, stammen die meisten aus den Jahren 1975 bis 1985, als die Kommune mit der Etablierung sog. BAGs (›Bewusstseinsarbeitsgruppen‹) bereits eine hierarchische Struktur implementiert hatte, an dessen Spitze Otto Muehl und seine ›erste‹ Frau Claudia[33] standen. Der ehemalige Kommunarde Benoît Tremsal beschreibt die Struktur als eine »emotional bedingte Rangordnung«.[34] Im Wesentlichen sei in den Palavern eine »Kultur der Konkurrenz«[35] gefördert worden, die zunehmend in eine offene »Denunziationskultur«[36] übergegangen sei. Analog zu den Selbstdarstellungen blieb auch in den Palavern Muehl die patriarchale, personelle Bezugsgröße; die verbale Penetration – im Sinne der ungeschönten Beschreibung von Fehlern, Schwächen oder Unzulänglichkeiten – übernahmen nun allerdings alle mit- und aneinander.

Die gesichteten Palaver wurden i.d.R. von Otto oder Claudia geleitet und fanden in engen Räumen um einen Tisch organisiert statt. Das wesentliche

33 Claudia Weissensteiner wurde 1986 entgegen der kommune-eigenen Vorgaben die Ehefrau von Otto Muehl; fortan kam ihr neben Muehl eine zentrale Führungsrolle zu, vor allem bei der Entwicklung und Erprobung alternativer pädagogischer Modelle der Kindererziehung. Kinder am Friedrichshof sollten kollektiv erzogen werden. Die Möglichkeit einer Bindung an die zwei biologischen Eltern wurde systematisch blockiert.

34 Tremsal: *Die Kunstpraxis in der Mühl-Kommune*, S. 15.

35 Ebd., S. 95.

36 Ebd., S. 62. Vgl. zur Beschreibung der Palaver auch: Toni Altenberg: *Mein Leben in der Mühlkommune. Freie Sexualität und kollektiver Gehorsam.* Wien 1998, insb. S. 19–32.

Prinzip bestand darin, das alltäglich beobachtete Verhalten der anderen Kommunard*innen (positiv wie negativ) schonungslos zu bewerten, sodass auf dieser Grundlage die ›Auf- und Absteiger‹ innerhalb der BAG-Hierarchie ermittelt werden konnten. Fehlleistungen wurden auf einer Liste gesammelt, damit Muehl diejenigen, die sie vollzogen hatten, im Anschluss gönnerhaft ›entschulden‹ bzw. mit einer Strafaufgabe versehen konnte. Die Stimmung habe ich auf den gesichteten Mitschnitten entgegen der Drastigkeit des Formats eher als freudvoll wahrgenommen; als wäre verinnerlicht, dass Bewertungen der eigenen Bewusstseinsausbildung zugutekämen, und dass Lästern, Kränkungen oder Beleidigungen dazugehörten.

Als verstetigte, fest im Tagesablauf der Kommunard*innen verankerte Praxis trugen die Palaver zur Normalisierung sowohl von Bespitzelung und Denunziation wie auch von erhöhtem Konkurrenzdruck und Selbstkontrolle mit dem Ziel der Anerkennung und Aufwertung bei. Die gesichteten Palaver erinnerten an Tribunale – mit Muehl in der Rolle des Richters. Auch für sie ist das immersive Aufführungsdispositiv kennzeichnend. Deutlich wird zudem, inwieweit die Kommunard*innen mit ihrer Partizipation an alltäglich praktizierten Bindungstechnologien wie den Palavern, relational an der Gesamtaufführung der alternativen Lebensform ›Muehl-Kommune‹ aktiv mitwirkten.

2.3 Penetrante Affektproduktion III: freie Sexualität

Wesentlicher Teil der Ideologie und gelebten Alltagsrealität der Muehl-Kommune war das Primat der freien Sexualität. Frei war sie insofern, als dass alle miteinander Sex haben konnten – und auch sollten, um Pärchenbildung (wie in der verhassten Kleinfamilie) und die Orientierung auf nur eine*n Sexualpartner*in zu verhindern. Die Normalisierung von Nacktheit, die bereits in den Selbstdarstellungen vorbereitet wurde, ist neben der Stärkung der Gruppenzugehörigkeit ein entscheidender Effekt dieser Praxis. Interessanterweise kam Sex, wenngleich er durch die Regelmäßigkeit und Omnipräsenz im Alltag seiner Intimität zugunsten einer standardmäßigen Ritualisierung verlustig ging, offenbar eine Sonderrolle zu – kommt er doch, ebenso wie die zugehörigen ›Sexpalaver‹, im aufgezeichneten Material konsequent *nicht* vor.[37]

37 Will man über Formen der gelebten, freien Sexualität mehr erfahren, ist man auf die verschriftlichen Berichte und Reflektionen ehemaliger Kommunard*innen angewie-

Was die Muehl'sche Ideologie der freien Sexualität – neben dem Verbot, sich auf eine*n Partner*in zu fokussieren oder in eine Person zu verlieben – ebenfalls nicht vorsah, ist gleichgeschlechtlicher Sex. Homosexualität wurde als deviant abgewertet und galt Muehl als Verirrung, die durch Therapie behoben werden könnte.[38] Hieran zeigt sich deutlich, dass die Muehl'sche Kommunenheterotopie heteronormativ und homophob war. Hinzukommt, dass die freie Wahl der Sexualpartner*innen mit Verlauf der Kommunenzeit von Otto und Claudia Muehl in vielfacher Weise ausgenutzt wurde; so hatten beide nicht nur die erste Wahl, sondern wiesen sich auch das Recht zu, die Heranwachsenden am Friedrichshof in die praktizierte Sexualität einzuführen.[39] Die freie Sexualität wurde in der Kommune also nicht nur zur Norm, sondern auch zum Zwang[40] – und zum ideologisch-diskursiven Deckmantel, um Kindesmissbrauch zu legitimieren.

Eng verknüpft mit der Idee des Gemeinschaftsbesitzes, der für monetäre Güter wie auch Körper galt, wurden selbst die in der Kommune geborenen Kinder nicht in die Obhut ihrer biologischen Eltern, sondern in die Obhut der Gemeinschaft gegeben. Spätestens da, wo es nicht mehr nur um die Lebensentscheidung der Kommunard*innen der Gründungsphase, sondern um die in die immersive Lebensform hineingeborenen Kinder geht, die im Gegensatz zu ihren Eltern diese Wahl nicht eigenständig treffen konnten, kippt das zunächst wissentlich kollektiv angegangene Modell der Realisierung einer alternativen Lebensform in eine autoritäre Konstellation des Missbrauchs. Die Lebensform ist immersiv, weil die gemeinsam hervorgebrachte Kommune-Wirklichkeit zunehmend zur Realität wird, insofern sie von der Wirklichkeit der geltenden, hegemonialen Sozialstruktur der restlichen sie umgebenden Gesellschaft abgeschottet wird.

---

sen, u.a. Altenberg: *Das Paradies Experiment* und *Andreas Schlothauer: Die Diktatur der freien Sexualität. AAO, Mühl-Kommune, Friedrichshof.* Wien 1992.

38 Siehe dazu auch, aus der Perspektive eines schwulen Kommunarden: Karl Iro Goldblat: *Als ich von Otto Mühl geheilt werden wollte.* Klagenfurt 2019.

39 Otto Muehl wurde deshalb 1991 »wegen Sittlichkeitsdelikten, Unzucht mit Minderjährigen bis hin zur Vergewaltigung, Verstößen gegen das Suchtgiftgesetz und Zeugenbeeinflussung« zu sieben Jahren Freiheitsstrafe verurteilt, siehe Arno Frank: »Die Enthemmung der Kunst«, in: *Der Spiegel* vom 27.05.2013, https://shorturl.at/lhrYQ (aufgerufen 16.12.24).

40 Vgl. Helbich 1990, S. 130.

2.4 Penetrante Affektproduktion IV: Kommuneeigene Medienerzeugnisse

Viertens bestand das Kommune-Leben wesentlich darin, kreativ tätig zu sein. Ob in gemeinsamer Aktmalerei, Malaktionen unter freiem Himmel, Rollenspielen oder Tanzrunden – das Ziel der Bewusstseinsgestaltung war stets mit als schöpferisch wahrgenommener Tätigkeit verbunden. Als *Kunst* im engeren Sinn wurde allerdings durch das Archivieren, Ausstellen und Verkaufen nur das valorisiert, was Otto Muehl selbst produzierte; alle anderen Zeichnungen wurden unmittelbar vernichtet.[41] Hier kommt eine Form narzisstisch-penetranter Geschmackslenkung dessen, was als hochwertige Kunst zählte, zum Ausdruck, die am krassesten in Muehls ›Aschebildern‹ wiederkehrt. Die hierfür verwendete Asche stammte aus der zum Ende der Kommune hin von ihm veranlassten Verbrennung der privaten Tagebücher der Kommunard*innen. Auf diese Weise wurden die externalisierten Erinnerungen und künstlerischen Erzeugnisse der anderen Kommunarden quasi vereinnahmt und wiederum zum Material von Muehls Kunst.[42]

Der gleichen, von Hybris besessenen, Grundidee folgte auch jene Entscheidung, neben den SD-Abenden und Palavern das gesamte Kommune-Leben aufzuzeichnen, um es mit der Videodokumentation wiederum zum potenziell weiter bearbeitbaren »Material« zu machen – jenes Material, das heute von dem Leben in der Kommune zeugt. Die zwei wichtigsten Medienformate, die zu Zeiten der Kommune direkt aus dem aufgezeichneten Material erzeugt wurden, sind Werbe- und Propagandafilme (vor allem der Anfangsjahre) und sog. ›Wochenschauen‹ und ›Monatsbänder‹, die für die interne Kommunikation zwischen dem Friedrichshof und den Satelliten verwendet wurden.[43] Hinzu kam mit den *AA Nachrichten* als kommuneeigenes Nachrichtenblatt, das vor allem auch an Studierende an Universitäten verteilt wurde, und kostenpflichtigen Lehrgängen, die am Friedrichshof angeboten wurden, zwei propagandanahe Medienpraktiken, die zur Rekrutierung neuer Mitglieder und Finanzierung der Kommune

---

41 Vgl. Tremsal 2016, S. 32f.

42 Für eine Initiative, die sich aus dem Kreis der Kindergeneration der Kommunard*innen zusammensetzt, um gegen die fortwährende, unzureichend kontextualisierte Kuration und Ausstellung seiner Werke in Kunstinstitutionen zu protestieren, siehe: https://www.re-port.de/hinweise-fuer-museen/ (aufgerufen 16.12.24).

43 Als Satelliten oder auch »Stadtgruppen« galten die europaweit verstreuten Aufenthaltsorte mehrerer Kommunemitglieder, die von Muehl entsandt wurden, um mit ihrer Arbeit in der Versicherungsbranche, im Bildungssektor oder am Finanzmarkt den Weiterbestand der Kommune am Friedrichshof ökonomisch abzusichern.

dienten.[44] Bei den von mir gesichteten Werbefilmen handelt es sich z.B. um Zusammenschnitte von Luftbildern des Friedrichshofs und den An-/Bauaktivitäten, die die Kommunard*innen selbst erbrachten, von spielenden Kindern in der umgebenden Natur, von prominenten Gästen, die den Friedrichshof oder die Ausstellungen besuchten, natürlich vom malenden Otto Muehl sowie ausgewählten Passagen der SD-Abende.

Da es als verpönt galt, sich den Print- und audiovisuellen Medien, die in der »Kleinfamilien-Gesellschaft« zirkulierten, zuzuwenden, und auch die Lektüre von Romanen nicht erwünscht war, wurden von Muehl eigene Texte produziert, die in der Freizeit rezipiert werden sollten.[45] Auch gab es ein eigenes »Radio« am Friedrichshof, das vornehmlich eine von Muehl bestimmte Auswahl von Jazz- und Blues-Liedern spielte.[46] Es wurden zudem Kassetten besprochen, die den ausgesandten Mitgliedern für die Stadtgruppen mitgegeben wurden, damit die dort lebenden Kommunard*innen – neben den als ›Wochenschauen‹ zusammengeschnitten Videos vom Friedrichshof sowie schriftlichen ›Dokumentationen‹ der BAG-Treffen – auch ihre tägliche auditive ›Dosis Otto‹ erhielten, um den Anschluss an ihre Parallelwelt der Kommune nicht zu verlieren. Zeiten, in denen alle gemeinsam das kommunenexterne Fernsehen rezipierten, waren lediglich erste Januartage (für die Übertagung von Neujahrskonzerten) sowie die Zeit nach der Tschernobyl-Nuklearkatastrophe im April 1986, von der auch ihre Region betroffen war.[47] Ansonsten wurden die Kommunard*innen systematisch von Eindrücken der Außenwelt ferngehalten.

Es wird deutlich, dass das Muehl'sche Affektverfügungsregime mit einer selektiven Auswahl an Medienformen und -inhalten operierte, die *rekursiv* immer wieder die Bilder des Kommune-Alltags reproduzierten, zirkulierten und somit auch Zugehörigkeitsgefühle modulierten. Darüber hinaus dokumentieren die Medienpraktiken den Prozess der Entstehung einer nach Muehls Vorstellungen »gestalteten« immersiven Wirklichkeitsrealisation einer alternativen Gegengesellschaft in (fast) allen Lebenslagen.[48] Die

44 Vgl. Stapf 2015, S. 18.

45 Vgl. Altenberg 1998, S. 99.

46 Vgl. Jellinek 2015, S. 11f.

47 Ab da verlagerte sich der Kern der Kommune stück für stück auf das zusätzlich erworbene Grundstück in El Cabrito auf der Insel La Gomera. Sowohl dort als auch auf dem Friedrichshof leben bis heute noch ehemalige Kommunard*innen.

48 Hier drängt sich eine Parallele zum Filmprojekt des russischen Regisseurs Ilya Khrzhanovsky auf, der für sein Mammut-Filmprojekt »DAU« zwischen 2005 und 2008 das Team beteiligter Schauspieler*innen in der immersiven Rekonstruktion

Aufzeichnungen verweisen zudem auf den Grad und das Wissen um die Wirksamkeit penetranter Affizierung.

Der Einblick in die im Archiv verwaltete Videodokumentation macht eine neue Perspektive auf die Muehl-Kommune als durch und durch mediatisiertes, immersives Lebensformprojekt möglich, in der intensive Selbst- und Grenzerfahrungen, Distanzverlust sowie ein Verfügungsregime penetranter Affizierung – zumindest für knapp 20 Jahre – auf Dauer gestellt wurden. Die ritualisierten Aufführungsformen (SD-Abende), die sozialen Gesprächsformate (Palaver) und Performanzen freier Sexualität, ebenso wie die visuelle Angleichung und der Einsatz von Medientechniken (Video-Aufzeichnung inkl. Verarbeitung des Materials durch Schnitt und Distribution) waren in ihrer Gesamtheit für die Vereinnahmung der Mitglieder in die von Muehl angeleitete immersive Lebensform verantwortlich. Ihr auf Wiederholung angesetztes Ineinander-Wirken formte die Weisen relationalen Affizierens und Affiziert-Werdens im Berlant'schen Sinne zu einer Struktur ›grausamer‹ Anhaftung. In dem Sinne bezeugt und dokumentiert das Videomaterial, wie sich situative Formen penetranter Affizierung sozial-relational stabilisieren und zu analysierbaren Bindungstechnologien entwickeln konnten.

und Wirklichkeitssimulation eines Moskauer Forschungsinstituts samt angrenzender Läden und Wohnhäuser in ihren Rollen ungeskriptet ›leben‹ ließ und dabei über 700 Filmminuten aufzeichnete, aus denen er diverse Einzelfilme wie »DAU. Natasha« (2020) mit fiktiv-dokumentarischer, besonders ›authentischer‹ Spielweise (z.B. im Modus der buchstäblich ausgestellten Volltrunkenheit) geschnitten, produziert und in die Kinos gebracht hat. Hier – und auch mit Blick auf andere Künstler*innen/-kollektive aus dem Bereich immersiven Theaters – fällt eine Tendenz von (i.d.R. männlichen) Einzelkünstlern auf, jenes, mit der Kunst der Avantgarden verbundene, Wirkungsversprechen eines Ineinanderfallens von Kunst und Leben und das Begehren junger Schauspieler*innen, an einem solchen Projekt beteiligt zu sein, im Rahmen der Kunstfreiheit auszubeuten, indem vor allem Grenzen zu gewaltvollen Formen affektiven, psychischen und physischen Missbrauchs verwischt werden.

Abhandlungen

Dawid Kasprowicz

Virtual Reality in der Wissenschaft

Von der Täuschung zum Instrument

Abstract

Der Artikel unternimmt den Versuch, die Virtual Reality (VR) als ein wissenschaftliches Instrument zu konzipieren, sowohl im technikphilosophischen wie im wissenschaftstheoretischen Sinne. Dadurch soll die VR von ihrem Status als Faszinations- oder Repräsentationsmedium entbunden und tiefer in die wissenschaftlichen Praktiken integriert werden. Technikphilosophisch wird gezeigt, dass hierzu drei Zeitebenen der VR als Instrument zu beachten sind: die Zeit des Forschungsobjektes (target object), die Interaktionszeit der User_in und die Simulationszeit des Computers. Wissenschaftstheoretisch gilt es, die VR als ein konstitutives Instrument für die Referenz an ein datengetriebenes Forschungsobjekt auszulegen, das einer gesamten empirischen Erfahrung bedarf – so wie z.B. im Falle der Prädiktion von klimatischen Einwirkungen auf die ökologischen Nischen von Speziesbeständen. Die empirische Erfahrbarkeit von Forschungsobjekten wird damit nicht nur repräsentativ, sondern auch epistemologisch an die Simulation in der VR gekoppelt. Dieser neuen Empirie in der VR gilt es mit dem Konzept des wissenschaftlichen Instrumentes Rechnung zu tragen.

This article tries to conceptualise virtual reality (VR) as a scientific instrument, both from the perspective of the philosophy of technology and philosophy of science. The aim is to liberate VR from its status as a medium of fascination or representation and integrate it more deeply into scientific practices. From a philosophy of technology perspective, it is shown that three temporal layers of VR as an instrument must be considered: the time of the research object (target object), the interaction time of the user, and the simulation time of the computer. From the perspective of philosophy of science, VR must be interpreted as a constitutive instrument for reference to a data-driven research object that requires an entire empirical experience – as is the case, for example, in the prediction of climatic effects on the ecological niches of species populations. The empirical experience of research objects is thus not only representative, but also epistemologically linked to the simulation in VR. This new empiricism in VR must be taken into account with the concept of the scientific instrument.

1. Einleitung

Dass die Virtual Reality (VR) ein Medium darstellt, das es der User_in ermöglicht, in eine andere Welt zu tauchen und trotz einem Körper zugleich an zwei Orten zu sein, gehört zu ihrer gängigen Definition. Die Immersion in eine computergenerierte Welt wird dabei an und mit dem realen Leib vollzogen, der sich für die Dauer des Erlebnisintervalls den sinnlichen

Eindrücken eben jener Datenwelt ausliefert (wobei die visuellen Eindrücke hier zumeist überwiegen). Seit den 1990er Jahren sammeln sich furiose Ankündigungen über neue Parallelwelten im ›Cyberspace‹, die das Gefühl des ›being there‹ versichern und mit dem Erlebnispotential des Mediums gleich einen täuschend echten, alternativen Daseinsmodus offerieren.[1] Sei es dieser ›als ob‹ Modus in der VR, die ›Presence‹, die ›Immersion‹ oder das besagte ›being there‹ – all diese Begriffe repräsentieren neben den popkulturellen Höhenflügen in den 1990er Jahren eine neue Rezeptionssituation, die es zunächst adäquat zu beschreiben und zu erforschen gilt. Vereinfacht gesagt dreht sich die Frage darum, wie virtuelle Welten oder Objekte, die nicht real sind, als täuschend echt wahrgenommen werden können – und in welchen Situationen. Und seitdem sind mit jedem neuen VR-Gadget der Videospielindustrie, die bis heute der finanzkräftigste Motor solcher Anwendungen ist, weitere Auslegungen der besagten Begriffe hinzugetreten. Selten entkommen Beiträge, die von der Rezeption der VR ausgehen, dem unermüdlichen Vergleich zwischen dem, was war, und dem, was nun der Fortschritt in der VR-Technologie sein soll.

In dieser Abhandlung wird eine andere Perspektive auf das Medium VR geworfen, indem dargelegt wird, warum die VR ein wissenschaftliches Instrument ist. Auf den ersten Blick scheint diese Perspektive überflüssig zu sein. Denn bereits in den frühen 1990er Jahren fand das junge Medium Einsatz in Forschungskontexten, allen voran in psychotherapeutischen oder medizinischen Anwendungen.[2] Zum andern gibt es inzwischen eine medienhistorische Aufarbeitung der VR, die sie nicht nur in eine lange Reihe der Bildmedien stellt,[3] sondern auch ihren spezifischen Charakter zwischen einem Faszinations-, Therapie-, Trainings-, oder Bildungsmedium

---

1 Der Begriff des Cyberspace gelangte zu Popularität durch die Werke des Science-Fiction Autors William Gibson in den 1980er Jahren und wurde in den 1990ern sowohl für computergenerierte Welten der VR wie für das Internet benutzt. Vgl. dazu: Mike Featherstone und Roger Burrows: *Cyberspace/Cyberbodies/ Cyberpunk: Cultures of Technological Embodiment*, London 1995. Der Begriff des ›being there‹ wird synonym zum Dasein in virtuellen Welten verwendet, sofern er nicht explizit auf bestimmte Experimentalreihen bezogen wird.

2 Brenda K. Wiederhold: »Virtual Reality in the 1990s. What Did We Learn?«, in: *Cyberpsychology & Behavior* 3 (1999), Heft 3, S. 311–314; Kathleen R. Rosen: »The history of medical simulation«, in: *Journal of Critical Care* 23 (2008), Heft 2, S. 157–166.

3 Oliver Grau: *Virtuelle Kunst in Geschichte und Gegenwart. Visuelle Strategien*, Berlin 2002.

hervorhebt.[4] Besonders in der psychotherapeutischen Phobienforschung wurde der Vorteil einer kontrollierbaren, konfrontativen Experimentalsituation für die Patient_innen bzw. User_innen betont. Die Visualisierung des phobischen Objektes wird dabei mit der Hoffnung versehen, einen therapeutischen Effekt zu den bereits bekannten, medikamentösen oder gesprächsbasierten Therapiemethoden zu erzielen.[5] Hierin ist die VR als Forschungstechnologie also notwendig, um die Anwendung bestimmter therapeutischer Methoden zu ermöglichen. Was aber bisher unterbelichtet blieb, ist die methodische und epistemische Stellung der VR in der Genese wissenschaftlichen Wissens. Gibt es speziell zu generierende Forschungsobjekte, für die die VR hinzugezogen wird (virtuelle Objekte), oder dient sie eher als ein zusätzliches Visualisierungsmedium für bestehende Forschungsobjekte (virtualisierte Objekte)? Mit virtualisierten Objekten sind damit datengestützte Objekte gemeint, die sich an bestehenden materiellen Gegenständen orientieren, wie es z.B. in der Archäologie oder in der Ingenieurwissenschaft der Fall ist. Virtuelle Objekte umfassen dagegen den gesamten Bereich möglicher Objekte, zu denen auch mögliche Welten gehören können.[6]

Im Folgenden werde ich dafür argumentieren, dass es sowohl einer technikphilosophischen wie wissenschaftstheoretischen Beschreibung des Einsatzes von VR bedarf, um sie als ein Instrument datengetriebener Wissenschaften (*data-driven science*) zu erfassen. Dabei wird der Fokus weder in einer Beschreibung der VR als Täuschungs- bzw. Illusionsmedium liegen noch in ihrer Funktion als zusätzliche Repräsentation wissenschaftlicher Objekte.[7] Stattdessen eröffnet der Begriff des Instrumentes eine tragende Dualität der Erzeugung und Vermessung von wissenschaftlichen

---

4 Dazu Kathrin Friedrich: »Therapeutic Media: Treating PTSD with Virtual Reality Exposure Therapy«, in: *MediaTropes* 6 (2016), Heft 1, S. 86–113; sowie Katrin Friedrich und Sarah Diner: »Virtuelle Chirurgie«, in: Dawid Kasprowicz und Stefan Rieger (Hg.): *Handbuch Virtualität*, Wiesbaden 2020, S. 318–339.

5 Dazu Philip Lindner: »Better, Virtually: the Past, Present, and Future of Virtual Reality Cognitive Behavior Therapy«, in: *International Journal of Cognitive Therapy* 14 (2021), S. 23–46, https://doi.org/10.1007/s41811-020-00090-7.

6 Dies schließt nicht aus, dass es dauerhaft Überschneidungen zwischen virtualisierten und virtuellen Objekten geben kann. So kann z.B. der Nachfolger eines Automodells ein virtuelles Objekt darstellen, in dem bereits virtualisierte Elemente des Vorgängermodells enthalten sind. Ebenso können Technologien wie das Building Information Modelling, in dem 3D-Ansichten von Konstruktionen mit Informationen und alternativen Perspektiven bereichert werden, als solche Schnittstellen angesehen werden.

7 Für eine solche Perspektive müsste besonders eine wissenschaftshistorische Sicht auf die Visualisierung wissenschaftlicher Objekte herangezogen werden, was hier nicht

Objekten. Damit wird technikphilosophisch ein weiter Instrumentalbegriff veranschlagt, der sich über das Feld der wissenschaftlichen Mess- und Visualisierungswerkzeuge erstreckt.

Um diese epistemologische Erweiterung zu veranschaulichen, wird verdeutlicht, wie die VR als wissenschaftliches Instrument dazu dient, eine virtuelle, aber doch empirische Grundlage des Forschungsobjektes zu erstellen, die entsprechend beobachtet oder gemessen werden kann. Um diese doppelte Funktion der VR als wissenschaftlichem Instrument zur Erzeugung und Messung zu analysieren, gilt es drei Zeitschichten dauerhaft zu unterscheiden: die Zeit des Forschungsobjektes (*target object*), die Interaktionszeit der User_in und die Simulationszeit des Computers. Verdeutlich wird das Ineinandergreifen dieser drei Zeitschichten an Beispielen aus der Populationsökologie, in der es darum geht, die Dynamik von Speziespopulationen vor dem Hintergrund der globalen Erwärmung vorherzusagen (Abschnitt 5). Was hierdurch hervortritt, ist eine Form der Erfahrung virtueller und virtualisierter Objekte, die konstitutiv wird für die Entwicklung von Wissen in empirischen Wissenschaften.

Um aber die Entwicklung der VR als wissenschaftlichem Instrument historisch nachzuzeichnen, sollen im nächsten Abschnitt die diskursiven Positionen über das Phänomen einer virtuellen Realität in den 1990ern und 2000ern kurz dargestellt werden. Anschließend rückt eine frühe systematische Nutzung der VR in der Psychologie in den Vordergrund, die sich in den 1990er-Jahren als *Presence*-Forschung einen Namen machte und besonders vom Psychologen Mel Slater vorangetrieben wurde. Im dritten Abschnitt wird dies kurz vertieft, indem auf die Forschung um die Body-Ownership-Illusion (BOI) geschaut wird, da es dort zu einer Verschiebung in der Funktion der VR kommt: weg von einer Generierung des ›Presence‹-Gefühls, hin zum Bezeugen virtueller Forschungsobjekte.

Im vierten Abschnitt erfolgt ein technikphilosophisches Argument für die besondere Funktion der Erste-Person-Perspektive in der Bezeugung von Forschungsobjekten. Grundlegend für diese Bezeugung ist das so genannte *working knowledge* des Instrumentes selbst, ohne das die Interaktion von User_in und Medium, Forscher_in und Objekt nicht möglich ist. Anschließend wird, darauf aufbauend, im fünften Abschnitt die zeitliche Trias von

---

geleistet werden kann – weder mit Blick auf die VR noch mit Blick auf die Forschungsobjekte. Für einen wissenschaftstheoretischen Ansatz zur Visualisierung in den Wissenschaften, Ema Fiorentini: *On Visualization. A Multicentric Critique Beyond Infographics*, Berlin 2023.

Simulations-, Interaktionszeit und der Zeit des Forschungsobjektes eingeführt. An die Stelle eines Diskurses über ein Täuschungsmedium tritt damit ein Positionierungsversuch der VR als wissenschaftlichem Instrument in datengetriebenen, computergestützten Wissenschaften. Diese Verschiebung geht dabei einher mit einer neuen Relevanz in der Erfahrung von computergenerierten Welten, wenn empirische Wissenschaften Aussagen über die zukünftige Entwicklung komplexer Forschungsphänomene unternehmen. Um dies zu verdeutlichen, wird zum Schluss ein Ausblick auf das epistemische Kriterium der Plausibilität virtueller Welten gegeben.

2. Ein Täuschungsmedium in den empirischen Wissenschaften

Anfang der 1990er Jahre kommerziell auf den Plan tretend, lud die virtuelle Realität zu Faszinationsberichten wie zu apokalyptischen Endzeitstimmungen ein. In den Blickpunkt geriet sowohl der Begriff der ›Virtualität‹ wie auch die Technologie selbst. Zeitzeugen wie der französische Philosoph Pierre Lévy argumentierten, dass es sich bei der Virtualität eben nicht um einen Gegensatz zur Realität handele, sondern um den Antipoden zur Aktualität. Eine virtuelle Realität repräsentiere demnach nicht nur eine neue Dimension sozialen Handelns. Durch die Aktualisierung des Virtuellen im kollektiven Handeln produziere das Virtuelle die Realität ständig mit.[8] Die Virtualität und ihre Aktualisierung wären unmittelbar in der Realität verankert und eben nicht jenseits dessen in einem Als-Ob-Modus, einer Art Scheinwelt, der ontologisch ein geringerer Wert als dem Realen zukäme.[9]

---

8 Pierre Lévy: »Collective Intelligence, A Civilisation: Towards a Method of Positive Interpretation«, in: *International Journal of Politics, Culture and Society* 18 (2005), S. 189–198, hier S. 189. Die Aktualität bezieht sich bei Lévy stark auf den Ansatz von Henri Bergson und Gilles Deleuze, dem zufolge das Virtuelle stets koexistent ist als Kraft oder zeitlicher Vektor, aber erst in der Handlung oder in der Materialisierung des Objektes wahrnehmbar, damit aktualisiert wird. Zudem ist für Lévy besonders der so genannte *Information Capitalism* der frühen 2000er der Beweis dafür, dass kollektive Intelligenz sich virtuell organisiert und in der Realität auswirkt (oder eben aktualisiert). Dabei gilt es zu bedenken, dass Lévys Begriff der Virtualität sich nicht immer strikt an die VR richtet, sondern im weitesten Sinne telekommunikative Medien impliziert.

9 Diese Perspektive von Pierre Lévy wurde besonders von Ethnografen wie Tom Boelstorff im 21. Jahrhundert wieder aufgenommen, die sich mit sozialen Dynamiken der Identifizierung in Userin-Avatar-Verhältnissen beschäftigten. Die Spiele wie Sims simulierten dabei auch Strukturen einer Welt, die jenen der Userin ähnlich sein sollten. Dazu Tom Boelstorff: *Coming of Age in Second Life. An Anthropologist Explores the Vir-*

Parallel zu den zahlreichen und aufmerksamkeitsgenerierenden Vergleichen mit dem Höhlen-Gleichnis Platons[10] erhoben Theoretiker wie Paul Virilio die VR zum Inbegriff einer Täuschungsmaschinerie. Diese würde die letzten sinnlichen Zugänge zur Natur mit einer holistisch anmutenden Datenwelt überlagern.

> »Die ›Bodensimulatoren‹ werden dann die Nachfolge der Flugsimulatoren antreten. Eingeschlossen in unsere *kathodischen Vitrinen*, werden wir die Teleschauspieler und -schauspielerinnen eines lebendigen Kinos [...].«[11]

Virilio geht es aber nicht nur um die Diagnose einer Realitätsdämmerung. Der Verweis auf den Flugsimulator ist im gesamten Buch begleitet von detaillierten Schilderungen der Cockpit- und Interfaceforschung in der Air Force und der NASA. Beide Institutionen waren prägend für die Entwicklung der VR seit den 1970er Jahren. Das ›opto-elektronische System‹ der VR, so Virilio, enthalte bereits die Autokorrektur des Piloten im Datenhelm, so dass unscharfe Gegenstände schärfer werden und dunkle in artifiziellem Licht erscheinen.[12] Der Flugsimulator samt Head-Mounted-Display (HMD) ist die Kopplung des Kinos und des Automobils in Zeiten computergestützter Industrieforschung. Dabei dient die Datenumwelt des Cockpits und der VR nicht einer Täuschung als Selbstzweck. Die Täuschung des Realen findet in einem operativen Kontext des Research & Development (R&D) statt, in dem die getäuschte Pilotin besser zielen soll und die Vitrinenbesucherin sensomotorisch wie emotional stärker an die virtuelle Welt

tual Human, New Jersey 2015. Ein Gegenmodell zum fiktiven Als-Ob-Modus bietet die modallogische Auslegung von David Lewis als ›mögliche Welten‹. Diese ›möglichen Welten‹ sind vollständig als solche, die sein könnten, während die reale Welt lediglich ein mögliches, konkretes Universum darstellt, von dem aus sich viele mögliche denken lassen. Für Lewis sind solche Welten nicht fiktiv, sondern reale denkbare Welten. Vgl. David Lewis: *On the plurality of worlds*, Malden, MA. 1986.

10 So lautete der speziell gewählte Name des ersten 360° Leinwand-Immersionsraumes entsprechend CAVE (Cave Automatic Virtual Environment), der auf der SIGGRAPH 1992, der damals größten Messe für Computergrafik, präsentiert wurde. Vgl. dazu Carolina Cruz u.a.: »The CAVE. Audio-Visual Automatic Virtual Experiment«, in: *Communications of the ACM* 35 (1992), Heft 6, S. 64–72.

11 Paul Virilio: *Rasender Stillstand*, München, Wien 1992, S. 46.

12 Virilio: *Rasender Stillstand*, S. 12–13.

gebunden wird. Täuschung ist damit eine Manipulation zur Steigerung der Effizienz menschlicher Arbeitsleistung.[13]

Eine noch technikphilosophisch und wissenschaftstheoretisch stark unterbelichtete, aber in den letzten 20 Jahren zunehmend in der Philosophy of Mind sowie der Kognitionswissenschaft aufzufindende Forschung dreht sich um den Begriff ›Presence‹.[14] In den späten 1990er Jahren widmeten sich Psycholog_innen und Informatiker_innen der Frage, wie der so genannte ›Presence‹-Effekt zu messen wäre. Dabei wurden, wie im Falle eines Forscherteams um den VR-Designer Mel Slater, diverse Alltagspraktiken der realen Welt wie z.B. das Spazieren als Testszenarien für die Kredibilität der virtuellen Umgebungen verwendet. Die Proband_innen sollten durch einen rhythmischen, gleichmäßigen Gang ein Präsenzgefühl für die virtuelle Umgebung erhalten, wobei die visuellen Rückkoppelungen der VR mit den Bewegungen der Proband_innen übereinstimmen sollten. Es würde dann, so das Team um Slater, ein ›mental model‹ des eigenen Körpers entstehen, mit Hilfe dessen viele Bewegungen simultan und unbewusst abliefen. Parallel dazu entstünde durch die Tracking-Daten der Körperbewegungen ein ›virtual body‹ der Proband_innen, der sich durch die VR bewegt.[15] Doch eine ausbalancierte Ko-Präsenz des multisensorischen Input und des visuellen Feedbackloops per HMD unterlag keinem standardisierten Verfahren, ebenso war es umständlich, VR-Umgebungen mit einer anderen Hardware zu reproduzieren. Hinzu kam, dass die virtuelle Umwelt

---

13 Ein dritter Weg in der Beschreibung von VR neben den Faszinationsberichten und den apokalyptischen Theorieangeboten lag in einer explorativen Medienkunst. Darin sollte die VR die Besucher_innen nicht nur mit interaktiven Bilderwelten verzaubern und täuschen, sondern auch den Anspruch haben, mit künstlerischen Mitteln die Funktionsweise der neuen Datenwelten offen zu legen und eine aufklärerische Arbeit über die neuen Täuschungsmöglichkeiten zu leisten. Siehe dazu auch Oliver Grau: »Telepräsenz. Zu Genealogie und Epistemologie von Interaktion und Simulation«, in: Peter Gendolla u.a. (Hg.): *Formen interaktiver Medienkunst*, Frankfurt am Main 2001, S. 39–63.

14 Auf die *Presence*-Forschung und ihren Pionier Mel Slater geht besonders David J. Chalmers in seinem populärphilosophischen Buch über die VR ein. Darin vertritt er die metaphysische These, dass man nicht nachweisen kann, dass man nicht in einer Simulation lebe. Die VR wäre, bewusstseinsphilosophisch nach Chalmers, nur ein technisches Beispiel für unsere Erfahrung der Realität, von der wir nie nachweisen können, ob sie nicht doch irgendwo programmiert wurde. David J. Chalmers: *Realität+. Virtuelle Welten und die Probleme der Philosophie*, Berlin 2023.

15 Mel Slater, Martin Usoh und Anthony Steed: »Taking Steps. The Influence of a Walking Technique on Presence in Virtual Reality«, in: *ACM Transactions on Computer-Human Interaction* 2 (1995), Heft 3, S. 201–219, hier S. 203.

entsprechend programmiert und die HMDs kalibriert werden mussten. All dies erschwerte einen standardisierten Einsatz der VR, der den Wandel von einem spektakulären Forschungsobjekt zu einem Instrument bei der Erforschung der ›Presence‹-Wahrnehmung vorbereitet hätte.

Um aber zumindest einen Vergleich der einzelnen VR-Umgebungen zu ermöglichen, wurden standardisierte Fragebögen für die Proband_innen entwickelt. Wie solche Fragenkataloge eingesetzt werden sollten, wurde kontrovers diskutiert und führte das epistemologische Problem der VR in den Verhaltenswissenschaften vor Augen. Denn bei allen möglichen Szenarien in den programmierten Umgebungen und ihren Anwendungen in wissenschaftlichen Disziplinen stand durchgehend die Frage im Raum, ob man die (Täuschungs-)Qualität der designten virtuellen Umgebung messen sollte, oder das Gefühl eines ›being there‹,[16] einer sinnlichen und mentalen Involvierung. Die Forschergruppe um Mel Slater gehörte der ersten Position an. Für sie war der Effekt des ›being there‹ eine Folge der VR, ermöglicht durch die besagte Ausbalancierung an multisensorischen Stimuli und visuellen Feedbackloops, die bedingen, dass die User_innen auf Reize in der virtuellen Umgebung und nicht in der Realität reagieren.[17] Zwei weitere renommierte Psychologen auf diesem Gebiet, Michael J. Singer und Bob G. Witmer, wandten dagegen ein, dass eine derartige Definition von ›Presence‹ viel zu mechanisch sei.[18] Stattdessen wäre die Immersion ein Prozess, an dessen Ende eine ›Presence‹ möglich wäre, oder auch nicht. Aber bis dahin gelte es mit standardisierten Fragebögen herauszufinden, ob die ›perception of system characteristics‹ sukzessiv in den Zustand eines ›being there‹ führe.[19] Wie so häufig in der Geschichte psychologischer Experimentalordnungen, siedelt sich die Frage nach der Objektivität zwischen

16 Mel Slater, Anthony Steed und Martin Usoh: *Being There Together. Experiments on Presence in Virtual Environments*. London 2013, https://publicationslist.org/data/melslater/ref-233/beingthere%202013.pdf (aufgerufen 08.09.2025).

17 Mel Slater: »Measuring Presence. A Response to the Witmer and Singer Presence Questionnaire«, in: *Presence: Teleoperators and Virtual Environments* 8 (1999), Heft 5, S. 560–565.

18 Besonders daran ist, dass Singer und Witmer für die R&D-Abteilung der Army arbeiteten (Army Research Institute), also auch hier die R&D-Tradition der VR fortführten, während Slater als Professor für Computer Science am University College in London tendenziell eher die akademische Forschung repräsentierte. Michael J. Singer und Bob G. Witmer: »On Selecting the Right Yardstick«, in: *Presence: Teleoperators and Virtual Environments* 8 (1999), Heft 5, S. 566–573, hier S. 568. Siehe dazu auch Dawid Kasprowicz: *Der Körper auf Tauchstation. Zu einer Wissensgeschichte der Immersion*, Baden Baden 2019, bes. S. 306–313.

19 Singer und Witmer: »On Selecting the Right Yardstick«, in: *Telepresence* 8, S. 568.

zwei empirischen Quellen an: einer experimentaltechnisch erzeugten und quantifizierbaren Datenerhebung und einer erfahrbaren Objektivität, die aus den Aussagen der Proband_innen extrapoliert wird.

Diesen methodischen Dualismus hat die ›Presence‹-Forschung selbst nicht überwunden. Stattdessen äußerte Mel Slater bereits in seiner Antwort auf die Kritik von Witmer und Singer Zweifel an der Methode. Er selbst greife nur widerwillig zu den Fragebögen, um aus den Messergebnissen prädiktive Aussagen herzuleiten, wie es in der nächsten möglichen virtuellen Erfahrung sein könnte. Zu dünn sei die quantifizierbare Beweislast, um von dort aus Aussagen über die Erfahrung in der realen Welt mit jenen in der virtuellen Welt zu vergleichen.[20] Mit diesem Ergebnis geht aber weniger eine Resignation über die Medientechnologie selbst einher, denn das Problem, die VR von ihrem Ruf als Täuschungsmaschinerie zu befreien. Als solche dient sie, gemeinsam mit der statistischen Auswertung der Fragebögen, nicht nur zur Messung eines ›Presence‹-Zustandes. Sie offenbart auch einen durch die Erfahrung konstituierten Zugriff auf virtuelle Forschungsobjekte. Dieser Primat einer Bezeugung des Forschungsobjektes tritt dann besonders stark hervor, wenn das Forschungsobjekt keine Gefühlsvermessung mehr darüber ist, in welcher Realität man sei, sondern die Selbsterfahrung in der VR wird. Was dabei das Selbst und dessen Körper sein sollen, unterliege dann, so die Forscher um Slater, neuronalen Mechanismen, die es anhand computergestützter Experimente zu untersuchen gilt. So hat sich Mel Slater in den 2000er Jahren von der Suche nach dem optimalen ›Presence‹-Erlebnis verabschiedet und sich der Neurowissenschaft zugewandt – dort insbesondere der Experimentalreihen um die sogenannte *Body Ownership Illusion.*

3. *Ein anderer Positivismus oder: Die VR als wissenschaftliches Instrument I*

Eine Body Ownership Illusion (BOI) wird in den Neurowissenschaften ein Computerexperiment genannt, in dem die Probandin durch ihr HMD in einen virtuellen Körper taucht. Dabei ist der virtuelle Körper je nach Fragestellung unterschiedlich designt. So kann es sich z.B. um einen passiven Körper handeln, der berührt wird oder auf Gesten wie das Handreichen reagiert. Es kann sich aber auch um das Eintauchen in den Körper einer

20 Mel Slater: »Measuring Presence«, in: *Telepresence* 8, S. 564.

diskriminierten Person handeln, um z.B. rassistische Erfahrungen nachempfinden und verstehen zu können.[21] Weitere Anwendungen gehen so weit, eine Tierperspektive zu integrieren, um die Folgen von Klimaschäden aus Sicht einer gefährdeten Spezies zu erleben.[22] Die Variation des computersimulierten Experimentalsettings scheint dabei beliebig. Was allerdings als eine positivistische Konstante aus diesen Versuchen in den Publikationen auftaucht, sind die physiologischen und neurologischen Messdaten, die während der Versuche erhoben werden, ebenso die Reaktionen der Proband_innen. Warum gerade solche Computerexperimente mit der VR in den Neurowissenschaften wie in der Philosophy of Mind das alte Thema von Körper und Geist neu aufleben ließen und neue Forschungszweige begründeten, bedarf einer kurzen Erklärung der BOI. Anschließend kann die Frage bearbeitet werden, wieso es sich bei der VR um ein wissenschaftliches Instrument handelt, mit dem Phänomene wie die BOI messbar werden.

Wissenschaftliche Vorläufer der BOIs sind seit dem Ende des 19. und Anfang des 20. Jahrhunderts in der Psychopathologie verzeichnet worden. Die Ursachen divergieren wie die Phänomene. Mal sind es so genannte Out-of-Body Erfahrungen, bei denen im Traum der Körper verlassen wird und die Person fühlt, dass sie mit einem virtuellen Körper durch den Raum schwebt.[23] Mal machen Personen Erfahrungen, als wären sie in einem anderen Körper und schauten auf ihren eigenen. Für die Neurowissenschaft und die Philosophy of Mind wurden solche Phänomene wieder durch einen Versuch virulent, in dem eine Gummihandprothese mit einem Pinsel

---

21 Matilde Tassinari, Matthias B. Aulbach und Inga Jasinskaja-Lahti: »The use of virtual reality in studying prejudice and its reduction: A systematic review«, in: PLoS One 17 (2022), Heft 7, doi: 10.1371/journal.pone.0270748; Zu einem der ersten virtuellen Erfahrungen, in denen Körper per HMD getauscht wurden und Proband_innen mit ihrer Hand ihrem virtuellen Selbst die Hand schütteln konnten, Valeria Petkova, H. Henrik Ehrsson und Justin Harris: »If I Were You: Perceptual Illusion of Body Swapping.«, in: *PLoS ONE* 3 (2008), Heft 12, doi: 10.1371/journal.pone.0003832.g002.

22 Daniel Pimental und Sri Kalyanaraman: »The effects of embodying wildlife in virtual reality on conservation behavior«, in: *Scientific Reports* 12 (2022), Heft 6439, doi: https://doi.org/10.1038/s41598-022-10268-y.

23 Sh. dazu Thomas Metzinger: »Out-of-Body-Experiences as the Origin of the Concept of a ›Soul‹«, in: *Mind & Matter* 3 (2005), Heft 1, S. 57–84. Zum Interesse der Bewusstseinstheorien und der jungen *Science Humaines* im 19. Jahrhundert für Traumzustände und dessen Wiederkehr in Laborsettings eines *lucid dreaming*, vgl. Petra Gehring: »Träumen und Wachen im Schlaflabor. Die verschachtelte Realität des ›Lucid Dreaming‹«, in: Patricia Oster-Stierle, Stefanie Kreuzer und Janett Reinstädler (Hg.): *Traumwelten*, München 2012, S. 155–174.

gestreichelt wird, während die echte (sagen wir, die rechte) Hand der Probandin danebenliegt. Zwischen der linken Gummihand und der rechten Hand der Probandin wird eine kleine Trennwand aufgebaut, in manchen Settings umgrenzt die reale Hand auch ein transparenter Kasten. Die echte linke Hand der Probandin bleibt während des gesamten Versuchs unter dem Tisch.[24] Als Ergebnis dieses Experimentes registrierten die Psychologen Botvinick und Cohen, dass nahezu alle Proband_innen beim Streicheln der Gummihand das Gefühl hatten, ihre reale linke Hand wäre gestreichelt worden.

Diese so genannte *Rubber-Hand-Illusion* wurde zu einer zentralen Referenz in der Diskussion um das Verhältnis von Selbst- und Körperbewusstsein (*Self- and Body-Ownership*). Sie galt als experimenteller Beleg für die Zuschreibung eines artifiziellen Gliedes zum eigenen empfundenen Körper bei einer synchronen multisensuellen Reizung, in diesem Falle haptisch und visuell. Von hier aus war es nicht mehr weit bis zur Überführung der Täuschung in die VR. Gemeinsam mit seinen Ko-Autoren veröffentlichte Mel Slater neurowissenschaftliche Versuchsreihen, in denen sein Team die Rubber-Hand-Illusion mit in einer VR und einem HMD nachstellte.[25] In diesem Falle sahen die Probanden auf einen virtuellen rechten Arm, der aus ihrem virtuellen Körper ragte und synchron die Bewegungen des realen rechten Armes vollziehen konnte. Am realen rechten Arm der Probanden waren drei Elektroden angebracht, gemessen wurde mit einem Elektromyogramm (EMG). Die Muskelaktivitäten wurden fünf Minuten vor dem Experiment gemessen, wenn der Arm bewegungslos verharrte, und während des Experiments. Neben den Elektromyographen wurde ein Fragebogen mit zehn Fragen verwendet. Diesmal bezogen sich die Fragen allerdings nicht auf das Gefühl, sich einer virtuellen Umgebung ausgeliefert zu haben, sondern darauf, ob am realen rechten Arm des Probanden etwas gefühlt

24 Matthew Botvinick und Jonathan Cohen: »Rubber hands ›feel‹ touch that eyes see«, in: *Nature* 391 (1998), Heft 19, February, S. 756. Zur historischen Bedeutung der *Rubber Hand Illusion* für die Neurowissenschaft sh. H. Henrik Ehrsson: »The Concept of Body Ownership and Its Relation to Multisensory Integration«, in: Barry E. Stein (Hg.): *The New Handbook of Multisensory Processing.* Cambridge (MA) 2012, S. 775–792. Zu diesem Diskurs aus medientheoretischer Perspektive, Stefan Rieger: *Die Enden des Körpers. Versuch einer negativen Prothetik*, Wiesbaden 2019, S. 277–290.

25 Mel Slater u.a.: »Towards a digital body: the virtual arm illusion«, in: *Frontiers in Human Neuroscience* 2 (2008), Artikel 6, doi: 10.3389/neuro.09.006.2008. In diesem virtuellen Experiment wurden lediglich männliche Versuchsteilnehmer eingesetzt, daher bleibt es hier bei Probanden.

wurde, was dem virtuellen rechten Arm widerfahren ist.[26] Als Indikator diente neben der Auswertung der Fragebögen ein sogenannter *proprioceptive drift* – also eine Veränderung der Zurechnung vom realen auf den virtuellen Arm aufgrund der Aussagen der Probanden und der Messungen mit dem EMG. Das Team um Slater konnte als Ergebnis eine Korrelation zwischen der Muskelaktivität im Arm und der Zurechnung eines virtuellen Armes zum eigenen Körper konstituieren – die Täuschung war ›gelungen‹ und die Illusion führte zu einem empirischen Nachweis. Mehr noch: Für Slater zeigte sich hierdurch, dass die VR ein » [...] invaluable tool for the understanding of the brain mechanisms underlying body ownership« sei.[27] Inzwischen dienen Computerexperimente rund um die BOI zum geläufigen empirischen Gerüst der Philosophy of Mind, sei es in der Suche nach den Bedingungen für die Zuschreibung eines Selbst zu einem Körper[28] oder in Fragen einer prädiktiven Codierung über die wahrscheinliche nächste Körperbewegung.[29] Von Illusionen als scheinbarer Realität oder von Täuschungen ist nicht mehr die Rede: *It's time to go virtual.*

4. Blickkultur und working knowledge: VR als wissenschaftliches Instrument II

Folgt man den Aussagen der Neurowissenschaftler_innen und der VR-Designer wie Mel Slater, dann geht die VR weit über ein Darstellungsmittel von wissenschaftlichen Daten hinaus. Sie ermöglicht eine zeit- und materialsparende Variante von Experimenten, die Aufschluss geben sollen über die Dynamik der Selbstzuschreibung von realen und artifiziellen Körperteilen, mitunter von ganzen Körpern. Der Eindruck, dass die VR hier einem anderen Modus unterliegt als jenem der Repräsentation, kann dabei an zwei Argumenten verstärkt werden, einem speziellen (technikphi-

26 Slater: »Towards a digital body«, in: *Frontiers* 2.

27 Slater: »Towards a digital body«, in: *Frontiers* 2.

28 Frédérique de Vignemont: *Mind the body. An exploration of bodily self-awareness*, Oxford 2018.

29 Andy Clark spricht in diesem Kontext sogar von einem ›virtual reality generator‹, was unserem internen Model von der Außenwelt entsprechen würde, ohne das wir nicht in der Lage wären, die nächsten möglichen Stimuli zu antizipieren und somit sukzessiv unsere Prädiktionsfehlerrate zu verringern – mit anderen Worten, unsere kognitiven Leistungen in der Außenwelt (erfolgreich) wirksam werden zu lassen. Andy Clark: »Expecting the World: Perception, Prediction, and the Origin of Human Knowledge«, in: *Journal of Philosophy* 110 (2013), Heft 9, S. 469–496.

losophischen) und einem allgemeinen (wissenschaftstheoretischen). Beide dienen nun dazu, aus dem besonderen Fall der Anwendung von VR in der Neurowissenschaft und Psychologie herauszuzoomen und eine allgemeine Perspektive zu generieren.

Wenn die VR mehr darstellt als das Involvieren in artifizielle Welten und sie sich in der verlässlichen Iteration einer Experimentalreihe über das eigene Körperbewusstsein ausdrückt, dann liegt dies nicht nur an den präzise angebrachten Elektromyogrammen und den statistisch ausgewerteten Fragebögen. Die Userin nimmt zugleich eine Perspektive der ersten Person ein, in der Raum- und Selbsterfahrung aufs Engste verknüpft sind und in der die (Selbst-)Wahrnehmung zu einem Teil der situierten Praxis in der computergenerierten Welt wird. Der Bezug auf diese Perspektive geht über die Lab-Türen hinaus. Sei es in der Perspektivenmalerei, im Kino oder vor allem in Videospielen (man denke an den *Ego-Shooter*),[30] das popkulturell geformte Gedächtnis einer Ich-Perspektive ist hier nur schwer vom Labsetting zu entfernen. Die Erforschung dieser Kopplung von Blickachse und Selbstwahrnehmung hat bereits im 19. Jahrhundert Sinnesphysiologen wie Ernst Mach zu selbst designten Experimentalreihen bewegt.[31] Dagegen lässt sich die heute am Beispiel der VR zu beobachtende Verknüpfung der Forschungs- mit der mediatisierten Lebenswelt auch auf den amerikanischen militärisch-industriellen Komplex ab den 1970ern beziehen. Ein repräsentatives Objekt dieser Entwicklung sind die Sichtgeräte für Pilot_innen, die in dieser Zeit entwickelt wurden. Sie dienten vermehrt dazu, die Ego-Perspektive im Cockpit mit weiteren Informationen über die Außenwelt zu ergänzen und so quasi eine virtuelle Informationsschicht auf die sichtbaren Objekte zu legen.[32]

---

30 Hierzu Stephan Günzel: *Egoshooter: Das Raumbild des Computerspiels*, Frankfurt am Main 2012.

31 Sh. zur Lesart der Machschen Selbstexperimente mit Blick auf die Situation der Computerspielerin, Benjamin Beil: »Wrong Enough. Gestörte Selbstanschauungen im Computerspiel«, in: *Navigationen* 12 (2012), Heft 2, S. 79–98.

32 Zwei Anmerkungen zur Stützung dieser Aussage: Morton Heilig, der häufig als einer der Pioniere immersiver Medien sowie der VR bezeichnet wird, machte aus seinem Trainingssimulator für Soldat_innen einen kommerziellen Arcade-Simulator namens ›Sensorama‹, in dem man auf einem Motorrad durch eine Stadt fahren konnte und dabei multisensuell stimuliert wurde: Morton Heilig: *Sensorama Simulator*. 1961 Patent Nr. 3,050,870. Gleichzeitig schließt auch das ›Sensorama‹ an eine Erste-Person-Blickachse, die auf den Jahrmärkten im ausgehenden 19. Jahrhundert popularisiert wurde und die Jonathan Crary als die lange Mediengeschichte der präkinematographischen Apparate zusammenfasste, sh. dazu: Jonathan Crary: »Gé-

Für die Frage nach der Täuschung, sofern sie mehr als repräsentative oder manipulative Zwecke umfasst, verweist diese Kulturgeschichte der Ersten-Person-Perspektive ebenso auf ein instrumentelles Knowhow. Dabei liegt das instrumentelle Knowhow darin, die Balance aus dem VR-Erlebnis und einem protokollhaften Ablauf des Experimentes zu gewährleisten. Das Faszinosum am technologischen Objekt muss in gewisser Weise durch forschungsmethodische Routinen gezügelt werden. Dies bedeutet für die VR-Designer_innen in erster Linie, genügend visuelle und akustische Informationen bereitzustellen, damit die Probandin den Anweisungen folgen kann, zugleich aber auch jegliche nichtfunktionalen Aspekte zu minimieren, damit durch etwaige sensorische Reize keine Ablenkung von der Forschungsfrage eintritt. Dies konstituiert die Interaktionszeit zwischen Userin und VR, die dabei auf der Simulationszeit des Computers basiert, d.h. der Zeit, die das technische System bedarf, um die eingegebenen Daten zu prozessieren und entsprechende Operationen auszuführen. Wie hängen diese beiden Zeiten aber zusammen?

Diese Frage führt kurz hinaus aus dem Verhältnis von Täuschung und Getäuschten hinein in einen Bereich, den der Philosoph Davis Baird als ›working knowledge‹ bezeichnet. Das ›working knowledge‹ wird dabei vom ›representational knowledge‹ getrennt,[33] da es sich um ein Wissen handelt, das sich allein auf die Arbeit des Instrumentes bezieht und somit auf dessen mechanischen, elektronischen oder auch programmierten Prozess. Wie Baird betont, muss man für jede Messung eine Repräsentation dessen voraussetzen, was gemessen werden soll.[34] So gibt es für die Messung eines *proprioceptive drift* graphische Repräsentationsformen, die das Einfühlen in den virtuellen, nicht-biologischen Körper messen. Ebenso ist jede Repräsentation von virtuellen Körpern per Fragebogen evaluierbar

---

ricault, the Panorama, and Sites of Reality in the Early Nineteenth Century«, in: *Grey Room* 9 (2002), Heft 3, S. 5–25.

33 Davis Baird. *Thing Knowledge: A Philosophy of Scientific Instruments*, Berkeley 2004, S. 12.

34 Baird: *Thing Knowledge*, S. 12–13. Das ›representational knowledge‹ wird für Baird quasi in das Messinstrument verbaut. Es ist notwendig, um zu wissen, wie man an das zu Messende gelangt. Würde man das ›representational knowledge‹ z.B. auf die Computermodelle ausdehnen, die simulieren, was in einem bestimmten Zeitraum passiert, so müssten die Parameter in den Simulationen sowie die Hintergrundannahmen als Teil eines ›representational knowledge‹ betrachtet werden. Zwar beschränkt Baird seine Begriffe auf analoge Messinstrumente, aber wie gezeigt wird, lässt sich das Begriffspaar von ›working knowledge‹ und ›representational knowledge‹ auch auf VR-Simulationen übertragen.

und mit einem Wert oder einem Graphen anzugeben. Aber diese Formen eines ›representational knowledge‹ setzen bereits eine *Agency* des Instrumentes voraus. Wo aber ist diese *Agency* genau zu lokalisieren und welche epistemischen Konsequenzen hat das ›working knowledge‹?

Auf Bairds aufbauend, ordnet Ramón Alvarado der Computersimulation den Status eines ›instrumental knowledge‹ zu, womit er sich von vielen Wissenschaftsphilosoph_innen unterscheidet, die Computersimulationen für ein drittes epistemisches Verfahren neben der Theorie und dem Experiment betrachten.[35] Eine Computersimulation wäre dann nach den Eingaben der Daten in das Modell und *während* der Bild- bzw. Ergebnispräsentation zu lokalisieren – und nur dort. Demzufolge hält Alvarado fest: »The simulation happens as it is performed. The computer simulation is that which carries out such performance«.[36] Dieses ontologische Argument lässt sich zum Teil auch auf die VR beziehen. Die wahrnehmbare virtuelle Welt, als eine per Datenverarbeitung prozessierte Welt, gehört zum methodischen Verfahren, ausgedrückt im ›working knowledge‹ (oder mit Alvarado ›instrumental knowledge ‹), dem Wissen um das apparative Eingreifen der programmierten Simulation (hier als virtuelle Welt) in den Wissensgenerierungsprozess. Die virtuelle Welt ist eingebettet in den Ablauf eines analogen und digitalen Experimentalsettings, das sich über Messtechniken zur Datenerhebung bis hin zu den visuellen Graphen und dem Abrufen von Datenbanken erstrecken kann. Dieser hybride Charakter der VR samt der kulturhistorischen Blickgeschichte macht es so umständlich, die epistemische Wirkung der VR als spezieller Form einer Computersimulation disziplinenübergreifend zu bestimmen.[37]

---

35 Ramón Alvarado: »Computer Simulations as Scientific Instruments«, in: *Foundations of Science* 27 (2022), S. 1183–1205.

36 Alvarado: »Computer Simulations«, in: *Foundations* 27, S. 1194.

37 Autoren wie Cornelius Schubert trennen für Computersimulationen eine ›epistemic performativity‹ von einer ›social performativity‹. Während beide Prädiktionen ermöglichen, die direkt mit der Performativität der wissenschaftlichen Instrumente zusammenhängen, erlaube es die ›social performativity‹ stärker den Blick darauf zu legen, welche sozialen Praktiken und Absprachen unter Akteur_innen durch die Leistung von Computersimulationen entstehen (und auf diese zurückwirken). Allerdings reduziert sich eine ›epistemic performativity‹ nicht allein auf den Prädiktionscharakter. Sie wird auch durch die Plausibilität der Simulation mit den Vor- und Nachstufen, den datengetriebenen Modellen sowie den Visualisierungen erreicht. Eine solche methodisch orientierte Perspektive kann, entgegen Schuberts Behauptung, epistemologisch hinterfragt werden, unabhängig davon, welchen Einfluss sie auf mögliche soziale Akteur_innen oder ihre Praktiken hat. Sh. Cornelius Schubert: »Situating

Die Untersuchung einer VR als wissenschaftlichem Instrument gestattet es dagegen, einen Ausgangspunkt zu fixieren, von dem aus den epistemischen Konsequenzen dieses Instrumentes nachgegangen werden kann. Es ist wichtig zu betonen, dass die VR sich damit weder als ein Repräsentationstool noch als eine exekutive Variante von Computerexperimenten erstreckt, sondern ein wissenschaftliches Instrument darstellt, dessen epistemische Tragweite bisher selten untersucht wurde. Im Folgenden dient daher eine spekulative These als Ausblick: Entgegen den klassischen Beispielen in der Geschichte der wissenschaftlichen Nutzung der VR kommt es nicht mehr auf eine Plausibilität der Täuschung an, sondern auf eine modellgestützte Plausibilisierung von prädiktiven Aussagen. Letzteres hängt eng zusammen mit den Forschungs- und Prädiktionspraktiken in datengetriebenen Wissenschaften und den zeitlichen Schichten, auf denen sie stattfinden.

5. Drei Zeitebenen der VR als wissenschaftliches Instrument

Die VR wurde als ein wissenschaftliches Instrument bestimmt, dessen epistemischer Kern das Wissen um das programmgeleitete Prozessieren und Visualisieren von Daten ist, der mit dem Konzept des ›working knowledge‹ bezeichnet wurde. Vor und nach dem Einsatz des ›working knowledge‹ entfalten sich mögliche Anschlüsse für wissenschaftliche Praktiken: Datenbankpflege, Modellierung, Parameterbestimmung sowie die Repräsentation der VR-Erfahrung in Graphen oder Fragebögen. Der Begriff der Täuschung wäre hier eine unzureichende Bezeichnung, die sich, wie in Abschnitt zwei erwähnt, noch zu stark an einer strikten Trennung von virtuell und real orientiert. Um diese zu umgehen, hilft es, die instrumentellen Praktiken um die VR herum selbst in den Blick zu nehmen.

Die Eingabe der Daten in das Computermodell oder das Programmieren der virtuellen Umgebung – all das sind instrumentelle Zutaten für die Herstellung einer Erfahrung von Forschungsobjekten in der VR. Was eine VR-Erfahrung bedeutet, liegt dabei einmal in der erwähnten Blickkulturgeschichte, aber auch im Ausdifferenzieren von drei Zeitschichten, die einer VR-Nutzung zugrunde liegen. Da wäre einmal die Interaktionszeit der Probandin in der VR, die sich auf das Erfahren von und Interagieren

technological and social futures. Pragmatist engagements with computer simulations and social dynamics«, in: *Technology in Society* 40 (2015), S. 4–13, hier S. 5.

mit der virtuellen Welt bezieht. Dies wäre im Versuch mit dem virtuellen Arm die gesamte Zeit des Experimentes in der virtuellen Welt. Es kann sich dabei aber auch, wie im Falle ökologischer Modelle, nicht um die direkte Interaktion mit einem Objekt, sondern um die zeitliche Modellierung eines Objektes handeln. So werden z.B. in ökologischen Modellen Wälder bis in das Jahr 2075 simuliert, um zu ermitteln, welche Auswirkungen die Veränderung bestimmter Umweltfaktoren hätte. Dies wäre die Zeit des *target object*. Eine dritte Zeit wäre die Simulationszeit der virtuellen Welt, also jene, die im vorigen Abschnitt als ›working knowledge‹ beschrieben wurde und in der maschinellen Ausführung des Programms besteht. Die Bedingung hierfür ist, dass das ökologische Modell in ein Computermodell mit einer entsprechenden Programmiersprache transformiert wird. Der Grund für diese Trias aus Interaktionszeit, Zeit des *target object* und Simulationszeit liegt nicht nur in den ontologischen Unterschieden, die sich von der Erfahrungszeit der Userin über jene der Modellierung des Forschungsobjektes hin zur technologischen Zeit erstrecken. Sie äußert sich auch auf epistemologischer Ebene, wenn es um den Einsatz von VR als einem wissenschaftlichen Instrument geht.

Um dies zu verdeutlichen, soll kurz ein Blick auf populationsökologische Modelle geworfen werden, die sich mit den klimatischen Bedingungen für den Erhalt von Biodiversität beschäftigen. Das Ziel solcher Modelle ist es vorherzusagen, wann der Lebensraum einer Spezies bedroht sein könnte und welche Faktoren dafür ausschlaggebend sind. Vereinfacht gesagt bedürfen solche simulierten Modelle, die sich 50 bis 100 Jahre in die Zukunft erstrecken, dreier Modellschichten, damit die Zeitebene des *target object*, in diesem Fall das Vorkommen einer Speziespopulation in einem bestimmten Lebensraum, konstruiert werden kann. Da sind einmal die populationsökologischen Modelle wie z.B. das Räuber-Beute-Modell, in denen die Räuber- und Beutepopulationen in direkter Korrelation stehen.[38] Zweitens kommen noch so genannte *species distribution models* (SDM) hinzu, die neben den korrelativen Wechselwirkungen auch ökologische Faktoren wie z.B. die Bodenbeschaffenheit und den Pflanzenwachstum hinzuziehen. Drittens müssen beide Modellarten zu Computermodellen umgeschrieben werden, die häufig in der für statistische Verfahren genutzten Programmiersprache

38 Dieses Modell ist auch als Lotka-Volterra-Gleichungen bekannt, benannt nach den Mathematikern Alfred J. Lotka und Vito Volterra. Zwei nicht-lineare Differentialgleichungen beschreiben dabei eine Menge von Aufeinandertreffen von Räuber und Beute über eine Zeit (und die daraus resultierenden Effekte auf die Populationen in einem gemeinsam belebten Biotop.

›R‹ stattfinden, da sowohl die Modelle zu den Spezieskorrelationen als auch die Klimadynamiken auf statistischen Berechnungen basieren.

Seit den späten 2000er Jahren ist in der Populationsökologie zunehmend die Frage behandelt worden, wie die SDMs, die statisch sind und die Entwicklung von Speziespopulationen über einzelne Zeitdifferentiale hinweg beschreiben, mit klimawissenschaftlichen Modellen zu verbinden wären. Letztere beschreiben dynamische Wechsel entlang großer Zeitspannen und stellen somit zwei besondere Herausforderungen an die Populationsmodelle: Zum einen die Integration der dynamischen Klimadaten für die Entwicklung der entsprechenden Biotope. Zum andern die Erweiterung der empirischen Felddaten um virtuelle Daten für den Populationszustand der Spezies und ihre interspezifischen Interaktionen in den besagten Biotopen in 50 bis 100 Jahren.[39] Während die Anpassung der populationsökologischen Modelle besonders über verbesserte statistische Verfahren stattfand, die verstärkt auf stochastische Methoden für ihre Projektionen zurückgreifen,[40] verhandelt ein anderer Teil der Community die Frage, welches Forschungsobjekt überhaupt in den Populationsmodellen simuliert wird. Mit anderen Worten: Was bedeutet es, die biologische Nische einer Spezies für das Jahr 2075 zu simulieren? Kann es hierzu noch eine andere Form geben, das Forschungsobjekt neben den Repräsentationen der statistischen Mittelwerte erfahrbar zu machen?

Damit reißt jener Graben zwischen der empirischen Welt und der theoretischen Beschreibung auf, über den Wissenschaftstheorien allzu gerne eine Brücke bauen. Wenn mathematische Modelle samt ihrer Probabilitäten nicht mehr genügen, um die Komplexität der Modelle so zu beschreiben, dass ihr Verhalten stabil vorhersagbar ist,[41] kommen technologische Erfahrungsweisen ins Spiel, besonders, wenn das *target object* eine Zukunft

---

39 Stellvertretend für eine solche Anpassung der Populations- an Klimamodelle sh. Damaris Zurell u.a.: »Static species distribution models in dynamically changing systems: how good can predictions really be?«, in: *Ecography* 32 (2009), S. 733–744.

40 Damaris Zurell u.a.: »Range and climate niche shifts in European and North American breeding birds«, in: *Philosophical Transactions of the Royal Society in Biology* 379 (2024), https://doi.org/10.1098/rstb.2023.0013.

41 Besonders in der Wissenschaftstheorie ist die Frage nach den Bedingungen eines stabilen und robusten Modells zur Genese prädiktiver Aussagen kontrovers. Wissenschaftsphilosophinnen wie Michela Massimi machen dabei zunehmend deutlich, dass eine epistemologische Perspektive nicht nur die Offenheit und Flexibilität von Modellen betrachten muss. Es müsse auch gefragt werden, wie sich wissenschaftliche Phänomene in der Erfahrung als modal robuste Phänomene stabilisieren. Da es hier um die VR als Instrument geht, reduziere ich die epistemologische Frage hierauf

repräsentiert, die fern jeder möglichen Erfahrung von ›Natur‹ liegt. Aber genau in diese Lücke fällt der instrumentelle Charakter der VR und mit ihm die zwei weiteren Zeitebenen der Interaktions- und der Simulationszeit. Denn die VR dient in Kombination mit den Prädiktionskulturen empirischer Wissenschaften nicht mehr allein zu Visualisierungszwecken. Sie schärft ein neues methodisches Wissen zwischen den korrelierenden Datenbeständen, den induktiv hergeleiteten Aussagen und dem virtuellen Objekt, das in der VR simuliert wird. Jenseits der mit Wahrscheinlichkeitswerten versehbaren Aussageformen aus den stochastischen Modellen bedarf es Hypothesen über das gesamte *target object*, ohne den Anspruch an eine datengetriebene, induktive Methode auszusetzen.[42]

So finden sich in den ökologischen Disziplinen wie der Populations- oder Landschaftsökologie Ansätze, in denen die VR-Erfahrung als ein methodisches Instrument zur Generierung und Validierung von Hypothesen genutzt wird. Dies geht einmal einher mit der Validierung des Modells oder der virtuellen Daten (für das projizierte Klima in 50–100 Jahren).[43] Zum andern ermöglicht die VR als Instrument auch eine Erfahrung als mögliche Bezeugung des Forschungs- bzw. Prädiktionsobjektes. Das immersive Erlebnis, die Interaktionszeit zwischen User_in und virtuellem Objekt ist lediglich Teil eines Knowhows über das virtuelle *target object*, um den spezifischen Ort an einem zukünftigen Zeitpunkt erfahrbar zu machen.

> »Spatially, VR can offer experiences beyond constraints of physical space by providing a contextualized and embodied experience across regions, scales or from different perspectives. Temporally, we can connect immersive experiences to historical information or future projections, moving a user back or forward in time [...]. Semantically, we can connect the

---

und lasse die weite Diskussion um die Gegebenheit modellierter Forschungsobjekte außen vor. Michela Massimi: *Perspectival Realism*, Oxford 2022, S. 192ff.

42 Dieses Problem taucht in den globalen Klimamodellen auf, wenn es darum geht, modellierte Teilphänomene des Klimas in ein Gesamtmodell zu integrieren, das Anspruch darauf erheben soll, Aussagen über das Klima als *targent object* machen zu können. Die Komplexität der Modelle erschwert es auf der einen Seite, analytisch auf einzelne Hypothesen zurückzuschließen, auf der anderen droht eine Reduktion dieser Komplexität, den Zugriff auf das Gesamtphänomen zu verlieren. Spezifisch für Klimamodelle spricht Johannes Lenhard hier von einem »Holismus-Problem«, Johannes Lenhard: *Mit allem rechnen – zur Philosophie der Computersimulation*, Berlin, Boston 2017, S. 157.

43 Damaris Zurell u.a.: »The virtual ecologist approach: simulating data and observers«, in: *Oikos* 119 (2010), S. 622–635.

experience to databases and other additional information that may be useful for understanding a place […].«[44]

Auf den ersten Blick erinnert vieles in diesem Zitat an Beschreibungen über die VR in den 1990er und 2000er Jahren. Aber, so möchte ich abschließend mit Blick auf die Kategorisierung von VR als Instrument betonen, die besondere Erfahrung der VR ist hierbei nicht das Novum. Neu ist der Bedarf an »experiences beyond constraints of physical space«, und zwar nicht, um einen Als-ob-Modus der Realität zu testen, sondern um die Plausibilität datengestützter Hypothesen zu validieren. Kants Diktum, nach dem alles, was die Bedingungen der Möglichkeit der Erfahrung überhaupt sind, auch »zugleich Bedingungen der Möglichkeit der Gegenstände der Erfahrung«[45] sind, erhält hierdurch eine besondere Aktualität. Die designte Natur gelangt per User-Interaktion in das ›empirische Bewusstsein‹, um den Begriffen und Aussagen eines erst-noch-zu-Erfahrenden Plausibilität zu verleihen. Sie beanspruchen eine Kohärenz von Modell und Erfahrung möglicher Zukünfte, für die alle drei Zeitschichten der VR als wissenschaftlichem Instrument notwendig werden: 1. die Zeit des *target object*, die primär durch das statistische und stochastische Vermitteln der Modelle entsteht (in hiesigem Falle der Populations- und Klimamodelle). 2. Die Interaktionszeit der Userin mit dem virtuellen Objekt, 3. Die Simulationszeit als ›working knowledge‹, in dem das Wissen eingearbeitet ist, damit das Instrument performen kann und das Forschungsobjekt erfahrbar wird (im populationsökologischen Falle die Transformation der Modelle in die Programmiersprache und die Simulationszeit auf dem Rechner).

6. Schluss

Das Erforschen der Praktiken in Wissenschaften, die sich komplexen Naturphänomenen widmen und dabei auf die VR zurückgreifen, steht gerade noch am Anfang. Es lässt sich aber abschließend festhalten, dass die VR in den Wissenschaften keine Debatten mehr darüber auslöst, inwiefern es sich bei den virtuellen oder virtualisierten Forschungsobjekten um Täu-

44 Jiawei Huang u.a.: »Walking through the forests of the future: using data-driven virtual reality to visualize forests under climate change«, in: *International Journal of Geographical Information Science* (2020), https://doi.org/10.1080/13658816.2020.1830997.

45 Immanuel Kant: *Kritik der reinen Vernunft,* Hamburg [1791] 1998, S. 218 (A 111).

schungen handelt. Der Einzug der VR in die kognitions- und neurowissenschaftliche Erforschung des Selbst- und Körperbewusstseins (*Self- and Body-Ownership*) zeigte, wie dieses Medium nicht mehr dazu diente, ein Präsenzgefühl statistisch zu ermitteln. Stattdessen ermöglichte die VR aufgrund des ›working knowledge‹ eine Engführung des Körperbewusstseins (*target object*) mit der Erfahrung selbst (in diesem Falle der Interaktionszeit) zu vollziehen. Ließe sich hier noch von einer methodisch-legitimierten Täuschung in der Illusion einer Gummihand sprechen, so trifft dies nicht mehr für die Bemessung einer Körper- und Selbstempfindung zu, die durch die VR als wissenschaftliches Instrument, in dem die drei Zeitschichten von Simulations-, Interaktions- und target-object-Zeit ineinandergreifen, erst zum Gegenstand einer Messung werden kann. Die hier gegebene Notwendigkeit, eine datenbasierte Erfahrung für das induktive Vorgehen zu designen, dient nicht nur der Repräsentation des Forschungsobjektes. Es vergrößert das Spektrum wissenschaftlich möglicher Hypothesen und postuliert damit eine neue Umsetzung von induktiver Wissenschaft. Die VR als Instrument lässt sich somit nur mit den beiden anderen Zeitdimensionen der Interaktionszeit und dem *target object* erfassen. Die *Agency* des Instrumentes erweitert die empirische Grundlage der modellierten Daten zu einem virtuellen oder virtualisierten Objekt, das das *target objet* der Forschung wird und an dem sich erst weitere Messungen vollziehen lassen.

In zukünftigen technikphilosophischen und wissenschaftstheoretischen Fragestellungen könnte dieses Zusammenspiel aus virtueller Erfahrungs- und hypothetischer Aussageform stärker im Vordergrund stehen. Die zunehmenden Prädiktionskulturen in Disziplinen wie der Klimawissenschaft wären dann nicht nur im Hinblick auf ihre Hypothesen und die mit ihnen verbindlichen Wahrscheinlichkeiten zu untersuchen.[46] Besonders in Disziplinen wie der hier angeführten Populationsökologie erscheinen die Hypothesen in erster Linie als ein möglicher, aber noch verstärkt formalstochastischer Zugang zum *target object.*

Vor dem Hintergrund der Komplexität von Computermodellen und ihrer Referenz auf empirische Phänomene (und ihre modellierten Zukünfte), stellt sich die Frage nach einem alternativen epistemischen Kriterium neben der Wahrscheinlichkeit von Hypothesen. Gerade die mathematisch fundierte Probabilität zeichnet sich aus durch die Gewichtung von mögli-

46 Matthias Heymann, Gabriele Gramelsberger und Martin Mahoney (Hg.): *Cultures of Prediction in Atmospheric and Climate Science. Epistemic and Cultural Shifts in Computer-based Modelling and Simulation.* London (2017).

chen Zukunftsverläufen. Aber vor der Herausforderung, die Prädiktion in einen möglichen Erfahrungsraum des Forschungsobjektes zu überführen, müssten alternative epistemische Kriterien in Betracht gezogen werden. Eine hiervon wäre die Plausibilität. Die Plausibilität kommt als epistemisches Kriterium besonders dort auf, wo der Verstand formale Herleitungen vollzieht, die zu einer Aussage führen, die Erfahrung aber wenig Mittel liefert, diese Aussage kontextuell einzuholen. Die Plausibilität erfordert somit die Validation prädiktiver Aussagen über einen gesicherten Bestand an Erfahrungen, die sich nicht alle auf empirische Daten reduzieren lassen.[47] Wie am Beispiel der Populationsökologie gezeigt, können die statistischen Modelle zu stochastischen Aussagen optimiert werden, ebenso wie sie ihre Komplexität durch die Integration weiterer klimawissenschaftlicher Parameter steigern können. Aber erst durch das Erfahrbarmachen des *target object* selbst – in diesem Falle der globalklimatischen Auswirkungen auf eine biologische Nische – entsteht ein neues ›empirisches Bewusstsein‹ über Phänomene, die nicht mehr im klassischen Sinne empirisch erfahrbar sind. Sowohl für die Genese als auch für die Geltung dieses neuen empirischen Bewusstseins sind wissenschaftliche Instrumente wie die VR mit ihren zeitlichen Verschichtungen und Prädiktionsbedingungen von zentraler Bedeutung.

47 Gemeint sind auch lebensweltliche Kontexte oder tradierte Erfahrungen über regionale Klimaphänomene, die eine Funktion bei der Erstellung der wissenschaftlichen Prädiktionen spielen könnten. In der Techniksoziologie oder den Science and Technology Studies wird dieser Bestand der Erfahrung unter Gruppierungen der Zivilbevölkerung oder der politischen Vertreter_innen gefasst. In dieser Hinsicht handelt es sich um Analysen, die gerade an der Schwelle zwischen der epistemischen Funktion von Plausibilität in Zukunftsszenarien und dem Einfluss sozialer Akteur_innen auf das, was als Zukunftsszenario plausibel sein soll, liegen. So z.B. bei Ricarda Schmidt-Scheele: *The Plausibility of Future Scenarios*, Bielefeld (2020), hier S. 57–59.

Archiv

José Gaos

Über die Technik (Sobre la técnica)[1*]

Eingeleitet und kommentiert von Nicole C. Karafyllis

1. *Skizze der Technikphilosophie von José Gaos*

José Gaos González Pola (*26.12.1900 in Gijón, Spanien; †10.6.1969 in Mexiko-Stadt, Mexiko) war ein spanisch-mexikanischer Philosoph und Übersetzer aus der Schule von Madrid, spezialisiert auf deutschsprachige Autoren. 1938 geflohen aus der Franco-Diktatur, lebte und arbeitete er in Mexiko-Stadt am Colegio de México,[2] dann als Professor an der Universidad Nacional Autónoma de México (UNAM). Bis in die jüngste Zeit las die spanischsprachige Welt deutsche Philosophie – z.B. Husserls *Logische Untersuchungen*,[3] Heideggers *Sein und Zeit* und auch Hegels *Vorlesungen über die Philosophie der Weltgeschichte*[4] – durch die Brille von Gaos. Damit sind drei Bücher angesprochen, die Gaos' Technikphilosophie maßgeblich beeinflusst haben und sein Werk, anders als im hispanoamerikanischen Kontext üblich, nicht vorrangig vom Neukantianismus seiner einstigen Madrider Lehrer José Ortega y Gasset und Manuel García Morente herleiten.

1 Veröffentlicht zuerst in: *Acta Politécnica Mexicana*, Bd. 1, Nr. 1, Juli-August 1959, S. 105–111; in der Gesamtausgabe: *Obras completas* Bd. XV, hrsg. v. Antonio Zirión, Ciudad de México 2008, S. 306–314. Basierend auf dem Text der Gesamtausgabe neu ediert in *José Gaos: Filosofía de la técnica*, hrsg. u. kommentiert v. María Antonia González Valerio u. Nicole C. Karafyllis, Ciudad de México, S. 101–128. Die englische Übersetzung aus dem Spanischen von Leopoldo Molina P. und Carl Mitcham nutzte eine andere Textedition (aus der Anthologie von J. Gaos: *De antropología e historiografía*. Xalapa 1967, S. 199–214) und erschien in Carl Mitcham (Hg.): *Philosophy of Technology in Spanish Speaking Countries*, 1993, S. 111–120. Sie entstand infolge des ersten (1988) und zweiten (1991) *Inter-American Congress on Philosophy of Technology* an der University of Puerto Rico at Mayagüez.

* Für ihre Unterstützung bei der Konzeptionierung dieses Archiv-Beitrages möchten wir Ana María Guzmán herzlich danken (Anm. der Redaktion).

2 Zu seiner Ankunftszeit genannt: La Casa de España en México (1938–1940).

3 Übersetzt mit seinem Lehrer García Morente, erschienen in Madrid 1929.

4 Vgl. z.B. die Neuedition von G. W. F. Hegel: *Lecciones sobre la filosofía de la historia universal*, traducción de José Gaos, Madrid 2014; ursprgl. 1980. Originalausgabe Madrid 1928.

Gaos' philosophisches Interesse für Technik artikuliert sich vor dem phänomenologischen und geschichtsphilosophischen Erkenntnishintergrund eines Exilierten, der die scheinbare Selbstverständlichkeit der Technik für die europäisch-nordamerikanische Fortschrittserzählung anzweifelt, und zwar sowohl in epochalisierender wie existenzieller Hinsicht. Somit arbeitet er kritisch am Projekt Moderne.[5]

Gaos selbst ist trotz seiner großen Wirksamkeit in Lateinamerika bislang selten übersetzt worden, was mitunter an seinem komplizierten Satzbau und barocken Spanisch liegt, das noch dazu häufig versucht, deutsche philosophische Begrifflichkeiten einzufangen.

Der nun hier in Auszügen erstmalig in deutscher Übersetzung vorliegende Text »Über die Technik« (*Sobre la técnica*) erschien 1959 in der allerersten Ausgabe der Zeitschrift des Nationalen Polytechnikums (IPN), d.h. der wichtigsten Technischen Hochschule Mexikos. Ihr bis heute gültiges Motto lautet übersetzt: »Die Technik zum Dienst am Vaterland«. Von derartigen Nationalismen der Technik, wie sie nicht nur im postrevolutionären Mexiko an der Tagesordnung waren, ließ sich Gaos ebenso wenig beeindrucken wie von sozialistischen Utopien. Im Januar 1959 hatte Fidel Castro im nahegelegenen Kuba den Diktator Batista gestürzt, was von Gaos mit Sorge betrachtet wurde, zumal in jener Phase des Kalten Krieges die USA und die UdSSR in mehreren Ländern Mittelstreckenraketen stationierten – ein politischer Hintergrund für das Verständnis von »Vehikel« im Text.

Gaos' Blick auf die Technik ist ein mexikanischer und das heißt: ein gegenüber den Verheißungen von Technologien zutiefst ambivalenter. Denn die mit den modernen Technisierungsschüben einhergehenden sozialen und mentalen Veränderungen wurden in den Ländern Lateinamerikas wegen ihrer Abruptheit und genuinen Äußerlichkeit deutlich stärker wahrnehmbar als in den USA und Europa, die wiederum als neokoloniale Schrittmacher der Industrialisierung Lateinamerikas hervortraten,[6] z.T. bis heute. Deshalb stellt sich die Frage nach der Macht der Technik[7] in einem anderen kulturellen Gewand und jenseits vereinheitlichender Globalisierungs- oder Totalisierungstendenzen. Mexiko wird bei Gaos implizit ver-

---

5 Eine Übersicht auch über den hier betreffenden Zeitraum liefert Birgit Scharlau (Hg.): *Lateinamerika denken. Kulturtheoretische Grenzgänge zwischen Moderne und Postmoderne*, Tübingen 1994.

6 Vgl. zu diesem Problemzusammenhang das einflussreiche, zuerst 1971 in Mexiko erschienene Buch von Eduardo Galeano: *Open Veins of Latin America. Five Centuries of the Pillage of a Continent*, New York 1997.

7 Vgl. Christoph Hubig: *Die Kunst des Möglichen III. Macht der Technik*, Bielefeld 2015.

stehbar als Land der Autozulieferindustrie, das dann in seiner Hauptstadt von den importierten Autos überfahren und in seinen eigenen Traditionen aufgebrochen wird. Die Erfahrung der Beschleunigung wird bewusst als nur vordergründige Kritik vorgebracht, denn Gaos fragt, ob sich der Mensch – lebensweltlich der in Mexiko situierte – überhaupt hätte anders entscheiden können als für die Beschleunigung. Für die reale Möglichkeit bejaht er dies und führt das Phänomen des »Schildkrötismus« (*tortuguismo*) bzw. Zeitschindens bei Arbeitern an, das gegen die europäischen Vorurteile vom ›faulen Mexikaner‹ zur Abwehrstrategie eines Technisierungsanspruchs avanciert. Wie aber steht es um die kulturermöglichenden Bedingungen dieser Möglichkeit? Auf die Frage, inwieweit Lateinamerika einer eigenen Geschichtsphilosophie bedarf, hat Gaos mehrfach Antworten vorbereitet, die sein Schüler Leopoldo Zea weitergeführt hat.[8] Technik als Instanz und Schrittmacher in der Geschichte ist untrennbar verbunden mit Periodisierungen bzw. Epochalisierungen, die, wie Gaos weiß, bislang stets die Wirklichkeiten und Möglichkeiten der Alten Welt einklammern (von der Dampfmaschine bis zur Grünen Revolution) und für die Neue Welt modifiziert werden müssen.

Mit Husserl verkörpert Galilei (in Folge auch Descartes) für ihn den Geist der Neuzeit, weil er die Physik zu einer »physikalischen Technik« transformiert und auch idealisiert habe und sie damit vom lebensweltlichen Horizont entband. Moderne gesellschaftliche Probleme mit Technik sind solche unangemessener Idealisationen, die den leibhaftigen und sozialen Menschen aus dem Blickfeld verloren haben.

Der methodische Zugriff auf die Technik ist bei Gaos ein phänomenologischer, der die Ideen und Verheißungen von Technik an ihrem Ausdruck in der alltäglichen Lebenswelt überprüft. Sowohl in »Über die Technik« als auch in »Zeitkritik« schildert Gaos sein persönliches, durch Verkehrsstau beschwerliches Sich-auf-den-Weg-machen zu seinen Vorlesungen an der UNAM, die ab 1954 den neuen Stadtteil *Universitätsstadt* (*Ciudad Universitaria*) am damaligen Rand von Mexiko-Stadt bezogen hatte. Vorher konnte er zu seinem Institut zu Fuß gehen, was eine ganz andere Art der Kommunikationen und Kommunikationsmöglichkeiten bedeutete. Technik wird bei Gaos auf ihre affektive und soziale Dimension ausgeleuchtet.

---

8 Leopoldo Zea Aguilar: *Signale aus dem Abseits: Eine lateinamerikanische Philosophie der Geschichte*, München 1989.

Der Aufsatz ist das Herzstück der jüngst auf Spanisch erschienenen Gaos-Anthologie *Filosofía de la técnica* (*Philosophie der Technik*). Sie perspektiviert den meist als Phänomenologen und Philosophiehistoriker verschlagworteten Gaos neu als Technikphilosophen. Dazu versammelt und kommentiert sie vier in Mexiko entstandene Texte zur Technik, die im gegenseitigen Verweisungszusammenhang stehen. Die Titel lauten übersetzt: »Über die Technik« und »Zeitkritik« (beide 1959), »Technokratie und Kybernetik« und »Der Ausdruck der zeitgenössischen Idee der Welt durch die neuen technischen Schönen Künste« (beide 1967). Mit der Anthologie wurde Gaos an deutschsprachige Philosophien, Diskurse und Begrifflichkeiten angebunden, an denen er sein Denken maßgeblich geschult hat.[9] Die Aufsätze und Vorlesungseinheiten decken ein breites Spektrum von Technisierung (*tecnificación*) ab: von Alltagstechniken bis zu Hochtechnologien wie Nuklear- und Molekulartechnologie, Raumfahrt und Kybernetik und von Urbanisierungsfaszination bis Beschleunigungskritik. »Über die Technik« reicht dabei inhaltlich am weitesten zurück und verdankt sich einer Vorlesung von 1941. Der Text kann als Vorarbeit für das erste Anthropologie-Buch von Gaos gedeutet werden, dessen Titel übersetzt *Die zwei Besonderheiten des Menschen: Die Hand und die Zeit* (1945) lautet. Gegen die naturalistische, gattungsmäßige Verbindung von Hand, Werkzeug und Waffe, wie sie etwa Oswald Spengler betont hat, setzt Gaos zum Ende des Zweiten Weltkriegs die Fähigkeit der Hand, zu berühren und zu streicheln.

Wie im Deutschen und auch im Spanischen – anders als im Englischen – üblich, unterscheidet Gaos präzise zwischen ›Technik‹, ›Technologie‹ (als systematischem Wissens- und Verfahrenszusammenhang) und ›Technisierung‹. Letzteres meint eine prozessuale Sicht auf die Modi der Technik, in denen sie sich als umfassende Rationalisierung erweist und damit zur geschichtsphilosophischen Kategorie des Fortschrittsdenkens wird. Auch wenn er die Realtechnik fest im Blick behält, interessiert ihn primär die Bedeutung der Technik für die sich verändernde Wahrnehmung, übergeordnet für die moderne Geisteshaltung, mit der wir der Welt begegnen.[10]

9 Dies war im mexikanischen Rezeptionskontext vorrangig für Husserl geleistet worden, so von Antonio Zirión Quijano, der nach dem Tod von Fernando Salmerón die Herausgabe der Gesamtausgabe der Werke von Gaos (*Obras Completas*) an der UNAM übernahm.

10 Weiterführend: Nicole C. Karafyllis: »Philosophy and History of Technology«, in: *The Cambridge History of Technology*, hrsg. v. Dagmar Schäfer u.a., Bd. 1, Cambridge 2027 (im Erscheinen).

Der Begriff ›Technik‹ ist bei Gaos deshalb ein Bindeglied zwischen Objekt- und Subjektphilosophie.

Gaos nähert sich der Technik über die philosophischen Teilgebiete Philosophiegeschichte, Phänomenologie und Anthropologie; heute könnten wir zwanglos die Medienphilosophie ergänzen. Eine zentrale Denkfigur ist dabei der Reisende, der zeitreflektierend durch die Epochen wandert und dabei stets auf dem Weg zu sich selbst ist – der *homo viator*. In Gaos' Philosophie tritt er häufiger auf und verbindet nicht nur neuscholastisches mit existenzphilosophischem, sondern auch mit geschichts- und kulturphilosophischem Denken.[11] *Homo viator* und *homo faber* – der Mensch als Handwerker – stellt er einander gegenüber. So wird deutlich, dass der Reisende wenig auf Dinge geben kann, denn sie würden ihn beim Reisen behindern.

Generell kreist die Philosophie von Gaos um den Topos der Bewegung und die platonischen und aristotelischen Bewegungslehren mit ihrer Spannung von (griech.) *kinesis* (Bewegung), *alloiosis* (Veränderung) und *metabole* (Wandel), so auch seine Technikphilosophie. Man kann sie als ›Philosophie der Vehikularisierung‹ spezifizieren und so dem Neologismus *vehicularización* von Gaos entsprechen. Denn eine Besonderheit seiner Technikphilosophie ist die Verbindung von Technik als Artefakt und Medium im Begriff ›Vehikel‹. Das Vehikel trägt, bewegt und: de-sozialisiert.[12] So treten das Automobil und der Tonträger – von der Schallplatte bis hin zur Kompaktkassette – in einen begründenden Zusammenhang. Beide vereinzeln den als Sozialwesen verstandenen Menschen, sei es im Individualverkehr oder im ›einsamen‹ (Gaos) Hören des Radioprogramms im Vergleich zum kollektiven Sehen und Hören im Theater, selbst noch im Kino. Technik als Vehikel zu begreifen erlaubt Gaos, die parallele Entwicklung der Massenproduktion und Standardisierung der Artefakte und der Vereinzelung des Menschen zu betrachten. Sie wird verhandelt entlang der Achse von Öffentlichkeit und Privatheit: Was Ortega als öffentlichen Massenmenschen diskreditiert hatte,[13] ist für Gaos nur die eine Seite der

---

11 Zu Gaos' eigenem Dasein als *Homo viator* im Sinne eines Exilspaniers in Mexiko und dem Begriff des »Transterrado«, sh. die Fn. 67 im Text von M.A. González Valerio (in diesem Jahrbuch). Siehe auch Marc Röbel und Werner Schüßler (Hg.): *Der Mensch als Homo Viator. Existenzphilosophische Perspektiven*, Baden-Baden 2021.

12 Vgl. Georg Simmel: *Soziologie* (1908), in: *Gesamtausgabe*, hrsg. v. Otthein Rammstedt, Bd. 11, Frankfurt am Main 1992, S. 56.

13 José Ortega y Gasset: *La rebelión de las masas*, Madrid 1929. Deutsch: *Der Aufstand der Massen*; zuerst 1931, Neuausgabe München 2012.

Medaille und nicht weiter der Rede wert. Die andere, ihm wichtigere zeigt einen vereinzelten, bisweilen sogar vereinsamten Menschen, der nun die Bedingungen der Möglichkeit der Kommunikation der Technik einräumt.

Es ist diese subjekt- und geschichtsorientierte Seite der Technik, die Gaos interessiert und ihn von seinem Lehrer Ortega technikphilosophisch abgrenzt. Auch Ortegas Sicht in *Meditación de la técnica*, dass Technik stets Luxus sei, wird von Gaos nicht übernommen. Vom frühen Heidegger lässt sich Gaos wohl inspirieren, etwa zum Unterschied von Bewirken und Vollbringen, was auch im hier vorgelegten Text aufscheint. Heideggers »Die Frage nach der Technik« ist für Gaos' Technikphilosophie zu vernachlässigen, nicht nur, weil die Publikation spät erscheint (1954), sondern auch, weil das fundamentalontologische Projekt mit seinem Rückwärtsgang zu den Griechen für ihn nicht gangbar ist – eine mögliche Lesart der Schlusspassage seines Aufsatzes. Technik ist für Gaos gerade kein ›Seinsgeschick‹, sondern die Frage nach der Notwendigkeit von Technik stellt sich ihm metaphysisch bezüglich eines ersten Motors, der als gekoppelte Antriebsmaschine alle anderen antreibt.[14] Somit technisiert Gaos das kosmologische Argument, das seit der griechischen Antike die Natur der Bewegung und die Notwendigkeit eines ersten, unbewegten Bewegers thematisiert.

Die gegenüber allen Systematisierungsversuchen letztlich unbestimmbare Technik korrespondiert mit dem allgemeinen Diktum von Gaos, dem gemäß die Erfassung des Ganzen eine Leistung der Subjektivität des Subjekts bleibt.[15] Dass ebendies zu leisten durch die moderne Technik, gerade in Form der Intellektualtechnik, dem zeitgenössischen Menschen massiv erschwert wird, weil die Technik die metaphysische Forderung zur Eigenleistung, zum Sich-auf-den-Weg-machen, verdunkelt, ist einer von Gaos zentralen Kritikpunkten. Diese Kritik geht so weit, die Existenz des Menschen angesichts der Raumfahrt in Frage zu stellen, denn durch das Eingespanntsein, den Mangel an Welt und die Zirkularität der Bewegung bringt der Mensch nichts mehr vor sich. So kann er auch nichts mehr erstreben. Es war J. W. v. Goethe, der für eine ähnliche Konstellation das Adjektiv ›veloziferisch‹ verwendete,[16] eine Mischung aus dem lateinischen Wort für Geschwindigkeit und Luzifer, dem Teufel. Mit dem möglichen

---

14 Weiterführend der gleichnamige Aufsatz in Claus-Artur Scheier: *Die Metaphysik und der Motor*, hrsg. v. Nicole C. Karafyllis, Baden-Baden 2022, S. 49–66.

15 Auch die Subjektivität hat bei Gaos eine kinetische Grundlegung, ausgedrückt mit *mocionalidad*.

16 Siehe Manfred Osten: »Alles veloziferisch«, oder: J.W. v. Goethe: *Entdeckung der Langsamkeit*, Göttingen 2013.

Ende des Menschen hat Gaos die Denkfigur des Posthumanismus vor ihrer Zeit anklingen lassen.

Sein Aufsatz »Über die Technik« hat keine bibliographischen Angaben. Gaos informiert seine Leserinnen und Leser generell selten über seine zu Rate gezogenen Quellen. Sie müssen deshalb rückwirkend erschlossen werden. Da Gaos' Bibliothek nach seinem Tod versprengt und auf diverse Erben verteilt wurde, ist eine direkte Rekonstruktion seiner Lektüren oft nicht mehr möglich. Einiges erschließt sich aus Tagebuchnotizen, aus seiner frühen Biographie mit einer neoscholastisch geprägten Philosophieausbildung und aus der genannten Nähe seiner Universitätslehrer Ortega y Gasset und García Morente zum Neukantianismus, v.a. der Marburger Schule, von dort auch zu Georg Simmel und weiter zu Henri Bergson.

Vieles erschließt sich aus Gaos' Übersetzungen, darunter sind die umfangreichen Arbeiten zu Max Scheler und Nicolai Hartmann. Dass er Simmels Essay über »Die Großstädte und das Geistesleben«, Ernst Cassirers Aufsatz »Form und Technik« und Friedrich Dessauers Buch *Philosophie der Technik* kannte, darf vorausgesetzt werden.[17] Aber Gaos verarbeitet in den 1950er und 1960er Jahren auch aktuelle technikphilosophisch relevante Arbeiten. Rezipiert hat er definitiv das 1957 erschienene *The Poverty of Historicism* von Karl R. Popper, der für Lateinamerikas Liberale zum Symbol einer gemäßigten Position zwischen Linken und Rechten avancierte, wie Mario Vargas Llosa erinnert.[18] Im Kybernetik-Text von Gaos wird deutlich, dass er sich stark mit den Werken von Norbert Wiener beschäftigte, dessen Hauptwerk *Cybernetics* in Mexiko und im Austausch mit Wieners mexikanischem Freund und Kollegen, dem Neurophysiologen Arturo Rosenblueth entstanden war.[19]

»Sobre la técnica« wird nun hier leicht gekürzt auf Deutsch präsentiert und für ein deutschsprachiges Publikum kommentiert. Maßgebliche Unterschiede zur englischen Übersetzung »On Technique« von 1993 werden da-

---

17 Georg Simmel: »Die Großstädte und das Geistesleben« (1903), in: *Gesamtausgabe*, hrsg. v. Otthein Rammstedt, Bd. 7: *Aufsätze und Abhandlungen. 1901–1908 (Bd. I)*, Frankfurt am Main 1995, S. 116–131; Ernst Cassirer: »Form und Technik« (1930), in.: *Symbol, Technik, Sprache. Aufsätze aus den Jahren 1927–1933*, hrsg. v. E. W. Orth u. J. M. Krois, Hamburg 1985, S. 39–90; Friedrich Dessauer: *Philosophie der Technik. Das Problem der Realisierung*, Bonn 1927.

18 Mario Vargas Llosa: *Der Ruf der Horde. Eine intellektuelle Autobiographie*, Berlin 2018, S. 141–204.

19 José Manuel Iglesias Granda and Antolín Sánchez Cuervo: »José Gaos, Eduardo Nicol, and the Criticism of Cybernetics in Mexico«, in: *History of European Ideas* (2023), S. 1–19. doi:10.1080/01916599.2023.2258526.

bei erläutert. Kursivierungen waren in der ursprünglichen Publikation im Fettdruck, der Text enthielt keine Anmerkungen. Der ins Deutsche übersetzte Text erscheint recto in normaler Schriftgröße, die Kommentierung in Minuskeln, englische Übersetzungen von 1993 in Kursiv. Kürzungen sind mit eckigen Klammern markiert, Auslassungspunkte ohne diese stehen im Original und sind ein beliebtes Stilmittel bei Gaos.

2. José Gaos: »Über die Technik« (Text und Kommentierung)

Ein Philosophieprofessor, der um einen Aufsatz für die Zeitschrift eines Polytechnischen Instituts gebeten wird, gerät sofort in die unwiderstehliche Versuchung, über die Technik zu schreiben.[20] Insbesondere, wenn er denkt, dass die Philosophie nicht das Abstrakteste der Konkretisierung des Lebens um sich herum zum Gegenstand hat bzw. haben soll, das von diesem Leben am meisten Entfernte, Extravagante und Esoterische, das Abstruseste, wie man gemeinhin annimmt – nicht grundlos angesichts dessen, was man traditionell als Philosophie serviert bekommen hat –, sondern wenn er denkt, dass die Philosophie mit dem Philosophen selbst das Konkreteste zum Gegenstand hat bzw. haben soll, ja den Philosophen selbst als sogar radikalen Gegenstand: Philosophie wäre dann eine forschende Bewusstwerdung seiner[21] selbst in einer Wurzel, aus der alle Stängel oder Stämme, Zweige, Blüten und Früchte, die man möchte, sich gleichsam radikal[22] entwickeln können.[23]

---

20 Der Vortrag entstand in der ersten Nummer der Zeitschrift des 1932 gegründeten *Instituto Politécnico Nacional* (IPN), die eine der wichtigsten wissenschaftlichen Zeitschriften in Mexiko und Lateinamerika werden sollte. Gaos wurde zur Publikation eingeladen, wobei er der einzige unter den Autoren war, der nicht dem IPN angehörte. So zeigte man eine Erweiterung der naturwissenschaftlich-technischen Themen hin zur Philosophie. Abraham O. Valencia: »Sobre la técnica. Reflexiones filosóficas de José Gaos para el IPN« [»Über die Technik. Philosophische Reflexionen von José Gaos für das IPN«], in: *Innovación Educativa*, Bd. 15, Nr. 69, Sept.–Dez. 2015, S. 74.

21 D.h. des Philosophen. Der Gedanke einer reflexiven Bewegung im intentionalen Bewusstsein wird später wieder aufgenommen.

22 Von lat. *radix* für ›Wurzel‹.

23 Dies ist ein impliziter Hinweis auf Heideggers *Einleitung zu: »Was ist Metaphysik?«* (1949), die mit dem Zitat von Descartes beginnt, wie dieser die Philosophie als Baum darstellt, »dessen Wurzeln die Metaphysik, der Stamm die Physik und die Zweige, die diesem Stamm entwachsen, alle anderen Wissenschaften sind...«. Heidegger kommentiert diesen Einstieg in seinen Text dann wie folgt: »Wir fragen, um bei diesem Bild zu bleiben: In welchem Boden finden die Wurzeln des Baumes der

Eine der offenkundigsten und zugleich allgemeinsten und durchdringendsten Eigenschaften »unseres« Lebens – ohne dass wir hier notwendig darüber diskutieren und entscheiden müssten, ob sie alle anderen übersteigt – ist zweifelsfrei dessen Invasion und Beherrschtwerden durch die »moderne Technik«, dessen »Technisierung« [*tecnificación*] mittels der Technik.

Aufgrund des in beiden vorigen Absätzen Bemerkten versteht man, wieso das Philosophieren über die Technik schon seit Jahrzehnten eine neue, ganze philosophische Disziplin hervorgebracht hat, die sich als solche in Einträgen mit diesem Titel[24] in philosophischen Enzyklopädien formell zeigt; und wieso dies ausdrücklich und immer wieder einige der größten Philosophen unserer Tage beschäftigt hat, wie etwa diejenigen, die sich ein erinnerungswürdiges Duell über das Thema geliefert haben, Ortega y Gasset und Heidegger,[25] um nur den zweifellos berühmtesten Philosophen innerhalb des spanischen Weltkreises [*orbe*] und den vielleicht einflussreichsten außerhalb zu erwähnen.

Die englische Übersetzung verfehlt die Pointe, dass nur der eine – Ortega – der »berühmteste« Philosoph in seinem Wirkungskreis ist, dies aber »zweifellos«, wohingegen der andere – Heidegger – »vielleicht« am einflussreichsten sei. Zu dem Zeitpunkt lag immer noch keine englische Übersetzung von *Sein und Zeit* (1927) vor, wohl aber eine spanische, französische, japanische und weitere. Zwischen Ortega und Heidegger gab es mehr oder weniger einen Prioritätenstreit, wer zuerst eigenständig über die Technik nachgedacht hat. Ortegas *Betrachtungen über die Technik* [*Meditación de la técnica*], erstmals gehalten als Vorlesung 1933 in Spanien, 1939 im argentinischen Exil veröffentlicht, waren bereits 1949 auf Deutsch erschienen. In dem Jahr hielt Heidegger in Bremen die erste Vortragsfassung von »Die Frage nach der Technik«, veröffentlicht 1954. Dass zwischen Ortegas und Heideggers technikphilosophischen Publikationen auf Deutsch die beiden 1951 bei den »Darmstädter Gesprächen« mit ihren Vorträgen

---

Philosophie ihren Halt? [...] Worin ruht und regt sich das Wesen der Metaphysik? Was ist die Metaphysik von ihrem Grund her gesehen? Was ist im Grunde überhaupt Metaphysik?« Siehe Martin Heidegger: »Einleitung zu: ›Was ist Metaphysik?‹«, in: *Wegmarken*, Frankfurt am Main 1976, S. 365; enth. in: *Gesamtausgabe* Bd. IX, 3. Aufl., Frankfurt am Main, S. 195.

24 Gemeint sind die Titel »Philosophie der Technik« und »Technikphilosophie«.

25 Vgl. zu den prinzipiellen Unterschieden zwischen beiden Philosophien vor allem in metaphysisch-ontologischer Hinsicht José Gaos: »Ortega y Heidegger«, in: *La palabra y el hombre* (Veracruz), Bd. 5, Nr. 19, 1961, S. 403–439.

aufeinandertrafen, ist international mehrfach – auch in seinen möglichen Konsequenzen – dargestellt worden.[26]

Man wird auch verstehen, wieso der Verfasser dieses Aufsatzes, dem Beispiel seines wichtigsten Lehrers folgend, der das Philosophieren über die Technik der Zeit nach viel früher als der germanische Denker thematisierte,[27] darüber auf eigene Rechnung und Gefahr schon vor der Vorlesungsreihe über die »Metaphysik unseres Lebens« reflektiert hat, die er 1942 an der Fakultät für Philosophie und Literatur der Universidad Nacional Autónoma de México hielt und dessen zweite Hälfte er der »Technokratie« bzw. der Herrschaft der Technik über unser Leben widmete.[28] Folgen soll nun teilweise eine Zusammenfassung des in jener Lehrveranstaltung Gesagten, zwar relativ kurz, aber verhältnismäßig dicht. Die Tatsache, dass die Vorlesung bis jetzt in keiner Form veröffentlicht wurde, bewahrt die relative Neuigkeit, auf die ein Aufsatz hoffen darf oder soll. Und der Autor stellt sich vor, dass das vor mehr als fünfzehn Jahren Gesagte, wenn überhaupt, das gleiche Interesse finden könnte, das es damals fand. Der Autor denkt von der Philosophie überhaupt und ganz besonders von den Ideen, die er in Bezug auf die Philosophie entwickelt hat, dass ihr Interesse jenes Interesse ist, welches die Menschen allgemein am sogenannten »Ideenaustausch«[29] zwischen verschiedenen Personen haben. Selbstverständlich und letztendlich wächst oder sinkt es gemäß dem intellektuellen – und womöglich nicht nur diesem – Ansehen der Personen selbst.

Der *Name* »Technik« ist antiken Ursprungs. Er ist ja nichts weiter als eine kleine phonetisch-graphische Veränderung eines griechischen Wortes, abgeleitet von jenem, ebenfalls griechischen, welches die Lateiner mit *ars* übersetzten, woraus das spanische Wort für Kunst: *arte* abgeleitet wurde.

---

26 Vgl. z.B. Francisco José Martín: »Ortega *contra* Heidegger (novela y poesía)«, in: José Luis Abellán (Hg.): *Meditaciones sobre Ortega y Gasset*, Madrid 2005, S. 411–428, hier S. 414. Die Originalvorträge von Ortega und Heidegger finden sich in Otto Bartning (Hg.): *Mensch und Raum. Das Darmstädter Gespräch 1951*, Braunschweig 1991.

27 Ortegas *Meditación de la técnica* erschien im argentinischen Exil 1939.

28 Hier erinnert Gaos laut den Quellen teilweise falsch. 1941 begann er die mehrsemestrige Vorlesung: »Metafísica de nuestra vida« an der UNAM, wobei der erste (nicht der zweite) Teil betitelt war als »I.A: La publicidad, el totalitarismo y la tecnocracia« (I.A: Die Öffentlichkeit, der Totalitarismus und die Technokratie). Teil I.B beschäftigte sich hingegen mit Heideggers *Sein und Zeit*. Womöglich hat Gaos aber, anders als im Vorlesungsverzeichnis angegeben, die beiden Teile beim Halten der Vorlesung vertauscht.

29 Das von Gaos in Anführung gesetzte Wort ›Ideenaustausch‹ entspricht griech. *διάλογος*.

So erscheinen in der Antike Technik und Kunst als identisch.[30] Die Divergenz, zu der sie gelangt sind, verdeckt ihren gemeinsamen Ursprung nicht: Die Werke der Technik wie der Kunst wurzeln [*radicalmente*] im *homo faber*;[31] desjenigen Lebewesens, das Werkzeuge, Instrumente, Waffen, Ornamente herstellt, mehr oder weniger ästhetisch.[32]

In der englischen Übersetzung wählte man für das spanische *animal fabricante*, das der *homo faber* sei und das von Gaos sicher in Analogie zum *animal rationale* konstruiert wurde, die allzu freie und auf eine tierische Existenz verweisende Interpretation: *Thus the works of technique as of art are fundamentally products of homo faber, of the animal fabricator of utensils, instruments, […].* (engl. Übers. 1993, S. 112).

Auch der *Sache* nach scheint die Technik also uralt zu sein. Aber für gewöhnlich sprechen wir von der »modernen Technik« mit der mehr oder weniger bewussten, auf jeden Fall aber unmissverständlichen Absicht, »unsere« Technik gegenüber all dem hervorzuheben, was in früheren Zeiten den Namen Technik erhalten haben könnte. Schon in der klassischen Antike gab es Technik und Techniken, und vielleicht in einem viel größeren Umfang als man üblicherweise denkt: Die griechische Chirurgie und das römische Ingenieurwesen können als Beispiele dienen.[33]

Aber von jeder Technik aller früheren Epochen unterscheidet sich die unserer Epoche dadurch, dass sie eine Beziehung zur modernen Wissenschaft unterhält, die den früheren Epochen verwehrt blieb, aus dem einfachen Grund, dass in diesen Epochen die moderne Wissenschaft nicht existierte. […] Wissenschaft heutzutage ist eben genau das: eine internatio-

---

30 Die Wesensgleichheit bezieht sich auf den Umstand, dass beide sich menschlicher Handlungen und damit externer Zwecksetzungen verdanken, wenn auch nicht ausschließlich (vgl. dazu die *Physik* von Aristoteles).

31 Vgl. Nicole C. Karafyllis: »Homo faber/Technik«, in: Eike Bohlken und Christian Thies (Hg.): *Handbuch Anthropologie*, Stuttgart/Weimar 2009, S. 340–344.

32 Möglicherweise eine Anspielung auf einen in den 1910er und 1920er Jahren in Deutschland und Frankreich Furore machenden Text des Architekten Adolf Loos: »Ornament und Verbrechen« [span. »Ornamento y delito«], ein Vortrag von 1908, u.a. abgedruckt in Le Corbusiers Zeitschrift *L'Esprit nouveau* (Paris) 15. Nov. 1920 und *Frankfurter Zeitung* 24. Okt. 1929. Vgl. Adolf Loos: *Sämtliche Schriften in zwei Bänden*, hrsg. v. Franz Glück, Bd,1, Wien/München 1962, S. 276–288.

33 Dies ist eine Referenz auf Gaos' Lehrer Manuel García Morente (1888–1942), der in *De la metafísica de la vida a una teoría general de cultura* (Vorlesung in Buenos Aires 1934) die Ingenieurskunst der Römer hervorhob und sie in Relation zu Seelenkonstitution und Weltverständnis einer Epoche setzte. Vgl. M. García Morente: *Obras Completas*, hrsg. v. Juan Miguel Palacios u. Rogelio Rovira, Bd. I/II, Madrid/Barcelona 1996, S. 424. Morente schildert darauf die Rückständigkeit der Technik im Mittelalter. Vgl. diesbezüglich auch den Schlussabsatz des hier vorliegenden Textes.

nale Organisation einer experimentellen und – im Sinne der Mathematik, oder zumindest mit dem Anspruch darauf – exakten Erforschung der Natur in allen ihren Bereichen: der materiellen, der makroskopischen und mikroskopischen, der lebendigen, wiederum der makroskopischen und mikroskopischen, der menschlichen, sowohl der individuellen wie der kollektiven.

Die Beziehungen zwischen der modernen Wissenschaft und Technik sind sehr komplex. Auf den ersten Blick scheint die Technik in der Wissenschaft begründet. In ihrem tiefsten Grund könnten Wissenschaft und Technik gleichursprünglich sein. Es ist einerlei, ob es sich dabei um ein eigentümliches Macht- und Herrschaftsstreben handelt oder nicht, Herrschaft nicht allein über die nicht-menschliche Natur, sondern über die Menschen, die Artgenossen, egal in welchem Zweck-Mittel-Verhältnis sich beide Bereiche befinden. Und wie auch immer die Beziehungen zwischen diesem Streben und der »Handhabung des Stoffes«[34] sein mögen: Dabei kommt ein Vorrang des Tastsinns zum Vorschein, welcher den des Gesichtssinns in der klassischen griechischen Kultur kontrastieren würde. Aber in diesem Aufsatz wird es nicht primär um die Beziehungen zwischen moderner Wissenschaft und Technik gehen, sondern um die Beziehungen zwischen moderner Technik und unserem Leben, dem Leben eines jeden von uns, jedes Lesers des Aufsatzes und seines Verfassers.

Gaos argumentiert hier epistemologisch, auf der Ebene der Wahrnehmung und des Begriffs in seiner Doppeldeutigkeit (Begreifen). Mit Verweis auf das »Handhaben des Stoffes« zeigt er eine umfassende Technisierungsmöglichkeit schon auf der basalen Ebene, auf der die Wahrnehmungsobjekte eine Prä-Gestalt (griech.: *schêma*) annehmen. Die tastbaren Dinge stellt er den quasi sichtbaren Ideen gegenüber. Mit dem antiken Primat des Gesichtssinns erinnert er an das Einsehen oder Einleuchten von *Ideen,* was v.a. Platon mehrfach behandelt hat (vgl. u.a. *Politeia* 507c ff., *Timaios* 45b-47a, mit direktem Bezug zum Problem der Bewegung *Theaitetos* 156), aber auch in das phänomenologische Konzept der Wesensschau bei Husserl Eingang findet.

Man kann von einer »Technisierung« unseres Lebens ausgehen, die quantitativ und qualitativ so weit reicht, dass man auch von »Technokratie«

34 Gaos verwendet hier im Original den hispanoamerikanischen Ausdruck *manejar una materia*: ›sich in der Materie gut auskennen‹ oder wörtlich genauer: ›einen Stoff handhaben können‹. Er ist mit dem sprachlichen Hinweis auf die Hand als Gegensatz zum schauenden (griech.) *theorein* zu verstehen und hebt auf die Wissens- und Wahrnehmungskonstitution ab.

sprechen kann, und zwar im Sinne der Herrschaft der Technik über unser Leben.

Um zu ermessen, wenn auch noch nicht zu bestätigen, wie weit die Technisierung unseres Lebens im Vergleich mit dem Leben früherer Epochen schon innerhalb der eigenen abendländischen Kultur quantitativ reicht, möge vielleicht genügen, einen schnellen Blick auf jeden von uns und auf die je eigenen konzentrischen »Umstände« [»*circunstancias*«][35] zu werfen: das Haus, die Straße..., wobei wir die Menschen jener früherer Epochen mit ihren Umständen im Feld unserer Einbildungskraft behalten. Wir finden an unserem Körper: Sehhilfen, mit Rand oder Kontaktlinsen, dentale Prothesen – um nicht an pathologischere oder noch weniger verbreitete Fälle und Sachen zu denken –, Armbanduhr; an unserer Kleidung: Reißverschlüsse; in unseren Taschen: Füllfederhalter, Druckbleistifte. In unserem Haus: elektrisches Licht, Telefon, Radio, Fernseher, Hi-Fi, Kühlschrank, Heizungsgeräte, Fahrstuhl... Auf der Straße: Automobile, Straßenbahnen, Ampeln... In den Spektakeln: das Kino... In den Kaufhäusern: Rolltreppen, Automaten... In den Büros: Schreibmaschinen, Rechenmaschinen... In den Fabriken: so unzählige wie für den nicht Eingeweihten unnennbare Maschinen. Zu Lande, zu Wasser, in der Luft und im kosmischen Raum: Eisenbahnen, Motorschiffe, Flugzeuge, künstliche Satelliten[36] ... Atombomben...

Der Großteil der genannten technischen Artefakte – eine neue Verbindung, nominell und mehr als bloß nominell zwischen Kunst und Technik angesiedelt – gehören in den Bereich der »physikalischen« Technik. Aber es gibt chemische und biologische Techniken, psychologische, soziologische, ökonomische... die am Ende die Herrschaft der Technik über unser Leben zu derjenigen Herrschaft machen, die sie wirklich und wahrhaftig ist. Wir haben unsere Aufmerksamkeit einen Augenblick auf die technischen Artefakte gerichtet, die wir an oder auf unserem Körper tragen. Und wenn wir die Aufmerksamkeit nun auf die technischen Kunstgriffe richten würden, derer sich unsere Seele bedient,[37] oder jene sich dieser? Auf die Techniken der ökonomischen und politischen Werbung und Propaganda,

35 Die Sentenz ›Ich bin ich und meine Umstände‹ ist zentral in der Lebensphilosophie von Ortega y Gasset.

36 Gaos ist hier mit dem Zusatz ›künstlich‹ präzis, denn Satelliten sind natürlicherweise Himmelskörper auf einer Umlaufbahn um ein anderes Objekt wie z.B. dem Mond. Der Zusatz ›künstliche‹ [Satelliten] wurde damals in der spanisch-sprechenden Welt für diese technische Neuerung häufig gemacht.

37 Vgl. den Ausdruck von Michel Foucault ›Techniken des Selbst‹ (*techniques de soi*).

die uns, sagen wir, mittels des Rundfunks erreichen, bis zu den Intellektualtechniken der wissenschaftlichen Forschung?

Wie er im späteren Vorlesungstext »Der Ausdruck der zeitgenössischen Idee der Welt durch die neuen technischen Schönen Künste«[38] schreibt, liegt die eigentliche Herrschaft der Technik in einer neuen Idee von (unserer) Welt, der keine eigentliche Idee mehr zugrunde liegt – was Günther Anders als ›Weltvernichtung‹ ausdrückte. Für diese Idee wiederum steht paradigmatisch bei Denkern wie Anders, Karl Jaspers, Hans Jonas und anderen die Atombombe, so auch bei Gaos. Anders-Lektüre von Gaos ist nicht nachgewiesen, kann aber auch nicht ausgeschlossen werden, zumal der erste Band von *Die Antiquiertheit des Menschen* 1956 und damit kurz vor der Abfassung des vorliegenden Textes erschien. Das relevante Kapitel »Die Welt als Phantom und Matrize« war bereits 1955 als Vorabdruck in der Zeitschrift *Merkur* erschienen.

Es bleibt von Bedeutung, dass die technischen Artefakte, welche die menschlichen Massen unserer Tage am breitesten und tiefsten – sofern menschliche Massen eine dritte Dimension haben können[39] – beeindrucken, gerade Erzeugnisse der physikalischen Technik sind: Vehikel und Waffen, und Vehikel schon an sich betrachtet. Vehikel sind nicht nur die Artefakte zur Fortbewegung des Menschen, obwohl diese, wenn auch nicht absolut ausschließlich, so doch par excellence diesen Namen tragen. Vehikel sind vielmehr alle Artefakte für die Fortbewegung jedes beliebigen Dinges, das der Mensch verlegen, nähern oder entfernen will: seine Stimme mit dem Telefon, Bilder mit dem Fernseher,[40] die Zerstörung und den Tod mit den Waffen, die bloße Bewegung und ihre Geschwindigkeit mit den Fabrikaten[41] für deren beider Übertragung. Im Eindruck, den die technischen Artefakte auf die Menschenmassen machen, sind zwar die Vehikel vorrangig bedeutsam. Aber es ist mehr als sehr wahrscheinlich, dass die Techniken, die letztendlich das menschliche Leben, ja den Menschen selbst am radikalsten und entschiedensten revolutionieren werden, die biologischen und psychologischen sein werden, welche jetzt zu operieren begin-

38 Vorlesungseinheit von 1967, neu ediert und kommentiert in José Gaos: *Filosofía de la técnica*, hrsg. v. María Antonia Gonález Valerio u. Nicole C. Karafyllis, Ciudad de México 2022, S. 209–243.

39 In der englischen Übersetzung (1993, S. 113) hingegen: »to the extent that the masses are able to comprehend a three-dimensional reality«.

40 Wörtlich »im Fernseher« und »im Fernsehen« (span. *en la televisión*).

41 Gaos scheint bewusst auf den Ausdruck ›Medium‹ zu verzichten, da das Medium über einen Träger dahingehend hinausgeht, dass es eine eigene, erzeugende Kraft hat. Die mögliche Funktion des Trägers als mobilisierender Überträger wird jedoch deutlich hervorgehoben (man denke z.B. an eine Trägerrakete).

nen, sogar mit den Quellen des Lebens selbst[42] und mit den persönlichen Intimitäten der Seelen. Wenn also trotz alledem die Vehikel den erwähnten Vorrang haben, dann liegt dies zweifellos an ihrer besonderen Bedeutung bei der Technisierung unseres Lebens. Und tatsächlich haben sie diese – wenn wir vom quantitativen Aspekt der Technisierung in den qualitativen übergehen.

Vehikel sind bewegte Beweger oder letzteres allein. In der Bewegung erkannte die klassische Philosophie gleichzeitig das offenkundigste, allgemeinste und problematischste Phänomen der sinnlichen Welt.[43] Man hat aus gutem Grund behaupten können, dass die ursprüngliche Philosophie und in ihrer Gesamtheit die Matrix des Abendländischen, die griechische Philosophie, eine Reihe von Versuchen gewesen ist, bestimmte Probleme der Bewegung [*movimiento*] zu lösen: Welche Arten von Bewegung umfasst sie?[44] Setzt sie, als beweglich, eine Substanz oder Materie voraus? Beinhaltet sie das Sein und das Nichtsein?[45] Kann man das Verhältnis zwischen diesen oder die Bewegung selbst mit der Vernunft begreifen? Benötigt die Bewegung einen vom Bewegten verschiedenen Beweger? [...]

Diese zentrale Stelle zur aristotelischen Bewegungslehre liest sich in der englischen Übersetzung grundlegend anders, weil die erste Bewegungsursache, bei Aristoteles der sogenannte »unbewegte Beweger«[46] (scholastisch umgedeutet zu Gott), übersetzungstechnisch nicht genutzt wird, weil überdies nicht zwischen Bewegung und Veränderung, gerade im Hinblick auf das Verhältnis von Potenzialität und Aktualität der Substanz, unterschieden wird und deshalb nicht erkannt wird, dass es Gaos hier auch um das Bewegtsein/-werden der Philosophie selbst geht, d.h. um ein geschichtsphilosophisches Argument und die Bewegung als Bedingung der Zeit und des Werdens (Hegel).

»Vehicles are for moving or for motion itself. Classical philosophy recognized movement [or change] as the most obvious phenomenon, the most general and problematic in

---

42 Gemeint ist die Molekulargenetik.

43 Bereits in seinem Buch *Antología filosófica. La filosofía griega* (México 1940) betont Gaos die zentrale Stellung der Bewegung in der vorsokratischen Philosophie und dann bei Aristoteles. Für ihn teilt sich die Frage nach der Natur der Bewegung in eine kosmologische und eine anthropologische auf. Bezüglich letzterer bringt er zuvorderst Heraklit in Anschlag (ebd., S. 118). Kurz zuvor hatte er übersetzt *Heráclito: Fragmentos* (México 1939), seine erste in Mexiko angefertigte Übersetzung.

44 Vgl. Aristoteles, *Physik* III und IV, wo er vier Arten der Bewegung und des Wandels unterscheidet: Werden/Vergehen (Substanz), Wachsen/Schwinden (Quantität), Eigenschaftsveränderung (Qualität) und Ortsbewegung (Ziel).

45 Vgl. diesbezüglich Heraklit und die Atomisten gegen Parmenides.

46 *prôton kinoun akinêton auto*, Met. IV 8, 1012b 31.

the sensible world. At a fundamental level it has been argued that the origin and matrix of all Western philosophy, Greek philosophy, was a series of attempts to solve certain problems concerning change: What are its types? Can substance or matter change? Does motion include being and non-being? Is the relation between them rational or not? Does movement require a motor different from the motion itself« (engl. Übersetzung 1993, S. 114)

Im Fortgang des Textes wird der deutsche philosophische Terminus *Erlebnis*, den Gaos wie schon Ortega ausgehend von Husserl mit *vivencia* hispanisierte, zu einem simplen englischen *living*. Der für die Phänomenologie des inneren Zeitbewusstseins und der geschichtlichen Erfahrung wichtige Unterschied zwischen *Erlebnis* und *Ereignis* tritt so nicht hervor. Denn Gaos begründet die bewegungslogischen Fragen mit einem Interesse für Geschichtsphilosophie, die er – aufmerksamer Leser von Oswald Spengler – organismisch denkt:

> Es ist zumindest wahrscheinlich, dass die Stellung solcher Fragen ihren Ursprung im »Erlebnis«[47] einer gewissen Eigenschaft von für den Menschen besonders interessanten Bewegungen hat: die Untergänge der Staaten, die an den Zenit der Macht und des Wohlstands gekommen sind; die Flüchtigkeit der Jugend, der Reife, der schönen Zeiten des individuellen Lebens, dessen Hinfälligkeit im Ganzen...[48]

---

47 Husserl wandte sich gegen den empirischen Erlebnisbegriff der Psychologie, mit dem reale Phänomene des individuellen, empirischen Bewusstseins gefasst werden. Für seine Phänomenologie leistet der Erlebnisbegriff hingegen eine abstrahierende Wesensschau oder Ideation, d.h. er umfasst vorgegebene Denk- und Erkenntniserlebnisse (dieser Gedanke führt zurück bis zum Problem der Apperzeption bei Kant). Das Erlebnis beinhaltet deshalb eine gewisse Typik menschlichen Lebens überhaupt. Die von Gaos gewählten Beispiele entsprechen dieser Deutung. Ortega hat dem Ausdruck *Erlebnis* Eingang ins Spanische als *vivencia* verschafft, s. José Ortega y Gasset: »Sobre el concepto de sensación«, in: *Revista de Libros,* Nr. 6, 7 u. 9, 1913. In: *Obras Completas*, Bd. I, 7. Aufl., Madrid 1966, S. 256; mit Bezug auf Edmund Husserl: *Ideen zu einer reinen Phänomenologie und phänomenologischen Philosophie*, Halle 1913, S. 139, § 75, *Die Phänomenologie als deskriptive Wesenslehre der reinen Erlebnisse.*

48 Gaos weitet also den Bewegungsbegriff und erinnert damit an den aristotelischen Gesamtzusammenhang von Bewegung und Wandel. Vgl. Martin Heidegger: »Vom Wesen und Begriff der Φύσις. Aristoteles, Physik B, 1« (1939), in: *Wegmarken*, 2. Aufl., Frankfurt am Main 1978, S. 237–299 (*Martin Heidegger-Gesamtausgabe*, Bd. IX, hrsg. v. Friedrich-Wilhelm v. Herrmann, 3. Aufl., Frankfurt am Main, S. 239–301). Heidegger macht eine reflexive Bewegung der Physis deutlich und bestimmt damit den Kern von ›Wesen‹: Das sich entfaltende Aufgehen ist hier zugleich ein In-sich-Zurückgehen (Wesung).

Die moderne Wissenschaft oder zumindest die Physik kann ihrerseits von jenen Jahren herrühren, in denen Galilei[49] auf die Lösung derartiger Probleme wie zur Natur bzw. zum Wesen der Bewegung und ihrer Ursachen ausdrücklich verzichtet hat, um ausschließlich zu erforschen, wie die Orts- bzw. Fortbewegung zwischen beliebigen Punkten im materiellen Raum stattfindet.

Hier bezieht sich Gaos auf den Galilei-Paragraphen (§9) von Husserls *Krisis*-Schrift, die auch für das Folgende maßgeblich ist. Denn die auf Basis der algebraischen Arithmetik sich vollziehende ›Mathematisierung der Naturwissenschaften‹ ist für Husserl Inbegriff der ›Sinnentleerung‹ einer anschaulichen Welt und bringt zwangsläufig die ›Technisierung‹ der Welt hervor. Für die Idee von Welt bedeutet dies eine Fragmentierung bei gleichzeitiger Totalisierung. Denn: »Definite Mannigfaltigkeiten«, definiert durch ein »vollständiges Axiomensystem«, führen zu einer »Totalität« und formallogischen Idee von einer »Welt überhaupt«, so Husserl.[50] Diese werde aber nicht mehr anschaulich. Nachfolgend unterscheidet Gaos die Physik von der »moderne[n] technische[n] Physik« (z.B. in der Atomtechnologie oder in der Elektrotechnik) und vom Physikalismus, der transdisziplinär wirkt.

Diese Einschränkung, welche auch die Einschränkung des Namens »Bewegung« auf Fortbewegung [*traslación*] mit sich brachte, führte zur gigantisch angewachsenen Erkenntnis der Art und Weise, wie eine solche Bewegung stattfindet – mit all ihren Konsequenzen: die Physik und die moderne technische Physik, in ihrer Gesamtheit und mit all dem, was sich von den anderen Wissenschaften und Techniken an sie anlehnt.

Die Frage entwickelt sich also zu der eigentlichen Frage nach dem Sinn dieser Einschränkung und Erweiterung – ausgehend von der Tatsache des vorhin betonten Vorrangs jener Beweger oder Antreiber, die in der Aufmerksamkeit der Massen die Vehikel sind. Zweifellos begründet sich ihre Vorrangigkeit im menschlichen Leben.

Nun denn, das Wesen der Bewegung, die Geschwindigkeit, birgt in sich zwei entgegengesetzte Möglichkeiten: die Beschleunigung und die Verlang-

49 Gaos hat sich an zahlreichen Stellen seines Werkes mit den Umbrüchen durch Galilei auseinandergesetzt. Vgl. auch José Ortega y Gasset: *En torno a Galileo*, Madrid 1933 (Neuausgabe: 2008). Noch im Januar 1968 hielt Gaos eine Vorlesungseinheit zu Galilei, wie eine Liste im Gaos-Archiv an der UNAM zeigt (Archivo Gaos, Serie Uno, Carpeta 102, Folio 20330; in Folio 20331 eine span. Übersetzung von *De revolutionibus orbium coelestium* des Kopernikus durch Gaos, offenbar für den Vorlesungsgebrauch).

50 Edmund Husserl: *Die Krisis der europäischen Wissenschaften und die transzendentale Phänomenologie* [1936], hrsg. v. Elisabeth Ströker, 3. Aufl., Hamburg 1996, S. 48ff.

samung. Hier steht nun der moderne Mensch, der Mensch primär der physikalischen Technik und Wissenschaft, vor dem Phänomen der Bewegung, vor den zwei Möglichkeiten ihres Wesens, vor der Beschleunigung und der Verlangsamung. Wird er sich zwischen beiden nicht entscheiden können? Oder wird er es können? Und wenn er es können wird, für welche wird er sich entscheiden?

Um den Sinn dieser Fragen selbst zu verstehen, wäre es vielleicht nötig, von der historischen Tatsache auszugehen, dass der moderne Mensch sich für die Beschleunigung entschieden hat, für die immer schnellere Geschwindigkeit in allem: in der Fortbewegung mittels der Vehikel – in der industriellen Produktion...

Aber – ist diese Tatsache nicht notwendig gewesen? Hätte der Mensch sich für die Verlangsamung überhaupt entscheiden können? Hätte es einen Sinn, wäre es sogar möglich: ein menschliches Leben, das vom Zeichen der Verlangsamung geleitet ist – und nicht von dem der Beschleunigung wie unseres?

Mit einem Nein ist die Frage nicht zugleich ausreichend beantwortet, zumindest solange kein Romancier mit großer Einbildungskraft uns zuvor das Spektakel eines menschlichen Lebens darstellt, das vom Zeichen der Verlangsamung geprägt wird: ein Leben, in welchem die Menschen mit Vehikeln führen, um später zu kommen als zu Fuß; ein Leben, in welchem z.B. die Passionen sich wie in einer langen filmischen *Zeitlupe* entfalteten; in welchem die Liebenden zu ihren Rendezvous kämen und nicht sich gegenseitig etwa sagten: »Entschuldige, dass ich mich so sehr verspätet habe und wir so wenig Zeit übrig haben, beeilen wir uns«[51] – sondern im Duett: »Wie schön, dass wir so lange auf uns haben warten lassen, wie schön, dass Zeit für alles übrig bleibt und alles langsam ausgeführt werden kann«.[52] Wie schade, dass trotz alledem und bei der Verbreitung der wissenschaftli-

51 Vgl. zum Wartenlassen als steigerndem Motiv zwischen den Geschlechtern den Aufsatz »Psychologie der Koketterie« (1909) von Georg Simmel, in: *Georg Simmel Gesamtausgabe* (GSG), hrsg. v. Otthein Ramstedt, Bd. 12: *Aufsätze und Abhandlungen 1909–1918*, Teilbd. 1, hrsg. v. Rüdiger Kramme u. Angela Rammstedt, Frankfurt am Main 2001, S. 37–54. Auf Spanisch zuerst unter dem Titel *Cultura femenina y filosofía de la coquetería,* Santiago de Chile 1935. Die technikphilosophische Bedeutung der Koketterie schildert Nicole C. Karafyllis: »(Ver)führt das Leben, kokettiert mit der Technik! Georg Simmel und die Koketterie als Lebensform in einer technisierten Welt«, in: *Das Leben führen? Lebensführung zwischen Technikphilosophie und Lebensphilosophie,* Berlin 2014, S. 79–102.

52 Weiterführend Andreas Kaminski: *Technik als Erwartung. Grundzüge einer allgemeinen Technikphilosophie,* Bielefeld 2010.

chen oder pseudowissenschaftlichen »Fiktion« unserer Tage, von höchster oder niedrigster literarischer Qualität, die philosophische Erzählung nicht eigens gepflegt wird, so wie im XVIII. Jahrhundert. [...]

»Das Leben ist eine Arbeit, die man nach vorne verrichtet«.[53] Die Zeit schreitet nach vorn und ihr Lauf ist unumkehrbar. Und es gibt durchaus Phänomene, die ihrem Wesen nach dringend sind, z.B. die Chirurgie, die Notfallmedizin, das Feuerlöschen, die Rettung von Schiffbrüchigen... Und ist es etwa nicht dringend, die Weltproduktion zu intensivieren, um der Weltknappheit, dem Elend in der Welt abzuhelfen?... Zweifellos. Aber trotzdem gibt es zweifelsfrei das Phänomen, die Phänomene der Verlangsamung, die nicht ausschließlich, nicht einmal im eigentlicheren Sinne die der Verspätung sind, sondern die spezifischen der Verlangsamung selbst, von dem langsamer Anfangen zu reden oder zu gehen bis zu dem »Schildkrötismus« [»*tortuguismo*«] von Angestellten und Arbeitern.[54] Es würde dann darum gehen, die Möglichkeiten der Verlangsamung innerhalb ihrer unüberschreitbaren Grenzen zu erkunden, auch wenn man nur die rein theoretische Absicht hätte, die geltenden Phänomene der Beschleunigung durch den Kontrast besser zu verstehen, ihre Möglichkeiten, vielleicht ihre ebenso unüberschreitbaren Grenzen und ihren Sinn.

Tatsache ist aber, dass der moderne Mensch mit oder ohne Notwendigkeit für die Beschleunigung entschieden hat, und es ist diese Tatsache – d.h. die radikale Tatsache der Qualität der Technisierung unseres Lebens – und ihre Konsequenzen, anders: es ist diese Technisierung selbst, in ihrer qualitativen Wesensart, in ihrer schon faktischen Wirklichkeit einerseits und in den sinnhaften oder vielleicht unsinnigen Möglichkeiten andererseits, worauf wir unsere Aufmerksamkeit richten sollten.

---

53 Im Original: »La vida es una faena que se hace hacia delante«. Dies ist ein Zitat des nahezu identischen Satzes von José Ortega y Gasset: »La vida es una actividad que se ejecuta hacia delante [...]«, in: *¿Qué es filosofía?* [1929], Lección X in fine, in: *Obras completas* VII, 4. Aufl., Madrid 1965, S. 420. Gaos hat den 1929 gehaltenen Vorlesungen von Ortega als Assistent beigewohnt und auch deren iberoamerikanische Fassung ediert (Buenos Aires 1958), vgl. José Lasaga Medina (Hg.): *José Gaos: Los pasos perdidos. Escritos sobre Ortega y Gasset*, Madrid 2013, S. 41, Fn. 61. Ferner taucht der Satz bei Ortega so auf: »Porque vivir es algo que se hace hacia delante [...]«, in: José Ortega y Gasset: *España invertebrada. Bosquejo de algunos pensamientos históricos*, Madrid 1921 (Neuausgabe 2006), S. 40.

54 Ab den 1950er Jahren war spezifisch in Lateinamerika der Ausdruck *tortuguismo* üblich zur Beschreibung einer Taktik der Arbeitsvermeidung durch Verlangsamung menschlicher Handlungen bezüglich der gewünschten Taktung durch die Maschine. Er wurde auch im Kampf der Gewerkschaften verwendet.

Das menschliche Leben hat gleichsam zwei Dimensionen: die eine, die vom menschlichen Wesen zu dem fortschreitet, was ein anderes, von ihm unabhängiges Wesen ergibt; die andere Dimension verläuft innerhalb des menschlichen Wesens selbst. Vielleicht sind sie das, was die Griechen jeweils unter *poiêsis* und *praxis* verstanden.[55] Jedenfalls sind sie das, was das Leben jeweils als Leben des *homo faber* und des *homo viator* ist, das Leben als Produktion und das Leben als Reise.

Der *homo faber* ist zum *homo oeconomicus* geworden, von daher die Beziehungen zwischen der physikalischen Technik und der ökonomischen Technik.[56] Beschleunigung der Produktion beruht auf Beschleunigung der Bewegung, die mittels eines Vehikels übertragen wird. Die im schon erwähnten, breiten Sinne verstandenen Vehikel haben also in der industriellen Produktion den wortwörtlich fundamentalen Ort, der in diesem Bereich des menschlichen Lebens demjenigen Ort entspricht, den die Vehikel in der Gesamtheit des menschlichen Lebens innehaben. Und das Leben als Produktion hat die Wende der gegenwärtigen Weltwirtschaft mit ihren Paradoxien, um nicht zu sagen: mit ihren Absurditäten, übernommen. Die schrankenlose Produktion als Leitprozess des ganzen ökonomischen Prozesses, anstatt des Konsums oder der Verteilung. Größtmögliche Diversifizierung der Produkte, Serien-, Massenproduktion. Produktion, die Konsumbedürfnisse schafft. Der wachsende, in der Vielfalt und im Umfang unbestimmte Überfluss wird in der Sättigung enden, im universellen Wohlstand. Aber unterdessen: die zugenommenen Ungleichheiten bei der Verteilung des nationalen Reichtums unter den Mitbürgern sowie bei der Aufteilung der Reichtümer des Globus zwischen den verschiedenen Ländern; unterdessen: die Lagerung der Produktionsüberschüsse eines Landes, um nicht andere zu schädigen, die das gleiche produzieren. Unterdessen: Vernichtung von Produkten, um deren Preis zu halten [...] Die Produktionswirtschaft – ist sie nicht dabei, ihren Sinn zu verlieren, wenn nicht sogar, die Wirtschaft überhaupt ihren Sinn verlieren zu lassen? [...]

Der Mensch ist ein zwischen Geburt und Tod wanderndes Seiendes, ja sogar seit einer viel früheren Vergangenheit als der Geburt der gegen-

55 Vgl. Aristoteles: *Nikomachische Ethik* VI (insb. 1140b). Die *praxis* hat einen inhärenten Zweck, wohingegen die *poiêsis* einen äußeren Zweck (ein Werk) verfolgt. So beschreibt Aristoteles zwei Seinsweisen von *techne*.

56 Vereint in der Problematik der sogenannten ›Sachzwänge‹, die auf Kriterien wie Effizienz und Rentabilität beruhen.

wärtigen Individuen und zu einer Zukunft hin wandernd, die nicht[57] nur historisch viel später als der Tod der gegenwärtigen Individuen sein wird; sondern es kann durchaus möglich sein, dass sie für jedes Individuum nach dessen Tod ins Unbestimmte verlängert wird. Der Mensch ist das, was er tut, und alles, was der Mensch macht,[58] alles, was er ist, hat den Charakter eines Prozesses, eines Vordringens. Alles spezialisierte, spezifizierte Menschliche ist Spezialisierung oder Spezifikation von etwas Menschlichem, das allgemeiner im doppelten Sinn des Begriffsumfangs und -inhalts ist.[59] Die Dichtung der professionellen Dichter, die Musik der professionellen Musiker, der Wahnsinn der Professionellen des Wahnsinns – wobei hervorgehoben werden muss, dass nicht die Psychiater gemeint sind, sondern die Irren einer Irrenanstalt –, das sind Spezifizierungen oder Spezialisierungen des Wenigen, was wir alle vom Dichter, Musiker und Irren haben. Analog dazu gibt es unaufhörlich Reisende seit uralten Zeiten und sogar – seit neueren Zeiten – die klassifizierende Zuspitzung des Reisenden im Touristen. Denn das menschliche Leben ist in seiner wesentlichen Verfassung dynamisch, es ist Reise, weil der *homo* ein *viator*[60] ist.

Nun aber wird das Wesen der Reise ihrerseits definiert durch das Ziel und die Route,[61] das Ziel oder den Weg. Wenn man so will, eigentlich durch

---

57 Sowohl der Textinhalt wie auch das im Text folgende ›sondern‹ (span. *sino*) zeigen eine vorherige Negation an, die im überlieferten Text nicht enthalten ist. Deswegen ist es notwendig, das ›nur‹ (span. *sólo*) mit einem ›nicht‹ (span. *no*) zu ergänzen.

58 Gaos verwendet sowohl für ›tun‹ als auch für ›machen‹ das Wort *hacer*. Deshalb ist die für die Technikphilosophie relevante Unterscheidung von *tun* und *machen* bzw. *doing* und *making* im spanischen Text nicht klar ersichtlich und wurde hier sinngemäß hinzugefügt.

59 Dahinter verbirgt sich ein Hinweis auf das Universalienproblem und seine Fassung bei Duns Scotus. Im Scotismus sind der individuelle Mensch und seine Artnatur (sein Menschsein bzw. seine Spezies) zwei formal verschiedene Gegenstände (*distinctio formalis*), die aber noch *vor* der Wahrnehmung und außerhalb der Seele in einer gemeinsamen *natura communis* vorliegen, d.h. auf der Ebene des realen Seins. Zwischen menschlichen Individuen gibt es demnach ein gemeinsames Band, das vor allen intellektuellen Operationen der Individuation wirkt.

60 *viator*: Reisender, von lat. *via* für Straße oder Weg. Zu Gaos' Zeit war das gleichnamige Buch des französischen Philosophen Gabriel Marcel populär: *Homo Viator: prolégomènes à une métaphysique de l'espérance*, Paris 1944; engl.: London 1951.

61 Es handelt sich um eine angedeutete Wortverwandtschaft im Französischen zwischen *Route* und *Routine*. Kultursoziologisch weiterführend Richard Sennett: *The Corrosion of Character. The Personal Consequences of Work in the New Capitalism*, New York1998. Sennett untersucht für die 1980er Jahre die Veränderungen der Arbeitsbedingungen durch Flexibilisierung, *re-engineering* und *de-layering*, die teilweise

Letzteres allein, wenn man zugibt, dass auch das Umherstreifen dem Sinn nach eigentlich Reisen ist, oder eine Verwandlung des Weges in ein sich kontinuierlich erneuerndes Ziel.

Aber hier steht unser Leben – in Fortbewegung und Schnelligkeit [*celeridad*], die ihrerseits in fortschreitender, beschleunigter Form zu ihrem Gipfel angetrieben werden. In den riesigen Städten bringen die Städter einen unverhältnismäßig großen Teil ihres Tages einfach mit dem Sich-Fortsetzen [*trasladarse*] von einem Ort zum anderen zu, z.B. von ihrem Wohn- zum Arbeitsort.[62] »Unverhältnismäßig« im Sinne der Ökonomie der Arbeit, die sich gut veranschaulichen lässt an dem Fall eines Professors, der gezwungen ist, mit dem Autobus eine Stunde hin und eine Stunde zurückzufahren, um eine Stunde Unterricht zu erteilen. Die steigende »Leichtigkeit der Kommunikationen«, wie man mit Stolz sagt – der inner- wie der zwischenstädtischen, der nationalen wie der internationalen – vervielfältigt auch in zunehmender Form die Zahl der Menschen, die sich so schnell wie möglich von einem Ort zum anderen begeben, um an diesem so kurz wie möglich zu verbleiben, oder um sich sofort so schnell wie möglich zu einem anderen zu begeben, um auch an diesem so kurz wie möglich zu verbleiben – und so weiter. Heutzutage wird man in den gleichen Zeiteinheiten viel mehr Sachen erledigen können als früher, aber auch viel weniger lange dauernde Sachen – und demnach viel weniger tiefe Sachen. Denn innerhalb der wesentlichen zeitlichen Modi des Menschlichen ist die Vertiefung, die Tiefe, eine Funktion der Länge, des Verzugs, der Säumigkeit: In einem Augenblick kann sich eine Gefühlsregung verdichten, aber eine Passion *passt* nicht *hinein*, die Jahre braucht, um ihren Umfang zu entfalten, indem sie sich mit dem Umfang des ganzen Lebens wechselseitig durchdringt.

Stellen wir uns aber den Marsch unseres beschleunigten Lebens bis zu seinem Gipfel vor, nachdem es dort angekommen ist. Wie sähe ein solches Bild unseres Lebens aus? Ein Wesen, das sich in entmenschlichter Weise mit wilden Händen[63] am Lenkrad festhielte, mit entarteten Füßen

---

bereits im Tavistock-Ansatz vom ›soziotechnischen System‹ in den 1950er Jahren erforscht wurden und damit zur Entstehungszeit von Gaos' Text. Vgl. Nicole C. Karafyllis: »Soziotechnisches System«, in: Kevin Liggieri und Oliver Müller (Hg.): *Mensch-Maschine-Interaktion. Handbuch zu Geschichte – Kultur – Ethik*, Heidelberg 2019, S. 300–303.

62 Vgl. diesen Gedanken ausgearbeitet im Text »Zeitkritik«, s. schließende Anmerkung.

63 Gleichsam mit ›Klauen‹ – ein Wort, das Gaos allerdings nicht verwendet und bei ›Händen‹ bleibt, um den Menschen nicht auf den Tierkörper zu reduzieren. Mutmaßlich hatte Gaos hier das Totenkopfäffchen Gordo im Sinn, das am 13. Dezember

an irgendwelchen Pedalen festklebte, in einem Vehikel, welches sich um die Erde drehte, oder durch interplanetarische Räume führe, ohne jedes Ziel, und mit einer solchen Geschwindigkeit, dass für den »Lenker«[64] kein Weg mehr existierte: wie ein Mond, sogar wie ein verrückter Mond [*luna loca*], oder wie ein Lunatiker[65] im wortwörtlichen Sinne. In dem Punkt, wo Ziele und Wege durch die schwindelerregende Bewegung [*traslado*] von einem Ort zum anderen und durch die von der Wahrnehmung der Fahrstrecke unabhängige Fortbewegung [*traslación*] aufgehoben würden,[66] hätte das menschliche Leben seinen Sinn verloren und der »Mensch« hätte unmissverständlicherweise aufgehört, ein solcher zu sein. [...]

[Z]uletzt möchte der Verfasser dieses Aufsatzes noch eine Warnung aussprechen. Dieser Aufsatz, so könnte man schließen, ist Ausdruck der romantischen, reaktionären Haltung eines *laudator temporis acti*[67] und verdammenden Richters der gegenwärtigen und zukünftigen Zeit. Da nun der Fortschritt der Geschichte in der wachsenden Beschleunigung des menschlichen Lebens bestanden hat – reicht es dann nicht aus, in der Geschichte zur Vergangenheit zurückzukehren, um zu verlangsamten, verlangsamenden menschlichen Leben(sformen) zurückzukehren? Aber dies wäre ein voreiliger Schluss. Denn der Verfasser dieses Aufsatzes hat ebenso geschrieben: »Jeder Vorschlag eines Rückwärtsgangs[68] in der Geschichte bezichtigt den Vorwärtsgang der Geschichte des Unsinns. Dessen ungeachtet: Welche Garantie für den Sinn des Rückwärtsgangs kann der Vorschlagende übernehmen, wenn er doch schon vorne im Zeitlauf geht?«[69] Es

---

1958 im neuen Mercury-Programm, vorbereitend zum Apollo-Programm der USA, in einer Raumkapsel mit Trägerrakete in die Schwerelosigkeit geschossen wurde und dort überlebte. Es starb aufgrund eines Defekts in der Fallschirmautomatik. Ziel des Programms war die bemannte Raumfahrt im Erdorbit.

64 Gaos spielt hier auf den Steuermann an, dessen griechischem Wortursprung sich ›Kybernetik‹ verdankt (vgl. auch seinen eingangs erwähnten Kybernetik-Text, in der technikphilosophischen Neuedition von Gaos 2022, S. 169–208).

65 Ein Mondsüchtiger, der beim Schlafwandeln seinen Weg nicht kennt.

66 Direkt anschlussfähig Konrad Paul Liessmann: »Auf Rädern: Notizen zu einer Phänomenologie des Fahrens«, in: *Deutsche Zeitschrift für Philosophie* 72, Nr. 1, 2024, S. 1–12. https://doi.org/10.1515/dzph-2024-0001.

67 Lat. für ›Lobredner der vergangenen Zeit‹. Gaos geht präventiv gegen das mögliche Urteil des Lesers über ihn an, dass er auf nostalgische Weise rückwärtsgewandt sei.

68 ›Rückwärtsgang‹ hat auch im Spanischen die Doppelbedeutung ›Getriebegang eines Fahrzeugs‹ und ›menschliches Rückwärtsgehen‹.

69 Selbstzitat eines Aphorismus aus der Aphorismensammlung von José Gaos: *Diez por ciento*, México 1957, zit. nach »Boletín Editorial«, in: *El Colegio de México. Homenaje a José Gaos*, Nr. 79, Mai–Juni 1999, S. 14.

verhält sich einfach so mit der *Zeitkritik*,[70] wie die Deutschen sagen, dass sie eine komplizierte Sache ist.

Übersetzung: Ubaldo Pérez-Paoli, Nicole C. Karafyllis und María Antonia González Valerio

70 Siehe zum Hinweis auf die Problematik von Zeitkritik den gleichnamigen Text »Crítica del Tiempo« (1959), in: *José Gaos*: *Filosofía de la técnica*, hrsg. v. María Antonia González Valerio u. Nicole C. Karafyllis, Ciudad de México 2022, S. 129–168.

María Antonia González Valerio

Reflections on the 'Wirkungsgeschichte' of José Gaos' Philosophy of Technique

No one in Mexico has developed a philosophy of technique quite like that of José Gaos. Over the course of the thirty years he spent in Mexico City, this topic became the locus of his reflections. Gaos set out to ponder the problem of technique in the early 1940s when the terror of World War II loomed large. Then, amidst the arms race and the race to reach the Moon, amidst the unbridled ardour of mass media and the dizzying changes to urban life, Gaos, who had been living in Mexico since 1938 in exile from the Spanish Civil War, strove to address the phenomena of technique and technocracy in his university lectures.

While Gaos' Spain – to which he was philosophically affiliated as part of the Madrid school and where he studied under Manuel García Morente, Xavier Zubiri, and José Ortega y Gasset – lagged wearily under Franco's dictatorship, the Mexico of this expatriate[1] felt lively and fast-paced, spurred on by the eager desire for industrialization and progress; machines sprung up all around, and the city expanded by wielding the promise of a better living to the detriment of a countryside that was beginning to be forsaken. The Mexico City that Gaos lived in was marked by transformation, the notion of progress, and a modernizing zeal.

Gaos' theses on technique and technocracy are framed within his project of philosophical anthropology and phenomenology, which he developed throughout most of his intellectual life and which compelled him to embark upon his reflections from the starting point of the everyday occurrence of artifacts, noting the way these affect human existence. His first and foremost question was not about the artifact's mode of being, but about the mode of being of human life amidst the technical, and he often used his personal experience as the point of departure for reflection.

1 José Gaos became a Mexican citizen in 1941. Gaos coined the term *transterrado* for himself – something akin to *trans-patriated* or *trans-landed* – to define his situation in Mexico as an exile.

But what became of Gaos' lectures on technique? Why were there no other questions concerning technique posed by those compelled by his last remarks, which pertained to this contemporary world that is bereft of an idea of the world?[2] Save for a few articles,[3] there was practically, until recently, no published work on Gaos as a philosopher of technique.[4]

What has been written about most is Gaos' relationship to the Hiperión group and the philosophy of Mexicanness in the thirties and forties. The Hiperión group (1947–1953) was mainly made up of Gaos' students and was devoted to the study of Mexicanness in historical, social, and philosophical terms. Owing to several different circumstances, such as a post-revolutionary nationalism encouraged by the government, the group enjoyed a lot of notoriety and publicity in its six years of activity. Its program can be summarized as follows: to discover Mexicanness and its ontological structure, to produce an authentic philosophy of Mexicanness, and to think and transform Mexican historical reality.[5]

The *Hyperiones* were too close to politics for Gaos' liking. In fact, three of its members, Leopoldo Zea, Jorge Portilla, and Emilio Uranga, were affiliated to the ruling Institutional Revolutionary Party (PRI). Since the late fifties, the latter devoted himself to attacking the university's left wing through newspaper columns and went on to work as an advisor to the PRI administrations led by Luis Echeverría and José López Portillo.

Nevertheless, Zea, who was Gaos' best and greatest disciple by his own account,[6] founded the Centro de Estudios sobre el Mexicano y sus Prob-

2 Gaos' questions regarding technique come up explicitly in the last lectures he gave, published posthumously as *Historia de nuestra idea del mundo* (*History of our Idea of the World*). These last reflections on technique, cybernetics, and artifacts are embedded in a broad and lengthy compendium in which Gaos gives an account of the moments in and through which the modern and contemporary idea of the world, *imago mundi* or *Weltanschauung*, is constructed.

3 Antolín Sánchez Cuervo, "José Gaos y la crítica de la técnica," in S. Sevilla and M. E. Vázquez, eds., *Filosofía y vida. Debate sobre José Gaos*, Madrid: Biblioteca Nueva 2013, pp. 201–218; Abraham O. Valencia, "Sobre la técnica. Reflexiones filosóficas de José Gaos para el IPN," *Innovación Educativa* 15 (2015), pp. 73–96.

4 González Valerio and Karafyllis edited the book on Gaos' philosophy of technique, in part because a bibliography and comprehensive study on the subject were absent. See M. A. González Valerio and N. Karafyllis, eds., *José Gaos. Filosofía de la técnica.* Mexico: Herder 2022.

5 See Ana Santos, *Los hijos de los dioses. El Grupo filosófico Hiperión y la filosofía de lo mexicano*, Mexico: Bonilla Artigas 2015.

6 "Which of us two is to blame for the fact that you are the greatest success of my life as a teacher? Since every vocation and profession must be justified through its works,

lemas (Center for the Study of the Mexican and his Problems) within the Faculty of Philosophy and Literature in 1952, which would become the current Colegio de Estudios Latinoamericanos (School of Latin American Studies). The philosophy of Mexicanness would eventually be discredited by many of its supporters and some outsiders, but not without reaching its glowing summit in Octavio Paz's *El laberinto de la soledad* (*The Labyrinth of Solitude*).

The rise and fall of the Hiperión group can be recounted as follows:

> Hiperión's philosophy of Mexicanness was one of the most original reflections of twentieth-century Ibero-American thought. Seen from a cultural perspective, the philosophy of Mexicanness is, perhaps, the highest expression of the idea of complete Mexicanity answering to an equally complex reality: a country half rural and half urban, where ancestral beliefs and customs coexisted with a process of growth and modernisation.[7]

Among the philosophers that Gaos taught were Ricardo Guerra, Alejandro Rossi, Emilio Uranga, Luis Villoro, and Leopoldo Zea.[8] The latter two were some of the first to write theses on Mexican matters, one on indigenism and the other on positivism. What I wish to point out with regard to Gaos' inquiry on technique is that none of them followed this path. The history of the reception of Gaosian thought has been unfair towards his contributions to philosophy in Mexico and the impetus he imbued it with.[9]

---

if you did not exist, I would have to invent you"; José Gaos, *Confesiones profesionales*, Mexico: Universidad Nacional Autónoma de México 2002, p. 85.

7 Guillermo Hurtado, "Prólogo. La filosofía de lo mexicano de Emilio Uranga," in Emilio Uranga, ed., *Análisis del ser del mexicano*, Mexico: Bonilla Artigas 2013, pp. 1–26, here p. 12.

8 Gaos' critique of the philosophy of the Hyperiones can be found in his 1952 *En torno a la filosofía mexicana* (*Regarding Mexican Philosophy*), where he, for instance, points out the contradiction inherent to Uranga's analysis: attempting to study the particular, i.e., the Mexican, by means of the general, i.e., ontology. Nevertheless, Gaos saw in Uranga "the greatest *possibility* that Mexico has of attaining possession of a great philosopher". See letter to Alfonso Reyes, dated November 28, 1952, in Aurelia Valero, *José Gaos en México. Una biografía intelectual, 1938–1969*, Mexico: El Colegio de México 2015, p. 388, emphasis in original.

9 It's important to highlight that Gaos significantly propelled the study of intellectual history, emphasizing the crucial nature of researching one's own tradition. His disciple, Carmen Rovira, carried forth Gaos' momentum. She embraced and sustained this drive, establishing the Permanent Seminar of Mexican Philosophy. Over time, this seminar has been devoted to the revival and thoughtful examination of Mexican philosophical ideas, concurrently fostering the training of numerous researchers. The

After the Hiperión years, Gaos once again met with some pupils from that period in the Seminar of Modern Philosophy of 1958, where he summoned them to discuss his thesis on the philosophical vocation. The encounter mostly amounted to disagreements between the professor and his disciples, who relentlessly criticized and established an irrevocable distance from him.[10]

Above all, the pupils rejected the notion that philosophy for Gaos was a professional confession, an idea he insisted upon right until some of his very last courses, such as his 1960 lectures --later published as *De la filosofía* (*On Philosophy*) – which Rossi, Villoro, and Uranga attended, only to hear Gaos stating he could not hold his own course as valid neither for them nor for anyone else, thus committing "philosophical hara-kiri in front of his pupils".[11]

Out of the many generations of philosophers and historians he formed during the more than thirty years of his teaching career in Mexico, no one followed in his footsteps by conducting historiography and analysis of technocracy.

No real historiographical work was embarked upon until the 1950s. One of Gaos' students, Elías Trabulse, devoted himself to the historiography of science and technique in Mexico, although Gaos, in fact, encouraged him to study Carlos de Sigüenza y Góngora's scientific and poetic texts. Trabulse refers to this in "La justa de los cometas. Don Carlos de Sigüenza y Góngora y la astronomía de su siglo, 1645–1700" (The Jousting of the Comets. Don Carlos de Sigüenza y Góngora and the Astronomy of his Century, 1645–1700), a text that earned him admission to the Mexican Academy of Language in 2001.

Trabulse is a historian of science and technique in a very different sense than the endeavor launched in *Historia de nuestra idea del mundo* (*History of our Idea of the World*). His work aims to chart original scientific and technological developments in Mexico from pre-Hispanic times up until the twentieth century.

Seminar and Rovira received little recognition within the Mexican philosophy community for many years. It was only late in her life that she finally received the acknowledgement and awards she deserved.

10 The texts from this seminar have been recovered and edited by Aurelia Valero Pie, *Filosofía y vocación. Seminario de filosofía moderna de José Gaos*, Mexico: Fondo de Cultura Económica, 2012.

11 Guillermo Hurtado, "Epílogo," in *Filosofía y vocación*, p. 128.

Also noteworthy is the case of philosopher, historian, and engineer Elí de Gortari, who was a student of Gaos, albeit a very critical one who started a rebellion against what he considered the tyranny of his professor in 1940. He was also an important Marxist who taught another Spanish Republican exile, Adolfo Sánchez Vázquez. Although de Gortari is best known as an analytical philosopher, he was also a historian of science and technology. In 1960 he published a brief history of technology tracking the notion of energy: nuclear, animal, human, and so on. For de Gortari, machines are substitutes for human hands. He wrote an elegy to progress and socialism, arguing that nuclear energy would lead society towards socialism and equality. Was Gaos acquainted with the ideas of Elí de Gortari? It is difficult to say, but it should be noted that the text I am referring to was published in *Cuadernos americanos* (*American Notebooks*) in an issue that also featured a text written by Gaos.[12]

Who actually *does* inherit Gaos' convictions regarding acceleration and technology is his daughter Ángeles Gaos, who writes in a letter addressed to him: "The world has changed rapidly; today we are all in a hurry, without really knowing why, or what we will achieve. Science and technologies surpass us; it is hard to keep up with them, to assimilate them; nonetheless, we should strive to overcome this so that we can balance our future".[13]

In fact, it was not until very recently that interest in Gaos' work has been sparked once more, one generation later. Analyses of his philosophy, reprints, biographies, and other studies are now being published on both sides of the Atlantic. But none comes from his disciples, who did not follow the path paved by the *transterrado*. Of the articles written about him by his pupils after his passing, not one mentions technique or cybernetics, even though these were the subjects with which he closed the last course he ever taught – on the history of our contemporary idea of the world – and which, moreover, engaged his thoughts until the end of his days.[14]

---

12 See Elí de Gortari, "La era de la energía nuclear," *Cuadernos americanos* 112 (1960), p. 134–151.

13 Ángeles Gaos, "Una tarde con mi padre", in José Gaos, *Materiales para una autobiografía filosófica*, ed. A. Castañón, Mexico: Bonilla Artigas 2015, p. 417.

14 In 1969, the journal *Cuadernos americanos* devoted issue 5 to Gaos, featuring texts by Emilio Uranga, Fernando Salmerón and Ramón Xirau, among others. It is available online: http://www.cialc.unam.mx/ca/CuadernosAmericanos.1969.5/CuadernosAmericanos.1969.5.pdf (accessed June 16, 2023).
In 1970, the journal *Revista de la Universidad de México* devoted issue 9 to Gaos, featuring texts by Leopoldo Zea, Luis Villoro, Alejandro Rossi and Andrés Lira,

Nevertheless, two of his Spanish contemporaries in exile did reflect on technique: Juan David García Bacca and Eduardo Nicol, both from the Barcelona school. There are multiple references to the former, who developed much of his philosophy in Venezuela, in Gaos' work, and his last notebook includes some thoughts on the book *Elogio de la técnica* (*In Praise of Technique*), published in 1968. On the latter, who lived in Mexico from 1939 until his death in 1990, there is no mention in Gaos' work, although by 1965, Nicol had already published *Los principios de la ciencia* (*The Principles of Science*), where he offered a critique of technological reason.

Gaos' and Nicol's reflections on technique converge in one regard: both see it as a major symptom of our time deserving philosophical attention not because of what technique yields materially, but because of the vision of the world it harbours. While in Gaos' thought, these reflections are to be found within his anthropology, in Nicol's case, they are also embedded in his general metaphysical project.[15] For Nicol, what is at stake is nothing less than philosophy itself, since the technological world is ruled by what he calls *force majeure reason* (*razón de fuerza mayor*): a pragmatic, utilitarian reason that threatens to destroy the ethos of human beings, who, instead of thinking disinterestedly, now adhere to the parameters of utility. Life is becoming technified and hollow:

> The breath-taking development of technique throughout the twentieth century is the main phenomenon in the expansion of this new pragmatic rationality, which does not entail the triumph of scientific reason but rather its decline, insofar as it ushers in the loss of the human capacity to *account for* the world [*dar razón* del mundo]; that is, of theoretical thought and self-consciousness [...]. The new reason is destined to attain mastery over the entity, rather than the self-mastery of the subject.[16]

---

among others. It is also available online: https://www.revistadelauniversidad.mx/releases/2a29c809-75d2-422a-8f5d-b71d19746b01/9 (accessed June 16, 2023).
In 1970, the journal *Diánoia* devoted issue 16 to Gaos, featuring texts by Vera Yamuni and Bernabé Navarro, among others. Also available online: http://dianoia.filosoficas.unam.mx/index.php/dianoia/issue/view/69 (accessed June 16, 2023).

15 See Jorge Linares, "Eduardo Nicol: el advenimiento de la razón de fuerza mayor," in *Ética y mundo tecnológico*, Mexico: UNAM-Fondo de Cultura Económica 2008, pp. 237–292.

16 Jorge Linares, "Eduardo Nicol," pp. 251–252.

Technique has become something that standardizes life, binds it, that bestows things with an instrumental character, and although it is through technique that we subsist and humanize the world, its accelerated growth and its power to occupy every nook and cranny have increasingly turned it into an end in itself, thereby replacing the idea of man, that is to say, his project. For Nicol, ends cannot be supplied by technique but only by the idea of man: "We cannot anticipate whether human decisions will succeed in restoring technique to the place in existence it has held since its historical beginning, which is as an auxiliary; in this case, as an auxiliary for redemptive decisions. What can be assured is that this is the last remaining human possibility."[17]

For Ortega y Gasset, "man without technique – that is, without reaction upon his medium – is not a man"[18]:

> Technique is not, then, something merely instrumental, something peripheral to the human condition, something that is deployed or not deployed according to circumstances and ends. On the contrary, it is our milieu, the very place superimposed on nature, in which human beings live and pursue their well-being; it is, in short, a substantial part of their surrounding world and, therefore, of the very basis of their vital circumstance. The place in which human beings dwell, the place in which they truly feel comfortable, is not nature but a world largely arranged by that thick and broad superimposed layer which they have laboriously crafted for themselves with their technique and which Ortega refers to as "supernature" [*sobrenaturaleza*].[19]

Ortega, Gaos, and Nicol all agree that technique is part of the human condition, something without which we would not be, and they give *homo faber* an ontological distinction it did not have and could not have had in philosophical anthropologies prior to the nineteenth century.[20] All three also share a way of thinking about the technical in which circumstances are

---

17 Eduardo Nicol, *El porvenir de la filosofía*, p. 171, quoted by Jorge Linares: "Eduardo Nicol," p. 291.

18 José Ortega y Gasset, *Meditación de la técnica. Ensimismamiento y alteración*, Madrid: Biblioteca Nueva 2015, p. 68, English translation by Helene Weyl, "Man the Technician," in *Towards a Philosophy of History*, New York: Norton 1941, p. 96.

19 Antonio Diéguez and Javier Zamora, "Ortega, filósofo de la técnica," in José Ortega y Gasset, *Meditación de la técnica*, pp. 24–25.

20 See N. Karafyllis' commentary on the concept of *homo faber* **"Über die Technik (Sobre la técnica) José Gaos" in this volume,** p. 155, as well as footnotes 30 and 31.

crucial, as is the historicity of both technique and philosophy. A similar critical, dystopian air runs through their writings, for in the technical mastery of human life, in its rationalizing technification, they all sense the danger of dehumanization, which must be resisted. Philosophy is thus a counter to technological and instrumental reason. Philosophy cannot be technical because, at odds with utility and vehicular acceleration, it is dallying and disinterested.

These reflections contrast with the praise García Bacca delivers from the standpoint of the philosophy of science and philosophical anthropology, where he regards technique as the creative and therefore humanizing action that constructs the human world by transforming the natural. But his thoughts on technique are enveloped by his ideas concerning transfinitude and transubstantiation geared towards overcoming the limit of death through the technical production of another body:

> Is man's life inferior in quality to his own technique, to a common radio or a hackneyed telephone, such that these can convert electromagnetic waves and currents into sound, and yet life is not capable of fashioning another kind of body for itself, an undulatory body, mysteriously making use of the same chemical elements that it has at its disposal in its everyday life? Is the mental life wiser and more powerful than the sensitive life, such that the former can change bodies into instruments that transform the invisible and undulatory into sound and back again, while the sensitive life, with its force and profound penetration into the chemical, is not able to craft something like an ethereal body for itself? And will not this electromagnetic and undulatory endeavour, this crafting of its own radio device, be the main endeavour of our embodied life? God knows, and it will not be long for us all to find out.[21]

Situated somewhere between chemistry, quantum physics, and technique, García Bacca's philosophy seeks to transcend the limit of death. Consequently, he developed a theory of the immortality of the human soul, which could be attained through technical means. His main thesis in *Elogio de la técnica* (*In Praise of Technique*) is that social man, rather than individual man, will have to transubstantiate the natural world into an artificial one to make it in his own image, thereby transubstantiating himself in the process. Thus, by becoming the creator both of his own world and himself,

---

21 Juan David García Bacca, *Introducción literaria a la filosofía,* Barcelona: Anthropos 2003, pp. 12–13.

he will conquer death, a victory which will be rendered factually possible at some point through the progress of science and technique.[22]

García Bacca's approach to technique interpreted along the lines of transubstantiation has found little resonance, and only a few studies are devoted to its analysis. Gaos jotted down some remarks in his notebook about *Elogio de la técnica* (*In Praise of Technique*), mostly addressing García Bacca's proposal of technical education for all, which Gaos regarded with misgivings since he was not keen on propagating a technical mastery over the world, nor did he share the Garcíabaquist confidence in humanization through technique.

He does, however, agree with the reflections concerning the immortality of the soul and the existence of God, which would occupy his thoughts at length during his final years. Gaos himself felt distant from the spirit of the age pervaded by satisfaction with the technological race:

> This was, for him, a world of technocratic economism, as he conceptualised it, technically and scientifically mastered and economically and socially exploited by the international capitalists who dominated technique, science and the world economy. It was an uninterested, dissatisfying world, and he found no meaning in "the religious and metaphysical beyond" that had been the object of his vocation, profession and work, especially towards the end of his life.[23]

The question of technique in the work of José Gaos is a diagnosis of his historical and philosophical times. In the mid-twentieth century, while bearing witness to the great transformations that would mark the following decades and surviving the atrocities of the wars, the challenge Gaos faced by inhabiting the techno-scientific world was twofold. Firstly, he had to ponder it in accordance with its epistemic and ontological circumstances, that is, to circumscribe it to the history of thought and science, to analyze it from the point of view of evolutionism and mechanism as well as subjectivism and existentialism. For Gaos, the techno-scientific world takes place not in the hyper-production of gadgets that increasingly pervade Western urban daily life, but rather in an idea of the world, a worldview marked by the quest for dominance and by instrumentality, by the relinquishment

22 See Carlos Beorlegui, "Transfinitud e inmortalidad en J. D. García Bacca," *Revista de Hispanismo Filosófico* 7 (2000), p. 1–19.

23 Vera Yamuni, *José Gaos. El hombre y su pensamiento*, Mexico: Universidad Nacional Autónoma de México 1980, p. 130.

of human existential projects, of a deeply pondered life. Technocracy leads us to forget that we are a project, a journey and that life is an endeavour carried out onwards, as Ortega used to say.

The second challenge was to consider technique from within Mexico City, confronting its spatiotemporal conditions, from commutes on public transportation to the specificities of a university professor's workday. Gaos' challenge was interrogating technique not because he chose to be an active participant in it, but because he found himself irrevocably embroiled in technique – through his body, his home, his job, and his daily life – and dared to ask the questions that would accompany him for decades from that very point of departure: What is the technical? What is human life amidst the technical?

When considering the legacy of Gaos' philosophy of technique, it's important also to factor in another significant aspect: his perspective on phenomenology. This is because his questioning of technique was intricately linked to his exploration of phenomenology. By diagnosing the historical and philosophical context of his era, he mirrored the approach of Ortega's philosophy. Ortega's main objective labelled the "theme of our time," aimed to shift from pure reason to vital reason. This shift was intertwined with his criticism of transcendental phenomenology, which he believed led to a solipsistic existence detached from the world, following a Cartesian framework.

Contrary to solipsism, Ortega sought a historicized world of lived experience. Gaos aligned with and extended this interpretation of phenomenology. He criticized idealism, solipsism, and Cartesian thought in Husserl's philosophy. He advocated for a more concrete and vital philosophy, one that delved into analyzing tangible objects and circumstances. In a way, Gaos' perspective on the philosophy of technique evolved from his critique of Husserlian transcendental phenomenology.

While Ortega emphasized vital reason as the theme of their era, Gaos shifted the focus to what he regarded as the actual theme: the dehumanizing impact introduced by mechanization and capitalism.[24] This aspiration to examine things within their historical and contextual framework led him to engage with technical artifacts.

Gaos' philosophy of technique and its connection to phenomenology are intricate matters. In 1945 he published *Dos exclusivas del hombre. La*

24 José Gaos, *Del hombre*, Mexico: Fondo de Cultura Económica /UNAM 1970, p. 495.

mano y el tiempo, in which he traced the origin of technique to human anthropology, specifically to the hand. In this work, Gaos conducted a phenomenological analysis of the hand, demonstrating that it produces artifacts, fosters technique, and engages in activities like play and caressing.[25]

Gaos constructed a historical perspective on technique through a phenomenological lens,[26] asserting that humans express themselves through both functional and beautiful artifacts. He perceived artifacts as expressions, detached from the subject and endowed with their own significance.

Amidst artefacts' vast array of purposes, Gaos highlighted a common objective underlying all artifactual production: an economic principle that seeks efficiency, progressing from minimal effort to maximum effectiveness. Artifacts, in his view, assist our corporeal activities and are intertwined with spirituality, as the body itself is a conduit to spirituality. The fundamental interaction between artifacts and bodily movement was a key focus for Gaos, leading him to emphasize their role as vehicles.[27]

This phenomenological exploration of artifacts contrasts with Gaos' complex relationship with Husserl's transcendental phenomenology, which he both adopted and critiqued. Gaos' connection to phenomenology traces back to his studies under Zubiri[28] in Madrid, culminating in his doctoral thesis on Husserl's critique of psychologism in 1928. Although Gaos acknowledged the significance of Husserlian phenomenology, he later expressed a sense of confinement during his decade-long engagement with it.[29]

Gaos' most notable contribution to Spanish-speaking phenomenology emerged through his role as a translator.[30] He translated Husserl's *Logische Untersuchungen* alongside Manuel García Morente, published in *Revista*

25 Gaos' chapter on the phenomenology of caress, titled "The Caress", has been translated into English and included in *The New Yearbook for Phenomenology and Phenomenological Philosophy,* Vol. XX (Special Issue: Phenomenology in the Hispanic World), London: Routledge 2022, pp. 148–158.

26 See Gaos, *Del hombre*, pp. 485–495.

27 See Gaos, *Del hombre*, p. 490. N. Karafyllis has explained the important concept of the vehicle in Gaos' work, "**Über die Technik (Sobre la técnica) José Gaos" in this volume,** p. 149.

28 Zubiri published a monograph on Husserl very early in 1923: *Ensayo de una teoría fenomenológica del juicio* (Essay on a phenomenological theory of judgment). Ortega publishes for the first time on phenomenology in 1913: "Sobre el concepto de sensación" (On the concept of sensation).

29 See Gaos, *Confesiones profesionales.*

30 It should be noted that the phenomenological school never gained dominance in Spain or Latin America. During the 1960s, the dominant schools were logical posi-

de Occidente in 1929. Gaos began translating *Cartesianische Meditationen*, a text Husserl gave to Ortega in its original version in 1934. However, the translation was not published until 1942 in Mexico since part of the translation was lost in Madrid during the Spanish Civil War. In 1949 his translation of *Ideen zu einer reinen Phänomenologie und phänomenologischen Philosophie* was published in Mexico.

Gaos seems to adhere to Ortega's critique of Husserl, for whom phenomenology ends up being Cartesian and idealistic.[31] In Gaos' prologue to his translation of the *Cartesianische Meditationen*, we also see the critique of Husserlian phenomenology, which he considers philosophy of consciousness far removed from life (we must remember Ortega's vitalism, which Gaos follows here):

> [E]ven though Husserl expressly teaches that pure consciousness remains an empirical factum, or that transcendental phenomenology is an empirical or factual phenomenology, if pure consciousness is not eidetically reduced to its essence, does not the transcendental reduction, and it alone, brings with itself the eidetic one? Will not the pure consciousness, pure of all opposition and apperception of reality, be purely the essence of consciousness?, the pure phenomenon, the essence of the corresponding phenomenon? And conversely, when one thinks to have the essence of consciousness or of one of its phenomena, one would indeed have the pure consciousness or the pure phenomenon. The natural transition from any "idealism" to a transcendental idealism would consist in this identification of the purification of reality and the reduction to pure quintessences, grounded in the very nature of things. Such an identification could perhaps justify the ablation of "eidetic phenomenology" against Husserl, but it would certainly not justify it against philosophies that recognize the transcendental, the "radical reality", not in any con-

tivism and analytic philosophy, both developed by the disciples of Gaos. A significant history of Latin American phenomenology influenced by Husserl's philosophy can be found in Antonio Zirión Quijano: "Phenomenology in Latin America," in Burt C. Hopkins and John J. Drummond, eds., *The New Yearbook for Phenomenology and Phenomenological Philosophy*, London: Routledge 2022, pp. 39–54, and Rosemary R. P. Lerner, "Latin America," in Daniele de Santis, Burt Hopkins and Claudio Majolino, eds., *The Routledge Handbook of Phenomenology and Phenomenological Philosophy*, London: Routledge 2021, pp. 776–789.

31 Ortega's first critique can be found in "Prólogo para alemanes (Prologue for Germans)," which he wrote for the German version of his book, *The Theme of Our Time*, in 1934.

sciousness more or less general for abstract, since all mere consciousness is an abstraction of the concreteness of the life that sustains and surrounds it, but in this life.[32]

However, Gaos' interpretation of Husserl faced criticism for its perceived limitations. A lecture he delivered on the 'Lebenswelt' in 1963 elicited strong opposition from his disciple Luis Villoro,[33] who became a very relevant figure in Mexican philosophy, ultimately shifting from Gaos' legacy to defend analytic philosophy. It was later argued that Gaos' understanding of transcendental phenomenology was skewed and incapable of fostering an authentic phenomenological tradition among his students.[34]

In conclusion, the reception of Gaos' philosophy has been a complex and multifaceted journey, unfolding over various temporal phases. Undeniably, Gaos held a significant position in Mexican philosophy, his extensive and diverse body of work charting diverse trajectories. Interestingly, his foremost and most advanced disciples veered away from his trajectory, distancing themselves and subjecting him to rigorous criticism.

For a comprehensive evaluation of the influence of Gaos' philosophy of technique within Mexico and the Spanish-speaking world, one must

32 José Gaos, "Historia y significado," in Husserl, *Meditaciones cartesianas*, translated by José Gaos and Miguel García-Baró, Mexico: Fondo de Cultura Económica 1986, p. 28, quoted in Jesús M. Díaz Álvarez and Noé Expósito Ropero, "The Reception of Husserl's Phenomenology in Contemporary Spain: Incomplete Notes," in *The New Yearbook for Phenomenology and Phenomenological Philosophy*, London: Routledge 2022, pp. 17–39.
About this quote, Díaz and Expósito state that: "And just in this last consideration, of clear Orteguian resonance, one can guess that Gaos takes for granted his teacher's objection to Husserl, the one that sees phenomenology as Cartesianism, as idealism, as a philosophy of subjectivity that puts reflective consciousness before direct consciousness, before true life" (p. 24).

33 See Sergio Pérez-Gatica, "La recepción temprana del concepto 'mundo de la vida' en la filosofía de habla hispana. Valoración crítica de un episodio decisivo en la historia de la fenomenología entre Alemania, España y México," in Matei Chihaia et al., eds., *Caminos cruzados filosofía y literatura del exilio español en América Latina,* Madrid: Iberoamericana 2023, pp. 413–433, here p. 426.

34 Antonio Zirión, the current editor of Gaos' complete works, is a prominent scholar of Husserlian phenomenology. Zirión corrected and remade Gaos' translation of *Ideen.* He sometimes found an erroneous interpretation of phenomenology and phenomenological methodology. Zirión fosters an important project to translate Husserlian phenomenology, albeit he has not continued Gaos' philosophy of technique.
See Antonio Zirión, "Presentación," in E. Husserl, *Ideas relativas a una fenomenología pura y una filosofía fenomenológica. Libro primero: Introducción general a la fenomenología pura,* Mexico: Fondo de Cultura Económica/UNAM 2013, pp. 5–23.

consider a myriad of developmental factors. These include his historical analyses, reflections from the vantage point of Mexico City, the intricate interplay with transcendental phenomenology, the enduring legacy of Ortega's thought, his meticulous engagement with contemporary subjects such as Norbert Wiener's cybernetics,[35] and other pertinent dimensions.

A defining characteristic is Gaos' shift from a project rooted in subjectivist transcendental philosophy to one centered on the historical world and its contextual analysis. Within this eagerness to understand circumstances lies one of the principal thematic threads running through his entire philosophical body of work.

Understanding Gaos today requires a thorough analysis of his historical circumstances, the philosophical context in which he worked and thought, the schools of Mexican philosophy, and the relations with other philosophical schools in Latin America and Spain. It also requires judging the merits,

---

35 Norbert Wiener developed his concept of cybernetics in collaboration with the Mexican scientist Arturo Rosenblueth, working at the intersection of mathematics and physiology. Together, they co-authored several publications and worked both in the United States and in Mexico. Rosenblueth went on to play a prominent role in Mexico, contributing significantly to the National Institute of Cardiology and the Instituto Politécnico Nacional (IPN). Wiener frequently traveled to Mexico to collaborate with Rosenblueth, continuing their work until the 1960s, when Wiener wrote *God and Golem, Inc.* He was scheduled to teach a course on cybernetics and information theory in Mexico City in 1964 but passed away shortly beforehand. For more information, see Susana Quintanilla, "Arturo Rosenblueth y Norbert Wiener: dos científicos en la historiografía de la educación contemporánea," *Revista Mexicana de Investigación Educativa* 7 (2002), p. 303–329. Fernando Salmerón, a student of Gaos, analyzed the contributions of the scientific method championed by Rosenblueth in his lectures at the Colegio Nacional in the late 1950s and early 1960s, which were published posthumously. See Fernando Salmerón, "Nota sobre Arturo Rosenblueth," in *Revista Diálogos*, anthology, selected and annotated by José María Espinasa, Mexico: El Colegio de México 2008, pp. 289–295.
Gaos was reading Wiener at the time of his death, as his disciple Andrés Lira recounted during our August 3, 2017, interview at El Colegio de México. For Gaos, the critical task is to question cybernetics, the latest and most ambitious technological breakthrough: Where is it headed? What does it foresee? What is its ultimate goal? See "Tecnocracia y cibernética (Technocracy and cybernetics)," in M.A. González Valerio and N. Karafyllis, eds., *José Gaos. Filosofía de la técnica.*
Although Gaos remained deeply engaged with cybernetics until his death, he never mentioned Arturo Rosenblueth in his discussions.
The recent article by José Manuel Iglesias Granda and Antolín Sánchez Cuervo, "José Gaos, Eduardo Nicol, and the Criticism of Cybernetics in Mexico," *History of European Ideas* 50 (2023), pp. 466–484, interprets Gaos' engagement with cybernetics as a critique of technocracy.

scope, successes, and mistakes of his philosophy, and recognizing that his life was entirely and deeply devoted to thinking about the issues that continue to be those of our time.

Diskussion

Sven Thomas

Discourses on Discursive Machines

Review of Mark Coeckelbergh and David J. Gunkel, Communicative AI: *A Critical Introduction to Large Language Models,* Cambridge, Polity Press 2025, 140 pages.

Mark Coeckelbergh, Professor of Philosophy of Media and Technology at the University of Vienna, and David J. Gunkel, Professor in the Department of Communication at Northern Illinois University (USA), are two prominent voices in the philosophy of technology and AI ethics, known for their complementary approaches to the cultural and normative dimensions of emerging technologies. With their new book *Communicative AI: A Critical Introduction to Large Language Models*, Coeckelbergh and Gunkel present an insightful work dedicated to situating current discourse on the use of large language models (LLMs) such as ChatGPT, BERT, and the like within philosophical traditions of thought. The authors succeed in highlighting the philosophical challenges that these technologies pose for thought itself. After all, "For millennia, humans have defined themselves as the only beings who possess speech and language" (p. 1) LLMs now (seemingly) challenge this unique characteristic of humans.

However, the book is not only aimed at undergraduate students of philosophy, as advertised in the publisher's information text. Rather, it can and should be read as a call to an interested public – especially politicians – to join together to regulate these technologies and not leave their development solely to BigTech corporations.

Coeckelbergh and Gunkel devote themselves to this endeavor in seven thematically interlinked chapters, with the last three in particular clearly reflecting the authors' respective research interests. Two texts introduce the book: a (rather generic) foreword, which at the end reveals itself to be the product of ChatGPT – thus performatively demonstrating the capabilities and limitations of such technologies – and a detailed introduction outlining the philosophical, social, and political relevance of algorithmic text generation and the book's approach. The authors explicitly emphasize their focus on accessibility into the subject at hand and its political urgency: "This book is about machine-generated textual content and language use. It is designed to be an *accessible* and *expedient* introduction to LLMs and their social, political, and philosophical consequences." (p. 5, emphasis added)

The first two chapters can be read as a presentation of the current status quo of the technological, legal, and social conditions surrounding these technologies. In "LLM 101," the authors explain how LLMs work technically in an easily understandable manner, drawing on the common explanatory approach of statistical calculation, which determines the most probable next word based on large amounts of data. This provides a comprehensible overview of how these machines function, which already begins to deconstruct heightened expectations and fears regarding these "intelligent" technologies.

Building on this presentation, Coeckelbergh and Gunkel turn their attention in the next chapter to the associated "Ethical, Legal, and Societal Challenges". In a collage-like format, they present key challenges for existing social and legal conditions: from hallucinations and their impact on political discourse to copyright issues in the context of training data and intellectual property. Here, the authors highlight the issue of widespread misinformation generated by AI, since it poses a severe "problem for democracy, which needs citizens to be well informed and to make decisions that are based on accurate information" (p. 29)

Chapters Three and Four address topics that have received particular attention in academic philosophy in recent years. In "Intelligence, Consciousness and the Problem of Other Minds", the authors discuss the debate surrounding the attribution of consciousness and intelligence to LLMs. Using the technical functioning of these language machines explained above, they show how such attributions reach their limits. The authors thus pursue a further deconstruction of the LLM hype. Their starting point is the Turing test,[1] which has shaped AI research since its inception: Alan Turing argued in 1950 that we should attribute intelligence to a machine if, in interaction with it, we can no longer tell whether we are dealing with a human being or a machine. This focus on the convincing of the user – Coeckelbergh and Gunkel compare this deception with the "illusion-making" of these „technologies as stage-magic" (p. 53) – and simulation has long determined the direction of research and continues to do so today. At the same time,

1 Alan Turing, "Computing Machinery and Intelligence," in B. J. Copeland, ed., *The Essential Turing*. Oxford: Oxford University Press, pp. 433–464.

our understanding of "intelligence" has always evolved in response to the technologies that have been developed. Following Claude Shannon's argument,[2] Coeckelbergh and Gunkel write that a technical solution to intellectual challenges, like computing or chess-playing, "will force us either to admit the possibility of mechanized thinking or to further restrict our concept of 'thinking'. Test after test, we have opted for the latter" (p. 48). For the authors, therefore, the question of the intelligence of machines is not decisive: "What matters is *how* language comes to be used and what it means" (p. 47, emphasis in original).

Therefore, the fourth chapter is devoted to questions surrounding "Language, Meaning, and Communication." Here, the authors outline (analytical) philosophical arguments that fundamentally deny ascribing meaning to machine outputs and point out their limitations. Instead, they argue that meaning always arises performatively in "social rituals" (p. 69) – that is, in concrete human-machine interaction, shaping shared realities. The arguments presented in the first four chapters culminate in a programmatic statement that can be read as a rejection of exaggerated, often anthropomorphic attributions:

> They lack a mind of their own; they do not have thoughts; and, consequently, they cannot express anything meaningful or significant. They are, we could say, parasitic on the meanings that are already there in the world; these meanings have been communicated and represented through human language and became fossilised or fixed in texts — on which the LLM was trained. (p. 65)

The last three chapters can be understood as independent contributions to the philosophical debate. The fifth chapter deals with questions of "Authorship and Authority." Starting from a poststructuralist perspective – in particular that of Roland Barthes[3] and Michel Foucault[4] – the authors discuss the authorship of machine-generated texts. Barthes understands the author as a modern product of society and literary figure that is seen as a privileged individual, who brought a written document into exis-

2 Claude Shannon, "XXII. Programming a computer for playing chess," *The London, Edinburgh, and Dublin Philosophical Magazine and Journal of Science* 41(314), pp. 256–275.

3 Roland Barthes, "The Death of the Author," In R. Barthes, *The rustle of language*, Berkeley; Los Angeles: University of California Press 1989, pp. 49–55.

4 Michel Foucault, "What Is an Author?" In P. Rabinow, ed., *The Foucault reader*, New York: Pantheon Books 1984, pp. 101–120.

tence, in contrast to pre-modern storytellers who were seen as mediators of narratives instead of being in a "paternal configuration" (p. 76) with them. He declares the "death of the author," asserting that meaning arises from language and the reader rather than the writer's intention. Foucault reframes the author as a "function" within discourse – an institutional and historical principle that organizes, classifies, and constrains the production of meaning. "The author, then, is the principal mechanism of stability and significance in the production and circulation of written documents" (p. 77) – a conception which has direct juridical implications regarding copyrights and responsibilities of written texts. Having this conception of an author in mind, Coeckelbergh and Gunkel – following Chris Chesher[5] – argue that "AI-generated answers are collectively authored rather than the product of individuals." (p. 76) In this regard, LLMs illustrate the "death of the author" and fundamentally challenge the author function as an instance of text legitimation. The ideas in this chapter bring a breath of fresh air to discussions surrounding the question of "original contribution" when working with LLMs. For the authors, the authorship of texts is understood here as a co-production of humans and machines.

This idea is revisited in the seventh chapter, which addresses the question, "Does Writing Have a Future?" In the authors' opinion, "what LLMs [...] signify is not the end of writing but the terminal limits of a particular conceptualization of writing, which has been called *logocentrism*." (p. 106) They argue that LLMs will finally overcome the logocentrism diagnosed by Derrida. The spoken word – as an expression of a thought that can then be recorded in writing – will lose its primacy, and writing will take its place, since "the texts produced by LLMs are not direct expressions of thought but writings that have been derived from writing." (p. 111) This profound transformation of our conceptualization of writing further challenges our understanding of the activity of "writing" itself. In this chapter, they predict that the future of writing will be closer to a practice of reading, editing, and curating. In the words of the authors: "The future of writing is reading – not just the activity itself, but in the selection and curation of what is to be read and how." (p. 120)

In the sixth chapter, "Truth, Lies and Hallucinations", Coeckelbergh and Gunkel address the concept of truth and the challenges that machine-generated texts pose for our epistemic infrastructure. In particular, they

5 Chris Chesher, *Invocational media: Reconceptualising the computer*, Bloomsbury Academic 2024.

emphasize that democratic public discourse depends on a reality that is intersubjectively recognized as true – a reality that could be endangered by algorithmically generated hallucinations and misinformation. Seen this way, LLMs pose a threat to the epistemological foundations of democracies.

Having outlined the book's structure and central arguments, I now turn to a critical assessment that examines both the strengths and limitations of Coeckelbergh and Gunkel's intervention. While the authors succeed in many of their stated aims, several tensions and blind spots emerge that merit closer examination. The following four perspectives highlight both the book's valuable contributions to current debates and the areas where its arguments require further scrutiny.

Four critical perspectives on the book

1. Political clarity and addressed responsibility

Particularly noteworthy is the clarity with which Coeckelbergh and Gunkel argue for stronger political regulation of LLMs. At a time when many actors are hesitant to take explicit positions – out of concern that they will be seen as technophobic Luddites or that they will stand in the way of seemingly unstoppable innovation – this stance is refreshingly direct. The authors make it unmistakably clear that the development and dissemination of LLMs is not a purely technical or economic project, but a deeply political matter. Responsibility for the impact of these systems must lie not only with the companies that develop them, but also with international policymakers. Two key passages highlight this, which I would like to quote at length here:

> Which direction happens to be chosen is very much a political matter. It depends on one's views on how much states should intervene in the economy and how private corporations should be regulated and policed. Such views differ between the United States and Europe, for example, or Australia and China. But despite such differences, these questions will need to be answered, and the resulting national and regional variations in approaches will inevitably require additional effort to achieve international alignment and cooperation, as this technology does not know or recognise boundaries. (p. 32)

This statement points out that regulation is not optional, but necessary. It must be thought of not only locally, but also globally – a task that previous attempts at digital governance have repeatedly failed to accomplish. The demand that developers and operators of the systems need to be held accountable is formulated even more directly:

> Consequently, the powerful multinational corporations that develop and deploy these technologies need to be held responsible; and we should demand that they do everything in their power – through data curation, model fine-tuning, sandboxing, and the like – to minimise the generation of misinformation and hallucinations, but also to communicate clearly about the systematic limitations of their products and services. (p. 104)

The book does not shy away from making a distinction between political responsibility and technical feasibility. This distinction – and the insistence on the former – is an important intervention in a debate that is often dominated by techno-solutionist narratives and reinforced by the companies themselves. It is stimulating to read that the authors also want to hold companies accountable for communicating the possibilities and limitations of their technologies realistically.

2. Topics and implicit interests

As convincing as the topics covered are presented, it is also clear that the book is not only intended to provide an objective mapping of the discourse, but also makes a specific, albeit legitimate, selection. The choice of philosophical focal points – such as the chapter on the "death of the author" (Foucault, Barthes), highlighting the associated problems of hallucinations and the epistemological foundation of democracies, or the reference to Derrida's critique of logocentrism – can hardly be read as anything other than an expression of the academic profiles of the two authors. While this focus is by no means problematic in a "critical introduction", it should be kept in mind: the philosophical framing of the debate follows a thread of interpretation that centers on the authors' own research interests. This creates an impression of completeness, but it should be understood more as argumentative framing.

Readers who are already familiar with academic research of human-LLM interactions may note that central aspects – such as the concrete experience of (dialogic) interaction with LLMs, affective reactions to machine language, or the role of interface design in the perception of "communication" –

are not addressed. Readers who are not already familiar with the topic at hand – such as the dressed undergraduate students – might start to think that the topics presented deliver a complete picture of the discourse and, therefore, might direct their own research attention to the fields covered by Coeckelbergh and Gunkel. A brief overview, or at least a glossary with further references, would have been helpful to illustrate the range of the philosophical topics regarding LLMs.

3. An overly hopeful outlook?

The chapter on the future of writing, in particular, raises questions. The thesis that machine text generation has finally broken the primacy of spoken language and thus brought an end to Derrida's logocentrism seems ambitious – and perhaps overly optimistic. The observed shift towards a practice of "curation as writing" is understandable and represents an interesting perspective. However, the chapter seems to be placed in a questionable position in terms of text strategy.

Reading this chapter charitably, it seems as if the authors want to end on a hopeful note after emphasizing a number of problematic aspects. After all, these powerful technologies will determine many of our activities – and thus ourselves – in the future and will very likely continue to play a central role. From a more critical point of view, the previous deconstruction of myths associated with LLMs – for example, the false attribution of consciousness – seems to sabotage this very project by constructing a new surplus of meaning. The fact that these technologies, simply by virtue of their existence, will bring about such a profound – and in some cases positive – change in our society leaves us feeling powerless. Especially since the book is also aimed at politicians, this conclusion somewhat diminishes the impact of the call for regulation.

Furthermore, this analysis does not adequately address the empirical realities of the current information economy. At a time when reading literacy is declining across many developed nations and the attention economy is increasingly challenging text-based deep engagement, it seems questionable whether LLMs will usher in a new era of reading. The authors' emphasis on the future relevance of reading is important and necessary, but given current trends in literacy and textual engagement, this outlook appears more concerning than hopeful. The disconnect between the authors' optimistic vision and measurable declines in reading comprehension and sustained attention undermines their argument for a reading-centric future.

4. The contradictory return of the author function

Bringing together the statements on authorship and authority with the considerations in the chapter on the future of writing reveals a fundamental tension within the book that deserves closer examination. In the fifth chapter, the authors present co-authorship as a collaborative process between humans and machines, where the author's function remains relevant for legitimizing texts produced through human-machine interaction. However, this perspective seems to contradict the vision presented in the final chapter, where the author's traditional role is replaced by reading-editing activities that no longer depend on conventional notions of "authorship."

This contradiction runs deeper than a simple disagreement between the co-authors of this book. In chapter five, the process of "writing" still requires some form of authorial legitimation to validate the collaborative text production. Yet in chapter seven, "writing" is reconceptualized as the creation of constellations from diverse text fragments – a kind of mash-up that can no longer be traced back to a single author. While the person constructing this collage may still lend it legitimacy, the participatory style of engagement with text production itself has been fundamentally abandoned.

This tension reveals that even this "critical introduction" struggles with the implications of the phenomenon it examines. The disagreement between what appears to be Coeckelbergh's emphasis on epistemic-democratic authority and Gunkel's poststructuralist critique of logocentrism creates an unresolved theoretical problem. If the authors themselves cannot maintain a consistent position on authorship across a short book, this raises profound questions about the collaborative text production they envision. How will human-machine collaboration function if the machines draw from the entire corpus of human writing, if even interpersonal collaboration on focused philosophical questions proves so challenging to sustain coherently? One thing is clear: The future relevance of reading, emphasized on the last page of the book, should not be underestimated.

Conclusion

Communicative AI is a great and compact book that structures the current discourse on LLMs with philosophical clarity and political urgency – while consistently striving for comprehensibility. Coeckelbergh and Gunkel do not provide a neutral assessment, but rather a critical introduction that takes a clear position and invites discussion.

The book achieves its primary aim of raising awareness among a broader public about the significance, dangers, and design possibilities of LLMs. Academic philosophers will find valuable insights in the authors' engagement with poststructuralist theory and philosophy of mind, while policymakers will benefit from the clear articulation of regulatory challenges and corporate responsibilities. General readers seeking to understand the philosophical implications of AI-generated text will find an accessible entry point into complex debates.

However, it is clear that this introduction also functions as a kind of academic fingerprint: The selection of topics reflects the authors' research interests and largely omits other relevant aspects of human-LLM interaction. This is not a weakness, but rather an invitation to expand the discussion. The unresolved tensions between the authors' positions, particularly regarding authorship and authority, demonstrate that the philosophical challenges posed by LLMs are far from settled.

Anyone who reads the book for what it aims to be – a critical contribution to political and philosophical orientation in dealing with LLMs – will find it a valuable and provocative resource that successfully balances accessibility with analytical depth.

Kai Denker

Aufwachen!

Rezension zu Rainer Mülhoff: *Künstliche Intelligenz und der neue Faschismus,* Reclam, Stuttgart 2025, 160 Seiten.

Sein Bändchen *Künstliche Intelligenz und der neue Faschismus* gestaltet der Osnabrücker Philosoph und Mathematiker Rainer Mühlhoff als Weckruf: Künstliche Intelligenz sei die Technologie für einen neuen Faschismus par excellence. Nicht nur Technologiefantasien und -narrative, sondern KI-Technologie selbst habe das Potenzial, demokratische Strukturen zugunsten autoritärer Logiken aufzulösen und umzubauen. Mühlhoff trifft damit einen Nerv.

Man ahnt, warum, und so setzt Mühlhoff auch an: Der Rechtsextremismus gilt als größte Bedrohung für die Demokratie, und das außeramerikanische Publikum blickt mit Staunen und Sorge über den Atlantik. Europa scheint dem autoritären Wandel der USA, dem ›vibe shift‹, auch politisch ausgeliefert. Was dort stattfindet, ist zudem nicht einfach ein anderer Stil der Politik, sondern eine profunde Verschiebung dessen, was man bisher amerikanische Werte zu nennen pflegte. Heftigkeit und Geschwindigkeit erinnern irgendwie an den Aufstieg des Faschismus in Europa.

Um den naheliegenden Einwand sofort auszusprechen: Ist die Rede vom Faschismus nicht eine Nummer zu groß? Aus deutscher Sicht meint der Begriff den Nationalsozialismus, die Verbrechen des zweiten Weltkriegs, die Shoa. Mühlhoff stellt aber klar: Der Begriff sei bewusst gewählt, er liefere genau die geeignete analytische Flughöhe (S. 9). Die Entscheidung ist gefährlich: Kann die versprochene Analyse nicht geleistet werden, droht ›Faschismus‹ zu einem bloßen Kampfbegriff zu werden für alles das, was man ablehnt. Um das zu vermeiden, sind die Einsichten, die die vergleichende Faschismusforschung seit Jahrzehnten erarbeitet hat, spielentscheidend.[1] Namentlich der britische Historiker Roger Griffin hat eine, gelegentlich als ›new consensus‹ bezeichnete, Definition des faschistischen Minimums vor-

1 Für einen forschungsgeschichtlichen Überblick vgl. Sven Reichardt: »Neue Wege der vergleichenden Faschismusforschung«, in: *Mittelweg* 36 (2007), Heft 1, S. 9–25.

geschlagen: Faschismus ist eine politische Bewegung, die in ihrem mythischen Kern einen populistischen, palingenetischen Ultranationalismus aufweist.[2] Das abstrakte Ungetüm einer Definition ist recht schnell gebändigt: Im Ultranationalismus geht es nicht bloß um eine Zuneigung zur eigenen Nation oder die Behauptung ihrer Überlegenheit, sondern im ultranationalistischen Denken wird die Nation identifiziert mit einem biologisch-ethnischen Volksbegriff zu einer metaphysischen, geradezu außerzeitlichen Entität, die nicht geschichtlich in einer Nationalbewegung erfunden, sondern als eine Art ewige Nation allenfalls wiederentdeckt wurde. Populistisch ist dies dann, wenn sie die Vorstellung korrupter, gar dekadenter Eliten gegen das ›wahre Volk‹ ausspielt, das meist als schweigende Mehrheit imaginiert wird. Entscheidend aber ist die Palingenese, die Wiedergeburt: Im faschistischen Mythos ist das (ewige) Volk, die Nation, was schließlich dasselbe ist, in einer schweren, existenzbedrohenden Krise, die durch ein revolutionäres Erweckungs- oder Wiedergeburtsereignis wieder zu neuer Größe geführt werden muss – sei es durch eine Partei, sei es durch eine Führerfigur oder sei es hilfsweise durch eine Avantgarde, die in einer revolutionären Geste die Krise überwindet. Die Definition des faschistischen Minimums erlaubt es, ›Faschismus‹ zu einem Gattungsbegriff zu machen, damit Spielarten des Faschismus zu unterscheiden – der deutsche Nationalsozialismus ist dabei die mörderischste Variante – und, für die vergleichende Faschismusforschung zentral, eben Vergleichsstudien zu unternehmen.

Die Kritik an Definitionsstrategien wie der Griffins ist offensichtlich: Sie fokussiert die tatsächlich stets heterogene und regelmäßig unterbestimmte Ideologie faschistischer Bewegungen. Die Kritik ist beispielsweise seitens praxeologischer Ansätze der Faschismusforschung erhoben worden, die den Faschismus als eine Praxis von Handlungen, Ritualen und Diskursen begreift und etwa, wie im Fall des Konstanzer Historikers Sven Reichardt, auf faschistische Tatgemeinschaften abstellt.[3] Auch die neuere Forschung zum Rechtsextremismus, die ihrerseits weniger historisch, sondern primär sozialwissenschaftlich und oft an den Ansprüchen der Sicherheits- und Demokratieforschung orientiert operiert, fokussiert statt ihrer allzu unklaren Ideologien die Institutionen, Strategien, Praktiken und Affektpolitiken der

2 Vgl. Roger Griffin: *The nature of fascism*, London 1993, S. 26.

3 Vgl. Sven Reichardt: »Faschistische Tatgemeinschaften. Anmerkungen zu einer praxeologischen Analyse«, in: Thomas Schlemmer und Hans Woller (Hg.): *Der Faschismus in Europa. Wege der Forschung*, München 2014, S. 73–88, hier: S. 80.

alten und »neuen Rechten«.[4] Dabei handelt es sich, kurz gesagt, um eine in die Forschung übernommene Selbstbezeichnung für eine seit den 1970er Jahren in Frankreich und bald auch in anderen Ländern zu beobachtende Bewegung, die sich gleichzeitig der Intellektualisierung rechten Denkens wie seit den frühen 2010er Jahren dessen Operationalisierung in der Digitalkultur verschreibt. Zentral ist hier die Trollkultur des Netzes, die sich durch einen transgressiven, geradezu bösartigen Humor auszeichnet und die sich Mitte der 2010er Jahre auf Fringe-Plattformen wie 4chan politisch nach rechts radikalisiert hat.

Die Begriffe Faschismus, Rechtsextremismus und so auch Spielarten des Rechtspopulismus und des neuen Autoritarismus werden somit in der geschichts-, sozial- und politikwissenschaftlichen Forschung auch mit Blick auf gegenwärtige, ›digitale‹ bzw. netzgebundene Phänomene ausführlich und kontrovers diskutiert. Bei Rainer Mühlhoff findet sich dazu jedoch nichts. Seine einzigen Stichwortgeber für eine Theorie des Faschismus sind die spät im Text auftauchenden kritischen Theoretiker Theodor W. Adorno[5] und Wilhelm Reich[6] – und beide kommen ebenso wie Umberto Eco[7] nur kurz zu Wort, ohne dass deren (aus Sicht der heutigen Faschismusforschung freilich eher randständigen) Überlegungen pointiert ausgewertet würden.

Damit zur Gliederung der Studie. Mühlhoffs Bändchen besteht aus sechs Kapiteln, gerahmt von der Einleitung und einem mit »Was tun?« überschriebenen Resümee. Die Kapitel stellen (1) KI in technischer und historischer Perspektive vor, diskutieren (2) die Gesellschaft der Präemption, bevor sie den recht technischen Zugriff verlassen und (3) einen KI-Hype im öffentlichen Diskurs verorten. Hinter dem KI-Hype wird dann (4) dessen Ideologie herausgearbeitet, die sich (5) auf Libertarismus, Dunkle Aufklärung und die Alt-Right zuspitzen lässt. Das letzte Kapitel kommt schließlich auf den (6) ›neuen Faschismus‹ zu sprechen.

---

4 Vgl. pars pro toto etwa Samuel Salzborn: *Rechtsextremismus. Erscheinungsformen und Erklärungsansätze*, Baden-Baden 2018.

5 Mühlhoff nennt nur Adorno, zitiert aber nach der umfassenderen englischsprachigen Originalausgabe. Vgl. Theodor W. Adorno u.a.: *The Authoritarian Personality*, New York 1950. Im sechsten Kapitel nennt Mühlhoff noch kurz Horkheimer/Adornos Dialektik der Aufklärung, die aber nicht im Literaturverzeichnis gelistet ist. Vgl. Max Horkheimer und Theodor W. Adorno: *Dialektik der Aufklärung. Philosophische Fragmente*, Frankfurt am Main 2022.

6 Vgl. Wilhelm Reich: *Massenpsychologie des Faschismus*, Gießen 2020, zuerst 1933.

7 Vgl. Umberto Eco, Burkhart Kroeber und Roberto Saviano: *Der ewige Faschismus*, München 2020.

Trump und Musk zur Einleitung

Die Einleitung beginnt mit der Amtseinführung von Donald Trump als 47. US-Präsident und stellt Elon Musks Funktion im Department of Government Efficiency (DOGE) (S. 7) heraus, in der er sich in einem »digitalen Staatsstreich« Zugang zu staatlichen Institutionen und Datenbeständen verschafft habe, beklagt weitere Aktionen der neuen US-Administration, etwa das Ende der Entwicklungshilfebehörde USAID, diagnostiziert Musks »Schlachtfeldrhetorik« (S. 8) und kritisiert die Löschaktionen auf Behördenwebseiten betreffend die »Erwähnungen von Diversität, Gleichberechtigung und Inklusion (DEI)« (S. 9). Die kurze Darstellung dieser Vorgänge nach Antritt einer neuen US-Administration gipfelt dann in einer für das vorliegende Bändchen typischen Geste, in der das problematische Titelwort plötzlich aus dem Gebüsch springt:

> »All diese Vorgänge stellen eine scheinbar beispiellose Entwicklung dar, die in Tempo und Methode einen Qualitätssprung im politischen Projekt Trumps markiert. Diese Entwicklung lässt sich am besten mit dem Wort *Faschismus* beschreiben.« (S. 10, Herv. im Original)

Allerdings schwenkt Mühlhoff dann weiter, denn nur um Trump geht es ihm nicht, sondern allgemeiner um die ›Synergie‹ am rechten Rand, die er in den Blick nimmt, um diese dann auf Künstliche Intelligenz als Technologie, Projekt und Geschichtsmacht zuzuspitzen. Der hier angelegte Übergang markiert die Grundthese des Buches: Es gebe einen starken Zusammenhang von rechter, ›faschistoider‹ Politik, elitistischen Tech-Ideologien und der künstlichen Intelligenz. Seine These, die er nicht als technikdeterministisch verstanden wissen möchte, schwächt er doch immer wieder ab. Zwar sei die Verbindung zwischen Künstliche-Intelligenz-Technologie und antirechtsstaatlichen, antidemokratische Ideologien »zentral für das Verständnis dieses neuen Faschismus« – mehr als zeigen, dass Ideologie und Technik hier »besonders kompatibel« (S. 12) sind, möchte er allerdings nicht. Die Frage bleibt also: Will und kann der Autor aufweisen, wie KI-Technologie nicht nur durch (mutmaßliche) Faschist:innen angeeignet wird, sondern wie sie *als* eine faschistische Technologie auftritt – oder ist dies doch nicht Mühlhoffs Anspruch?

Ziel seines Buches sei es nicht »rein begrifflich« zu klären, ob die Trump-Administration faschistisch sei, und er misstraue auch Versuchen, »alte Definitionen und historische Beispiele für Faschismus« heranzuziehen. Er schlägt aber vor, mit Roberto Saviano den Begriff »aktiv [...] verwenden und seine Anwendung auf gegenwärtige Ereignisse [...] erproben« (S. 13) zu können. Drei Merkmale seien jedenfalls »herausstechend« für faschistische Kräfte und Methoden, so Mühlhoff: antidemokratisches Wirken, Gewaltbereitschaft und Technologie als Machtinstrument. Es folgen einige Bemerkungen zum Rechtspopulismus, womit die Begriffe sich dann allerdings endgültig verunklaren: Ist die Rede vom Rechtsextremismus, von der Neuen Rechten, von der alternativen Rechten (der Alt-Right), vom Rechtspopulismus, vom Faschismus – oder schwächer von faschistoiden Phänomenen? Das bleibt unbestimmt, denn es geht erst einmal mit Donald Trump weiter, bevor es dann um IBM und Lochkarten im Deutschen Reich geht. Was nicht fehlt: der kurze, aber unverbundene Verweis auf Carl Schmitt, dem zufolge souverän sei, wer über den Ausnahmezustand verfüge. Die Einleitung endet mit der abermaligen Abschwächung der These, dass die »Gesellschaft« bzw. das »Gemeinwesen« durch »einschneidende[] Auswirkung von Technologie« faschistisch werden könnten (!). Schafft KI also Faschismus, ermöglicht sie ihn in wesentlicher Weise, begünstigt sie ihn nur oder kann KI einfach durch ›den Faschismus‹ angeeignet werden? Hier scheint das nächste Problem auf: Mühlhoff unterscheidet nicht systematisch zwischen Bewegungs- und Regimephasen des Faschismus.[8] Um es vorwegzusagen: Die folgenden Kapitel lösen die Hypothek nicht ein – trotz vieler richtiger Diagnosen und berechtigter Anliegen.

Was ist KI?

Kapitel 1 unternimmt eine zwar konventionelle, aber sehr lesbare und gut zugängliche Einführung in KI in technischer und historischer Perspektive. Es geht zunächst um die »Faszination für den mechanischen Nachbau menschlicher Geistesfähigkeiten« (S. 19), die Gefahr der Anthropomorphisierung (S. 20), die Dartmouth-Konferenz, Alan Turing (S. 20f), Joseph Weizenbaum, ELIZA (S. 22f), Hugh Loebner (S. 24) und gipfelt im »behaviorell[en]« Grundverständnis der KI-Forschung, nach dem »Intelligent

8 Die Unterscheidung ist etwa durch den US-amerikanischen Historiker Robert Paxton stark gemacht worden und wäre noch weiter auszudifferenzieren. Entscheidend ist, dass der Faschismus bereits in der Bewegungsphase auf eine Massenmobilisierung abzielt, ohne dass sich Eliten bereits zu ihm bekannt hätten. Vgl. Robert O. Paxton: *The anatomy of fascism*, New York 2004, S. 206ff.

ist, was in der Interaktion intelligent zu sein scheint« (ebd.). Nur Hubert Dreyfus fehlt in dieser Darstellung, dem Mühlhoff immerhin eine knappe Bemerkung im dritten Kapitel gönnt.[9] Darauf kommt eine kurze Geschichte der KI-Sommer wie -Winter (S. 24–28) und die paradigmatische Unterscheidung symbolischer und subsymbolischer KI (S. 28–32), was in der These gipfelt, nach der subsymbolische KI-Systeme deshalb für die vorliegende Untersuchung wichtiger seien, da sie »als Black Boxes besonders anfällig [seien] für unfaire, intransparente und nicht logisch begründbare Entscheidungen« (S. 32). Das Kapitel endet mit einer Reflexion über die Macht der KI, einer kurzen Kritik an großen Datenplattformen und der Knappheit von für subsymbolische KI unerlässlichen Trainingsdaten, die wir alle mehr oder minder freiwillig liefern, denn: »Die Macht, die heutige KI entfaltet, *hegt uns alle subtil ein*« (S. 34). Das Machtgefälle zwischen Plattformbetreibern und Datenlieferanten ermögliche dabei »sowohl neue Formen kapitalistischer Verwertung bzw. Extraktion als auch neuartige Mittel der Manipulation und Verhaltenslenkung« (S. 35). Es ist erst die letzte Zeile in diesem Kapitel, in der der Faschismus wieder auftaucht: »Ohne staatliche Regulierung eignet sich diese Machttechnologie ideal für autoritäre oder gar faschistische Zwecke.« (Ebd.) Dem würde man wohl zustimmen, erlebten wir nicht gerade, was eine staatliche Administration Trump'scher Prägung von staatlicher Regulierung am Ende des Tages hält.

Die Gesellschaft der Präemption

Kapitel 2 rückt die KI-Technologie näher an die Gesellschaft heran. Heute sei diese eine »Gesellschaft der Präemption« (S. 36), also eine Gesellschaft der Vorwegnahme. Gemeint sind KI-gestützte Entscheidungssysteme zur Prognose von Entwicklungstendenzen, oft auch als prädiktive KI bezeichnet. Mühlhoff spricht hier auch von einer »Fallwette« (S. 39) auf Basis von statistisch ausgewerteten Fallgruppen im Unterschied zur regelhafter Einzelfallprüfung. Hier sorge KI für eine »*wissenskulturelle* Transformation« (S. 36), in der sich auch der Wahrheitsbegriff verschiebe, was Mühlhoff mit Blick auf rechtsstaatliche Verfahren und soziale Ungleichheit untersuchen möchte. Es geht ihm um die Frage, wie sich »gefährliche Auswirkungen von KI-Technologie möglicherweise mit den Zielen reaktionärer

---

9 Vgl. etwa Hubert L. Dreyfus: *Was Computer nicht können. Die Grenzen künstlicher Intelligenz*, Frankfurt am Main 1989.

Tech-Ideologien und faschistoider Politik decken« (ebd.). Ausgangspunkt dieser Überlegungen ist die Wahrscheinlichkeitstheorie und genauer die Bayes'sche Statistik. Das auf den neuzeitlichen Philosophen und Mathematiker Thomas Bayes zurückgehende Bayes-Theorem ist Grundlage vieler für die KI wesentlicher Überlegungen der Mathematik, und Mühlhoff erklärt überzeugend seine Bedeutung für subsymbolische KI (S. 37f). Hier geht es insbesondere um Klassifikationssysteme, die insbesondere im Fall von *Algorithmic Decision Making* eine Rolle spielen: Auf Basis großer Fallzahlen kann ein KI-System statistische Zusammenhänge ähnlich einem Erfahrungswissen lernen und Prognosen stellen. Mühlhoff stellt dies in Gedankenexperimenten, etwa zu automatisierten Verwaltungsakten im Bereich des Sozialrechts, vor (vgl. S. 39f). Er zeigt, dass KI-Systeme hier die regelbasierte Einzelfallprüfung nicht ersetzen können, gerade da sie nicht auf die konkreten Umstände einzelner Fälle abstellen können (S. 40ff), was er überzeugend auf die These zuspitzt, KI-basierter Bürokratieabbau könne marginalisierte Gruppen etwa durch folgenschwere Stereotypisierung zusätzlich belasten (S. 47). Kurz: »*Das Risiko, von einer Fehlentscheidung betroffen zu sein, ist sozial ungleich verteilt*« (S. 48, Herv. im Original). Diese Kritik ist nicht neu und zweifellos richtig. Sie unterstreicht, warum einer »drastischen Steigerung *technokratischer* Machtstrukturen« (S. 50) mit Skepsis zu begegnen ist. Faschismus aber? Das Kapitel endet raunend: »Der gesellschaftliche Umbau durch KI stellt also mehr als eine technische Revolution dar. Er kann leicht von den Interessen autoritärer und faschistoider politischer Kräfte vereinnahmt werden – und wird es zum Teil bereits schon jetzt« (S. 51). Damit bleibt das Verhältnis von KI und Faschismus kontingent: Ein Zusammenhang ist irgendwie potenziell möglich, aber sicher nicht notwendig und nicht spezifisch.

Von Technik zu Diskurs

Kapitel 3 nimmt den »KI-Hype im öffentlichen Diskurs« (S. 52) aufs Korn. Es arbeitet sich an uns allen vertrauten Tropen ab: der übersteigerten Erwartung an die technische Realität von ›Intelligenz‹ (etwa im Fall der Projektion menschlicher Eigenschaften in den »ELIZA-Chatbot«, ebd.), der Anthropomorphisierung von KI und dem Bild von ihr als autonomer Akteur (S. 53), der Dominanz westlicher, weißer Rationalitätsvorstellungen im Zusammenhang mit Leistungen, die man der KI nachsagt – im Rahmen einer Ideologie, die sich auf »die Vorstellung einer *Artifiziellen Generellen*

Intelligenz (AGI)« (S. 55) fortschreiben lässt. Mühlhoff zielt hier insbesondere auf die Unterscheidung von ›narrow AI‹ und ›strong AI‹: Während ›strong AI‹ (bisher nur hypothetische) KI-Systeme bezeichnet, die menschliche Fähigkeiten in einem sehr weiten Bereich (geistiger) Kompetenzen erreichen oder überschreiten können, bezeichnet ›narrow AI‹, die klassisch auch ›weak AI‹ heißt, solche Systeme, die in eng definierten Aufgabenfeldern menschliche Fähigkeiten erreichen oder übertreffen. Klar wird: Es sind solche Projektionen menschlicher Eigenschaften auf KI-Systeme, die »die Euphorie von Investor:innen, Politiker:innen und Laien [...] schüren« (S. 57), gestützt »auf eine zyklische Wiederholung technologischer Hoffnungen und Erwartungen« (S. 58). Die Folge ist im öffentlichen und sogar noch im wissenschaftlichen Diskurs ein wirkmächtiges Wechselspiel von »doomerism«, also dem Glauben an die »KI-Apokalypse« (S. 59), euphorischen Heilsversprechen und der Angst des Abgehängtwerdens. Mühlhoffs eigentliche These beginnt freilich erst dort, wo er betont, dass die »affektive Mischung« des KI-Hypes »zunehmend eine libertäre und nationalistische Agenda [antreibe], die auffallende Ähnlichkeit zu rechtspopulistischen Diskursen rund um die Migrationspolitik aufweis[e]« (S. 62). Die eingangs bereits beobachtete Unschärfe schreibt sich damit fort. Denn es mag ja stimmen, dass »im KI-Diskurs« wie »in migrationspolitische[n] Debatten« (S. 63) Ängste projiziert werden, die irgendwie mit Fremdheitskonstruktionen arbeiten. Um die Faschismusthese zu belegen, greift dies aber zu kurz: Erstens sind in Zeiten der Polykrise, zu der auch eine längere, von Mühlhoff nicht aufgegriffene Diskussion existiert, Ängste heterogen und betreffen insbesondere auch Abstiegsängste und Kriegsangst, die sich nicht einfach auf Fremdenangst reduzieren lässt. Und zweitens unterschlägt die für sich genommen richtige Diagnose, dass es im KI-Diskurs zu Projektionseffekten kommt, dass die Konstruktion von Fremdenangst nicht nur deutlich älter ist als die öffentliche Wahrnehmung von KI-Technologie, sondern dass sie auch gezielt von bestimmten politischen Kreisen befeuert wird. Anders formuliert: Wäre die beschriebene Sorge vor KI nicht genauso gut im Rahmen der euphorischen Reden vom ›globalen Dorf‹ zur Zeit der 1990er Jahre denkbar gewesen? Fremdenangst allein muss auch noch keine faschistischen Diskursmuster erzeugen. Auch wenn Mühlhoff die problematischen Effekte von KI-Anwendungen wie z.B. »strukturelle Diskriminierung, Verstärkung sozialer Ungleichheit, Ausbau globaler Überwachung« (S. 68) zu Recht benennt und zeigen kann, wie diese »zugunsten abstrakter Zukunftsnarrative heruntergespielt« (S. 69) werden, stellt das Kapitel zwischen KI und Faschismus keine Verbindung her.

Von Diskurs zu Ideologie

Kapitel 4 verspricht dies einzulösen, sofern es die »Ideologie hinter dem KI-Hype« beleuchten will. Es handele sich nämlich um »Tech-Ideologien«, also »der technologische Determinismus, Transhumanismus und bestimmte futuristische Auslegungen der utilitaristischen Ethik – insbesondere der Longtermismus« (S. 70). Oder, mit Timnit Gebru und Émile Torres gesprochen, »TESCRAL« (S. 73), also »Transhumanism, Extropianism, Singularitarinism, Cosmism, Rationalism, Effective Altruism, and Longtermism« (ebd.). Mühlhoff ist zu loben, sofern er jeweils einen klaren, wenn auch knappen Überblick zu allen diesen Stichworten liefert. Er übergeht auch sachlich wichtige theoriehistorische Bezüge nicht, etwa die eugenischen Wurzeln des Transhumanismus (S. 74) oder die sozialdarwinistischen Momente des Extropianismus (S. 77). Seine Kritik bleibt dann allerdings bei den Stichworten ›Technikdeterminismus‹ und ›Technikoptimismus‹ stecken (die entsprechenden Antonyme ›Technikkonstruktivismus‹ und ›Technikpessimismus‹ tauchen nicht auf). Der Text argumentiert manchmal regelrecht bescheiden, etwa mit den Bemerkungen, Elon Musk und Peter Thiel hätten problematische Denkfabriken gefördert (S. 76) oder in »transhumanistischen Kreisen« werde der »historische Zusammenhang [zur Eugenik] oft heruntergespielt oder als überholt abgetan« (S. 81).

Stärker ist das Kapitel, wo es das schon erwähnte Bayes-Theorem und den damit verbundenen Wahrscheinlichkeitsbegriff mit der ›Rationalistenbewegung‹ um Eliezer Yudkowsky und der Online-Plattform LessWrong zusammenbringt. Hier wird ein Zusammenhang zwischen KI-Technologie und einer über die Technologie selbst hinausgreifenden Weltanschauung tatsächlich belegt. Keine ›faschistischen‹ Programmatik, aber doch eine Bewegung, die zwischen Ideologie und Methode stehend für sich in Anspruch nimmt, eine möglichst »fehlerfreie Weltsicht« zu entwickeln (S. 83). Der argumentative Schritt zu antidemokratischen Tendenzen bleibt dabei allerdings akzidentiell. Letztlich drückt sich Mühlhoff in seinem Ideologiekapitel vor politischer Theorie: Es seien bei den (überwiegend männlichen) Anhängern der Rationalistenbewegung Tendenzen »im Zusammenhang mit technokratischen Gesellschaftsvisionen« zu beobachten (ebd.). Es fehlt also die entscheidende Verbindung, denn diese Tendenzen könnten Zufall sein. Kurz: Dass »sich bis heute Überschneidungen zwischen Teilen der Rationalisten-Community und offen rassistischen und eugenischen Strömungen« (ebd.) finden lassen, mag ja stimmen, aber derartige Einstellungen durchziehen womöglich weitere, wenn nicht alle Teile der Gesellschaft.[10] Oder, um es in Bayes' Idee auszudrücken: Es wäre die Apriori-Wahrscheinlichkeit jeweils dafür zu klären, ob jemand Rassist bzw. Anhänger der Rationalisten-Community ist, sowie die bedingte Wahrscheinlichkeit, dass jemand, der dieses ist, auch jenes ist.

Immerhin führt Mühlhoff in gelungener Weise einige Absurditäten des Longtermismus vor. Die Rede ist von ›Rokos Basilisk‹, den Mühlhoff zwar nicht beim Namen nennt, der aber als Gedankenexperiment zum Mem geworden ist: Es handelt sich um »die zivilisatorischen Risiken durch eine hypothetische, feindselige AGI in Millionen oder mehr Jahren« (S. 87ff), deren Entwicklung angesichts futuristischer, geradezu absurder Annahmen utilitaristisch geboten erscheint, im Sinne »ethische[r] Rechengröße[n]« (S. 89), in denen Überschlagsrechnungen zählen wie diejenige, dass eine »Verzögerung von 100 Jahren bei der Erschließung des Virgo-Clusters [...] rund 10^{29} Menschenleben kosten« würde (ebd.). Mühlhoff stellt hier klar heraus, solche »Zukunftsnarrative« seien »als *politische* Beiträge zu begreifen, die bestimmte Interessen *in der Gegenwart* durchsetzen wollen« (S. 93, Herv. im Original). Dass eine derartige »Säkulare Eschatologie« (S. 91) »*Macht und Verteilungsfragen strategisch aus*[blendet]« (S. 92, Herv. im Original) und »wirtschaftliche und ökologische Ausbeutung, soziale Ungleichheit und Steuervermeidung als Opfertat für ein vermeintliches höherwertiges moralisches Gut in der fernen Zukunft« (S. 93) legitimiert, ist richtig, aber nicht spezifisch: Das Erdulden diesseitiger Mühsalen im Namen einer jenseitigen Belohnung im Reich Gottes ist ein geradezu klassisches Herrschaftsinstrument, aber gerade nicht typisch für faschistisches Denken, dessen palingenetische Vision zudem auf eine Wiedergeburt der Nation in einer näheren, diesseitigen Zukunft abzielt – also weder im Jenseits noch in einer unvorstellbar fernen Zukunft. Der von Mühlhoff zum Abschluss des Kapitels suggerierte Zusammenhang von faschistischem Denken (und jetzt auch der Bewegung der »neuen Rechten«, S. 94) mit den genannten Theoremen erweist sich freilich erneut als schwach. Es ist eben ein Unterschied, ob eine Endzeiterzählung nur zur Duldsamkeit aufruft und davon abhält, gegen Missstände aufzubegehren, da die Vollendung gerade nicht in der gegenwärtigen Macht des Menschen liegt, oder ob sie in einem Primat der Tat verlangt, das beschworene ›Eschaton‹ mittels Ge-

10 Vgl. etwa Andreas Zick u.a. (Hg.): *Die angespannte Mitte. Rechtsextreme und demokratiegefährdende Einstellungen in Deutschland* 2024/25, Friedrich-Ebert-Stiftung, Bonn 2025.

walt diesseitig herbeizuführen. Mühlhoff belässt es bei einer Äquivokation: Bestehende soziale Ungleichheiten und andere Missstände würden ›legitimiert‹ in dem Sinne, dass es im Namen der fernen Zukunft nicht dringlich angezeigt sei, sie zu beseitigen, während die »Entstehung autoritärer Machtstrukturen und neofaschistischer Regime [...] mit Überlegenheit durch ungehemmten technologischen Fortschritt und ein ultimatives Heilsversprechen in der ultrafernen Zukunft legitimiert und teils herbeigesehnt [wird]« (S. 93f). Etwas nicht zu beseitigen, ist jedoch etwas anderes, als etwas herbeizuführen oder wenigstens billigend in Kauf zu nehmen. Mühlhoff analysiert die erste Legitimationsbewegung überzeugend, einschlägig für sein Argumentationsziel wäre aber die zweite.

Die Wurzeln der alt-right?

Das fünfte Kapitel setzt die Auseinandersetzung mit kruden Ideologien fort: »Libertarismus, Dunkle Aufklärung und Alt-Right« (S. 95), Mühlhoff sieht hier einen »Perspektivwechsel weg von der Philosophie hin zu Politik«". Verhandelt wird dieser anhand von drei Strömungen: Cyberlibertarismus, also einem techideologisch überformten Libertarismus, der genannten Dunklen Aufklärung, die auch Dark Enlightenment und Neoreaction (NRx) heißt, sowie etwas überraschend den Troll- und Manosphere-Subkulturen. Zunächst wird der Cyberlibertarismus auf eine Diskussionslinie der 1990er Jahre zurückgeführt und als »Überzeugung [charakterisiert], dass gesellschaftliche Prozesse am besten durch freie, unregulierte Märkte und unbeschränkte Vertragsfreiheit gesteuert werden, wohingegen staatliche Eingriffe innovationsfeindlich wirken und vermieden werden sollen« (S. 96). Die Abgrenzung zum Liberalismus bleibt hier unklar, wobei Mühlhoff anhand der *Declaration of the Independence of Cyberspace* (1996, von John Perry Barlow) immerhin aufzeigt, dass wir es beim Cyberlibertarismus nicht mit einem klassischen Liberalismus zu tun haben. Mühlhoffs Diagnose eines »unverhohlen antidemokratischen Sentiment[s]« (S. 97) in der *Declaration* springt allerdings zu kurz, sofern sie das anarchistisch-emanzipative Selbstverständnis der *Declaration* übersieht. Zudem lassen sich heutige Tech-Ideologien kaum friktionslos auf die Vorstellungen einer Netzanarchie der 1990er Jahre zurück projizieren. Daran ändert Mühlhoffs Befund nichts, im Text herrsche eine ›Freund/Feind-Rhetorik‹ – vielleicht in Anspielung auf den zuvor nur einmal erwähnten Carl Schmitt. Erneut bleibt die Frage offen, wo genau das antidemokratische Moment des Netzliberalismus beginnt. Stattdessen heißt es – für das Bändchen nicht untypisch: Es hätten ja auch linke Kräfte die »Freiheitsutopie« der *Declaration* vertreten (S. 98). Diese sei aber nur scheinbar egalitär und inklusiv, da – hier Mühlhoff mit David Golumbia – das ›Blut und Boden‹-Prinzip in der cyberlibertären Bewegung durch ›coding skills‹ ersetzt worden sei. Zugehörigkeit werde also nicht mehr durch eine biologisch-rassistisch definierte Volksgemeinschaft (Blut) oder durch einen gemeinsamen, quasi naturgegebenen Schicksals- und Lebensraum (Boden) definiert, sondern durch die Fähigkeit, Verschlüsselungssoftware zu bedienen.

Das Problem an derartigen Volten ist nicht, dass Egalität und Inklusivität nicht tatsächlich Illusionen der ›Nerd-Kultur‹ wären, sondern dass Mühlhoff deren Exklusionslogiken umstandslos mit nationalsozialistischen Politikformeln verbindet. Einer Bemerkung wie »Bleibt jemand auf der Strecke, weil er die Technik nicht beherrscht, wird das als mehr oder weniger legitime natürliche Auslese betrachtet« (S. 99) steht aber entgegen, dass die (ohne Zweifel problematische) Nerd-Kultur in ihren Hack- und Maker-Spaces eben doch auch Workshops und Schulungen anbietet. Sortierkriterium ist dort nicht Technikkompetenz, sondern Technikinteresse. Das sind geteilte Werte, die man fragwürdig finden darf. Anders als die biologisch-rassistische Zugehörigkeit bleiben sie jedenfalls für jeden einzelnen von uns disponibel. Mühlhoff will aber die Cyberbewegung im »Zusammenhang mit Cyberkriminalität, Hassrede, Internetgewalt und antidemokratischer Polarisation politischer Diskurse« sehen, sofern »ein völlig unregulierter digitaler Raum nicht nur eine utopische Gegenwelt darstellt, sondern mit gefährlichen Auswirkungen auf die materielle Realität verbunden« sei (S. 100). Auch hier wird man einwenden müssen, dass „»Cyberkriminalität, Hassrede, Internetgewalt und antidemokratische[] Polarisation« (ebd.) auch dann problematisch bleiben würden, wenn es die Nerd-Kultur gar nicht gäbe. Die Verbindung, die Mühlhoff von der Nerd-Kultur und der *Declaration* der 1990er Jahre zur heutigen Aggressionskultur im Netz zieht, überzeugt in ihrer Kürze und Grobheit somit schlicht nicht. Und Mühlhoff räumt dann auch selbst das Faktum einer »kommerzielle[n] Rezentralisierung des Internets seit den 2000er Jahren« (ebd.) ein. Die großen Plattformbetreiber haben die anarchistischen, meist an Universitäten von engagierten Rechenzentrumsmitarbeiter:innen betriebenen Kommunikationsplattformen der Nerd-Kultur längst verdrängt, womit sie für den sich verschärfenden Ton im Netz schlicht irrelevant blieben. Das betrifft auch solche Plattformen, die bei Mühlhoff unter dem Titel »Trolle und Maskulinisten« (ebd.) zur

Sprache kommen: Plattformen wie 4chan sind weder Produkte der beklagten Kommerzialisierung noch der klassischen Nerd-Kultur, sondern stellen ein eigenständiges Phänomen dar. Mühlhoff analysiert, dass »maskulinistische Bewegungen« und die ›Trollkultur‹ von Techno-Optimismus und Transhumanismus thematisch entkoppelt seien, scheint sie aber dennoch eng auf den Cyberlibertarismus bezogen zu sehen (S. 100f). Es ist zwar richtig, dass diese Szenen in den letzten zwei Jahrzehnten erheblich zur Rechtsverschiebung der Internetkultur beigetragen haben (wobei Mühlhoff das emanzipative Phänomen ›Anonymous‹, das um 2012 herum für Furore sorgte, unterschlägt). Wirklich politisch sei die Szene und die Memekultur aber eben doch erst mit dem ersten Präsidentschaftswahlkampf Trumps wirksam geworden, also 2016 (S. 101). An diesem wichtigen Punkt – denn hier geht es nun wirklich vielleicht um die Grundfrage des Buches – erwähnt Mühlhoff allerdings nur Angela Nagles absolut lesenswertes Buch *Kill All Normies*.[11] Er übergeht leider den gesamten sonstigen Forschungsstand zu den Internetkommunikationsstrategien der extremen Rechten und angrenzender Szenen.

Analog verfährt das Buch für die radikalisierten Männlichkeitsvorstellungen der Manosphere (S. 104). Hier diagnostiziert Mühlhoff eine »zynische Lust an der sozialen und politischen Gewalt gegenüber objektifizierten und dehumanisierten Teilen der Menschheit (von Frauen bis Migrant:innen), Lust an Rache und Destruktion sowie die Affirmation weißer und männlicher Überlegenheit, die sich gegen das ›Establishment‹ richtet« (S. 104f). Hiermit könnte Mühlhoff die Brücke zu vorliegenden praxeologischen Analysen faschistischer Tatgemeinschaften schlagen.[12] Denn hier legt er erstmals einen klar faschistischen Moment der Internetkultur frei. Mühlhoffs Darstellung fällt jedoch prompt auf die »faschistoide Radikalisierung techno-ideologischer Milieus« und auf Donald Trumps zweite Amtszeit zurück (S. 105). Jener Spur weiter nachzugehen, würde freilich die Fragilität seines ideologieorientierten Argumentationsversuchs herausgestellt haben: Uneingelöst bleibt insbesondere die Frage nach der Masse, also nach kollektiven Momenten des Faschismus jenseits der quantitativen Dimension des Phänomens. Faschistische Tatgemeinschaften sind Massenphänomene.

---

11 Angela Nagle: *Kill all normies. The online culture wars from Tumblr and 4chan to the alt-right and Trump*, Winchester, UK, Washington, USA 2017.

12 Vgl. Reichardt 2014 (wie FN 3), S. 74f.

Mühlhoff freilich denkt allein in Eliten, auch wenn er anderes behauptet:[13] Musk, Thiel, Trump. Hiervon abzuweichen würde verlangen, die Verbindungslinie zwischen KI-Technologie und Faschismus nicht in Euphorien oder Tech-Konzernen zu suchen, sondern in der Anwendung der Technik in der Breite.

Im Fortgang des Kapitels folgen noch Neoreaktion und Dunkle Aufklärung, womit Mühlhoff zu einer Bewegung zurückkehrt, die er durch einen ›intellektuellen‹ Anspruch charakterisiert, der sich aber dezidiert politisch ausdrücke. Er beruft sich auf Andrew William Jones,[14] der in der Neoreaktion einen »theoretischen Unterbau der Alt-Right-Bewegung in den USA« ausmacht. Diese Einschätzung geht womöglich dann doch der Selbstpräsentation der Neoreaktionisten auf den Leim: Die Mitglieder der Tatgemeinschaften der Alt-Right, etwa der extrem rechten Miliz Proud Boys, werden wohl genauso wenig die Texte der Neoreaktionisten gelesen und theoretisch durchdrungen haben wie die anderer extrem rechter ›Intellektueller‹. So finden sich auch in den Manifesten extrem rechter Gewalttäter zuhauf Meme und Verschwörungserzählungen, aber keine Theoriearbeit. Ideologische Grundlegungsversuche der extremen Rechten rennen vielmehr ihrer Tatpraxis in der Regel hinterher, so dass man die Rolle selbsternannter rechter Vordenker stets zurückhaltend bewerten sollte. Besonders kurios wirkt Mühlhoffs Bewertung, die US-amerikanische Neoreaktion könne als theoretischer Unterbau »der neuen Rechten in Europa beschrieben« (ebd.) werden.[15] Hier stimmt schon die Verortung auf der Zeitachse nicht. Die Rede von ›dunkler Aufklärung‹ und ›neoreaktionäre Bewegung‹ lässt sich frühestens auf das Jahr 2007 datieren, in dem der Blogger Curtis Yarvin erste Texte veröffentlichte. Die ›neue Rechte‹ hingegen ist eine genuin europäische Strömung der extremen Rechten, die sich selbst auf die ›Konservative Revolution‹ zurückführt und die erst mit der Übernahme von Ideen des Gramscianismus in den 1970er Jahren strategische Formen annahm, die sich bis heute unter dem Stichwort ›Metapolitik‹

---

13 Dort wo Mühlhoff die faschistische Masse entdeckt, unterscheidet er sie sofort wieder in »zentrale[] Akteure« und »mitlaufende[] Masse« (beispielsweise S. 142), womit er den Faschismus als politisches Massenphänomen neutralisiert.

14 Vgl. Andrew William Jones: *The Kids are Alt-Right. The Intellectual Origins of the Alt-Right*, Diss, York University, Toronto, Ontario 2019.

15 Mühlhoff zitiert für diese Bewertung Andrew Jones (2019, wie FN 14), der die Bewertung allerdings genau andersherum vornimmt und Autoren wie Alexander Dugin, Julius Evola, Guillaume Faye und Alain de Benoist, die allesamt zur europäischen ›Neuen Rechten‹ gehören, einen maßgeblichen Einfluss auf die US-amerikanische Alt-Right attestiert, ohne dass sie ihr selbst angehörten. (Vgl. ebd., S. 227).

in Ideologie und Praxis der neuen Rechten finden lassen. Die US-amerikanische Alt-Right verfolgt demgegenüber Strategien, die sich eher dem Rechtsakzelerationismus zuordnen lassen (S. 109). Dass es Kooperationen zwischen Aktivist:innen der Alt-Right und der neuen Rechten gibt, beweist ebenfalls nicht einen gemeinsamen ideologischen Unterbau. Am Ende verweist Mühlhoff wieder auf die Eliten: »Peter Thiel, Elon Musk und Marc Andreessen« verträten ja auch Haltungen, die sich in denen von Donald Trump und AfD widerspiegelten (S. 105f).

Was ist Faschismus?

Das sechste Kapitel verspricht – endlich – die titelgebende Hauptthese des Buches auszuarbeiten. Warum lässt sich all das als ›neuer Faschismus‹ analysieren? »Der Begriff Faschismus ermöglicht«, so Mühlhoff, »eine neue Perspektive auf das aktuelle Agieren der alternativen und neuen Rechten in den USA und weltweit. Es stellt dieses Agieren in einen historischen Vergleich und soll den Blick auf die unmittelbare Zukunft schärfen« (S. 115). Ziel sei ein »Weckruf für die Gegenwart«. »Weckruf« zunächst in einer etymologischen Aufarbeitung des Terms Faschismus und seiner Verwendung in Italien und im Deutschen Reich (S. 115ff), wobei Mühlhoff zwar den »ultranationalistische[n]« Aspekt benennt, nicht aber die Frage stellt, ob etwa Transhumanismus oder Longtermismus sich überhaupt sinnvoll als ultranationalistisch beschreiben lassen. Die oben zitierte Erkundung des etwa 54 Millionen Lichtjahre entfernten Virgo-Clusters dürfte beispielsweise kaum durch eine bestimmte, ewige Nation erfolgen. Offenkundig geht es Mühlhoff um den Faschismus in einem extrem weiten, ja überdehnten Wortsinn: als reaktionäres Projekt, d.h. als eine Bewegung, die in erster Linie gegen etwas ist: »gegen die aufkommende parlamentarische Demokratie [...], die liberale gesellschaftliche Kultur [...] und gegen sozialpolitische Forderungen von Marxismus und Sozialismus« (S. 116). Mit Umberto Eco verortet Mühlhoff den Faschismus gegen die Aufklärung, gegen den kritischen Geist der Moderne, gegen das Zeitalter der Vernunft und gegen dessen Errungenschaften, die man »quasi rückabwickeln« wolle (S. 116f).[16] Mit

16 Vgl. Eco 2020 (wie FN 7). Es handelt sich um einen Vortrag Ecos von 1995, der einen stark essayistisch geprägten Definitionsversuch des ›Ur-Faschismus‹ ausgehend vom italienischen Faschismus unternimmt, wozu vierzehn Merkmale des Ur-Faschismus vorgeschlagen werden. Mühlhoff bezieht sich hier ausschließlich auf das zweite

Paul Mason moniert er, der Faschismus positioniere sich gegen Menschenrechte und optiere für die Umkehr des gesellschaftlichen Fortschritts.[17] Überhaupt hätten, so Mühlhoff mit Mason, die Linken qua »theoretischer Blindheit« zum Aufstieg eines Faschismus beigetragen: »Rechte Kräfte wurden in ihrem transgressiven, also antagonistischen und destruktiven Potential verkannt« (S. 117).

Damit tritt eines der zentralen Probleme von Mühlhoffs bloß negativem Faschismusbegriff hervor. Er ist nicht nur historisch bestenfalls ungenau, sondern er kann Transgression lediglich fassen als eine Form der Rückabwicklung, ja als Destruktion. Analytisch will das ganze Buch »faschistische Bewegungen im Folgenden als *Kräfte* [begreifen], die wesentlich transgressiv und destruktiv sind – also Grenzen, Normen und demokratische Systeme sprengen und zerstören« (S. 118). Dass Faschismus sich ›positive‹ Missionen gibt, dass er bio- und affektpolitisch produktiv ist und gerade daraus seine Wirkmacht ziehen kann, hat die Forschung zum Thema aber längst klargestellt. Mühlhoff sieht dies nicht. Dies überrascht umso mehr, als er das Moment der ›Lust‹ als Motor rechter Bewegungen durchaus erwähnt. In der Tat ist der Lustgewinn an Gewalt und Destruktion als produktives Moment zu begreifen, will man faschistische Tatgemeinschaften verstehen.[18] Hierzu böte sich eine Befassung mit beispielsweise transgressivem Humor in der ›Troll-Kultur‹ an oder auch mit gegenkulturellen Lebensentwürfen, über welche neurechte Bewegungen, etwa in Form von nationalistischen Siedlungsbewegungen, durchaus verfügen.[19]

Merkmal, einer aus Traditionalismus erwachsenden Ablehnung der Moderne, in der Eco einen Irrationalismus sieht, der sich gegen den Geist von 1789 bzw. 1776 stelle, also gegen die Französische Revolution und gegen den Geist der US-amerikanischen Unabhängigkeit.

17 Vgl. Paul Mason: *Faschismus. Und wie man ihn stoppt*, Berlin 2022.

18 Vgl. klassisch etwa Klaus Theweleit: *Männerphantasien*, Berlin 2020, zuerst 1977/78; neuer und für rezente faschistische Phänomene sicher einschlägiger vgl. ders.: *Das Lachen der Täter: Breivik u.a. Psychogramm der Tötungslust*, St. Pölten, Salzburg, Wien 2015.

19 Für die Trollkultur und ihre Rolle für faschistische Phänomene vgl. Konstanze N'Guessan: *Only Playing? Ethnographic perspectives on ludic fascism in Germany*, IfEAS, JGU Mainz, Mainz 2024; für die sog. ›völkische Landnahme‹ vgl. Rebecca N. Bettag, Katharina Möbius und Luca Scholz: »Völkische Landnahme – Theorie und Empirie. Ein Annäherungsversuch an ein unterbeforschtes Phänomen«, in: Ursula Birsl und Matti Traußneck (Hg.): *Working Paper* 24, FG Demokratieforschung, Institut für Politikwissenschaft, PU Marburg, Marburg 2025.

Mühlhoff hingegen setzt darauf, Faschismus nun nicht als ein »bestimmtes politisches System« aufzufassen, »sondern [als] eine *Charakterdisposition* und ihre politische *Wirkungsweise*« (ebd., Herv. im Original), wobei er auf Adorno und Reich verweist. Der Sprung zu den Studien über den autoritären Charakter und zur Massenpsychologie des Faschismus ist erheblich. Mit Adorno und Reich hätten wir es mit drei wesentlichen Kennzeichen des faschistischen Charakters zu tun: einer »grundlegende[n] Ablehnung von Streitkultur, Kritik und demokratischen Prinzipien inklusive der Ideale der Aufklärung wie etwa Gleichheit, Freiheit und geteilter Wohlstand«, zweitens einer »persönliche[n] Disposition zur Ausübung menschenverachtender Gewalt und Herabwürdigung anderer Menschen«, und drittens einer »positive[n] Verklärung und instrumentelle[n] Aneignung moderner Technologien als Machtinstrument« (S. 118f). Diese psychologisierende Faschismusauffassung scheint für Mühlhoff diejenige Definition zu sein, unter die nun »die in den vorangegangenen Kapiteln thematisierten intellektuellen Bewegungen und politischen Ideologien« (S. 119) abschließend zu subsumieren sind. Wohlgemerkt: Damit ist man ganz bei Bewegungen und Ideologien. Von der KI-Technologie ist nicht mehr die Rede. Wäre nicht gerade KI aber möglicherweise ein Mittel, um Affekte, Emotionen, Lust zu geringen Kosten manipulieren zu können? Zur Produktion memetischer Kommunikationsinhalte wird sie schließlich bereits auch seitens der extremen Rechten eingesetzt.[20]

Mühlhoff verhandelt das Problem der antidemokratischen Bestrebungen schließlich im Rückgriff auf Heidrun Kämper und Chantal Mouffe als Unterscheidung von agonistischer und antagonistischer Politik, als die Unterscheidung von Gegnern und Feinden (S. 120). Den Übergang von der noch demokratischen Diskussionsbereitschaft zum Vernichtungswillen, deren transgressive Kräfte er im »Trump-Regime, [der] AfD, auch [im] Dark Enlightenment und [der] Neoreaktion« (ebd.) verkörpert sieht, modelliert er entsprechend. Es geht mit dem Longtermismus und transhumanistischen Ideen sowie Deep Fakes & Co. weiter – ohne etwas Neues zum Gesamtbild beizutragen. Der schon angesprochene Punkt, dass Mühlhoff, trotz seiner Verweise auf die Studien der kritischen Theorie, Faschismus nur als elitistisches Regime, nicht als Massenphänomen denken kann, ver-

---

20 Vgl. Nick Nestler: »Inszenierung der Krise. Memetische Kommunikation als strategisches Mittel der extremen Rechten«, in:Kai Denker und Nick Nestler (Hg.): *Digitale Bilderkämpfe. Zur politisch-strategischen Kommunikation mit Memen*, Bielefeld 2025, S. 168–189, hier: S. 179.

stellt ihm letztlich den Zugang zur diskursverändernden Praxis von KI, die gerade nicht nur in den Diskursen über KI zu finden ist. Die Masse denkt er nicht als Akteurin des Faschismus, sondern allenfalls als passive Adressatin: »So sind faschistische Kräfte in Vergangenheit und Gegenwart durch Verherrlichung und Romantisierung sowie erzieherische und sozioökonomische Bedingungen, die die Gewaltbereitschaft in einer Gesellschaft erhöhen, gekennzeichnet« (S. 126). Dass sich etwa die nationalsozialistische Gewaltmaschine auch ›von unten‹ her selbst mobilisierte, gerät aus dem Blick. Mühlhoff spricht zwar von der »Massenmobilisierung des Faschismus« (S. 127), meint aber offenbar den *genitivus subjectivus*: Es sind die faschistischen Kräfte, die die Gesellschaft mobilisieren, nicht umgekehrt.

Nun operiert Mühlhoff – von Eliten abgesehen – stets mit anonymen Formulierungen wie der, dass »Hassrede sich vor allem in den Echokammern der sozialen Medien ausleb[e]« (S. 128) – nur: Wer ist es, der diese Hassrede dort am Leben erhält? Wer schreibt diese Kommentare? Elon Musk und Peter Thiel? Oder sind bereits schon die Kommentare von Donald Trump auf X und Truth.social so wirksam? Auch Hass muss von jemandem gefühlt und ausgelebt werden. Mühlhoff nennt dies alles aber lieber »Phänomene« (z.B. S. 127: »das Phänomen der Hassrede«). Parallel zu seiner Verweigerung der politischen Theorie unterschlägt Mühlhoff Strategeme der extremen Rechten wie die Metapolitik – was umso bedauerlicher ist, da sich gerade hier eine sehr viel klarere Verbindungslinie zu generativer KI ziehen ließe. Vielleicht ist dies aber auch nur konsequent angesichts eines Postulats, das Mühlhoff »für die kritische Besprechung und den Widerstand gegen faschistoide Kräfte entscheidend« nennt: Das »*Postulat einer natürlichen Gewaltdisposition des Menschen* [würde er] *entschieden zurückweisen.* Denn solch eine Prämisse würde unsere gesellschaftlichen und politischen Erwartungen erheblich vorstrukturieren.« (S. 132) Dass solche »Vorannahmen« abzulehnen seien, ergebe sich aus ihren »Auswirkungen«, was »sich zum Beispiel in der politischen Theorie von Thomas Hobbes [...] beobachten« lasse – weitere Beispiele folgen nicht. Er mag es vielleicht akzeptabel finden, Prämissen aufgrund unerfreulicher Folgerungen zurückweisen zu wollen, aber die Stelle zeigt deutlich, wie dramatisch Mühlhoff politische Theorie, Anthropologie, Sozialphilosophie und alle anderen philosophischen und nicht-philosophischen Disziplinen verkürzt, um letztlich einen Faschismusbegriff zu retten, der – von Mühlhoff vielleicht unbeabsichtigt – auf ein Bild der Verführung hinauszulaufen scheint: Die Menschen sind gar nicht so, sie wurden (von einer faschistoiden

Tech-Elite) verführt, manipuliert, betrogen, in »ökonomische[r] Ungleichheit oder [in] Unzufriedenheiten aller Art« gehalten (ebd.). Denn gegen Faschismus hilft Optimismus: »Faschismus verfängt überall dort, wo sich Menschen durch gesellschaftliche Prägung ein wesentlich pessimistisches Menschenbild zu eigen machen.« Auch für die Erkenntnisse der Radikalisierungsforschung scheint sich Mühlhoff nicht zu interessieren. Nach dieser ist Radikalisierung ein komplexer Prozess, in dem individuelle, soziale, affektive, ideologische und strukturelle Faktoren zusammenkommen und der meist durch plötzliche Ereignisse wie individuelle, einschneidende Ereignisse ausgelöst wird.[21] Eine Erklärung, die bloß auf pessimistische Menschenbilder abstellt, greift zu kurz.

Auch im Abschnitt über die »Technologie als Machtinstrument« werden wir enttäuscht: Bevor es noch einmal um die Verstrickung von IBM in den Holocaust geht, lässt uns Mühlhoff wissen, dass es ein »wesentliches Kennzeichen des Faschismus« sei, »neuste[] Technologien als Machtinstrument« sich anzueignen (S. 133) und zwar in einem »rein instrumentellen Verhältnis« (S. 134), also offenbar gerade nicht ideologisch: »Die Faschisten schätzen Technologie als reines Machtinstrument, ohne die intellektuelle Kultur zu respektieren, in der technologische Innovation gedeiht und hervorgebracht wird.« (S. 133). Auch hier fragt sich, für welche Regierungsform dies eigentlich nicht gilt und ob hier wirklich ein *wesentliches* Merkmal des Faschismus getroffen ist und nicht eines, das irritiert, solange man Faschismus bloß als antimodern und rückwärtsgewandt versteht. Kurios ist aber Mühlhoffs Übertragung auf die Gegenwart: Es sei heute nicht anders, wie sich an den »Ideologien rund um das Thema KI zeige[], [also] wie faschistoide Tendenzen aus dem Geist einer technologischen Innovationskultur geboren werden können« (S. 134f). Ob das Verhältnis von Faschismus zur Technologie nun instrumentell oder ideologisch ist, ob er Innovationskulturen übergeht oder eine Innovationskultur eigener Art darstellt, verschwimmt. Mühlhoff stört das nicht: Er macht mit DOGE, Trump und der Abwanderung von Wissenschaftler:innen aus den USA weiter, bevor es im nächsten Abschnitt um die Dialektik der Aufklärung geht. Denn »[i]m Fall

21 Die Literatur hierzu ist längst unüberschaubar geworden. Vgl. abermals pars pro toto etwa Roland Eckert: »Radikalisierung in konflikttheoretischer Perspektive«, in: Brahim Ben Slama und Uwe Kemmesies (Hg.): *Handbuch Extremismusprävention. Gesamtgesellschaftlich. Phänomenübergreifend*, Wiesbaden 2020, S. 213–267; sowie Clark McCauley und Sophia Moskalenko: »Mechanisms of Political Radicalization: Pathways Toward Terrorism«, in: *Terrorism and Political Violence* 20 (2008), Heft 3, S. 415–433.

der KI-Ideologien [sei] es die instrumentelle Vernunft der Rationalisten, der Bayes'schen Statistik und all der wissenschaftlichen Errungenschaften (darunter auch Maschine Learning)«, »die nun zu Werkzeugen von Herrschaft und Unterdrückung werden und sehr leicht zu einem gesellschaftlichen Rückschritt führen können« (S. 136). Das ist mehr als bloß eine Reihe von argumentativen Ungenauigkeiten, denn Mühlhoff bedient sich hier einer argumentativen Überdeterminierung: Da alles – von KI-Ideologie bis Bayes – irgendwie auf Faschismus hinauslaufen »kann«, wird völlig unklar, was *wie* zusammenhängt, wofür oder wogegen nun genau argumentiert werden soll, so dass die nun folgende Kritik an der Datensammelei der großen US-Plattformen irgendwie anschlussfähig erscheint. Deren »Datenschätze« und die »prädiktive« KI-Technologie zusammen erlauben, »Menschen automatisiert zu sortieren und in Kategorien einzuteilen« (S. 136f). Die dramatisch formulierte Sorge ist jedoch keineswegs spezifisch für KI-Technologie oder Tech-Ideologien des 21. Jahrhunderts, sondern könnte exakt so in der Datenschutzdiskussion der 1970er und 80er Jahre verortet sein. Bei Mühlhoff läuft das alles auf die Befürchtung hinaus, durch »automatisierte[n] Ein- oder Ausschluss, [durch] Bevorzugung oder Benachteiligung von Menschen durch KI-Systeme« (S. 139) könnte »ein neues faschistisches System erwachsen« (ebd.). Mehr als Empörung liefert der Abschnitt nicht.

Bilanz

Das Buch endet mit einem Kapitel, das mit »Was tun?« überschrieben ist. Der Satz »Wichtig wäre es, zuerst einmal diese Kräfte so früh wie möglich als solche zu benennen, durch Abgrenzung zu isolieren und bereits auf diese Weise daran zu hindern, sich auszubreiten« (S. 140) fasst den Abschnitt gut zusammen, nur fragt man sich unweigerlich, ob es nach den vorangegangenen Kapiteln für ein ›Wehret den Anfängen‹ nicht auch aus Mühlhoffs Sicht schon reichlich spät sein müsste. Auch ist die Forderung einer »Brandmauer« (S. 141) wenig innovativ – zumal sich die zweite Trump-Administration genauso wenig isolieren lässt wie eine superreiche Tech-Elite. Dass Mühlhoff immer wieder auf die Eliten zu sprechen kommt, dürfte wohl daran liegen, dass er entgegen den Forschungsergebnissen zur beispielsweise nationalsozialistischen Wirtschaftspolitik unterstellt, dass »letztlich nur wirtschaftliche Eliten von faschistischer Politik profitieren« (S. 143). Auch wenn Mühlhoff sich nicht an einer historischen Studie versuchen möchte, sollte nicht unterschlagen werden, dass namentlich von der Arisierung auch der kleine Mittelstand profitierte. Das spricht freilich weniger gegen eine Kritik an den Enteignungsstrategien der gegenwärtigen Tech-Eliten und KI-Firmen, wenn sie etwa ungeachtet des Urheberrechts Trainingsdaten ohne Vergütung zusammenstellen, sondern eher dafür, ein anderes analytisches Konzept als ›Faschismus‹ in Anschlag zu bringen. Mühlhoff schließt mit der Forderung, anders über »Zukünfte« (im Plural) »mit oder ohne« KI zu sprechen, nicht zu vergessen, »dass wir Technologie gestalten *können*«, dass man über oder auch gegen »futuristische Utopien und Tech-Ideologien« »aufklären« müsse, ja, »uns dazu befähigen [...], verantwortungsvoll über KI-Zukünfte zu diskutieren« und schließlich, dass wir mehr, statt weniger Regulierung bräuchten (S. 146f), jedenfalls ein »breiteres gesellschaftliches Bewusstsein dafür« gewinnen müssten (S. 147) Denn: »Nur eine aktive und aufgeklärte demokratische Kontrolle über die Entwicklung und den Einsatz neuer Technologien kann es verhindern, dass diese zu Instrumenten faschistischer politischer Kräfte werden« (ebd.) – wie das angesichts der geostrategischen Lage, der Trump-Administration und dem möglicherweise uneinholbaren Vorsprung US-amerikanischer Tech-Konzerne durch die deutsche oder europäische Öffentlichkeit geschehen könnte, verrät uns Mühlhoff nicht.

Der Gesamteindruck, den das Buch hinterlässt, ist bestenfalls durchwachsen. Mühlhoff verfolgt in jedem Kapitel berechtigte Anliegen, stellt vielfach richtige Diagnosen, stolpert jedoch immer wieder über den Faschismusbegriff, der das ganze Buch assoziativ, aber kaum systematisch durchzieht. Zu bilanzieren ist auch, dass der Brückenschlag von den Phänomenen zum »Weckruf« durch eine schlüssige Diagnose misslingt. Hätte Mühlhoff auf die von ihm so trotzig verteidigte Verwendung des Faschismusbegriffs verzichtet und etwa nur von »Künstlicher Intelligenz und die Bedrohung der Demokratie« gesprochen, ohne all die heterogenen Phänomene unter einen breit beforschten, aber stets umstrittenen Begriff zu bringen, hätte sein Bändchen erheblich gewonnen – zumal der Faschismus keineswegs die einzige antidemokratische Bewegung war und ist. Als lose Versammlung von kritischen Perspektiven auf KI funktioniert sein Buch und hätte so als Einstieg in das Thema dienen können, als Verdichtung unter einen Begriff funktioniert es nicht. Kurz: Gerade wer Mühlhoff in seiner Kritik an der gegenwärtigen künstlichen Intelligenz zustimmen möchte – schließlich benennt er entscheidende Themen –, wird die vielen Kurzschlüsse zwischen einer allzu oft doch nur teilweise tragfähigen KI-Kritik und einem dramatisch unterkomplexen Faschismusbegriff bedauern. Ebenso frustrieren muss es diejenigen, die den Faschismusbegriff als analytische Kategorie zu verteidigen suchen, hier aber auf eine Verwendung des Begriffs stoßen, die allenfalls unscharf ist und oft als bloßer Kampfbegriff dient.

Bruno Gransche

Technikphilosophie im Schaufenster

Rezension zu Kevin Liggieri, Marco Tamborini und Olivier Del Fabbro: *Technikphilosophie: Neue Perspektiven für das 21. Jahrhundert*, wbg Academic, Herder 2023, 280 Seiten.

Autoren, Anspruch und Zielgruppe des Buches

Die Autoren Kevin Liggieri, Marco Tamborini und Olivier Del Fabbro wollen mit dem Buch *Technikphilosophie* (wbg 2023) gemäß Untertitel *Neue Perspektiven für das 21. Jahrhundert* vorlegen.[1] Dabei geht es laut Klappentext um die Frage, »wie Mensch und Gesellschaft mit philosophisch zeitgemäßen Ansätzen den Herausforderungen technologischer Entwicklungen aufgeklärt begegnen können.«

Das Autoren-Trio arbeitet mit leicht variierenden Schwerpunkten zur Philosophie und Geschichte von Technik und Wissenschaft. Kevin Liggieri ist Technikhistoriker am Institut für Geschichte der TU Darmstadt mit Schwerpunkt auf historisch-epistemologischer Technikforschung, Wissenschaftsgeschichte, insbesondere der Verbindung von Lernen und Technik. Marco Tamborini ist Wissenschafts- und Technikphilosoph/-historiker ebenfalls an der TU Darmstadt, am Institut für Philosophie mit Schwerpunkten auf der Schnittstelle von Lebenswissenschaften, Technik und Ethik, insbesondere im Bereich KI und Robotik. Olivier Del Fabbro ist Technikphilosoph an der ETH Zürich mit Schwerpunkten auf französischer Wissenschafts-/Technikphilosophie, insbesondere Philosophie und Geschichte komplexer Systeme, KI und Kybernetik.

Die Auswahl der Kapitel-Themen des hier besprochenen Buches *Technikphilosophie* scheint nicht zuletzt durch die Vorarbeiten und Arbeitsschwerpunkte der Autoren motiviert zu sein. Das Buch soll dezidiert (einige) neue Perspektiven zusammenstellen und auf Problemtypen abheben, die »zweifelsohne kontingent« (S. 13) ausgewählt sind, sich aber in archäologisch explikativer Hinsicht eignen sollen, um an ihnen »funda-

1 Sofern keine andere Quelle angegeben wird, beziehen sich alle Seitenzahlen auf das besprochene Buch; mit FN werden zusätzlich Fußnoten dort angegeben.

mentale Wandlungen menschlicher Selbst- und Fremdverständnisse [...] durch Technologie im 20./21. Jahrhundert« (ebd.) zu zeigen. So wollen die Autoren *Technikphilosophie als Übung in Kritik* verstanden wissen; womit auch der erste Teil übertitelt ist, der den Ansatz des Buches vorstellt. Danach widmen sich die Autoren Themenbereichen und Perspektivierungen jeweils anhand von verschränkten Begriffspaaren, nämlich: *Subjekt/Projekt, Leben/Form, Einfach/Komplex, Lernen/Abrichten, Home/Office, Raum/Welt.* Sie schließen mit einem Abschnitt zu *Leben mit Technik.* Anhand dieser Themenpaare soll eine aufgeklärte Haltung gegenüber den Herausforderungen technologischer Entwicklungen angemahnt und angeregt werden.

Das Kapitel *Subjekt/Projekt* behandelt die (bio-)technologische Optimierung des menschlichen Körpers als formbares Material und stellt angesichts dieser technischen Disponibilität unseres Seins die Frage, wer und wie wir sein wollen; dabei sind Robotik und Biotechnologie im Fokus. *Leben/Form* analysiert das problematische Verhältnis von Leben und Form durch Technisierung, die Verwischung von Organismus- und Maschinengrenzen, von Technik und Natur sowie biohybride Organismen bzw. Systeme. *Einfach/Komplex* thematisiert Komplexität als neues Paradigma im 21. Jahrhundert und behandelt Komplexitätsforschung und emergentes Verhalten sowie Kontrollverlust in komplexen Systemen wie z.B. Stromnetzen. *Lernen/Abrichten* beleuchtet Maschinelles Lernen/KI im Kontrast von menschlichem, tierischem und technischem Lernen bzw. Abrichten und damit Tendenzen der Anthropomorphisierung, Biologisierung, Psychologisierung und Zoomorphisierung von Technik. *Home/Office* befasst sich mit der digitalen Transformation der Arbeitswelt und der Verschmelzung von Home und Office, der Domestikation von Technik und einer Kontrastierung der Herr-Knecht Verhältnisse mit der Rolle der Menschen als »Selbstmanager«. *Raum/Welt* schließlich blickt auf die Transformation von Raum und Umwelt durch Digitalisierung und Konsequenzen einer Lebenswelt als wesentlich technische Umwelt.

Die Autoren betonen die Tragweite des Einflusses von und die Durchdringung unserer Lebenswelt mit Technik, die daraus entstehenden Herausforderungen für Mensch und Gesellschaft und damit auch die kaum zu überschätzende Größe der Frage des Verhältnisses von Menschen und Technik, wie sie etwa auch Karl Jaspers schon Mitte des 20. Jahrhunderts pointierte:

> »Wegen der Größe der Frage, was damit aus den Menschen werden kann, ist die Technik heute vielleicht das Hauptthema für die Auffassung unserer Lage. Man kann den Einbruch der modernen Technik und ihre Folgen für schlechthin alle Lebensfragen gar nicht überschätzen.«[2]

Angesichts dieser Tragweite muss Technik erneut und immer wieder neu durchdacht werden. An diese Einsicht anschließend möchten die Autoren in diesem Buch den technikwissenschaftlichen Tendenzen des 20. und 21. Jahrhunderts nachspüren und deren philosophische Prämissen und Probleme explizieren. Der Reigen der Problematisierungen, Perspektivierungen und Leitbegriffe in den einzelnen Kapiteln liefert in seiner Gesamtheit einen schönen Eindruck von Sichtweisen auf Technisches und dadurch entstehende Probleme für das Verständnis und die Auswirkungen auf die Lebenswelt. Insgesamt ist das ein gelungener Strauß im Sinne eines Überblicks über einige aktuelle Debattenlagen der Technikphilosophie. Eine solche Auswahl kann – wie die Autoren selbst einräumen – in der genauen Zusammensetzung kritisiert werden; warum fehlt das eine, warum findet sich das andere usw.? Sie legen aber in Summe ein spannendes Set an »Sachen, die Probleme machen« (S. 11ff.) vor, sodass sich die Lektüre für viele Leser sicher lohnt.

Für jene Leser, bei denen die Kenntnis dieser Debattenlage vorausgesetzt werden kann, also besonders Fachphilosophen mit Schwerpunkt auf Technikphilosophie und Technikethik in internationaler Orientierung, stellen die Kapitel gut kombinierte Ensemble dar, liefern aber insofern wenig Überraschendes, als die Basisbruchlinien und Konfliktpunkte, beispielsweise einer relationalen Ontologie, Tendenzen der Anthropomorphisierung von Technik, Grenzverschiebungen zwischen Natur und Technik etc., welche in der Technikphilosophie insgesamt seit längerem breit diskutiert werden. Eine andere Leserschaft, bei denen die Kenntnis der jeweils verwiesenen Debattenlagen und Begriffe nicht ohne weiteres vorausgesetzt werden kann, erfährt mit dem Überblick durchaus gewinnbringend zentrale Argumente, Positionen und Beispiele; dies zudem in schön pointierten Formulierungen. Für diese Leserschaft könnten allerdings stellenweise wesentliche Hintergründe, Begründungen, Definitionen und Erklärungen fehlen, auf die lediglich verwiesen wird. Die wenigsten Leser werden zu jedem Kapitel die verwiesene Literatur nacharbeiten und erst dann weiterlesen. Dem

2 Karl Jaspers: *Vom Ursprung und Ziel der Geschichte*, Frankfurt am Main, Hamburg 1955, online verfügbar unter http://katalog.ub.uni-heidelberg.de/cgi-bin/titel.cgi?katkey=65200390, S. 98.

(nicht Fach-)Leser hätten daher an einigen Stellen zumindest knappe Hilfestellungen mitgeliefert werden können. Dies spiegelt sich auch sprachlich im Buch, das nach eigenem Anspruch möglichst frei von philosophischem und technikwissenschaftlichem Fachjargon sein soll. Das gelingt meist gut, wenn auch nicht ganz durchgängig; zumindest ist »Hylemorphismus« (S. 84, 88) – zumal nicht weiter erläutert, übersetzt oder definiert – kaum alltagssprachlich. So schwankt das Buch in seiner Ausrichtung zwischen Einführung und Fachbeitrag.

Auswahl und Zuschnitt der Kapitel

Jedes einzelne Kapitel stellt eine thematisch abgegrenzte, eigenständige Annäherung an die entsprechenden Thematiken dar, ohne dass die Kapitel bzw. deren Themen weiter miteinander verbunden würden, sodass die Kapitel – je nach Interesse – auch problemlos einzeln oder in beliebiger Reihenfolge gelesen werden könnten. In der Tat haben die Autoren (wie es scheint, ohne das vollständige Œuvre des Trios intim zu kennen) zu allen Themen bereits ähnliche Veröffentlichungen vorgelegt, auf die teils verwiesen wird und die für dieses Buch neu zugeschnitten oder pointiert worden zu sein scheinen.[3] Die – wenn man so will – Schlaglichter in diesem Buch, sehen die Autoren als »Theorieofferten«, um »unterschiedliche Technologien nuanciert« zu deuten, jeweils vor der Grundannahme einer »Technischen Aufklärung« (S. 23). Die Kapitellänge ist dabei jeweils zu kurz, um die Thematiken vor dem Hintergrund des breiten Feldes der entsprechenden Debatten eingehender diskutieren zu können. Dass die Autoren in diesem Stil kontingente Themen nebeneinander technikphilosophisch beleuchten, lässt sich vor diesem Hintergrund als Vorführungen von Übungseinheiten deuten, die weniger Antworten im Sinne von Verstehens- und Orientierungsvorgaben liefern als vielmehr technikphilosophisch inspiriertes Umdenken unserer technisierten Lebenswelt anregen sollen. So erzeugen die Ausführungen in den Kapiteln als auch die Summe der Kapitel den Eindruck eines implizit stets mitzulesenden und vom Leser anzuschließenden Und-so-weiter-und-so-fort.

3 Man vergleiche etwa das Kapitel *Home/Office* (S. 133–162) mit Kevin Liggieri: Anthropozentrismus in Mensch-Maschine Interaktionen, in: Selin Gerlek u.a. (Hg.): *Von Menschen und Maschinen. Mensch-Maschine-Interaktionen in digitalen Kulturen*, Hagen 2022 (Digitale Kultur, Band 1), S. 74–94.

Die konkreten Kapitelzuschnitte, die die Autoren vornehmen, zeigen ihre gute Verortung in der jeweiligen Debattenlage der Technikphilosophie und -geschichte sowie ein Gespür für problematische Konstellationen oder Kristallisationspunkte, anhand derer Probleme aufscheinen. Die einzelnen Themen oder Begriffspaare sind geschickt gewählt und informativ, so beispielsweise, dass der Zusammenhang von *Home* und *Office* oder dem Home-Office und die Reflexion auf die Änderung durch Technisierung von Arbeit und Leben. Das ist etwas, das im Zuge der Corona-Krise – das Buch wurde 2023 veröffentlicht – triftiger geworden ist, inzwischen durch postpandemische Normalität aber wieder etwas weiter entfernt zu sein scheint. Wie ungebrochen aktuell das Beispiel des Stromausfalls von 2003 im Kapitel *Einfach/Komplex* (ab S. 85) ist, zeigt der zum Zeitpunkt dieser Rezension am 28. April 2025 vorgefallene riesige Stromausfall in Spanien und Portugal.[4] Ebenfalls eine aktuell kaum zu unterschätzende Rolle in Gesellschaft und Wissenschaft spielt Künstliche Intelligenz und auch hier stellt das Kapitel *Lernen/Abrichten* einen schönen Zugang zu Problemen der Künstlichen Intelligenz dar, die beispielsweise von einer Biologisierung der Technik vor allem in der Kybernetik ausgeht und dann zu einer Psychologisierung dieser Technik durch Künstliche Intelligenz übergeht. Ein historischer Umschlagsmoment, der die Künstliche Intelligenz als Begriff stark mitbestimmt hat, da die Gründer dieses Begriffs in der Dartmouth-Konferenz 1956 sich vor allem gegen Norbert Wiener und dessen (metabolisch/homöostatisch inspirierte) Kybernetik sowie deren damalige Dominanz in der Wissenschaft gewandt haben. Solche Linien, in diesem Fall Biologisierung und Psychologisierung von Technik, sind sehr gelungene Zuschnitte dieses Buches. Sie beleuchten Binnenrelationen solcher Technologien oder Mensch-Technik-Verhältnisse, die dann auf unser Verständnis von diesen Debattenlagen überführt werden und zu einer Neuperspektivierung einladen. Neben Biologisierung und Psychologisierung ist dann die Frage nach der Anthropomorphisierung von Technik, wenn nämlich mit Intelligenz ein Begriff, der vor allem für menschliche kognitive Leistungen angewandt wird, auf Technik übertragen wird. Diese Anthropomorphisierung ist aber wiederum eine zu kritisierende Tendenz, weshalb die Autoren mit dem Begriff des *Abrichtens*, der vor allem im Zuge des behavioristischen Lernmodells sowie auf Tiere angewendet wird, sehr gelungen spezi-

4 Julian Korb: »Blackout in Spanien. Mehr Details zum Ablauf bekannt«, in: *Zeitung für kommunale Wirtschaft*, 13.5.2025, https://www.zfk.de/energie/strom/blackout-in-spanien-mehr-details-zum-ablauf-bekannt (aufgerufen: 19.9.2025)

fische Unterschiede zwischen menschlichem, tierischem und technischem Lernen aufzeigen; z.B. dass Menschen nicht nur lernen, sondern auch noch erklären können, was und wie sie gelernt haben. »Da Maschinen nicht verstehen, was und wie sie lernen, können sie die Lernprozesse auch nicht erklären. Sie haben vielleicht Erfolg, aber keine Einsicht.« (S. 120) Anhand des Beispiels Künstlicher Intelligenz machen die Autoren so in Abgrenzung zur Kybernetik den Übergang von Biologisierung zur Psychologisierung deutlich, verweisen dann auf den Effekt der Anthropomorphisierung von Technikvorstellung, die sie als eine Zoomorphisierung enthüllen. So wird Technik anders vorgestellt und reflektiert: Leben, Kognition, Lernen, Abrichten; solche Hinsichten werden gewissermaßen in eidetischer Variation (in phänomenologischer Tradition Husserls) durchdekliniert und so Besonderheiten am Phänomen herauskristallisiert, die durch den Wechsel der Perspektive als Konstanten im Unterschiedlichen erscheinen.

Insofern zeigt sich in diesem gelungenen Kapitel *Lernen/Abrichten* exemplarisch, wie selbst in kurzer Form Linien herausgestellt werden können, die eine lohnende Perspektivierung auf die entsprechenden Phänomene liefert. In diesem multiperspektivischen Wechsel zeigt sich dann allerdings auch die Notwendigkeit für inhaltliche Kompromisse: Allein zu dem Kapitel *Lernen/Abrichten* und KI ließe sich ein eigenes Buch schreiben (sogar mehrere). Entsprechend müssen viele Aspekte außen vor bleiben. Manche dieser Auslassungen werden kurz markiert oder versucht anzureißen, wie es beispielsweise in Teil VI des *Lernen/Abrichten*-Kapitels der Fall ist. *Die gefährlichen sozialen Dimensionen von KI* – so dessen Abschnittsüberschrift – auf viereinhalb Seiten anzugehen, kann nicht viel mehr als ein Verweis auf eine Leerstelle sein. So bleiben darin unvermeidlich Großteile der umfassenden Forschungsstände, Debattenbeiträge etc. zu diesem Thema unerwähnt. Bei allem Verständnis für inhaltliche Auswahl und selektive Zuschnitte stellt sich so gelegentlich beim Lesen das Gefühl ein, an einer Reihe attraktiver Schaufenster vorbei geführt zu werden, ohne die Geschäfte dann auch betreten zu können.

Methodische Verortung des Buches

Mit den im Untertitel betonten *neuen Perspektiven* der Technikphilosophie für das 21. Jahrhundert grenzen sich die Autoren von implizierten ›alten‹ – oder »eingeengten, eingesessenen, einsozialisierten« (S. 10) – Perspektiven auf Technik ab. Die in solcherlei in der Technikphilosophie üblichen Abgrenzungsmarkierungen bewanderten Leser wird das v.a. an die vielen Varianten der ›Turns‹ in Anlehnung an den *Linguistic Turn* erinnern[5] und in der Tat klingt die Selbstverortung der Autoren für die Perspektive dieses Buches sehr nach den Beiträgen zum *Empirical Turn* oder der Postphänomenologie.[6]

Die (vermeintlich) ›alte‹ Sicht auf Technik sei vor allem eine, die sich um essenzialistische Definitionen bemühe und der Frage eine Antwort zu geben versuche, was Technik *sei*? Entsprechend – so weiter die Abgrenzungsrhetorik der *Empirical Turn*-Vertreter – sei diese Frage im Kollektivsingular auf abstrakter Höhe gestellt und wurde different, auch widersprüchlich in der Geschichte der Technikphilosophie zu beantworten versucht (teils durchaus mit Betonung ihrer Pluralität und Konkretheit): Technik wurde verschiedentlich gefasst[7] Klicken oder tippen Sie hier, um Text einzugeben.etwa als Sachsystem zur Wandlung, zum Transport und zur Speicherung von Materie, Energie und Information (Ropohl), als ein Zustand des menschlichen Weltverhältnisses (Blumenberg), als reales Sein aus Ideen durch finale Gestaltung und Bearbeitung aus naturgegebenen Beständen (Dessauer), als beides, Mittel für Zwecke und ein Tun des Menschen (Heidegger), als die Tätigkeit, die ein Ziel hat, die Taktik des ganzen Lebens (Spengler), als die Erzeugung des Überflüssigen, heute wie in der Epoche des Paläolithikums (Ortega y Gasset), als die Praxis, die Theorie heißt (Husserl), als alles, was dem menschlichen Wollen eine körperliche Form gibt (Eyth).

Alle diese Fassungen haben ihre spezifische Leistungsfähigkeit, aber auch ihre Leistungsgrenzen und könnten als ›klassischere‹ Positionen der Technikphilosophie gelten. Die Autoren möchten hier über eine im Kollektivsingular theoretisch gefasste Definition und Behandlung von Technik hinausgehen, indem sie Technik *pluralistisch* in einer Vielfalt von Perspektiven betrachten und sich in Abgrenzung zur theoretischen Flughöhe ›klassischer‹ Ansätze auf konkrete einzelne Aspekte beziehen. Dies folgt

---

5 Tamborini steuerte selbst 2021 einen »Material Turn in the Study of the Form« bei (S. 61 FN18).

6 Vgl. Bruno Gransche: »Aktuelle Tendenzen der Technikphilosophie«, in: Mathias Gutmann, Klaus Wiegerling und Benjamin Rathgeber (Hg.): *Handbuch Technikphilosophie*, Stuttgart 2024, S. 61–70.

7 Vgl. Christoph Hubig, Alois Huning und Günter Ropohl (Hg.): *Nachdenken über Technik. Die Klassiker der Technikphilosophie und neuere Entwicklungen*, 3., neu bearb. und erw. Aufl. Berlin 2013 (Technik – Gesellschaft – Natur, 2).

einer Lager-Stilisierung, wie sie auch von Proponenten des *Empirical Turn* inszeniert wird: dort die klassische, abstrakte, kontinentale, ›alte‹ Technikphilosophie (stellvertretend meist Heidegger) – hier die ›neue‹ konkrete, bescheidenere, pragmatischere philosophische Reflexion sozio-technischer Ensemble. Der US-amerikanische Pragmatismus ist zumindest von Del Fabbro ein Forschungsschwerpunkt; dieser Pragmatismus wiederum inspirierte u.a. den *Empirical Turn* und machte in Kombination mit Phänomenologie (und weiterem wie der *Actor-Network-Theory*) als Postphänomenologie international Karriere.

Ein differenzierter Blick auf die oben exemplarisch aufgezählten ›klassischen‹ Technikverständnisse zeigt hingegen die Schwierigkeit, sie als ›klassischen‹ Abgrenzungsblock zu stilisieren – es stellt sich die Frage im Vergleich, wozu genau die Positionen der Autoren »neue Perspektiven« sind.[8] Die Autoren berufen sich dabei wesentlich auf die Phänomenologie, vor allem auf Husserl mit seinem Diktum *zurück zu den Sachen selbst*, und wenden dieses Motto als perspektivischen Zugang ihrer Untersuchung als Fokus auf *Sachen, die Probleme machen* (beides S.11ff.). Sie verstehen »Technikphilosophie nicht als Philosophie einzelner ›großer‹ und ›genialer‹ Denker [...], sondern als produktive Form einer Verbundforschung, die aus einem Netz von Forscher:innen besteht, die sich im Dialog befinden. « (S. 11, FN10).

Die Probleme (bzw. »Problemtypen«), auf die sie sich in den Kapiteln – dann wohl als Mitglieder einer größeren forschenden Community sprechend – fokussieren, seien nach eigener Aussage zwar »kontingent, aber keineswegs willkürlich« (S. 13); dies konsequent mit der Aussage, *einige* Perspektiven (oder laut Untertitel) *neue* Perspektiven vorzustellen und keine abschließende, umfassende, vollständige oder systematische Technikphilosophie vorzulegen. Letzteres wäre auch angesichts der reichen Historie des *Nachdenkens über Technik*[9] eine Herkulesaufgabe. Als Aufgabe ›ihrer‹ Technikphilosophie betonen die Autoren:

> »Man muss den Kollektivsingular ›Technik‹ selbst verstehen lernen, will man einen differenzierten Zugang zum ›Menschlichen‹ und zur Gesellschaft haben. Was ›Mensch‹, ›Wissen‹, ›Technologie‹, ›Leben‹ oder

8 Wobei ›neu‹ per se keine Auszeichnung in Bezug auf Tauglichkeit und Relevanz darstellt; ob Perspektiven neu sind, ist weniger entscheidend, als dass sie heute (noch, wieder, endlich einmal) etwas leisten.

9 Siehe für einen guten Überblick Hubig (Hg.): *Nachdenken über Technik*.

›Welt‹ war, ist, und sein kann, muss anhand der Sachen, die Probleme machen, kritisch analysiert werden.« (S. 13)

Diesen Kollektivsingular (eigentlich all diese Kollektivsingulare) zu verstehen hieße vor allem, ihn in seiner Pluralität aufzuschließen und die Sachen, die Probleme machen, und zu denen selbst zurückgegangen werden soll, nicht (nur) als konkrete Gegenstände zu denken, sondern in ihren jeweiligen Verweisungszusammenhängen, »vielmehr bilden sie Netze, Systeme oder verschaltete Artefakte.« (S. 13)

Der methodische und inhaltliche Zuschnitt des Buches kann vor diesem Hintergrund als kontingent, eklektisch, plural oder multiperspektivisch gesehen werden. Die Autoren berufen sich auf unterschiedliche Traditionen – wie z.B. der Phänomenologie – und zeigen Nähe u.a. zu Pragmatismus, *Empirical Turn*, Postphänomenologie etc. Das Buch hat somit keine strenge einheitliche Methode oder programmatische Ausgangsposition, sondern changiert über die Kapitel. Im ersten Kapitel erheben die Autoren diese Pluralität inhaltlich wie methodisch zum Programm: »Unser Themenkomplex sowie unsere Analysemethode sind pluralistisch. Bei uns dominiert nicht eine einzige Philosophie.« (S.11).

Dennoch stellen sich einige Fragen zu den Analysemethoden: Das Vorgehen, an die *Sachen, die Probleme machen,* in kritisch analytischer Sicht *selbst* heranzukommen, vergleichen die Autoren mit einer Archäologie und Freilegung von Schichten historischer und systematischer Diskussionen. »Man muss graben und sich wohl oder übel die Hände schmutzig machen: Hierfür benötigt man eine Hands-on-Philosophy.« (S. 16) So liegt der Schwerpunkt nicht mehr auf der Substanz der Objekte, sondern auf deren Funktionen. Und sie wollen vom »Ding als Substanz zu Dingen als Relationen.« (S. 17) Sie betonen den Fokus auf Konkretes im Gegensatz zu Theoretischem oder einzelne Sachen im Gegensatz zu abstrakten Ganzheiten und dass »›Ganzheit‹ ebenso problematisch geworden ist wie ›Welt‹. Eine Ausrichtung weg vom Allgemeinen hin zum Konkreten und Situativen ist notwendig geworden. Durch dieses (historische und systematische) Konkrete kann allerdings in bestimmten Fällen auf etwas Allgemeines verwiesen werden.« (S. 17) Dabei muss, besonders, wenn man die Relation betont, auch die Relation des Konkreten und Einzelnen zum Ganzen – nicht nur als Verweis – berücksichtigt werden, ohne die, gemäß des eigenen Anspruchs einer relationalen Perspektive, das konkret Einzelne nicht adäquat gefasst werden kann. Auf konkrete Sachen, Dinge in einzelnen Situationen zu fokussieren, ohne deren Bezug untereinander und die Gesamtheit dieser Bezüge als Ausdruck eines Ganzen zu berücksichtigen, hieße genau deren relationalen Charakter nur unzureichend zu erfassen. Neben dem Fokus auf konkrete situierte Dinge, auf ihre Relationiertheit, auf eine Archäologie des technischen Wissens und einem Spurenlesen in Technik analog zu Texten (vgl. Technikhermeneutik s.u.) findet sich eine Fokussierung (ebenfalls aus der Phänomenologie inspiriert) auf den Zusammenhang von Technik und *Lebenswelt.* »Technik konstituiert Lebenswelt und ist gleichzeitig von ihr geprägt.« (S. 19). Die Lebenswelt ist aber eine Vorstellung einer Gesamtheit, in der Einzelheiten, in wechselseitiger Relation und Situation für Menschen überhaupt relevant werden. Lebenswelt ist in einer Formulierung Husserls das »Universum vorgegebener Selbstverständlichkeiten«[10] und eine größere Gesamtheit als das Universum kann kaum erwogen werden. Insofern ist auch diese Perspektive richtig in der Phänomenologie situiert und eine gute Ausgangsbasis für die Analysen des Buches. Leider werden diese methodisch-philosophischen Grundierungen nicht strukturiert vorgestellt und expliziert durchgeführt, sondern bleiben vage als Hintergrundtönung, wahrnehmbar eher für die entsprechend sensibilisierten Teile der Leserschaft.

Kritik der Bezüge zur internationalen Technikphilosophie

Einige Perspektiven sind in der internationalen Technikphilosophie prominent, die in diesem Buch trotz Nähe zum formulierten Programm keine explizite Erwähnung finden und deren Fehlen daher irritiert. Kurze Darstellungen dieser Debattenlagen hätten wertvolle Kontextualisierungen für das Buch und die Einordnung seiner Beiträge ergeben. So finden sich z.B. eindeutig technikhermeneutische oder postphänomenologische Positionen, ohne dass diese jedoch als solche transparent gemacht würden oder das Buch in den internationalen Debattenlagen verortet würde. Anhand zweier Beispiele soll das näher vorgeführt werden.

Die Selbstverortung der Autoren weist – wie erwähnt – große Nähe zu einer sehr prägenden Tendenz der internationalen Technikphilosophie auf, die der Postphänomenologie; sie wird schwerpunktmäßig vertreten vor allem in der niederländischen Technikphilosophie, v.a. anschließend an den

10 Edmund Husserl: *Die Krisis der europäischen Wissenschaften und die transzendentale Phänomenologie. Eine Einleitung in die phänomenologische Philosophie*, 2. Aufl., hg. v. Walter Biemel, Dordrecht 1976 (HUA 6), S. 183.

US-Amerikaner Don Ihde.[11] Beispielsweise auch die Forderung, Technik nicht als abstraktes Ganzes zu fassen (im Postphen-Jargon: *Technology* im Singular mit großem T), sondern in konkreten Einzelheiten, Situiertheit und Konkretheit (*technologies* im Plural und kleinem t), ist wesentliches Merkmal der Postphänomenologie (auch wenn sie dies keineswegs exklusiv beanspruchen kann). Die Postphänomenologie als Tendenz der Technikphilosophie war und ist international wirkungsreich, wenn auch nicht unumstritten. Phänomenologen kritisieren etwa, dass die Forderungen der Postphänomenologie in einer recht verstandenen Phänomenologie bereits enthalten seien und allenfalls als Betonung gerechtfertigt werden können, nicht als Abgrenzung gegenüber der Phänomenologie.[12] Auch das Diktum *zu den Sachen selbst* von Husserl ist entsprechend phänomenologischer Urbestand und keine Post-Abgrenzung zur Phänomenologie, auch wenn er im Zuge eines *Empirical Turn* mit einer gewissen Empirieforderung anders auftritt. Ohnehin bleibt der genaue Empiriebegriff der Postphänomenologie fragwürdig, die zwar ›empirische‹ Untersuchungen an konkreten einzelnen Technologien, Geräten, Artefakten, Dingen vorschlägt (von Don Ihde etwa am Mikro- und Teleskop oder Peter-Paul Verbeek am Ultraschallgerät), dabei aber kaum empirische Datengrundlagen verwenden, wie es Empiriebegriffe der empirischen Wissenschaften erfordern würden. Der *Empirical Turn* der Postphänomenologie versucht konkreter zu werden als Heideggers *Wesen der Technik*-Überlegungen, wird aber auch nicht wirklich empirisch im Sinne systematischer Datenerhebung, quantitativer Methoden, statistischer Analysen etc. Das Fehlen von Empirie in letztgenannter Prägung schmälert aber keineswegs den Nutzen philosophischer Untersu-

11 Vgl. Gransche: »Aktuelle Tendenzen der Technikphilosophie«, in: *Handbuch Technikphilosophie,* Stuttgart 2024, S. 61–70; vgl. Robert Rosenberger und Peter-Paul Verbeek: »A Field Guide to Postphenomenology«, in: Dies. (Hg.): *Postphenomenological Investigations. Essays on Human-Technology Relations.* Lanham 2015 (Postphenomenology and the philosophy of technology), S. 9–41; vgl. Don Ihde: »Preface. Positioning Postphenomenology«, in: Robert Rosenberger und Peter-Paul Verbeek (Hg.): *Postphenomenological Investigations. Essays on Human-Technology Relations.* Lanham 2015 (Postphenomenology and the philosophy of technology), S. vii–xvi.

12 Sophie Loidolt: »Techno-Phänomenologie. Von multistabilen Diskursen, Meisterdenkern und der Neugier auf Technologie. Rezension zu Robert Rosenberger und Peter-Paul Verbeek (Hg.): *Postphenomenological Investigations. Essays on Human-Technology Relations*«, in: Alexander Friedrich u.a. (Hg.): *Autonomie und Unheimlichkeit. Jahrbuch Technikphilosophie (6. Jahrgang)*, Baden-Baden 2020, S. 203–212; Don Ihde und Andreas Kaminski: »What is Postphenomenological Philosophy of Technology?«, in: Alexander Friedrich u.a. (Hg.): *Autonomie und Unheimlichkeit. Jahrbuch Technikphilosophie (6. Jahrgang)*, Baden-Baden 2020, S. 261–287.

chungen, relativiert in diesem Aspekt aber Claims der ›Dirty Hands‹ (S. 16) oder sogenannter ›Empirical Turns‹. Insofern ist die Selbstverpflichtung der Autoren zur Wissensarchäologie, Spurensuche mit schmutzigen Händen und der Fokus auf Sachen selbst, die Probleme machen, eine legitime programmatische Absichtserklärung; die Relationen nicht nur zur Phänomenologie (explizit als Motto *zu den Sachen selbst),* sondern auch zur Postphänomenologie (bis auf S. 179 nur implizit) hätten klarer gemacht werden können.

Ein weiteres Beispiel für eine nicht oder kaum präsente Perspektive wären etwa Arbeiten anschließend an die Technikhermeneutik, in der sich eine eigene Debatte international gebildet hat. Ein Spezifikum neben der ›Sachenkonkretion‹ dieser Buch-Perspektive soll nämlich »eine Archäologie des technischen Wissens« (S. 17) sein: »Technische Objekte, Systeme und Netzwerke sind nämlich mehrdeutig und müssen auf Kontext und Paratext hin untersucht werden. Das ›Spurenlesen‹ an Dingen kann deshalb mit dem Spurenlesen in Texten verglichen werden.« (S. 18) Das rückt das Buch in die Nähe der *Technikhermeneutik*, ohne dass wiederum diese Strömung ausführlich behandelt würde (mit kurzen Ausnahmen, S. 144 FN41ff. und S. 191) und eine Positionierung in Bezug zur internationalen Technikhermeneutik als aktuelle Strömung der Technikphilosophie hergestellt würde. Dabei stellen sich die Autoren programmatisch durchaus in die Nähe der Technikhermeneutik:

> »Die hier vorgestellte Kritik versucht demzufolge, ein neues Verstehen mitzugründen. Das ›neue‹ Verstehen bezieht sich aber nicht mehr auf die klassische Hermeneutik als Textauslegung, [..., daher müsse, BG] eine Hermeneutik anvisiert werden, die die Gefährdung menschlicher Sinngebung und Wahrnehmung durch Technologie ebenso reflektiert wie die emanzipatorischen Möglichkeiten von Sinn und Bedeutung in digitalen Räumen und komplexen Prozessen.« (S. 190–191)

Auch dieses Programm einer Technikhermeneutik (oder in digital-technischer Perspektivierung einer *digitalen Hermeneutik*) hat international in der Technikphilosophie verstärkt Ausprägung gefunden, zum Beispiel in dem Sammelband *Interpreting Technology*.[13] Weitere prominente Auseinan-

13 Mark Coeckelbergh, Alberto Romele und Wessel Reijers (Hg.): *Interpreting Technology. Ricœur on Questions Concerning Ethics and Philosophy of Technology*, Lanham 2021 (Philosophy, technology and society).

dersetzungen hierzu kommen nicht vor.[14] Von einem »neuen Verstehen« und »mitbegründen« kann daher ohne weitere Einordnung keine Rede sein.

In diesem Kontext aktuell und zunehmend relevant in der internationalen Technikphilosophie ist das Werk von Paul Ricœur und dessen Hermeneutik. Ricœurs gänzliches Fehlen in diesem Buch stellt eine auffällige Leerstelle dar, die das Ausblenden (oder Übersehen?) der neueren Technikhermeneutik verdeutlicht. An die Hermeneutik Ricœurs schließen aktuelle Arbeiten an, der ähnlich zu Gilbert Simondon aktuell eine gewisse Renaissance in der Technikphilosophie erlebt. Ricœur lieferte zwar keine ausgewiesene eigene Technikphilosophie, seine Hermeneutik wird aber von der internationalen Community auf Technik bezogen und für eine Technikhermeneutik fruchtbar gemacht.[15] Das weitestgehende Fehlen von Ricoeur, nicht nur in diesem Buch, sondern auch in weiten Teilen der v.a. *Empirical Turn*- und Postphänomenologie-Community, ist umso erstaunlicher, als der Begründer und vermutlich meistzitierte Vertreter der Postphänomenologie (Don Ihde) enge Verbindungen zu Ricœur aufwies. Zwar kritisiert Ihde die Deutung von nahezu allem als lesbarem Text (was im Übrigen eine Übervereinfachung von Ricœurs Position dazu darstellt) und fordert ein *Reversing the Linguistic Turn* mittels einer *Material Hermeneutics.*[16] Die nähere Beschäftigung mit Ricœur und einer anschließenden Technikhermeneutik erlaubt jedoch gerade beides zu verbinden: Die Sicht von Technik als Text ist nämlich dann nicht linguistisch beschränkt bzw. Ausdruck eines *Linguistic Re-Turn*, wenn beides, Sprache und Technik, als Texturen, also Konfigurationen von Symbolischem, Materiellem und Sozialem gefasst werden, Text also aus seiner sprachlichen Exklusivität befreit wird.[17] Zudem ist Ihde tiefer mit Ricœur verbunden und von ihm geprägt,

---

14 Wie z.B. Alberto Romele: *Digital Hermeneutics. Philosophical Investigations in New Media and Technologies*, New York 2020 (Routledge studies in contemporary philosophy, 127) oder Wessel Reijers und Mark Coeckelbergh: *Narrative and Technology Ethics*, Cham 2020.

15 Siehe https://ricoeurandtechnology.wordpress.com/ (aufgerufen: 19.9.2025) sowie Coeckelbergh (Hg.): *Interpreting Technology*.

16 Don Ihde: *Material Hermeneutics. Reversing the Linguistic Turn*, Abingdon 2022 (History and Philosophy of Technoscience, 21), https://www.taylorfrancis.com/books/9781003153122 (aufgerufen: 19.9.2025).

17 Vgl. Bruno Gransche: »*Free the Text. A Texture-turn in Philosophy of Technology*«, in: Mark Coeckelbergh, Alberto Romele und Wessel Reijers (Hg.): *Interpreting Technology. Ricœur on Questions Concerning Ethics and Philosophy of Technology*, Lanham 2021 (Philosophy, technology and society), S. 75–96.

als seine Kritik an ihm zunächst vermuten lässt; so hatte der 21 Jahre ältere Paul Ricœur den jungen Ihde zeitweise in seiner Wohnung in Paris aufgenommen, wo in der ›Philosophen-WG‹ über Gespräche und Notizeinsichten ein intensiver Austausch stattfand. Wenn mit solchen Claims – eines Spurenlesens in Technik analog zu Texten (s.o.) – Technikhermeneutik als eine der Basisfundierungen ausgewiesen wird, mit denen dieses Buch vorangehen soll, dann darf gefragt werden, warum die entsprechende internationale Debatte dazu nicht einbezogen und genutzt wurde.

Ähnlich beziehen sich Arbeiten der Technikphilosophie auf die Tendenz eines *neuen Materialismus*. Entsprechende Aspekte werden in dem Buch angerissen, aber nicht konkret zum neuen Materialismus in Bezug gesetzt. Entsprechend finden sich weitere Tendenzen im Buch, die der Sache nach und bei einzelnen Punkten richtig und gewinnbringend angeführt werden, die in der Summe aber hätten besser an ihre korrespondierende internationale Debattenlage angebunden werden können, wie z.B. der *Empirical Turn* und der folgende *Ethical Turn* (v.a. Richtung Tugendethik), neuer Materialismus, die relationale Ontologie oder *Object-oriented Ontology*, Technikhermeneutik. Aus internationaler Sicht wären weitere Autoren (präsenter) zu erwarten gewesen, an denen in der aktuellen Technikphilosophie analog zu den im Buch erwähnten Floridi oder Simondon kaum vorbeizukommen ist, wie Mark Coeckelbergh (v.a. zu KI), Shannon Vallor (*Virtue Ethics* und Technik), Carl Mitcham (v.a. Engineering-Perspektive), Peter-Paul Verbeek (u.a. Postphänomenologie) oder der erwähnte Paul Ricœur.

Kritik der Spannung zwischen Überblick und Deep Dive

Das Buch weist eine Spannung auf einerseits zwischen dem Versuch, einen Überblick über Perspektiven in ihrer pluralistischen Fassung zu bieten und andererseits die Perspektiven fundiert zu präsentieren und ihre Prämissen eingehender zu begründen oder zu kritisieren. Konkret zeigen sich Kompromisse zwischen diesen Spannungen, zwischen Allgemeinheit und Vielheit des Überblicks einerseits und Begründungstiefe, Begriffsklärungen und ›Deep-Dive‹ in die jeweiligen Argumentationen andererseits. Nicht wenige der verwendeten Begriffe oder auch angesprochenen Theorien, Debattenlagen etc. werden zwar erwähnt, dann aber nicht konkret definiert oder in ihren Kernaussagen dargestellt, sondern dabei vor allem auf Quellen verwiesen, wo entsprechendes andernorts nachgelesen werden kann. So spiegelt sich die Frage nach der intendierten Leserschaft des Buches am Umgang der Autoren mit Begriffen und Theorien: Entweder müssen Leser a) die Begriffe und Debatten bereits kennen, um an dieser Stelle kritisch reflektierend diesen Strängen im Buch weiter folgen zu können; oder sie müssen b) das Buch weglegen und die referenzierten Quellen konsultieren, was angesichts der Vielzahl kaum praktikabel sein dürfte; oder (und das dürfte am häufigsten der Fall sein) sie müssen c) den weiteren Ausführungen ohne genaueres Begriffsverständnis zu folgen versuchen. Letzteres birgt das Potenzial für Missverständnisse und könnte den Nutzen für die Leser von den sonst gelungenen Ausführungen der Autoren schmälern. Es ist klar, dass ein solches Buch nicht umfassend alle verwendeten Konzepte ausführlich referieren kann und nicht gleichermaßen auf heterogene Leservorkenntnisse eingehen kann, und es mag eine bewusst eingegangene Konzession der Autoren darstellen, diese konkreten Begriffsdefinitionen nicht oder weniger zu liefern, aber etwas mehr begriffliche Klärung und ›Leserservice‹ für nicht (Technik-)Philosophen wäre sicher hilfreich gewesen. Um diesen Kritikpunkt zu konkretisieren, soll exemplarisch der Umgang der Autoren mit dem Begriff *Lebensform* im Folgenden näher betrachtet werden. Auf diesen Begriff wird wiederholt und in verschiedenen Perspektivierungen eingegangen, ohne ihn konkret zu definieren oder zu erklären.

Der Begriff *Lebensform* spielt eine zentrale Rolle im Kapitel *Subjekt/Form* und wird überleitend schon auf S. 55 erwähnt:

> »Die gezeigten anthropotechnischen Vorstellungen, die das eigene ›Leben‹ in (eine) Form bringen wollen, auf die man zugreifen kann, werden für die Biorobotik des 21. Jahrhunderts zum fundamentalen Ansatzpunkt, um neues Wissen und neue Lebensformen auch über das menschliche Subjekt hinaus zu generieren.« (S. 55)

Auf S. 66 ist dann von »biotechnisch veränderten Lebensformen« und einer »Welt der Lebensformen« die Rede. Zuerst behandelt wird der Begriff erst auf S. 72. Man könne, so die Autoren:

> »die Frage nach den heutigen Unterschieden zwischen ›autonomen‹ Maschinen (Robotern mit KI) und Organismen stellen. Hierfür eignet sich ein Begriff, der in Wissenschaft, Gesellschaft und Philosophie des 21. Jahrhunderts eine tiefgreifende Neudefinition erfahren hat: die Lebensform.[45] Der Begriff der Lebensform wirkt intuitiv verständlich, obwohl er eigentlich Inneres-Abstraktes (das ›Leben‹) mit etwas Äußerem-Konkreten (der ›Form‹) verbindet. Form muss dabei zwar nichts Materielles

> sein, jedoch ist es im Zusammenhang mit dem Gestalt- und Figurbegriff etwas, auf das man technisch zugreifen kann. Dies wirft die Frage auf, wie und ob der Körper und das Leben in eine konkrete Form gebracht werden können.« (S. 72)

Der Begriff wird hier nicht definiert oder erklärt, sondern es wird direkt auf seine Transformation (»tiefgreifende Neudefinition«) und seine (scheinbare) Wirkung – »wirkt intuitiv verständlich« eingegangen. Lebensform verbinde Leben mit Form, letzteres hänge mit Gestalt und Figur zusammen und impliziere auch Immaterialität und technische Disponibilität. Eine Ausgangsdefinition fehlt, auch Beispiele oder Abgrenzungen, was *keine* Lebensform ist. Stattdessen wird in FN45 auf einschlägige Quellen verwiesen, wo eine solche Definition, Klärung oder Abgrenzung selbst bezogen werden könnte, u.a. das *Historische Wörterbuch der Philosophie*. Eine gute Übersicht zum Begriff liefert Jaeggi in *Kritik der Lebensformen*,[18] was hier aber nicht genannt wird und merkwürdigerweise *vor* der ersten (auch lediglich überleitenden) Nennung auf S. 55 (FN115) an einer Stelle zur reflektierten Kritik digitaler Subjektivität auftaucht. Den Lesern, die mit Lebensformen etwa eine biologische Klassifikationsmöglichkeit z.B. der Umweltangepasstheiten, verbinden, wird so wenig geholfen. Erst auf S. 78 findet sich der Begriff erneut, weder mit einer alten noch einer Neudefinition, sondern in spezifischem Gebrauch: »An der Lebensform gegenwärtiger Robotik zeigt sich somit ein grundlegender Einfluss eines cartesianischen Dualismus.« (S. 78) Offensichtlich sei die »gegenwärtige Robotik« also demnach eine Lebensform und es gebe daneben auch *hybride* Lebensformen (S. 79). Man soll mit Karl Popper nun, wenn man voneinander lernen will, versuchen zu verstehen, was jemand *meint* und nicht kritisieren, was jemand *sagt*, aber die Analyse des Gesagten ist der Weg zum Verstehen des Gemeinten. Die Perspektive technologisch bedingte Transformationen der Lebensformen, des Potenzials und der Gelingensbedingungen alternativer Lebensformen als technikphilosophische Aufgabe hervorzuheben, ist gewinnbringend. Nur lassen sich Änderung nicht ohne Feststellungen der Ausgangs- und Endpunkte verstehen. Auf S. 82 erfährt der Leser:

> »Anhand des tanzenden iCub und Kleists Marionetten haben wir uns die Frage gestellt, wie die Beziehung zwischen Technik und Leben aussieht, oder besser gesagt, wie sich das Konzept der Lebensform durch

18 Rahel Jaeggi: *Kritik von Lebensformen*, Berlin 2014 (Suhrkamp-Taschenbuch Wissenschaft, 1987).

die jüngsten technologischen Entwicklungen verändert hat. [...] In einer dialektischen Begegnung wurde eine neue Form des Konzepts ›Leben‹ geschaffen: die biotechnische Form des Lebens.« (S. 82)

Hier setzt – zumal für den über die Begriffshistorie des Lebensformen-Konzepts uninformierten Leser – das Rätseln ein, worin genau diese Änderung besteht. Kurz davor (inhaltlich völlig zurecht) vorgebracht:

> »In diesem Sinne wird die technische Form ›lebendig‹, weil dem Leben eine Form gegeben wird, die operationalisierbar, formalisierbar und technisierbar ist. [...] Künstlichkeit und Natürlichkeit gehen ineinander über und bedingen sich gegenseitig. [...] Leben und Form verschmelzen.« (S. 82)

Dass technische Form bzw. die Technik des Formens das Leben oder Lebewesen als formbares Material oder als Formungsressource zunehmend erschlossen hat und damit Grenzkonzepte wie Natur und Technik, Geschaffenes und Gewachsenes etc. obsolet oder neu problematisch werden, ist inhaltlich völlig richtig und der Verweis auf eine Relationsontologie (mit Bachelard und Simondon, S. 82 FN81), die hier weiterhilft, ebenso. Inwiefern Leser mit einem Alltagsverständnis von ›Lebensformen‹[19] hier mitgenommen würden, ist aber fraglich. Dafür hätten wenige Zeilen zu Beginn des Kapitels *Subjekt/Form* (also da, wo von der »tiefgreifenden Neudefinition« gesprochen wird) geholfen, z.B. diese von Jaeggi:

> »Lebensformen stellen sich dar als Bündel von sozialen Praktiken, [...] als ›Ensemble von Praktiken und Orientierungen ‹ und Ordnungen sozialen Verhaltens. Sie umfassen Einstellungen und habitualisierte Verhaltensweisen mit normativem Charakter, die die kollektive Lebensführung betreffen, obwohl sie weder streng kodifiziert noch institutionell verbindlich verfasst sind.«[20]

Lebensformen sind (Jaeggi weiter zusammenfassend): 1) keine einzelnen oder vereinzelten Praktiken, sondern Bündel von Praktiken, die miteinander zusammenhängen und aufeinander bezogen sind; 2) kollektive Gebilde, ›Ordnungen menschlicher Koexistenz‹ (Eine Lebensform hat man nicht als Einzelner oder Einzelne, sondern immer als Anteil an einer kollektiven

19 Wie z.B. Ulrich Raulff: *Sauerland als Lebensform*, Münster 2021 (Essay und Archiv, Band 1) oder Wilfried Belschner (Hg.): *Achtsamkeit als Lebensform*, 1. Aufl., Münster 2007 (Psychologie des Bewusstseins Texte Abt. A).

20 Jaeggi: *Kritik von Lebensformen*, S. 77f.

Praxis); 3) ›eingelebte‹ Gebilde mit gewohnheitsmäßigem Charakter; 4) verbunden mit einem gewissen normativen Erwartungsdruck ähnlich wie Sitten und Traditionen.[21]

Diese Definition oder Eingrenzung ist keineswegs die einzig gültige Standardfassung, aber sie gäbe den Lesern einen möglichen Ausgangspunkt. Eine ältere, sprachlich gewendete Möglichkeit wäre folgende von Wittgenstein, an die Jaeggis Ausführungen insofern anschließt, als Sprache – wie Technik – auch ein Bündel sozialer Praktiken, Üblichkeiten und Orientierungen ist:

> »Und eine Sprache vorstellen heißt, sich eine Lebensform vorstellen.«[22] Und: »Richtig und falsch ist, was Menschen sagen; und in der Sprache stimmen die Menschen überein. Dies ist keine Übereinstimmung der Meinungen, sondern der Lebensform.«[23]

Die Autoren verwenden das Lebensformenkonzept und verweisen auf einschlägige Quellen, aber sie erschweren ihren Lesern (ohne Vorkenntnisse des Konzepts) das Folgen ihrer Argumentation. Vor dem Hintergrund der zitierten Klärungshilfestellungen wäre eine Formulierung wie die »Lebensform gegenwärtiger Robotik« (S. 78) vermutlich weniger anfällig für Missverständnisse der Art, dass die Roboter als (hybride) Lebensformen (in biologistischer Interpretation wie z.B. die Lebensform der Epiphyten) gemeint seien. Auch wenn Natur, Geist und Körper technische Formbarkeit unterstellt werden, so wird doch mit Lebensform und digitaler oder technisierter Lebensform mehr angesprochen als die Änderungen der Körperform wie z.B. plastische Chirurgie, Doping oder die angebliche Verlängerung oder neuronale Priorisierung unseres »Smartphone-Daumens« etc. Die Lebensform der gegenwärtigen Robotik ist ein spezifisches Miteinander von Menschen und Robotern mit anderen Üblichkeiten, kollektiven Lebensführungen, Sprechweisen, Begriffen, Welt- und Menschenbildern etc. als vor Auftreten und Verbreitung solcher Robotik. Wieder anderes gilt für die Lebensformen (mit) der gegenwärtigen KI usw.

Mögliche Begriffsverständnisse anzubieten und daran deren Wandel zu diskutieren, bedeutet im Übrigen noch nicht in eine »*fallacy of misplaced concreteness*« zu geraten, wovor sich die Autoren Whitehead anführend in ihrem Buch hüten wollen (S. 19f.); eine Lösung für *misplaced concreteness*

---

21 Vgl. ebd.
22 Ludwig Wittgenstein: *Philosophical Investigations*, 2nd ed., Cambridge 1998, S. 8.
23 Ebd., S. 88.

ist – an Whitehead vorbei gesprochen – sicher nicht *misplaced unconcreteness*, sondern *wellplaced concreteness,* an der historische Dynamiken vorgeführt und hermeneutische Offenheit eingeübt werden kann.

So hat das Buch an vielen Stellen fast etwas von einem Trailer, in dem spannende Inhalte angerissen, aber nicht ausgeführt werden. Dennoch setzen sich die Autoren dann mit diesen Begriffen und Theoriegehalten auseinander, kritisieren sie auch stellenweise, was jene Leser, die die verwiesenen Quellen nicht kennen, vor einige (eigentlich unnötige und vergleichsweise leicht abzubauende) Hürden stellt.

Das Autoren-Netz

Eine Auffälligkeit des Buches sind die vielen Verweise auf eigene Arbeiten der Autoren, entweder als (Ko-)Autoren oder Herausgeber, so dass im Zusammenspiel mit den oben erwähnten Schaufenster- und Trailer-Eindrücken stellenweise das Gefühl entsteht, man lese eine Art Teaser-Zusammenschnitt des sonst umfassenderen Œuvres der drei Autoren. So kommt Liggieri allein 58 Mal im Literaturverzeichnis vor, Tamborini und Del Fabbro zusammen immerhin 33 Mal. Damit ist nichts über die inhaltliche Tauglichkeit oder Üblichkeit solcher Verweise gesagt, sondern lediglich der Schaufenster- oder Trailer-Eindruck gestützt. Die Autoren kommentieren ihre Verweispraxis in einer Fußnote:

> »Durch diese Herangehensweise [eines Verbundforschungs-Dialoges in einem Netz von Forscher:innen, BG] kann man auch unsere Literaturverweise verstehen. Wir nähern uns mit diesem Buch auf den ›Schultern von Riesen‹ den technikphilosophischen Problemen an.« (S. 11, FN10)

Dies lässt auch einen gewissen Schluss auf die Autorengruppierung zu, die häufig v.a. Ko-Herausgeber gemeinsamer Werke sind; womit dann auch zu den drei Autoren dieses Buches noch Martina Heßler (die Darmstädter Dominanz verstärkend) gezählt werden darf, die mit insgesamt 34 Einträgen im Literaturverzeichnis präsent ist; etwa Liggieri & Tamborini *Homo technologicus* (2023) oder *Organismus und Technik* (2021) sowie Liggieri & Heßler *Technikanthropologie* (2020). Wir haben es hier mit einer produktiven Autoren-›Zelle‹ der aktuellen deutschen Technikreflektion zu tun und das hier besprochene Buch *Technikphilosophie* von 2023 kann durchaus als Einblick in deren Schwerpunkte und Positionen dienen, was zugleich spannend und informativ, wenn auch überblicksartig kaum vertiefend, in aktuelle Technikphilosophie einführt. Inwiefern hier – über das übliche akademische Bescheidenheitssignal hinaus – »Schultern von Riesen« bestiegen werden, mögen die Leserinnen und Leser jeweils selbst beurteilen.

Gelungener Schluss

Als gelungen hervorzuheben ist das programmatisch gehaltene, fast im Manifest-Charakter erscheinende Schlusskapitel *Leben mit Technik*, in dem viele Zusammenhänge auf den Punkt gebracht sind und richtige und wichtige Forderungen gestellt werden, die so in den Kapiteln zuvor zwar angelegt, aber nicht klar (genug) wurden. Potenziellen Lesern könnte sogar empfohlen werden, mit der Lektüre zunächst des Einleitungskapitel *Technikphilosophie als Übung in Kritik* und danach mit dem Schlusskapitel *Leben mit Technik* zu starten und erst dann in beliebiger Reihenfolge die inhaltlichen Kapitel zu lesen.

Auch wenn – und das geht problemlos einher mit dem Anspruch als gemeinsame Übung in Kritik – an einigen Punkten mit den Autoren zu diskutieren wäre, etwa, wenn auf Seite 188 formuliert wird, dass es kein Außen der Technologie mehr gebe und insofern ausgehend von dieser Allumspanntheit und Involviertheit eine Forderung nach außertechnologischer Kontrolle (wie von Hans Jonas) zurückgewiesen wird; was sich eine Seite später mit der Forderung reibt: Es gehe »nicht um Distanz zu den Menschen, sondern zu den technischen Dingen und Bedeutungen, die nicht selten unseren Geist und Körper immersiv einnehmen.« (S. 189). Einerseits gebe es kein Außen der Technologie, laut Autoren, andererseits gehe es um eine Distanz zu den technischen Dingen und Bedeutungen. Wie dieser Widerspruch oder eine ›Distanz von Innen‹ gedacht werden sollte, dazu hätte eine weitere Erläuterung gelohnt. Diskussionsbedürftig wäre ebenso, weshalb sich immer wieder eigentlich zu überwindende Kollektivsingulare in diesen Überwindungsbemühungen selbst finden, z.B. im Titel des Schlusskapitels *Leben mit Technik*.

Eine sehr schöne Schlussformulierung findet sich in *Leben mit Technik* und in diesem Sinne sollten auch Rezensionen als positionierte Momentaufnahmen eines solchen Ortes verstanden werden: »Kritik ist damit nicht nur ein immanenter Ort, der sich aus der Praxis des Detektierens und Recherchierens ergibt, sondern Kritik stellt einen Ort dar, an dem es zu verweilen gilt.« (S. 189) Dem ist voll zuzustimmen und nichts hinzuzufügen.

Christian Driesen

In der Welt des Graphismus

Rezension zu Manfred Sommer: *Stoff, Blatt und Kant. Philosophie des Graphismus,* Suhrkamp, Berlin 2020, 386 Seiten.

buchen

So wie Gilles Deleuze von Spinoza sagte, er trage ihn im Herzen, weshalb er niemals neu, aber unentwegt in anderer Weise auf ihn zurückkomme, so lässt sich vielleicht von Manfred Sommer behaupten, er verschmelze immer schon aufklärerisches Denken mit einem phänomenologischen Okular, in dem das Subjekt in seinen mannigfaltigen Daseins- und Schöpfungsweisen stets gleich, nur anders aufleuchtet. Bereits Mitte der 70er Jahre tritt er mit seiner von Hans Blumenberg betreuten Dissertation *Die Selbsterhaltung der Vernunft* in die philosophische Öffentlichkeit.[1] Dieses frühe Werk, in dem das philosophiegeschichtlich weite Feld eines metaphysischen Denkens der Sicherheit bestellt wird, betreibt insofern fröhliche Wissenschaft, als es das Theorem vor Augen führt, nicht erhalte sich der Mensch durch Vernunft, sondern diese selbst sei durch bestimmte Operationen und Praktiken in spezifischer Weise an ihrer eigenen Erhaltung interessiert. Dabei werden Kants Erkenntnisintentionen anhand von Begriffsbildern erschlossen, die dieser selbst immer dann einbringt, wenn das Theoretische seine Fühler nicht weiter auszustrecken vermag. In seinen später folgenden Werken etwa zur reinen Empfindung[2] oder zum Leben als Phänomen von Schwelle und Wandlung[3] wird zunehmend ersichtlich, wes Geistes Kind Sommers schöpferisches Denken ist: Husserls phänomenologische Exkursionen in transzendentale Gefilde sowie Kants redlich ausufernde Grabungen in Logik, Ethik und Ästhetik. Als sprachmächtige und vor allem auch -witzige Anverwandlungen solchen Schreibens – eher seltene Tugenden im Bereich der theoretischen Philosophie – können schließlich seine um die

1 Manfred Sommer: *Die Selbsterhaltung der Vernunft,* Stuttgart 1977.
2 Manfred Sommer: *Evidenz im Augenblick. Eine Phänomenologie der reinen Empfindung,* Frankfurt am Main 1987.
3 Manfred Sommer: *Identitäten im Übergang: Kant,* Frankfurt am Main 1988.

Jahrtausendwende vorgelegten Analysen der lebensweltlichen Formen des Suchens, Findens und Sammelns[4] sowie, in jüngerer Zeit, das filigrane Abtasten der Bildfläche samt Einübung ins viereckige Sehen[5] gelten.

Nun also Sommers vorerst letztes Buch, eine *Philosophie des Graphismus*, in dem die Thematik graphischen Schöpfens verhandelt wird und dessen ungewöhnlicher Titel – *Stift, Blatt und Kant* – direkt ins Auge springt, da eine solche Reihung im philosophischen Raum ihresgleichen sucht.[6] Von einem graphischen Trieb und seinem minimalsten Ausdruck – einem Strich auf einem Blatt Papier – ausgehend, lässt das Buch äußerst detaillierte Beschreibungen von Blatt- und Stiftgebrauch parallel laufen, um sie kantisch über das Begriffspaar Rezeptivität und Spontaneität zu verknüpfen. Zentral dabei ist wiederum die Stellung des Leibes, der sich in den graphischen Vollzügen passiv sowohl als auch aktiv verhält und der Linien ziehenden Konstellation eine zudem Husserl'sche Grundierung verschafft. Im Schematismus kulminiert schließlich die graphische Engführung, sofern jener genau zwischen sinnlicher oder blattweißer Empfängnis und begrifflicher oder stiftender Erzeugung verortet ist und deren Zusammenspiel buchstäblich einbildet. So erweist sich rückwirkend Sommers zunächst unterschwellige, im weiteren Verlauf dann aufgedeckte These als linientreu: Das Graphische lässt uns auf sehr besondere, nämlich händische Weise begreifen, was der Verstand geistig tut. Wir begegnen uns, so Sommers abschließender Teil, in diesem Geschehen selbst, wir berühren uns in einem Tun, das zu weiterer Selbstaffektion führt – als wäre die Linie unser Schicksal, das wir als graphische Wesen nicht abzuschütteln brauchen. So fügt sich Sommers Buch einerseits in eine Reihe von jüngeren Auseinandersetzungen (1) mit der Linie, dem Graphismus sowie dem graphischen Feld insgesamt, (2) mit dem Schreiben, Zeichnen und Malen als Prozesse in ihrer Materialität, eingedenk ihrer Wirkmächtigkeit auf geistige Operationen, und schließlich (3) mit einer möglichen Ästhetik aus phänomenologischer Perspektive, die auf die leiblichen (Selbst-)Verhältnisse in aller graphischen Tätigkeit abstellt. Andererseits ist Sommers Buch jedoch insofern singulär, als es in gänzlich neuer, weil sehr genauer und absolut konkreter Weise beschreibt,

---

4 Manfred Sommer: *Sammeln. Ein philosophischer Versuch*, Frankfurt am Main 1999 und Manfred Sommer: *Suchen und Finden. Lebensweltliche Formen*, Frankfurt am Main 2002.

5 Manfred Sommer: *Von der Bildfläche. Eine Archäologie der Lineatur*, Frankfurt am Main 2016.

6 Manfred Sommer: *Stift, Blatt und Kant. Philosophie des Graphismus*, Frankfurt am Main 2020.

wie der Raum des Graphismus ausgestaltet wird, wenn sich das Subjekt mit seinem Griffel aufs Blatt senkt, um darauf z.B. Spuren von Graphit zu hinterlassen. Lesend haben wir teil an Sommers Erfahrungen aus seiner Werkstatt, in der wir noch einmal von vorn Kritzeln, Zeichnen, Malen und Schreiben lernen.[7]

Doch zunächst muss dem Autor nichts anderes als Chuzpe unterstellt werden, wenn er, noch bevor das Buch überhaupt begonnen hat, das Sujet: den Graphismus *selbst* zum Subjekt macht, das einer ganz eigenen Philosophie frönt, die eben auf graphische Weise eine Welt aufspannt.

> »Mit dem eigensinnigen Begriff des Graphismus wird zumeist die Gestalt bezeichnet, die sich zeigt, sowie wir Farbstoff auf eine Fläche auftragen. Vergängliche Handbewegungen hinterlassen dort bleibende Spuren. Solche anfänglichen Pigmentaufträge können sich weiter ausformen und werden dann zu Schriftzeichen, Graphiken oder Gemälden. Diese kommen, bei aller Verschiedenheit, materiell und manuell auf gleiche Art zustande. ›Graphismus‹ ist der Titel für eine sichtbare Form, die der Differenz von Schrift und Bild vorausliegt, für eine lineare Figur und den Prozess ihrer Erzeugung; dann aber, weiter ausgestaltet, auch für die stofflich-visuelle Dimension verstehbarer Texte und Bildwerke.« (S. 9)

Graphisches Tun, so weit gefasst wie nur irgend möglich, ist dem Menschen wesentlich, ohne es wäre er nicht er selbst, auch wenn er dabei immerzu außer sich gerät, um ganz bei sich zu sein. Der Graphismus hat so eine ganz eigene Weise, in der Welt zu sein und Welt zu erschließen, eine kulturhistorisch betrachtet grandiose Manier der Formschöpfung, der

7 Ich verweise hier nur auf ein paar jüngere Werke, die mir thematisch anzuborden erscheinen. Zu (1) siehe Tim Ingold: *Eine kurze Geschichte der Linien*, übers. v. Quirin Rieder, Konstanz [2007] 2021; Sybille Krämer: *Figuration, Anschauung, Erkenntnis. Grundlinien einer Diagrammatologie*, Frankfurt am Main 2016; Katia Schwerzmann: *Theorie des graphischen Feldes*, Zürich 2020; Christian Driesen: *Theorie der Kritzelei*, Wien 2016. Zu (2) siehe die vier Bände der Reihe *Wissen im Entwurf* [2008ff.]: i) *Daten sichern. Schreiben und Zeichnen als Verfahren der Aufzeichnung*, ii) *Spuren erzeugen. Zeichnen und Schreiben als Verfahren der Selbstaufzeichnung*, iii) *Notieren, Skizzieren. Schreiben und Zeichnen als Verfahren des Entwurfs*, iv) *Welten schaffen. Zeichnen und Schreiben als Verfahren der Konstruktion*; siehe ebenfalls die ersten drei Bände der Reihe *Sichtbarkeiten* [2013f.]: i) *Erscheinen. Zur Praxis des Präsentativen*, ii) *Präsentifizieren. Zeigen zwischen Körper, Bild und Sprache*, iii) *Umreißen. Eigenwege der Zeichnung* (alle erschienen in Zürich). Zu (3) siehe Anna Blume (Hg.): *Zur Phänomenologie der ästhetischen Erfahrung*, Freiburg 2005; Emmanuel Alloa: *Das durchscheinende Bild. Konturen einer medialen Phänomenologie*, Zürich 2011; Günter Figal: *Vieldeutigkeit. Zur ästhetischen Umstellung der Philosophie*, Tübingen 2023.

wir uns willentlich unterstellen, indem wir sie selbst erst erzeugen. In dieser Eigenheit, mit solch Eigensinn, eignet sich der Graphismus als Phänomen umgekehrt natürlich ausgezeichnet für eine tief-gehende Betrachtung unserer Lebenswelt, in der die Gerätschaften graphischer Expertise im Verhältnis zum Leib, zum Sehen und zur Hand trotz digitaler Möglichkeiten immer noch eine große Rolle spielen. Damit ist er vorderstes Objekt einer Philosophie, die sein mannigfaltiges Erscheinen, seinen Ausdruck gewissermaßen, in unseren Lebenszusammenhängen beschreibt, eingedenk aller möglichen Verhältnisse, die das Wechselspiel von tätigem Griffel, aufnehmender Fläche und menschlichem Körper, seinem Raum, seiner Wahrnehmung und, warum nicht, seinem Denken, erzeugt. Derlei philosophische Analyse entzündet sich zugleich an einem Phänomen, das in der Alltagswelt des Menschen große Wirkkraft entfaltet. So ermächtigt sie das Denken, Begriffe für Zusammenhänge zu schöpfen, die der selbstgenügsamen Tätigkeit gemeinhin verborgen bleiben.

Der Obertitel von Sommers Buch – *Stift, Blatt und Kant* – mutet auf den ersten Blick seltsam an, weil die Leser:innen, statt »Kant«, durchaus einen dritten materiellen Ausdruck erwarten könnten, wonach sich Reihen wie »Schere, Stift, Papier« oder gar »Schere, Stein, Papier« ergeben müssten. Doch wie so oft durchkreuzt allein schon der Name des berühmten Philosophen allzu eindeutige Zuschreibungen oder Gewissheiten, sodass ihre Störung auf einen singulären Zug des Buches selbst aufmerksam macht, der in der besonderen Stellung von Kants Denken im Zusammenhang mit dem Graphismus besteht. Sommer, nicht ohne Lust an der kalkulierten Irritation, nimmt Kant insofern sehr ernst, als es ihm nicht darum zu tun ist, bestimmte seiner Texte hinsichtlich des im Buch verhandelten Themas abzuklopfen und auszudeuten – natürlich werden der *Schematismus* und seine Interpretation nicht fehlen, jedoch, wie noch zu sehen, auf überraschende Weise –, sondern eine Grundunterscheidung seiner Philosophie, auf die graphische Tätigkeit angewendet, zu aktualisieren, ja sogar gegenzuverwirklichen. Dabei handelt es sich um die Leitbegriffe *Rezeptivität* und *Spontanität*, wobei ersterer dem sinnlichen Vermögen zugewiesen ist als passiver Empfänger aller sinnlichen Eindrücke durch die Dinge oder innere Vorgänge und letzterer dem denkenden Vermögen, dem Verstand, als Schöpfer der Begriffe.[8] Ausgehend davon erweist sich schließlich das Blatt als rezeptiv, insofern seine Fläche das graphisch Erzeugte empfängt,

8 Vgl. Immanuel Kant: *Kritik der reinen Vernunft,* A 50/B 74.

der Stift hingegen als spontan, indem er den Graphismus auf dem Blatt hervorbringt. So entfaltet sich die Theorie des Graphismus, Kantisch gegliedert, in den Bereichen der Ästhetik und der Logik, was zugleich die doppelte Gestalt des Graphismus selbst widerspiegelt: Er bezeichnet die sichtbare, irgend lineare, auf eine Fläche aufgetragene Gestalt, Figur, Form einschließlich des Vorgangs ihrer Konstruktion und zugleich die stoffliche Seite von Text und Bild in ihrer Sichtbarkeit. Damit ist aber auch gleich zu Beginn angezeigt, in welchem Maße Sommer die Frage nach der »Geburt des Graphismus«, die der französische Paläontologe André Leroi-Gourhan mit seinem so wirkmächtigen Werk *Hand und Wort* in den 60er Jahren angestoßen hatte,[9] erweitert, indem er detailliert all jene Vorgänge, Materialien und leiblichen Verhältnisse, die im bloßen Linienziehen eine Rolle spielen, beschreibt und so die ewige Wiederkehr des Graphismus, seine fortwährende Geburt im Leben des strichelnd Werktätigen philosophisch grundiert.

blättern

Sommer zufolge muss die Philosophie auch, wenn nicht gar in besonderem Maße, das Unauffällige, das Unscheinbare untersuchen. Zu einer phänomenologischen Beschreibung der Lebenswelt, wie sie hier vorliegt, gehört das Blatt Papier, das in graphisch vollzogenen Prozessen leicht übersehen werden kann, da es als vermeintlich bloßer Empfänger des auf ihm Gestalteten daherkommt, zweifelsohne dazu. Dass das Rezipierende indes ein Eigenleben führt und damit der eingängigen philosophischen Analyse würdig erscheint, lässt sich ohne Weiteres als des Autors Nullpunkt verstehen. Verschwindet nun aber das Blatt immerzu hinter oder unter der Aufmerksamkeit, die sich darauf richtet, was auf ihm zu sehen, zu lesen ist, muss, um zu seiner Blöße vorzudringen, der vom Blatt gestützte Sinn aus dem Blick genommen werden: »Eine doppelte Verweigerung tut not: *Erstens,* gegen den Sog zum Sinn. [...] *Zweitens,* gegen die Dominanz der Figur.« (S. 26) Beides einmal gewährleistet, soll es einerseits darum gehen, wie sich das Blatt im Hinblick darauf verhält, dass auf ihm etwas erscheint, und andererseits darum, wie wir Graphist:innen uns selbst bei dieser Tätigkeit gegenüberstehen.

9 André Leroi-Gourhan: *Hand und Wort. Die Evolution von Technik, Sprache und Kunst* [1964/65], aus dem Französischen übersetzt von Michael Bischoff, Frankfurt am Main 1980.

Anders als die üblichen Gegenstände der Alltagswelt sträubt sich, so Sommer, das Papier – stellvertretend für alle Flächen, auch elektronische – gegen seinen Zustand als Ding. Möchte es zunächst sichtbar sein, um empfangen zu können, will es sich im gleichen Zug zur reinen Fläche wandeln und nichts, nicht einmal sich selbst, begrenzen. Kein Volumen haben, sei die »unerfüllbare Sehnsucht« (S. 32) des Papiers, seine Stofflichkeit bildete keinen Widerstand in der selbstgewählten Passivität. Ist ihm solch Begehren zutiefst zu eigen, so unterliegt das Objekt »Blatt Papier« gleichwohl meistens zwei fundamentalen Bestimmungen, die darin gründen, dass es von Menschen für spezifische Zwecke hergestellt wird, und die auf das, was er selbst »will«, einwirken. Ein Blatt Papier liegt fast immer in rechteckiger Form vor, ja es ist dies sogar seine Grundform – Sommer nennt sie wunderbar treffend »Formform« (S. 35), um eine Art leibliche Vorgängigkeit des vierpoligen Rechtecks aufzurufen –, in der wir uns, als Blattmacher:innen, Papier sowohl imaginieren als auch konkret vor die Augen, unter die Hände legen. Darüber hinaus erweisen sich die meisten Papiere als mehr oder weniger weiß, sie schwingen gewissermaßen in einer Normalweißstimmung, um auch tatsächlich, was wiederum wir wollen, in höchstem Maße empfänglich zu sein für unsere Schreibgeräte, die sich in ihrem eigenen Begehren auf sie senken, in sie hineinversenken. Fasst man nun das Weiß einmal in seinem Mangel als Leerweiß, sofern (noch) nichts auf ihm zu sehen, es buchstäblich ein unbeschriebenes Blatt ist, und andermal in seiner Fülle als Lichtweiß, sofern seine blendende Reinheit, obgleich sie anziehend wirkt, auf Abstand bleibt, da ein bloßer Strich es verunreinigen, entweißen würde, zeigt sich erneut die problematische Existenz von Papier, das, je weiter Sommers Ausführungen voranschreiten, immer seltsamer und damit fragwürdiger anmutet: Ruft die Leere die Hand herbei, sie doch alsgleich zu beseitigen, stößt die Fülle die Hand zurück, sie doch bitte nicht zu berühren. Und dennoch passiert, wenn eine:r vor der blendend weißen Fläche, sei sie nun papier- oder bildschirmförmig sitzt, nicht nichts. Denn innerhalb dieser Spannung, die nichts anderes als den schöpferischen Moment allen graphischen Eingriffs bestimmt – das Ereignis des Strichs, der noch nicht, aber auch immer schon gezogen worden ist –, richtet sich das Blatt, ob fordernd oder abwehrend, an die Hand, mit ihm in bestimmter Weise umzugehen.[10] Der von ihm formulierte »graphische

10 Die Berührung, die das »distanzgebietende Blatt« einfordert, soll eine das Papier respektierende sein. Die weiße Fläche, unterstellt man sich ihr willentlich, »verlangt von der Hand Feinheit, Präzision, Subtilität, taktilen Takt, Fingerspitzengefühl.«

Auftrag« (S. 46) ergeht jedoch nur an uns, weil wir das Blatt so gemacht und es mit derlei »Begehren« ausgestattet, mithin unser eigenes Begehren, von ihm in dieser Manier begehrt und/oder nicht begehrt zu werden, in Papierform gebracht haben, um nicht nur Papier zu schöpfen, sondern damit unserer eigenen Schöpfungskraft eine schöpferische Grundlage zu erschaffen. *Creatio ex creatio.*

Als hätte sich der Mensch einen hauchdünnen Golem geschaffen, der ihm zwar in seinem graphischen Eigensinn hilft, aber auch ein Eigenleben entfaltet, das diesem bisweilen zuwiderläuft und hemmend, ja katastrophal wirkt. Sommer ist sich natürlich im Klaren, dass dieses »Ding« nicht eigentlich »will«, und dennoch geht von seiner insistierenden Beschreibung ein äußerst fruchtbarer Sog aus, dem wir Leser:innen uns willfährig hingeben. Der Phänomenologe in seiner Werkstatt weiß nämlich, dass die Sachen uns gleichsam ansprechen, mehr von ihnen zu wollen, als nur einen flüchtigen Blick auf sie zu werfen, dass er ihrem Begehren, gesehen zu werden, durch sein Begehren, mehr an ihnen zu zeigen, schriftlich, hier also: *graphisch* stattzugeben sucht. *Über den Graphismus lässt sich nur graphistisch handeln.* Das Spiel der unterschiedlichen Willen, Wünsche und Begehren in der bei jedem Strich, jeder Linie, jedem Buchstaben aufs Neue hochkochenden graphischen Ursuppe beherrscht Sommer jedenfalls vorzüglich. Sehnt sich das Papier danach, ohne Volumen, Null-Fläche zu sein, so will dieses »Ding-wider-Willen« weg »von seinem Dingsein« –

(S. 47) Ich möchte an dieser Stelle nur anmerken, dass es graphische Vollzüge gibt, in denen derlei Fähigkeiten gerade nicht zum Tragen kommen, sodass ein sich anschmiegender Umgang mit der Einschreibfläche auch nicht statthaben kann. Phänomene dieser Art finden sich vor allem im frühkindlichen und psychopathologischen, bisweilen auch im künstlerischen Graphismus, dessen Analyse zu einer etwas anderen Bestimmung des Blatts Papier gelangen würde – als Unterlage, die immerfort traktiert, perforiert, irritiert wird. (Vgl. hierzu etwa Jacques Derrida, »Das Subjektil entsinnen«, in: Paule Thévenin und Jacques Derrida: *Antonin Artaud. Zeichnungen und Portraits,* aus dem Französischen übersetzt von Simon Werle, München 1986, S. 49–109.) Da Sommer aber von der Lebenswelt ausgeht, so sie sich in einem gewissen Normalzustand befindet, spielen »Randerscheinungen« nur eine untergeordnete Rolle. In diesem Zusammenhang verstehe ich dann auch folgende Aussage: »Dem Graphismus liegt da jegliche Gewaltsamkeit fern.« (Ebd.) Meines Erachtens zeigt sich hier auf sehr schöne Weise, in welchem Maße der Phänomenbereich die Theorie bedingt, denn eine Philosophie des Graphismus gelangt zu ihren umfangreichen Erkenntnissen, gerade weil sie den Normalgebrauch von Stift- und Blattwerk untersucht, obgleich sie zu anderen mannigfaltigen Einsichten kommen könnte, würde sie sich auf eine »unnormale« Strichführung kaprizieren. Es scheint, als müsste man sich entscheiden.

es will existieren, und zwar so, wie das menschliche Dasein es, zumindest mit Heidegger, der hier für einen Moment eingespannt wird, tut. (S. 69) Eine gewagte These, mag sein, die aber an Spann- und Zugkraft gewinnt, führt man sich die merkwürdige Art des Vorkommens von Papier genau vor Augen: Weder ist es Zeug, mit dem insoweit umgegangen wird, als es zu etwas anderem dient, das seine Funktion bestimmt, noch ist es bloßes Ding, das vielleicht einstmals Zeug war, nunmehr aber seines Funktionszusammenhangs verlustig gegangen ist und nur noch angeschaut, nicht mehr verwendet wird. Das Blatt Papier ist vielmehr wesentlich »unfertig«, da es seine Wirkkraft erst dann entfaltet, sich also ins Zeug legt, wenn auf es etwas aufgetragen wird, das wiederum entscheidet, was für ein graphisches Stück hier überhaupt aufgeführt worden sein wird. Als »bloßes Unzeug« (S. 72) – dies seine Bestimmung – ist es dafür geschaffen, uns gegenüber zu liegen und seiner Berührung durch unseren Stift zu harren. Ein derartiges Unding »lebt« also *mit und für uns*, durch seine Unbestimmtheit ist es sich selbst voraus und existiert so auch im *Futurum exactum*.

Papier bildet nun, nachdem es uns bewegungslos willfahrt, den notwendigen Hintergrund für das, was auf ihm erscheinen soll; legten wir dem graphischen Prozess nichts zugrunde, sähen wir uns, auf ihm, keinerlei Thema gegenüber – wir liefen, dem Blatt selbst gleich, leer. Des Menschen Dingwahrnehmung, das Herauslösen eines Objekts in der Anschauung aus seiner Erlebnisganzheit, um auf es in besonderer Weise zu fokussieren, funktioniert nur dann, wenn, was sie in ihrer gerichteten Aufmerksamkeit aus- oder abblendet, in den Hintergrund tritt und letztlich zu diesem – nunmehr Gesichtsfeld genannt, das in einem besonderen Verhältnis zum Leib steht, sofern es eine Bedingung *sine qua non* des Sehens ist – avanciert. Von solch Hintergrundbildung ist auch das Blatt, das sich in seiner leeren Fülle rückwandig abhebt, um dem Vordergrund: Linie, Gestalt, Form und Raum zu geben. Der Graphismus fristet sein Dasein also derart, dass er in einem komplexen Wechselspiel begriffen ist, in dem Papier, Gesichtsfeld und Leib die grundlegenden Rollen spielen. Wenn Sommer zu seinem ureigensten Thema erklärt, »wie wir uns selbst beim Sehen erleben« (S. 91), dann erweist sich der Graphismus als ein Phänomen, an dem die Leiblichkeit des Blicks, das Zusammenspiel von Hand und Auge hinsichtlich des Umgangs mit dem Blatt Papier, das plan in der Mitte unseres Gesichtsfeldes liegt und in allerlei graphischen Exerzitien eins mit ihm wird, sowie die produktive Ohnmacht der in solcherlei Dispositiv entstehenden Schreib- und Bildfläche in umfassender Weise beschrieben werden können. Es sollen hier nicht alle überraschenden Wendungen des phänomenologischen

Derwischs vorweggenommen werden – in welcher kontinuierlichen Linie etwa das Blatt Papier und der Touchscreen unserer digitalen Geräte stehen –, in diesem Zusammenhang vielleicht aber noch die eine, und zwar Sommers Erfindung einer *intentio a tergo rei,* die, wie ihr Name schon sagt, die Dinge von hinten zu ergründen sucht, sofern wir sie von vorne, in einer *intentio recta,* wahrnehmen: Im Rücken der Gegenstände wirkt etwas daran mit, dass wir sie frontal, bisweilen seitlich betrachten können. Und bildet nicht auch das Blatt buchstäblich den Hinterhalt dessen, was sich von und vor ihm abhebt? Seine Erkundungen im papiernen Ausdruck werden es Sommer schließlich erlauben, Husserls zumeist direkt abzielende Intentionalität auf eine ab- oder umseitige Bahn zu lenken, die eigentlich jede Appräsentation durchzieht. Damit der Graphismus sein Leben leben kann, braucht er im Hintergrund zunächst eine gähnend weiße Leere, die ihn insofern unterstützt, als sie seine Befleckung empfängt.

Bleibt vorerst noch von der »berüchtigten Angst« vorm weißen Blatt oder Bildschirm zu sprechen, denn das »Verhältnis zwischen dem Gesichtsfeld und der empfänglichen Papierfläche [...] ist auch der Schlüssel« (S. 121) zu deren Verständnis. Positionieren oder halten wir das Blatt mit der linken Hand vor uns, erscheint beides in unserem Gesichtsfeld samt den anderen Dingen neben, unter und hinter ihnen, das Blatt jedoch zumeist in der Mitte unseres Blicks angeordnet, sodass es, wenngleich nur Teil dessen, was es zu sehen gibt, zu dieser Gesamtheit selbst avanciert, indem es – ich stelle mir vor, wie das reine Weiß blendet – auf alles andere, was es noch zu erblicken gibt, sich ausweitet. Das Papier, leer und ohne Makel, besetzt gleichsam den Schauraum, in dem zunächst einmal nichts anderes mehr erscheint als bloßes weißes Nichts, das nicht nur keinen Gegenstand, auf den sich abzielen ließe, kennt, sondern in solch Losigkeit nichts als Schrecken verbreitet.[11] Um das Grauen, das vom Mangel jedweder Differenz ausgeht, abzuwenden, gibt es im graphischen Feld zwei Möglichkeiten: Entweder wird ein Strich, ein Punkt gesetzt, mag er auch noch so klein sein, oder das leere Papier, vor uns liegend, wird aus dem unterschiedslosen Blickzusammenhang bewusst herausgelöst und zum Ding, etwa zum

11 Eine solche Unterschiedslosigkeit, lautlose Leere, endlos weiße Fläche, bedrängt in einer Erzählung Hans Erich Nossacks die sich auf einer Expedition im ewigen Eis befindlichen Personen: »Es ist weniger dieser Mann, der mich stutzig macht, als die absolute Stille, in die wir geraten sind. Eine ganz neue Situation. Es ist überhaupt kein Widerstand mehr da, das ist entsetzlich. Hörst du? Ich sage: entsetzlich.« Hans Erich Nossack: *Das Mal,* in: *Begegnung im Vorraum,* Frankfurt am Main 1963, S. 246–262, hier S. 259.

unbeschriebenen, mit einem Rand versehenen A4-Blatt gemacht. In beiden Fällen entkommen wir dem strahlenden Abgrund und überwinden unsere Schockstarre, weil wir schöpferisch tätig werden, einmal auf graphische, andermal auf erkenntnispraktische Weise. Verharren wir aber in diesem Vorzustand, noch keine Linie auf dem Papier gezogen, kein Wort geschrieben und uns auch kein Bild vom Blatt, darauf all dies stattfinden soll, gemacht zu haben, zeigt sich uns rein gar nichts, das uns in irgendeiner Form bewegen, das in uns eine Bewegung auslösen könnte, aufgrund derer wir den Griffel zur Hand nehmen oder das Auge scharf stellen würden. Die »weiße Drohung« (S. 131) muss durchgestrichen werden, wörtlich, buchstäblich, liniert, pünktlich, damit ein Anfang gemacht ist, der, mag er auf den zweiten Blick auch nicht geglückt sein, eine erste Differenz setzt, die im endlosen blendenden Weiß schmutziges Graphitgrau sich abheben lässt. Mutet es da, in solch Ausgesetztsein, nicht seltsam an, dass der Mensch immerfort leere Flächen erzeugt, nur um sie dann wieder auszufüllen? Es scheint hier eine Art Angstlust am Werk zu sein, derer es bedarf, um überhaupt erst ins Schöpfen zu kommen, oder eine besondere Form von Wiederholungszwang, den Sommer mit seinen Tiefenbohrungen, vielleicht unwillentlich, aufdeckt und, so zumindest mein spekulativer Wunsch, Freuds erratischer Suche, wunderbar geschrieben, nach einem Jenseits des Lustprinzips hinzufügt. Möglicherweise haben wir es hier mit »gelebter Metaphysik« zu tun, gleichsam als »Beschwörung, kraft deren wir uns dessen zu vergewissern suchen, dass wir kontinuierlich neue Affektionen und somit immer genügend sinnlichen Stoff haben werden – um zu leben« (ebd.). *Produktion von Produktion.*[12]

---

12 Die Angst vorm unbeschriebenen Blatt, wir wollen es ja so, muss immer wieder überwunden werden, und sie vermag es grundsätzlich auch, weil sich, hier sind wir ganz bei Kant, unser Bewusstsein über jede Art von Bedrohung erheben, weil unsere Vernunft in moralischer und praktischer Hinsicht – dies ihre ureigene Form der Selbsterhaltung – nicht geschlagen werden kann. Sommer unternimmt diese positive Lektüre der *Kritik der Urteilskraft,* darin vom Erhabenen die Rede ist. Ob dies den Zwang, sich graphisch immer wieder der blanken Leere auszusetzen, auch psychophysisch zu erklären vermag, würde ich vorerst bezweifeln, braucht es in diesem Zusammenhang vielleicht auch nicht. Erwähnt seien dennoch die negativen Lektüren jenes Buchs, etwa von Theodor W. Adorno (*Negative Dialektik,* Frankfurt am Main 1966) oder Jean-François Lyotard (*Analytik des Erhabenen. Kantlektionen,* aus dem Französischen übersetzt von Christine Pries, München 1994), bei denen gerade die Rettung durch unsere Vermögen, deren Zusammenspiel angesichts der Grauen, die der Mensch erzeugt, scheitert, nicht mehr funktioniert. Gerade ihre »normale« Tätigkeit hat dazu geführt, dass die Menschheit ihre Vernichtung notwendig selbst

stiften

Am Anfang war das Misslingen. Damit etwa ein Bleistift folgerichtig aufs Blatt Papier aufsetzt, um eine Spur zu hinterlassen, die dann zur Anschauung gelangt, muss einiges zusammenkommen. So geht Sommer zunächst von der auch entwicklungspsychologisch fundierten Annahme aus, dass die Chancen, graphisch »sauber« tätig zu werden, zu Beginn eher schlecht stehen. Denn der Begegnung von Papier und Stift drohen »mechanische Misslingensformen« (S. 153). Beider Berührung muss erst, in langen Anläufen und fortwährenden Unvereinbarkeiten, bis hin zur Bewusstlosigkeit eingeübt werden. Manchen mag die Genauigkeit, mit der der Autor die Mannigfaltigkeit des Scheiterns von Auftrag und Oberfläche sowie die Fülle des Gelingens von Graphismus beschreibt, langatmig, pedantisch, ja überflüssig vorkommen, doch wir emphatische Leser:innen vollziehen dabei eben jene zum Buch gegossene Auffassung, die im Empfangen und Entwerfen ihren konkreten theoretischen Ausdruck erhält: Unser begeisterter Phänomenologe ist dermaßen vom Graphismus affiziert, dass er gar nicht anders kann, als die Welt der Zeichen- und Schreibgeräte, der Unterlagen und Tintenreservoirs, der Papiere und Blätter in vielfachen Schleifen, die immer neue Unterschiede in sich aufnehmen, zu beschreiben. Und tue ich hier nicht genau dasselbe, nur dass es meine Finger sind, die eine Tastatur berühren, um mit Buchstaben die leere Seite des Bildschirms zu füllen – eben weil ein Buch über den Graphismus, dem seine Begeisterung am Phänomen abzulesen ist, sodass verständlich wird, warum es geschrieben werden musste, mich affiziert und selbst wiederum einen graphischen Vorgang ausgelöst hat, der zunächst in Unterstreichungen, dann in Notizen und schließlich sogar in Zeichnungen, die ebenso auf einer Lust am Graphismus beruhen, diesmal jedoch einen malerischen, gipfelte, womit, einmal veröffentlicht, wie eben hier geschehen, ein weiterer graphischer Prozess ausgelöst werden könnte usw. usf.? All dies nähme kein Ende, würde aber in seiner schönen Unendlichkeit erneut offenbaren, wes Geistes Kind der Mensch ist: *ein graphisch Getriebener.*

[Abschweifung, ziellos, aber zwingend: Auffallend an den subtilen Einlassungen Sommers ist aber auch das Verhältnis von Text und Bild, würde man doch durchaus erwarten, dass Graphismen in unterschiedlichster

---

vorantreibt, bis dass nichts mehr (selbst) zu erhalten ist. Ein Umstand, der zum jetzigen Zeitpunkt – Klimakrise, Kriege, atomare Aufrüstung – nicht ausgeblendet werden darf.

Erscheinungsform *gezeigt* werden. Dem ist aber keineswegs so, nur hier und da finden sich ein paar Schemata, Abbildungen von Schreibszenen und zwei handgezeichnete Diagramme. Überhaupt wird der Graphismus als solcher eher selten direkt angesprochen, möglich, dass hier in seinem Rücken oder gleichsam in der dritten Person von ihm gesprochen wird, obwohl er sich doch auch im Raum befindet, so als wäre er nicht da und zugleich Adressat des Gesprächs. Dann hätten wir es zu allem Überfluss mit einer Philosophie zu tun, die sich nicht nur an uns, sondern auch an den Graphismus richtet, der ja überdies, durch Sommers Hand hindurch, damit seine Autobiographie schriebe. Der Autor zöge seine Linien gewissermaßen an Stelle des Phänomens, er äußerte sich in dessen Interesse, setzte sich ein für seine Sache, für seine Belange. Dies führt umstandslos zu der Frage, wer eigentlich der Adressat des Buchs ist. Sein Stil ist ein offener, einnehmender, dem man sich gerne hingibt, mit dem man sich treiben lässt, zart einkreisend, anschmiegend, fast nie forciert, den Weg immer wieder vorzeichnend, kaum abrupt, stets überraschend, bisweilen mit kühnen Volten, sehr genau und manchmal flapsig, mit Sinn für prononcierte Kalauer – im Grunde, wie ich finde, eine essayistische Verve, die folgenden unaufdringlichen Anspruch an uns richtet: Lies mich doch, wenn du magst, es könnte spannend sein, an mir gibt es einiges zu entdecken. Rückhalt, das spürt man beim Lesen, findet seine große Erzählung vom Liniengetue in der Werkstatt, in der seine graphische Gymnastik doch wohl stattfinden muss. Noch der kleinste Farbauftrag, der zaghafteste Strich, die unscheinbarste Bewegung hin zum Blatt, die normalste und dadurch kaum je bewusste Hand- oder Augenstellung, das loseste Verhältnis des Leibs zum vor ihm liegenden Gegenstand, das alles scheint wie in einem Labor getestet, an sich beobachtet, durchexerziert worden zu sein. Daher mag es auch Berechtigung finden, hier eine Art Werkstattbericht zu liefern, denn nicht nur erfahren wir etwas über ein bestimmtes Phänomen und was es mit uns in Bezug zu ihm auf sich hat, sondern wir sehen einen Phänomenologen am Werk, dessen forsch forschender Vollzug zugleich eine äußerst schlüssige Einführung in phänomenologisches Denken liefert. Den Graphismus einmal in seiner Erscheinungsform der Schrift betrachtet: Da schreibt einer übers Schreiben, sodass wir lesen, wie das Schreiben (sich) schreibt. Ist das nicht fantastisch?]

... Doch zurück zur aktiven Seite unseres Paars. Spricht uns das Blatt Papier an, auf ihm etwas entstehen zu lassen, es zu füllen, so finden wir das Werkzeug, das eben dies bewirkt, im Stift, der uns zu seiner Benutzung auffordert, durch ihn, mit ihm schöpferisch tätig zu werden. Bereits Charles

Sanders Peirces Hirn war in seinem Tintenfass verortet, Sommer ist nun sein eigener Bleistift – schreibend sind wir ganz Hand, die, das Zeichengerät umgreifend, von mir zum Blatt hin bewegt wird, um es zu berühren. Von der Aufnahme des Wirkzeugs durch die Hand, trefflich als Einverleibung, als Hineinnahme in das »Handbehältnis« (S. 215) beschrieben, bis hin zu ihrer Annäherung an die vor unseren Augen sich ausbreitende leervolle Fläche – derlei graphische »Tendenzen« gehören immer schon zum Vorgang des Schreibens oder Zeichnens dazu: Erlebnisganzheit, in der der Leib ganz sicher nicht an seinen Hautaußengrenzen endet, sondern, seine Reichweite und sein Fassungsvermögen als Wirkmächtigkeit auffassend, mit der händischen Extremität an seinen äußersten Innenrand stößt. Ein starker Zug von Sommers Ausführungen allemal, die Weitgespanntheit des Leibes immer wieder deutlich zu machen, so gerade im graphischen Tun dessen Umfang – was seinen Inhalt, aber auch seine Form betrifft – weit über dem hinausliegt, was wir gemeinhin, an Begriffen instrumentellen Werkzeuggebrauchs und klassischen Körperbildern geschult, darunter verstehen: »leibhafte Intentionalität« (S. 217).

Der Leibinnenraum, ausgedehnt bis zu dem Punkt, wohin unsere Hände, Stifte greifend, Blätter beschmierend, reichen, wird in Erweiterung zu Husserls »Nahraum« und zu Leroi-Gourhans »champ antérieur de relation« nunmehr als »internes Relationsfeld« bestimmt. War bei beiden genannten Autoren eben jene Umgebung angesprochen, die sich unmittelbar vor uns befindet und in der wir, mit unserem Zeug und unseren Körperteilen, tätig werden, so hebt Sommer einen weiteren Aspekt an diesem sonderbaren Feld hervor, das sich immerzu vor uns auftut, um einen eminent konkreten Möglichkeitsraum unserer Entäußerungen zu bilden: Es handelt sich um ein genuines Innen, der Leib ist hier, wenn man so will, ganz bei sich, in sich, was hier geschieht, ist auch noch in mir. Schreibe ich, das Blatt vor mir liegend, meine linke Hand hält es fest, meine rechte Hand führt den Stift, fließen meine Gedanken wohl vor meinen Augen aus – die Tinte gibt meinem Verstand ein Schriftbild –, doch solch Erguss geschieht innerhalb jenes Raums, und auch nur dort, den der Leib als Wirkungsstätte aufspannt, was wiederum nichts anderes heißt, als dass er eben diese ist. Kommt noch hinzu, dass die Hand selbst bereits einen Innenraum zu bilden vermag, indem sie etwas umschließt. Und zuletzt haben wir zwei Hände, die überdies miteinander zusammenarbeiten, etwa wenn die eine, diesmal ganz Füller, Bewusstsein durchfließen lässt und die andere, ganz Halt, solch Strömen durch Grundsicherung ermöglicht. Sommer gibt uns mit seinem Buch eine Unmenge von Gründen an die Hand (ich lese es, bald stehend, bald sitzend, manchmal sogar gehend, und bin, halte ich es vor mich, immer zugleich in mir), warum wir die nicht zuletzt für die Philosophie beunruhigende Frage, »ob nicht, was Verstand ist, sich dadurch begreifen lässt, was die Hand tut« (S. 233), stellen sollten. Ein sophistischer Handaufleger, wer meinte, wir würden dies doch immer schon in unseren Werkstätten zum Wohle des Graphismus tun.

So belehrt uns schließlich auch der Mythos, dass wir aus demselben Material gefertigt sind wie die ersten Schreibunterlagen. Die Tontafel, in die wir Keile hineintreiben, deren Spuren sich als Schrift erweisen, befände sich also nicht nur *im* Leibinnenraum, als Teil desselben, sondern wäre buchstäblich dieser selbst, indem wir selbst nichts als Lehm sind. Wäre dann »die Beschreibung der Tontafel so etwas wie Selbstbeschreibung?« (S. 245)

kanten

Was wurde nicht alles zum Schematismus geschrieben ... Würde sich der Erfolg eines Begriffs daran messen, in welchen Gestalten er in den unterschiedlichsten Bereichen Verwendung (oder Ablehnung) findet, noch dazu, wenn man berücksichtigt, wie schmal sich Kants Bemerkungen zu seiner Erfindung im Verhältnis zum Gesamtwerk ausnehmen, könnten wir ohne Zweifel von einem wahren Geniestreich sprechen. Durchaus hilfreich dabei mag sein, dass die entsprechenden Ausführungen in der *Kritik der reinen Vernunft* sowohl eine drängende Notwendigkeit in der Vermittlung von Sinnlichkeit und Verstand entfalten als auch in hinreichendem Maße offenbleiben. Dass Sommer nun auf diesen berühmten Begriff eingeht, hat zunächst einmal mit der besonderen Stellung des Schemas zu tun, die das Verhältnis von rezeptivem und spontanem Vermögen betrifft, deren Begriffe wiederum leitend für die Untersuchung des Graphismus waren. Darüber hinaus ergibt sich mit dem Schema – das laut Kant, wenngleich eingebildet, paradoxerweise kein Bild sein soll, das wir im Inneren bilden, sondern, natürlich auf transzendentale Touren gebracht, eher eine Art Verfahren darstellt, der Schematismus eben, die Synthesen der beiden Erkenntnisquellen gewissermaßen strukturell zu koppeln – die Möglichkeit, einer sehr speziellen Form, in der der Graphismus vorkommt, nachzuspüren, gemäß dem Sommers Buch vorangestellten Motto, dessen Satz Kants Analytik der Grundsätze der transzendentalen Logik entwendet ist: »Ich kann mir keine Linie, so klein sie auch sei, vorstellen, ohne sie in Gedanken zu ziehen«.

Der/die Leser:in, ich, entdeckt hier, in mir die graphischen Zeichen lesend, nachvollziehend, schematisierend, den »Autographismus« (S. 261), ein Liniengeschehen, das im Inneren des Gemüts statthat. Vielleicht ist es ja zunächst so, dass wir uns Konturen, Ränder, Liniengestalten, die wir in der Welt, in Bildern sehen, gleichsam nur vor Augen führen können, indem wir sie innerlich nachziehen, mit dem inneren Auge abschreiten, um einen figürlichen Eindruck zu erhalten. Erst die Linie innen würde es der Linie außen erlauben, begrifflich auf Linie gebracht zu werden. Doch Sommer geht es um etwas anderes, nämlich um die Geburt des Graphismus aus dem Zeitbewusstsein, sofern das Analogon – oder ist es das Bild, das Schema, die Illustration? – der Zeit die Linie sein soll. Die Form des inneren Sinns macht, dass alles Erleben und Erfahren sukzessive abläuft, oder anders formuliert, wir haben eine Vorstellung von diesem Nacheinander, das uns, doppelter Ursprung sozusagen, sowohl geschieht als auch von uns in dieser Form angeordnet wird. Diese Abfolge nun stellen wir uns dar in einer Linie, womit diese, selbst schon Gestalt, die Gestalt der unsichtbaren Zeit abgibt, sodass Kant letztlich sagen kann, dass wir, um die Zeit zu verstehen, nur die gezeichnete Linie, die Geraden zu betrachten haben. Der Zeitstrahl wäre somit nicht nur ein anschauliches Beispiel, das uns dem Verständnis der doch sehr unfasslichen Zeit näherbringt, sondern irgendwie die Sache selbst, bloß in anderer oder überhaupt in Erscheinungsform. Die Form des inneren Sinns verräumlicht sich im Graphismus, während dieser, Phänomen des Raums, des äußeren Sinns also, sich verzeitlicht.

Sommers Coup liegt aber für meine Begriffe darin, ein neues Liniengleichnis herauszuarbeiten, darin auf Papier oder im Geist gezeichnete Linien grundlegende Bedingungen von Welt und Erkenntnis verstehen lassen: »Der lineare Graphismus ist nötig, um zunächst Bewegung, mit ihr Veränderung und durch diese dann (obschon nicht *nur* durch diese) Kausalität verstehen zu können.« (S. 277) – *Verstehe ich den Strich, verstehe ich die Welt.* Denn in jeder Linie, in jedem graphischen Auswurf, der zu sehen ist, wird die Einheit von Zeit, Denken und Gedachtem gegenwärtig, sie erhält etwa kugelschreibenden Ausdruck.

Bleibt natürlich, zum Ende hin, die Frage nach dem Anfang. (Vielleicht ist dies eines der stärksten Anzeichen dafür, dass wir es mit Philosophie zu tun haben: wenn sie sich nicht scheut, nach dem Ursprung zu fragen, auch oder gerade in dem Wissen, daran zu scheitern.) Hierfür lässt Sommer Zeitbewusstsein und Graphismus erneut parallel laufen, Linien, die sich im Unendlichen schneiden. Wo beginnt ein Geschehen? Wir wissen: Was auf den Anfang folgt, lässt diesen erst als solchen erkennen, doch um ihn ist es damit schon geschehen; Anfang ist immer nur rückwirkend zu haben, als Ereignis bleibt er uns notwendig verborgen. Wo beginnt eine Linie? Wir wissen jetzt: Setzt der Stift aufs Blatt auf und beginnt seine graphische Aerobic, sehen wir genau drei Dinge nicht, die den Anfang der Linie oder des Linienziehens *materialiter* und damit *realiter* bestimmen: das unterste Ende der Stiftspitze, die Stelle des Blattes, auf das sie sich senkt, sowie der Stoff, der auf dieses aufgetragen wird und der zwischen verborgener Stiftspitze und kaschierter Blattstelle im Augenblick seiner Einschreibung nicht zu sehen ist. Erst wenn der Stift sich weiterbewegt, kommt der Anfang zum Vorschein und wird so zum Ursprung.

Um nun aber wirklich zu enden, sollte noch einmal kurz das Schema auftreten. Der Parallelismus sieht nach Sommer folgendermaßen aus: Begriff – Stift, Schema – Graphismus, Anschauung – Blatt; die darin angesprochenen Vermögen, nach Kant, sind auf beiden Seiten gleich: Verstand – Einbildungskraft – Sinnlichkeit. Als Produkt der Einbildungskraft gesetzt, würde man eigentlich meinen, Kant hätte in der *Kritik der reinen Vernunft* dargestellt, wie das denn vonstatten geht und welcher Bedingungen der Möglichkeit es bedarf, damit alles reibungslos funktioniert. Dem ist aber nicht so, ganz im Gegenteil. Nicht nur erweist sich das Postulat des Schemas als funktionaler Schachzug, um die Lücke zwischen Ästhetik und Logik zu schließen, sondern die Einbildungskraft wird abschließend kurzerhand zu einer »Funktion des Verstandes« erklärt. Als wäre Kant über das Ziel hinausgeschossen und müsste sich jetzt, so beschreibt es auch Sommer, wieder zur Räson rufen. Damit erzwingt letztlich die Logik, dass es genau so viele (transzendentale) Schemata wie Begriffsarten zu geben habe. Diese eigentümliche Schräglage im Gemüt einmal außer Acht gelassen, keimt Hoffnung in den linearen Graphismen von Linie und Kreis, die ja in unseren Erfahrungsbegriffen eine eminente Rolle spielen und insofern als konkrete Schemata fungieren könnten. Führt man diese beiden Formen noch einmal auf einen gemeinsamen Nenner zurück, gelange man zur Linie in gerader und gebogener Gestalt, den beiden »Grundformen des Graphismus« (S. 312).

Da wir nun laut Kant so ziemlich alles über die Zeit von der Linie erfahren, bekommen wir nach Sommer aus der Zeit auch etwas über die Linie heraus. Was die Zeit über ihren uneinholbaren, wenngleich existierenden Ursprung weiß, hat, wie bereits gezeigt, dieselbe Evidenz, ja dieselbe Anschaulichkeit im Graphischen. Ins Spiel kommt also kurz vor Schluss der Linienmacher Kandinsky (es hätten aber auch genauso gut andere Künstler:innen angeführt werden können), der darüber nachdenkt und nachzeichnet, wie es überhaupt zur Linie, daran anschließend dann zur Figur kommt. Eine von außen eingreifende Kraft reißt den Punkt, der sich wie eine kleine Fliege ins Blatt, auf die papierne Haut drückt, gewaltsam aus seinen unausgedehnten, unbewegten Träumen, vernichtet ihn und lässt ein neues Wesen, die Linie, entstehen, die wiederum anderen Gesetzen gehorcht. Doch diese Linie wird, schlingernd übers Blatt Papier, das sie hintergründig in seinen Schoß bettet, getrieben vom Wunsch, eine Figur zu bilden, zumindest zu einer Schließung zu finden, um, wie Sommer einwirft, Schema zu werden. Damit ist die Welt, nicht allein die graphische, eine schematische, nur dass der Begriff anders schillert und dem, worin er sich ausdrückt, eine besondere, im Grunde eine linienuntreue Dynamik verleiht. Ein solcher Sommer'scher Schematismus, angestoßen durch die phänomenale Parallelverschiebung von Stift und Blatt sowie Verstand und Sinnlichkeit, ist nichts anderes als die ewige Wiederkehr des Graphismus, immer derselbe, nur anders, und der Mensch, dies bejahend, das graphische Tier, das seine Griffel pausenlos ins Blätterwerk der Welt krallt.

Jessica Hainke

Auf den Spuren eines Umtriebigen

Rezension zu Masetto Bonitz: *Diskursive Unruhe. Max Bense in der Nachkriegsära (1945–1956),* Berlin 2024, 278 Seiten.

1. Kontexte und Forschungsstand

Max Bense (1910–1990), der als Philosoph an der Universität Jena und der Technischen Hochschule Stuttgart (heute Universität Stuttgart) gewirkt hat und darüber hinaus auch literarisch tätig war, wird aktuell kaum noch rezipiert. Sein umfangreiches Werk erstreckt sich über viele Bereiche, die auch im technikphilosophischen Kontext relevant sind. So waren vor allem seine frühen Schriften wie seine Dissertation *Quantenmechanik und Daseinsrelativität. Eine Untersuchung über die Prinzipien der Quantenmechanik und ihre Beziehung zu Schelers Lehre von der Daseinsrelativität der Gegenstandsarten* (1938), stark von seinem Studienhintergrund geprägt – er hatte mit Studien der Physik, Chemie, Mathematik, Geologie und Philosophie auch umfangreiche naturwissenschaftliche Kenntnisse erlangt – und verbanden naturwissenschaftlich-technische und philosophische Themen. Mit Werken wie *Technische Existenz. Essays* (1949) und *Literaturmetaphysik. Der Schriftsteller in der technischen Welt* (1950) positionierte er sich in der damaligen technikphilosophischen Debatte. Ab den 1950er Jahren führte sein Denken darüber hinaus immer stärker in Richtung ästhetisch-künstlerischer und literarischer Themen, was sich nicht nur an Nebenbeschäftigungen wie z.B. an der »Hochschule für Gestaltung« in Ulm zeigt, sondern auch mit Blick auf Publikationen wie die Schriftenreihe *Aesthetica* ersichtlich wird.

Die Philosophie Benses ist – wie beispielsweise Elke Uhl und Claus Zittel verdeutlichen – in Anbetracht der »weitgehend orientierungslos vollziehenden digitalen Revolution in den Geisteswissenschaften [...] von provozierender Aktualität«.[1] Die Forschungslage ist dennoch dünn: Neben einzelnen Aufsätzen von Forschenden wie z.B. Hans-Christian von Herrmann[2] und Ulrich Fröschle[3] wurden in den Jahren 2018 und 2019 zwei Sammelbände zu Bense[4] publiziert. In den letzten Jahren wurde Bense dabei auch im Rahmen aktueller interdisziplinärer, technikbezogener Forschungen aufgegriffen – so bezeichnet Sibylle Krämer Bense als möglichen »Vordenker der Digital Humanities«.[5] Uhl und Zittel kritisieren im Zusammenhang der digitalen Geisteswissenschaften die mangelhafte theoretische Fundierung dieses Forschungsbereichs und konstatieren, dass die dort vorzufindenden theoretischen Ansätze »[...] im Lichte von Benses Philosophie hausbacken, apolitisch, anti-ästhetisch und in systematischer Hinsicht dramatisch unterkomplex [...]«[6] seien. Auch finden sich in der Forschung Hinweise auf Benses »Informationsästhetik« als theoretisches Fundament damaliger und später entstandener Computerlyrik und heutiger generierter Poesie.[7] Hierbei ist v.a. die Differenzierung in »künstliche[]« und »natürli-

1 Vgl. Elke Uhl und Claus Zittel: »Einleitung. Weltprogrammierung – Zur Aktualität Max Benses«, in: *Max Bense. Weltprogrammierung*, hrsg. v. dens., Stuttgart 2018, S. 1–8, hier S. 2.

2 Vgl. beispielsweise Hans-Christian von Herrmann: »Schreibmaschinenströme. Max Benses Informationsästhetik«, in: *Sendungen. Mediale Konturen zwischen Botschaft und Fernsicht*, hrsg. v. Wladimir Velminski, Bielefeld 2009, S. 51–61 sowie Hans-Christian von Herrmann: »Dämonie der Technik. Max Benses Geistesgeschichte der Mathematik«, in: *Das Dämonische. Schicksale einer Kategorie der Zweideutigkeit nach Goethe*, hrsg. v. Lars Friedrich, Eva Geulen u.a., Paderborn 2014, S. 363–372.

3 Vgl. Ulrich Fröschle: »Max Bense zum Beispiel. Zur Essaykultur und Essaytheorie in der frühen Bundesrepublik«, in: *Der Essay als Universalgattung des Zeitalters. Diskurse, Themen und Positionen zwischen Jahrhundertwende und Nachkriegszeit*, hrsg. v. Michael Ansel, Jürgen Egyptien u.a., Leiden, Boston 2016, S. 386–405.

4 Elke Uhl und Claus Zittel (Hg.), *Max Bense. Weltprogrammierung*, Stuttgart 2018 und Andrea Albrecht, Masetto Bonitz u.a. (Hg.), *Max Bense. Werk – Kontext – Wirkung*, Stuttgart 2019.

5 Sibylle Krämer: »Warum Max Bense unzeitgemäß war und es heute nicht mehr ist oder: Wie viel Geist steckt in den ›Digitalen Geisteswissenschaften‹?«, in: *Max Bense. Weltprogrammierung*, hrsg. v. Elke Uhl u.a., Stuttgart 2018, S. 133–140, insbes. die Einordnung auf S. 133.

6 Uhl und Zittel: »Einleitung. Weltprogrammierung«, in: dies. (Hg.): *Max Bense.*, S. 3.

7 Vgl. Stephanie Catani: »Mit KI schreiben – über KI schreiben. Künstliche Intelligenz als Thema im literaturwissenschaftlichen Studium«, in: *Digitale Umbrüche. Sprache, Literatur und Deutschunterricht in Zeiten von Big Data und KI*, hrsg. v. Hans-Georg Müller u.a., 4 (2023), S. 393–405, hier insbes. S. 396; vgl. außerdem Hannes Bajohr: »Autorschaft und Künstliche Intelligenz«, in: *Handbuch Künstliche Intelligenz und die Künste*, hrsg. v. Stephanie Catani u.a., Berlin u.a. 2024, S. 265–280, hier S. 266.

che[]« Poesie,[8] die Bense vornahm, zu erwähnen. Die damit in Verbindung stehende, durch die Produktionsinstanz bedingte Frage nach Autorschaft stellt ferner einen literaturwissenschaftlich motivierten Aspekt dar, welcher bereits in der Forschung thematisiert wird.[9]

2. Argumentationsstruktur und Inhalte

Masetto Bonitz, der auch an den o.g. Sammelbänden mitgewirkt hat, wirft in seiner im Sommer 2024 erschienenen Dissertation[10] den Blick auf die Kontexte, die dem angesprochenen, interdisziplinär zwischen Technikphilosophie und Literaturtheorie zu verortenden Schaffen Benses zugrunde liegen: Ziel seiner literaturwissenschaftlichen Ausarbeitung ist – so beschreibt er es einleitend – Benses »Werk und Wirken mit seiner Lebenssituation in Zusammenhang« (S. 1) zu bringen, um Benses Stellung in beruflich-wissenschaftlicher Hinsicht als Professor und Philosoph in den Jahren 1945 bis 1956 auszuleuchten. Die Arbeit weist somit neben dem literaturwissenschaftlichen Anteil, der auch durch den Hintergrund Bonitz' als Literaturwissenschaftler bedingt ist, auch eine wissenschaftssoziologische Ausrichtung auf.

Hierzu betreibt er umfangreiche Quellenarbeit mit v.a. nicht erschlossenen Dokumenten aus dem Nachlass (vgl. S. 13–15),[11] die er zur Charakterisierung und Kontextualisierung des damaligen Lebenswegs und zur Einordnung der Schriften, die Bense in dieser Zeit schrieb und veröffentlichte, nutzt (vgl. S. 1f.). Er charakterisiert Benses Verhältnis zu den jeweiligen gesellschaftlichen und politischen Umständen so, dass er stets direkt Bezug zu diesen nahm, was ihm nicht nur positive Rückmeldungen einbrachte, sondern »zwischen extremer Zustimmung und extremer Ablehnung« (ebd.) changierte.

---

8 Max Bense: »Über natürliche und künstliche Poesie«, in: *Theorie der Texte. Eine Einführung in neuere Auffassungen und Methoden*, hrsg. v. dems., Köln 1962, S. 143–147, hier S. 143, zit. nach Bajohr: »Autorschaft und Künstliche Intelligenz«, in: Catani (Hg.): *Handbuch Künstliche Intelligenz und die Künste*, S. 266.

9 Ebd.

10 Masetto Bonitz: *Diskursive Unruhe. Max Bense in der Nachkriegsära (1945–1956)*, Berlin 2024. Im Folgenden wird das rezensierte Werk im Text mit Seitenzahl referenziert.

11 Hierzu erwähnt Bonitz darüber hinaus die Rolle Elisabeth Walther-Benses als Studentin, Partnerin und Nachlassverwalterin Benses, die hierfür beträchtliche Arbeit geleistet hat, deren eigene Werke bislang aber gänzlich unerforscht sind.

Im Folgenden wird neben einer groben Einordnung der Dissertation auch schwerpunktmäßig das der Arbeit zugrundeliegende Quellenkorpus dargestellt, Bonitz' Begriff der »diskursiven Unruhe« und die Erkenntnisse zu Benses Leben und Schreiben in der Zeit des Nationalsozialismus zusammengefasst und die weiteren Entwicklungen Benses in den ersten Nachkriegsjahren in Jena und Stuttgart mit Fokus auch auf das Verhältnis Benses zu Verlagen und Zeitschriften umrissen.

Die Arbeit besteht aus sieben Kapiteln, die zunächst einen allgemeineren Überblick zu Bense und der bisherigen Forschung geben (Kap. 1), eine Charakterisierung und grundsätzliche Einordnung des Nachlasses (Kap. 2) vornehmen und anhand des Begriffs der »diskursiven Unruhe« und einzelnen »Unruhefeldern« mit Bezug zum Leben Benses bis zum Kriegsende 1945 einordnen (Kap. 3). Daran anschließend werden die drei Phasen, die im Zentrum der Arbeit stehen – Bense in der Zeit zwischen 1945–1948 in der Sowjetischen Besatzungszone (SBZ, Kap. 4), die Jahre nach der Flucht 1948 in die BRD bis ins Jahr 1952 (Kap. 5) und die Zeit zwischen 1952 und 1956 (Kap. 6) – beleuchtet. Die Dissertation schließt mit einem Resümee der Ergebnisse (Kap. 7).

Zur grundsätzlichen Einordnung der Werke Benses verweist Bonitz zunächst u.a. auf die Essaytheorie Benses als eine seiner wichtigen Arbeiten: Mit dem Aufsatz »Über den Essay und seine Prosa« (1947) als einem der bekanntesten seiner Texte (S. 3) habe Bense verhältnismäßig große Prominenz erlangt. Dieser wird auch von Adorno in dessen berühmter Essaytheorie im Aufsatz »Der Essay als Form« (1958) erwähnt,[12] welcher von Benses Ansätzen somit mitbeeinflusst wurde.[13] Ferner wird von Bonitz auch auf die Relevanz des *literarischen* Schreibens Benses hingewiesen, das zumeist wenig berücksichtigt werde (S. 3). Bonitz erläutert hierbei den Weg vom rein literaturtheoretischen hin zu den tatsächlich praktisch-literarischen Arbeiten auch mit Blick auf die »Gruppe 47« (der er nicht angehörte) und hin zu maschinell generierten Texten (S. 9–11). Hier kommt er auch auf den Begriff der Technik zu sprechen, der »sein[en] vielleicht wichtigste[n] bis heute nachklingende[n] Begriff« (S. 5) darstelle und von

---

12 Vgl. Theodor W. Adorno: »Der Essay als Form«, in: Adorno, Theodor W., *Noten zur Literatur*, in: *Gesammelte Schriften*, hrsg. v. Rolf Tiedemann unter Mitwirkung von Gretel Adorno u.a., Bd. 11 (1998), S. 9–34, hier S. 25–27.

13 Vgl. hierzu Fröschle: »Max Bense zum Beispiel«, in: Ansel u.a. (Hg.): *Der Essay als Universalgattung des Zeitalters*, S. 387. Fröschle bezieht sich auf Ludwig Rohner: »Prolog – Essayisten über den Essay«, in: *Deutsche Essays. Prosa aus zwei Jahrhunderten*, Bd. 1, hrsg. v. dems., Berlin 1968, S. 27–29, hier S. 28f.

Bense als »stetig fort[schreitend]« (ebd.) und hinsichtlich der Komplexität steigend verstanden wurde.

Das gewählte Quellenkorpus hat den Schwerpunkt bei den brieflichen Korrespondenzen Benses, die vorwiegend ab 1945 vorliegen – den Großteil seines Besitzes hatte er bei seiner Übersiedelung in den Westen zurücklassen müssen (vgl. S. 40) – und sich bis in die 1950er Jahre erstrecken (vgl. S. 42f.). Diese seien als »Wissensspeicher« zu verstehen, zeugen je nach Korrespondenzpartner von »abrupte[n] Abbr[ü]che[n]« (S. 40) und seien aufgrund ihrer Menge und den Erwähnungen in seinen Texten als relevante Quellenform einzuschätzen (vgl. S. 42).[14]

Darüber hinaus erläutert Bonitz die Notwendigkeit, für seine Arbeit auch (z.T. externe) Quellen aus der Zeit nach Mitte der 1950er Jahre heranzuziehen, die Bense als Person charakterisieren. Diese externen Quellen zeugen zumeist »von [...] Begeisterung für Bense« und machen dabei die Besonderheit des »Erleben[s] in Aktion« (S. 43) Benses deutlich.

Der titelgebende Terminus der »diskursiven Unruhe«, eine Bezeichnung Bonitz', fußt auf mehreren »Unruhefeldern«, die in mehrerlei Hinsicht zu fassen sind: Erstens in räumlicher Form mit Blick auf häufige Wohnortwechsel seit seiner Kindheit und zweitens in fachlicher Hinsicht unter Aufgreifung der Verbindungslinien, die Bense zwischen Natur- und Geisteswissenschaften gezogen hat. Außerdem nennt er verschiedene Kreise, in denen Bense sich bewegte, u.a. in der »Rheinischen Gruppe« (vgl. S. 61) und dem »Berliner Kreis« (S. 64), aber auch die Verbindungen zu Einzelpersonen, federführend hier Gottfried Benn (vgl. S. 61--64).

Mit der Nähe zu Benn leitet Bonitz auch zu einem grundsätzlichen Problemfeld über – dem Verhältnis Benses zum Nationalsozialismus. Er beschreibt hierbei einerseits mit Bezug zu Benses Anstellung im Laboratorium für Hochfrequenztechnik, die er ab 1941 innehatte und welches zunächst in Berlin ansässig war, dann durch die Zerstörung des Labors nach Georgenthal übersiedelte, inwiefern Bense am tatsächlichen Kriegsgeschehen beteiligt war.[15] Andererseits greift er auch die eher innerliche Per-

---

14 Hier nennt Bonitz u.a. Aspekte, die sich in der Schrift »Briefe großer Naturforscher und Mathematiker« von 1943 finden lassen, zudem solche, die in Benses Aufsatz »Über den Essay und seine Prosa« und »Umgang mit Philosophen« (beide 1947) sowie im Vorwort zu den Descartes-Briefen, die er 1949 herausgab, aufzufinden sind.

15 Andernorts verweist Bonitz auch auf die explizite Beteiligung in der SA, was erst durch Veröffentlichung eines 1935 verfassten Briefs an Gottfried Benn im Jahr 2003 bekannt wurde (vgl. S. 63).

spektive auf, die aus Benses Texten und der Verbindung mit u.a. Gottfried Benn (vgl. S. 65–69) und Heinrich Scholz (S. 70) abzuleiten ist.

Bonitz bezeichnet Benses Verhalten in der damaligen Zeit insgesamt als »Abkapselung von der tatsächlichen Welt« (ebd.) und konstatiert zu seiner Einschätzung der Sichtweise Benses auf das Kriegsgeschehen: »Die intellektuelle Welt war die wirkliche und die ihn umgebende die abgelehnte. Er baute sich einen Schutzraum, um zu überleben. So könnte man jedenfalls eine positive Lesart für Bense entwickeln. Eine negative einer Enthaltung und des dauerhaften Arrangements lässt sich allerdings ebenso nicht ausschließen.« (ebd.)

Sodann wird auch die Lage Benses in den ersten Nachkriegsjahren charakterisiert. Zunächst werden die allgemeinen Lebensumstände Benses zum Kriegsende 1945 in Georgenthal beschrieben. In diesem Ort, aus dem Benses Familie mütterlicherseits stammte, wurde Bense nach einer Überprüfung in Bezug auf seine Beteiligung am NS zum Bürgermeister ernannt (vgl. S. 74) und wirkte an Wiederaufbaumaßnahmen auch in Gotha und Weimar mit (vgl. S. 75). Hierbei verweist Bonitz auch auf die gute Vernetzung Benses neben familiären Verbindungen in Georgenthal, u.a. im ›Fucker-Kreis‹ (S. 76) und im »Kulturbund« (S. 77), in welchem Bense auch Vorsitzender war, sowie durch intellektuelle Freundschaften mit Literaten und Wissenschaftlern wie Georg Widmaier und Herbert Franke, die z.T. auch in Georgenthal temporär ansässig wurden (vgl. S. 78).

Im Anschluss daran greift Bonitz unter Berücksichtigung von Dokumenten aus dem Universitätsarchiv Jena die Rolle Benses im Wiederaufbauprozess der Universität auf, was neben einer Tätigkeit als Lehrender v.a. als Kurator ab Oktober 1945 die Entnazifizierung (Dozierende wie Studierende) und Neu-Einstellung von Wissenschaftlern betraf (vgl. S. 79f.). Damit einhergehend wirft er auch einen Blick zur Diskussion, die damals bzgl. der »Wieder-« vs. »Neu-Eröffnung« der Universität Jena geführt wurde und in der Bense Position bezog (S. 82f.).

Deutlich wird in Bonitz' kleinteiligen Ausführungen, welches Gewicht und welche Gestaltungsmacht Bense in seiner Rolle als Kurator hatte. Er leistet mit der Einbeziehung von Vorträgen und Ansprachen (vgl. S. 95–118) der Jahre 1945 und 1946 Detailarbeit, die nicht nur für die Bense-Forschung in Bezug auf sein Verhältnis zum NS, zu Zusammenhängen mit Konzeptionen wie der »inneren Emigration« und der SBZ wichtig ist, sondern zugleich Erhellungen für die Universitätsgeschichte der Universität Jena bieten kann und darüber hinaus allgemein zum Verständnis der NS-Aufarbeitung in den ersten Nachkriegsjahren in der SBZ beiträgt. Zudem weist

Bonitz nach, dass schon 1946 wachsende Differenzen zwischen Bense und den Grundsätzen der SBZ bestanden, welche die Spannungen verstärkten und die Anfänge der Überlegungen zur späteren Flucht Benses in die BRD illustriert (S. 88f.). Damit einhergehend werden auch die Schriften, die Bense in der Zeit bis ins Jahr 1947 veröffentlichte, in die kulturgeschichtlichen und politischen Zusammenhänge eingeordnet (vgl. S. 91–93 sowie S. 118–130). Insgesamt nahm Bense eine umstrittene Position innerhalb dieser Vorgänge ein, was sich an den weniger radikalen Ausschlusskriterien im Hinblick auf die NS-Vergangenheiten einiger Personen, die Bense einstellen wollte, zeige (vgl. S. 85) und was dann auch zu seiner Entlassung aus dem Amt als Kurator im August 1946 geführt habe, wie Bonitz darstellt (vgl. S. 86).

Weitere aufschlussreiche Erläuterungen finden sich für die Zeit ab 1948, als Bense in die BRD geflüchtet und dort – mit erheblichen Entbehrungen und beträchtlichem Aufwand – in der Wissenschaft wieder Fuß zu fassen versuchte (vgl. S. 137–152). Bonitz fokussiert sich dabei auf mehrere wichtige Aspekte, die alle die Standpunktverortung und die Öffentlichkeitswirkung betreffen – vor allem in der Auseinandersetzung mit unterschiedlichen Verlagen bzw. Publikationsorganen: Erstens ist hier die Positionierung Benses zur SBZ, aus der er geflohen war, zu nennen. Die Haltung Benses zur SBZ wird dargestellt und anhand von Zeitungsartikeln Benses von 1948 über die Situation an der Universität Jena illustriert (vgl. S. 154–156), welche in einer allgemeinen Kritik am dortigen »System« mündete (vgl. S. 159) und auch über das Jahr 1948 hinaus von ihm fortgeführt wurde (vgl. S. 160–162). Zweitens wird auf das Verhältnis Benses zu Verlagen und Zeitschriften eingegangen. Bonitz nennt zunächst den Suhrkamp-Verlag, welcher Bense erfolgreich die Publikation eines Bandes einer Buchreihe anbot, der 1951 veröffentlicht wurde (vgl. S. 165). Besonders hervorzuheben ist hier auch Benses Verhältnis zur Zeitschrift »Merkur«, die sich als wichtige Verbindung darstellt, da Bense in dieser eine »Äußerungsplattform« (vgl. S. 169) für seine philosophischen Ansätze vorfand, in der er Essays und Rezensionen veröffentlichen konnte. Bei der Erörterung dessen umreißt Bonitz jedoch auch die kritischen Aspekte, die Benses Publikationen in der Zeitschrift betrafen: So sorgte Bense mit einer Kritik an der *Dialektik der Aufklärung* von Theodor W. Adorno und Max Horkheimer dafür, dass möglicherweise »[f]ür Adorno und Horkheimer [...] ihre Karriere und die Finanzierung ihrer Forschung auf dem Spiel gestanden« (vgl. S. 179) hätte (vgl. S. 177–181), was sich zwar nicht bewahrheitete (vgl. S. 181), aber schon allein wegen des möglichen Schadens problematisch war.

Es wird zudem genauer dargestellt, wie der durch Benses Atheismus und diesbezügliche Kritik am »Merkur« verursachte Bruch im Jahre 1950 verlief (vgl. S. 182–184), aber auch auf Benses wachsendes Interesse an der Literatur(-kritik), die in der Zeitschrift zu diesem Zeitpunkt wenig Raum fand, eingegangen (vgl. S. 185). Ferner werden auch die Bestrebungen Benses, selbst eine Zeitschrift zu gründen, die »gegen die CDU, die Kirche und den Bolschewismus« (S. 189) ausgerichtet sein sollte und die auf einem schon lange gehegten Wunsch Benses basierte, letztlich bis 1952 allerdings nicht umgesetzt wurde, erläutert (vgl. S. 188f.). Zuletzt geht er kursorisch auf Benses Terminus des »existenziellen Rationalismus« und die literaturtheoretischen Aspekte verschiedener Schriften zwischen 1948 und 1952 ein (vgl. S. 198–209).

Bonitz rückt im letzten inhaltlichen Kapitel die Festigung Benses Standpunktes innerhalb der Philosophie, die wachsende Relevanz von Experimenten und die Verringerung seiner Korrespondenzen in den Fokus (vgl. S. 219). Zudem beschreibt er Benses weiteren Lebensweg, der 1952 auch an die Hochschule für Gestaltung in Ulm führte und allgemein in einer immer stärkeren Beschäftigung mit Kunst und Ästhetik mündete (vgl. S. 219f.). Gleichzeitig erörtert er die Wichtigkeit, die Bense der hochschulischen Pädagogik, den Bemühungen um ein »studium generale«, der Prüfungskultur und den Praxisbezügen zumaß (vgl. S. 221–225). Damit einhergehend schaffte Bense nun mit der Zeitschrift »Augenblick« auch sein eigenes Format für Diskussionen (vgl. S. 225, S. 236–249).

3. Technikphilosophische Bezüge

Mit Blick auf die technikphilosophischen Aspekte finden sich in der Arbeit im Zusammenhang mit den Nachlassdokumenten u.a. ein genauerer Blick auf das Verhältnis von Literatur und Technik (S. 198–209). Bonitz zeigt ferner auf, wie sich Bense in den damaligen technikphilosophischen Debatten beispielsweise zu Ernst Jünger verortete. Hierzu finden sich auch für das Verständnis aufschlussreiche Einordnungen unbekannterer Texte Benses wie »Über die spirituelle Reinheit der Technik« von 1949 (S. 172) und die Einbeziehung von Briefen aus dem Nachlass, beispielsweise von Martin Heidegger (S. 174–177). Nicht zuletzt ist wichtig, dass in der Arbeit Benses Termini im Hinblick auf die Technik geschärft werden: So wird anhand der Schriften der späten 1940er und frühen 1950er Jahren genauer charakterisiert, was Bense unter dem »Existenziellen Rationalismus« und der »technischen Existenz« verstand (S. 198f.).

Hierbei wird auch klar, dass insbesondere die Literatur in Bezug auf die Technik einen wichtigen Bezugspunkt darstellt (S. 201–207). Bonitz konstatiert: »Die Literatur war für Bense die entscheidende Ausdrucksform der Zeit, die entwerfende Welt, ein Möglichkeitsraum, in dem sich die gesellschaftlichen Fragen der Technik spiegelten.« (S. 201) Literatur sollte nach Bense, so erläutert Bonitz, zur Darstellung der nicht ignorierbaren Technik der Gegenwart dienen. Mit dieser nur theoretischen Aufgreifung bestimmter technischer Entwicklungen sollte vermieden werden, dass diese tatsächlich zum Einsatz kommen, was an Benses Beschäftigung mit einem Buch Arno Schmidts, welches die Auswirkungen der Atombombe zum Thema hat, ersichtlich sei (vgl. ebd.).

Darüber hinaus zeigt Bonitz, wie stark Benses technikphilosophisches Denken gerade auch ab Ende der 1940er Jahre in Stuttgart im Kontext seiner tatsächlichen, praktischen Arbeit als Dozent an einer Technischen Hochschule stand, an welcher angehende Lehrkräfte naturwissenschaftlicher Fächer studierten und Philosophie dabei ein Pflichtfach war (vgl. S. 147). Er erläutert, dass Bense sich »[m]it der technischen Existenz des Menschen in der technischen Welt [...] im Neuaufbau der Universitäten und ihrer Lehre [...]« (S. 121) positionierte und »[...] in einer technischen Welt das Rationale mit dem Existenziellen zu verbinden [...]« (S. 130) versuchte. Damit in Verbindung wird der Weg Benses zum philosophischen Lehrstuhl speziell einer Technischen Hochschule hergeleitet, der mit Benses fachlicher Herkunft und seinen spezifischen Kenntnissen begründet (S. 147f.) und seinen didaktischen Fähigkeiten erklärt wird (S. 149). Zum Teil ziehen sich die Erläuterungen hierzu im Zusammenhang mit der Technik bis ins Detail der betrachteten Nachlassdokumente (S. 158). Auch wird deutlich, dass die Technik als verbindendes Element bei Benses Anstellung an der Hochschule für Gestaltung Ulm diente: Im Sinne des technikphilosophischen Schwerpunktes Benses und der technischen Gestaltungsmöglichkeiten, die sich in der damaligen Zeit entwickelten (S. 225), fanden sich hier Themen, die beide Bereiche zusammenführten.

Insgesamt lässt sich also sagen, dass gerade auch der Wert der Arbeit im Hinblick auf die Technikphilosophie herauszustellen ist: Bonitz konturiert auf Basis seiner genauen Quellenarbeit die Begrifflichkeiten Benses, stellt die Verbindungen zu technikphilosophischen Debatten der damaligen Zeit genauer dar und erklärt darüber hinaus, wie sich dies auch ganz praktisch in seinen Wirkungsstätten in Jena, Stuttgart und Ulm niederschlug.

4. Fazit und Kritik

Insgesamt leistet Bonitz' Forschungsarbeit einen fundierten Überblick über die Entwicklungen im Leben Benses in den ersten Jahren nach dem Zweiten Weltkrieg. Die engmaschige und auf zentrale Wendestellen seines Lebens fokussierte Darstellung bietet die Möglichkeit, nicht nur mit Blick auf die Werke, sondern auch unter Berücksichtigung der historisch-politischen Umstände ein tiefergehendes Verständnis von Benses Rolle in den damaligen zeitgeschichtlichen Kontexten zu erhalten. Hier zu nennen sind die Zeit in Jena und die Auseinandersetzungen, die zu seiner Entlassung geführt haben, die Suche nach einer Anstellung in Westdeutschland und die ersten Jahre als Professor an der TH Stuttgart, die wichtige Stationen im Leben Max Benses sind. Bonitz bringt darüber hinaus schon durch die grundsätzliche Arbeit mit Quellen aus dem Nachlass in Anfängen Licht in einen der zahlreichen blinden Flecke in der Bense-Forschung.

In Anbetracht des umfangreichen Werks Benses und insbesondere auch des, wie er betont, kaum beforschten Nachlasses kann Bonitz natürlich nur ausschnittsweise, schlaglichtartige Blicke auf Benses Werk werfen. Der Kohärenz der Darstellung mit Blick auf sein Vorhaben, den Werdegang Benses in der Nachkriegszeit in Verbindung mit dessen Werken nachzuzeichnen, ist dies nicht abträglich, jedoch könnte man hier auch kritisieren, dass Bonitz zuweilen damit nicht nur selbst in den oft fragmentarischen Stil Benses verfällt, sondern wiederum das, was Bonitz selbst als Mangel in der Forschung bekundet – den kaum erschlossenen Nachlass – damit nur teilweise aufgearbeitet und durchleuchtet. Dies ist für das Verständnis der jeweils fokussierten Quellen zwar im Besonderen hilfreich und ergiebig, weil hier jeweils die Kontexte deutlich gemacht und die Quellen in selbige eingeordnet werden. Allerdings ist der Gesamtzusammenhang so vor allem durch die Brille Bonitz' verständlich. Hier wäre eine ausführlichere Beschreibung des Nachlasses, wie sie hier nur in Ansätzen bzw. vage erfolgt (vgl. S. 37–54) und eine konkretere Erläuterung, warum und in welchem Umfang welche Teile berücksichtigt und welche ausgespart wurden, hilfreich gewesen. Dies hätte beispielsweise durch eine einleitende, genaue Beschreibung, welche Korrespondenzen überhaupt bestanden haben (und ggf. eine Kartografierung dieser im Hinblick auf Themenschwerpunkte oder dergleichen), gelöst werden können. Dadurch könnten künftige Forschungen besser an die in der Forschungsarbeit aufgearbeiteten Quellen anknüpfen und weitere Kontexte erschlossen werden.

Kontroverse

Technik und Technikphilosophie in der philosophischen Reflexion von KI

Künstliche Intelligenz ist längst kein Spezialthema mehr, mit dem sich etwa nur solche Historiker oder Philosophinnen beschäftigen, die an den Grundlagen maschinellen Lernens und ihrer Geschichte interessiert sind. Auch ist KI kein Nischenproblem der Wissenschaftsphilosophie mehr – etwa allein der Wissenschaftsphilosophie, die sich mit den spezifischen Charakteristika maschineller Induktion beschäftigt und Phänomene wie das *No free lunch theorem* (demzufolge es keinen Algorithmus gibt, der für alle Probleme zugleich der beste ist) analysiert. KI ist – zumindest diskursiv und in der Werbung für immer neue KI-unterstütze Produkte – inzwischen allgegenwärtig. Das gilt auch für die philosophische Reflexion: Über KI, aktuell zumeist in Gestalt großer Sprachmodelle (LLMs), wird in der Sprachphilosophie, der politischen Philosophie, in Ästhetik, Rechts- und Moralphilosophie nachgedacht und debattiert. Dabei scheint die Tatsache, dass es sich um *Technologien* handelt, häufig eine untergeordnete Rolle zu spielen. Zwar sind die Technologieunternehmen, die KI-Modelle herstellen, Gegenstand kritischer Reflexion geworden. Auch die sie umgebenden Narrative – etwa der Wettlauf um die Allgemeine Künstliche Intelligenz (AGI) mit all ihren Versprechungen und Gefahren – werden kritisch diskutiert. Und ebenso haben sich gleichsam Denkroutinen ausgebildet, wie die grundlegende Funktionsweise großer Sprachmodelle zu verstehen sei (etwa: *statistical parrots, the predicting-the-next-word-game*). Die technische Dimension scheint jedoch auf derartige Sprach- und Denkfiguren beschränkt zu bleiben und weitere philosophische Rückfragen an sie zu erübrigen. Paradox formuliert: gerade an jener Sache, an der sich die verschiedenen philosophischen Disziplinen einander viel (vielleicht mehr denn je?) zu sagen hätten, scheint das Gespräch zwischen ihnen nicht so recht aufkommen zu wollen.

Wir haben uns davon ermutigt gefühlt, zwei Fragen zum Gegenstand der diesjährigen Kontroverse zu machen:

1. In welchem Sinne wird die technische Dimension von KI in den philosophischen Binnendisziplinen betrachtet? Anders gefragt: Welche Rolle

spielt es etwa für die sprach-, wissenschafts- oder rechtsphilosophische Reflexion, dass es sich bei KI um eine Technik handelt?

2. Damit zusammenhängend ergibt sich eine zweite Frage: Wie verhalten sich diese verschiedenen philosophischen Perspektiven auf KI zu ihrer technikphilosophischen Diskussion? Handelt es sich um ein Nebeneinander von Ethik, Wissenschafts-, Sprach- und dann eben auch (unter anderen) Technikphilosophie? Oder gibt es etwas, das originär aus der technikphilosophischen Traditionslinie für die Beschäftigung mit KI von Bedeutung ist?

Wir haben Vertreter·innen verschiedener philosophischer Disziplinen eingeladen, zu diesen Fragen Stellung zu nehmen. Welche Rolle, so wollten wir wissen, spielt aus ihrer jeweiligen fachphilosophischen Sicht das eigentlich Technische des Phänomens, das uns alle beschäftigt; und was könnte oder sollte die Technikphilosophie zur Diskussion dieser Fragen beitragen?

Man dürfte erwarten, dass diese Fragen – in einem philosophischen Diskurs zumal – zu kontroversen Antworten führen: Schließlich bringen Linguistik, Wissenschaftsphilosophie, Rechtsphilosophie und Ethik je eigene methodische Zugänge und disziplinäre Traditionen mit. Umso bemerkenswerter ist der Befund, der sich aus den folgenden Beiträgen ergibt.

Das sicherlich auffälligste Ergebnis unserer Befragung ist geradezu *unkontrovers*: Alle Autor·innen sind sich darin einig, dass eine aussichtsreiche und weiterführende philosophische Diskussion künstlicher Intelligenz die zugrundeliegende Technik dieser Systeme angemessen adressieren und reflektieren muss. Abgesehen von diesem Konsens unterscheiden sich die Beiträge dann aber doch deutlich darin, *welche spezifische Rolle* die Technikphilosophie in dieser Diskussion – unter anderem oder vor allem – spielen soll: als Analysewerkzeug für wissenschaftliche Erkenntnis (Boge), als Korrektiv für das Recht (Beck), als Brücke zur Sprachphilosophie (Schneider), als notwendige Voraussetzung der KI-Ethik (Reinhard), oder als politisch-gesellschaftliche Aufklärungsarbeit (Lenhard, Strasser)?

Die hier versammelten Beiträge zeigen damit auch: Die Frage nach der Rolle der Technikphilosophie ist zugleich eine nach dem Selbstverständnis der Philosophie angesichts einer technologischen Entwicklung, die alle ihre Teildisziplinen betrifft. Welche Konsequenzen sich daraus für die philosophische Praxis ergeben, mögen die Leser·innen selbst erkunden. Die Beiträge der Autor·innen dürfen in jedem Fall auch als eine Einladung an die Technikphilosophie verstanden werden, diesen Reflexions- und Diskussionsangeboten nachzukommen.

Johannes Lenhard

Von Menschen und Shoggothen

Wer die im Titel suggerierte Alternative ernst nimmt und davon ausgeht, es könne auch eine Philosophie der KI ohne Technikphilosophie geben, befindet sich bereits auf einem Holzweg. Als würde man fragen, ob Erdbeerkuchen mit oder ohne Erdbeeren besser schmecke. Dieser kurze Beitrag stellt die These auf, dass Philosophie der KI auch Technikphilosophie sein muss – wobei das ›muss‹ sowohl im Sinne einer logischen Feststellung wie auch im Sinne einer politischen Forderung gemeint ist.

Die These leuchtet vielleicht nicht auf den ersten Blick ein (obwohl das Publikum des Jahrbuchs durchaus parteiisch sein dürfte), denn Intelligenz ist etwas höchst Flüchtiges und notorisch schwer zu greifen, also fast schon per definitionem nicht-technisch. Die KI freilich trägt die künstliche Herstellung schon im ersten Buchstaben. Dieser Umstand ergibt aber noch kein Argument für die Technikphilosophie. Alan Turing zum Beispiel hat seine symbolverarbeitende Maschine als ein *Gedanken*experiment angelegt, nicht etwa technisch realisiert, auch wenn sie als Inspiration für die von-Neumann-Architektur gedient hat und daher eng mit dem digitalen Computer verknüpft ist.

Die Vision einer symbolverarbeitenden Maschine hat ältere Wurzeln, prominent die *Analytical Engine* von Charles Babbage, in der die Präzisionstechnik seiner Zeit (Mitte des 19. Jahrhunderts) die Mittel abgibt, um die Mechanisierung des Denkens technisch umzusetzen (Abbildung 1). Auch wenn Babbages Maschine als technisches Artefakt gar nicht funktioniert hat, so funktionierte sie als Inspiration umso mehr. Das Rechnen – und weiter auch die Intelligenz – werden vom Menschen losgelöst und rücken in die Reichweite der Technikphilosophie. Wie die jeweils verfügbare Technik oder auch der jeweils bestehende Horizont der für bald verfügbar gehaltenen Technik das Nachdenken über (künstliche) Intelligenz geführt und geformt hat, ist ein gut beforschtes, gleichwohl weiterhin ergiebiges Thema. Es würde mühelos die Last der Argumentation für diese Stellungnahme tragen, soll hier aber nicht weiter ausgeführt werden.

Abb. 1. Links: Babbages Analytical Engine, Teilmodell der ›Mill‹ von 1870. Rechts: Zwei experimentelle (Teil-)Modelle für Babbages Maschine. Science Museum London. License: Wikimedia creative commons.

Die hier zu entfaltende These bezieht sich spezifischer auf die heutige KI. Abbildung 2 zeigt eine künstlerische Darstellung, die das technische System hinter Echo/Alexa zum Gegenstand hat und die Wert darauf legt, dessen Umfassendheit und Heterogenität vor Augen zu führen. (Eine größere Version mit besser entzifferbaren Beschriftungen findet man hinter dem in der Bildunterschrift angegebenen Link.)

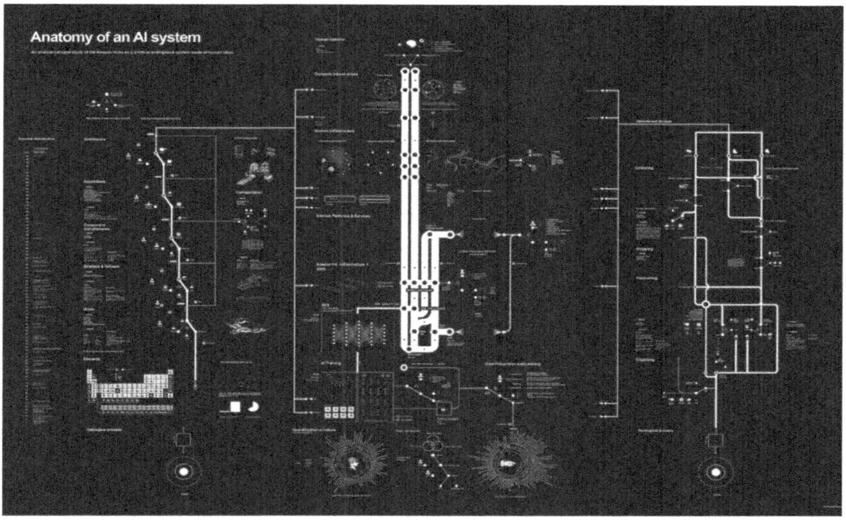

Abb. 2: Anatomy of an AI System. The Amazon Echo as an anatomical map of human labor, data and planetary resources. By Kate Crawford and Vladan Joler (2018). https://anatomyof.ai/

Das heute so populäre Large Language Model ChatGPT, ein Beispiel für generative KI, nimmt Aufforderungen in sprachlicher (und neuerdings auch grafischer) Form entgegen und die Antworten erscheinen als informiert und mehr oder weniger wohlgesetzt. Was als unscheinbares Fenster im Browser erscheint, Befehle entgegennimmt und Antworten zurückliefert, ist dabei ein technisches System von enormen Ausmaßen. Die Datenbasis, das Training, die Berechnungsalgorithmen usw. spotten geradezu der Beschreibung als ›Mechanik‹. Eine Darstellung kann kaum dem dynamischen Charakter gerecht werden, der die Anpassung von Milliarden von Parametern ebenso umfasst, wie die fieberhafte Tätigkeit einer Vielzahl menschlicher Hilfsarbeiter:innen, despektierlich und in Anlehnung an den vorgeblich mechanisch-autonomen Schachautomaten und dessen türkisch gewandete Puppe, ›mechanical turks‹ genannt, die unerwünschte Antworten beseitigen. Ebenso schwer fällt es, den ungeheuren Energiehunger zu begreifen, der in wenigen Jahren die Erzeugung sämtlicher energieintensiver Güter (Zement, Chemie, Stahl) übertreffen wird.

Das System mitsamt seinen epistemischen, ökonomischen und politischen Verstrickungen nicht in den Blick zu nehmen, wäre fahrlässig, ja kaum verzeihlich. Die Systemeigenschaft der KI ist eine typische Angelegenheit für die Technikphilosophie. Die Analyse der Erfindung und Entstehung des Systems der Elektrizität etwa hat brillante Arbeiten der Technikphilosophie hervorgebracht. Die Heterogenität und der schiere Umfang der KI-Systeme stellen die Philosophie dabei durchaus vor neue Herausforderungen. Sie auf den Begriff zu bringen, ist eine aktuelle und höchst anspruchsvolle Aufgabe.

Ein Aspekt sei hier besonders hervorgehoben, weil er das in der These behauptete technikphilosophische ›Muss‹ vor Augen führt. Es handelt sich um die Einkleidung des technischen Systems in Sprache. (Über die umgekehrte Wirkung der Technik auf die Sprache wäre freilich auch zu diskutieren.) Ihre auf der Hand liegenden Vorteile werden weithin geschätzt. Man braucht keinen Code zu entwerfen, sondern kann den Auftrag in Umgangssprache in ein Dialogfenster füllen. Klar, das ist leichtgängig. Und ebenso klar, der Prompt lässt KI-seitig ein gewaltiges System loslaufen, wie oben geschildert. Die sprachliche Einkleidung hat aber auch ihre Tücken, insofern Menschen für Sprache hoch sensibel sind. Tatsächlich benötigt ein KI-System wie GPT-3 eine extra Einkleidung, oder Verkleidung, die verhindern soll, dass Antworten unheimlich oder verstörend wirken.

Man kennt den Effekt von KI-generierten Bildern. Sobald dort Menschen mit abgeknickten oder überzähligen Gliedmaßen erscheinen, bricht die ganze Plausibilität zusammen. Man kann sich dann eines Unwohlseins kaum erwehren, vergleichbar vielleicht mit dem ›uncanny valley‹, das menschenähnliche Roboter umgibt. Ja, der ganze Entstehungsprozess des Bildes steht als unrealistisch ›daneben‹ in Frage – solche brutalen Fehlleistungen erscheinen als inhuman und irgendwie betrügerisch. Ein vergleichbarer Effekt soll bei den großen Sprachmodellen dadurch verhindert werden, dass die Nutzer nicht direkt per Prompt mit ihnen interagieren, sondern jeder Prompt erst eingebettet wird in einen Rahmen, der ›seltsame‹ Antworten verhindern soll. Wie diese Einbettung funktioniert, ist nicht theoretisch beschrieben, sondern wird unter anderem durch menschliches Feedback in der Trainingsphase festgelegt und nachjustiert (RLHF – Reinforcement Learning from Human Feedback). Diese Einbettung ist den Insidern bekannt, bleibt aber für die Nutzer unsichtbar.

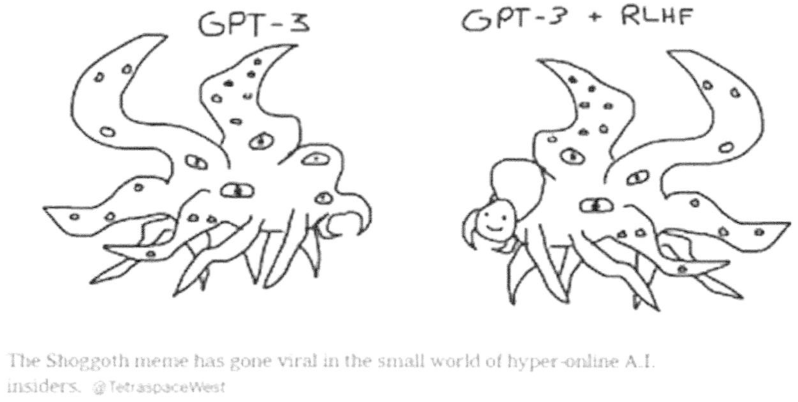

Abb. 3: Skizzierte Shoggothen. Der rechte hat durch zwischengeschaltetes menschliches Feedback (RLHF), sowie eventuell weitere Maßnahmen, ein freundliches Gesicht erhalten.

Erst die Einkleidung durch RLHF macht die KI gesellschaftsfähig. In der Szene der Entwickler, mit dem nicht untypischen Humor, wird die Situation mittels eines Shoggothen beschrieben, eines Fabelwesens aus dem von H.P. Lovecraft erfundenen Universum. Shoggothen sind künstlich geschaffene, ausdauernde Arbeitswesen, die höchst wandelbar und auch furchterregend sind und die sich schließlich gegen ihre Erschaffer auflehnen (um einen an sich kaum möglichen Überblick bemüht sich der Wikipedia-Eintrag zum Cthulu-Mythos).

Der Physiker Heinrich Hertz hat das Bild der Einkleidung benutzt, um deutlich zu machen, dass die Naturwissenschaft die Natur stets (nur) in einem mathematischen Kleide untersucht. Die sprachliche Einkleidung der KI signalisiert einen verblüffenden Bruch. Die Sprache selbst wird operationalisiert, dabei aber unter Umständen so fremd, dass nun für sie ein Kleid benötigt wird, um sie gesellschaftsfähig zu halten. Diese KI-Textilindustrie, wenn man Maßnahmen wie RLHF so nennen will, ist entscheidend für die Richtungen, in denen KI genutzt wird, bzw. genutzt werden wird. So entsteht eine eminent technikphilosophische Situation. Daher kommt der Technikphilosophie eine politische, aufklärerische Rolle zu. Wer meint, man könne Philosophie der KI ohne Technikphilosophie betreiben, ist der KI-Reklame bereits auf den Leim gegangen.

Florian J. Boge

Der Einfluss Künstlicher Intelligenz auf die wissenschaftliche Erkenntnis und die Rolle der Technikphilosophie

1. Einleitung

Künstliche Intelligenz (KI) ist heute allgegenwärtig. Auch die Wissenschaft wird zunehmend von KI durchdrungen: 2024 gingen direkt zwei Nobelpreise an Forschende, die maßgebliche Entwicklungen zur oder mithilfe von KI beigetragen haben. Was aber macht die KI so besonders, vor allem in der Wissenschaft? Wichtige Aspekte sind sicher die Geschwindigkeit und Tragweite der Entwicklungen, die sie vorantreibt. So ging der Chemie-Nobelpreis 2024 etwa an John Jumper und Demis Hassabis, für die Entwicklung des Proteinstruktur-Vorhersagemodells AlphaFold2, welches teils dieselben Grundprinzipien benutzt wie das Sprachmodell ChatGPT.

Proteine sind letztlich aufgewickelte und speziell gefaltete Ketten von Aminosäuren. Zwischen der Aminosäurekette und Faltung gibt es i.d.R. einen engen, stabilen Zusammenhang und die Faltung ist oft maßgeblich für die Funktion des Proteins. Mit AlphaFold2 war es 2020 erstmals möglich, Strukturen auf Basis von Aminosäureketten genau vorauszusagen. Dies hat die Anzahl der bekannten (oder: vorausgesagten) Proteinstrukturen drastisch vergrößert: Zu den ca. 300 000 empirisch bekannten Strukturen gibt es inzwischen über 200 000 000 von KI vorausgesagte (Callaway, 2022).[1] Damit hat die KI ein 50 Jahre altes Voraussageproblem gelöst. Dennoch bleiben Fragen: Wieso faltet ein Protein wie es faltet? Was sind die zugrundeliegenden Mechanismen? Wie könnten wir Proteine selbst gestalten, um physiologische Reaktionen zu triggern?

1 Ewen Callaway: »What's next for AlphaFold and the AI protein-folding revolution«, in: *Nature* 604 (2022), S. 234–238.

2. KI aus Sicht der Wissenschaftsphilosophie

Eine Frage, die sich also gewissermaßen aufbürdet, ist die, ob KI neben wissenschaftlicher Voraussage auch wissenschaftliches Verstehen fördern kann. Wie das Beispiel von AlphaFold2 zeigt, ist dies alles andere als klar. Ein naheliegender Gedanke ist, dass dies in der epistemischen Intransparenz von KI-Systemen wie Neuronalen Netzen (NNs) à la ChatGPT und AlphaFold2 begründet ist: Solche NNs sind mathematisch gesehen komplizierte Verschachtelungen linearer und nichtlinearer Funktionen, mit teils hunderten von Milliarden freier Parameter. Emily Sullivan hat in einem einflussreichen Artikel (2022)[2] dafür argumentiert, dass es nicht allein die Intransparenz von KI ist, die dem Verstehen im Weg steht. Ihrer Auffassung nach ist es die Unsicherheit bezüglich der Verbindung zu wissenschaftlichem Wissen – insbesondere: empirischer Evidenz – die dafür sorgt, dass KI uns Voraussagen ohne ein zeitgleiches Weltverstehen geben kann. 2022[3] habe ich allerdings argumentiert, dass dies nicht weit genug geht. Insbesondere scheint es bei KI eine neue, bisher unbekannte Dimension der Intransparenz zu geben. So ist etwa bei hochkomplexen Computersimulationen unklar, wie sie im Detail funktionieren, was während einzelner Abläufe passiert, oder wie ihre Ausgabe zustande kommt.[4] Das alles triff auf KI sicher auch zu. Aber es ist hier überdies unklar, was die KI eigentlich selbst ›herausfindet‹; d.h., welche für Menschen i.d.R. nur schwerlich oder gar nicht erkennbare Information sie aus den Daten zieht.

So konnten die Physiker Chang et al. (2018)[5] beispielsweise zeigen, dass ein NN komplexe Größen aus den Daten erschließt, wie die Massen von Zwischenprodukten einer Zerfallskette, um damit Daten von Teilchenkollisionen danach zu klassifizieren, ob sie zu einem neuen oder zu bekannten Teilchen gehören. Das ist genau die Information, die Physiker selbst zur Unterscheidung auf Basis physikalischer Gesetze erschließen. ›Radiert‹ man nun diese Information statistisch aus den Daten heraus, so versagt die KI, was darauf hindeutet, dass sie die relevanten Größen eigenständig

2 Emily Sullivan: »Understanding from Machine Learning Models«, in: *The British Journal for the Philosophy of Science* 73 (2022), Heft 1, S. 109–133.

3 Florian J. Boge: »Two dimensions of Opacity and the Deep Learning Predicament«, in: *Minds and Machines* 32, Heft 1, S. 43–75.

4 Kathleen A. Creel: »Transparency in Complex Computational Systems«, in: *Philosophy of Science* 87 Heft 4, S. 568–589; Claus Beisbart: »Opacity Thought Through. On the Intransparency of Computer Simulations«, in: *Synthese* 199, Heft 3–4, S. 11643–11666.

5 Spencer Chang, Timothy Cohen und Brian Ostdiek: »What is the Machine Learning? «, in: *Physical Review D* 97, Heft 5, S. 6.

erschlossen haben muss. Wir müssen also eine weitere Dimension der Intransparenz anerkennen; unklar ist auch: Was lernt die KI eigentlich?

3. *Was kann die Technikphilosophie beitragen?*

Liest man das Obige, so könnte man meinen, die Technikphilosophie sei für die Einschätzung der Bedeutung der KI in der Wissenschaft irrelevant: Das Besondere der KI muss von der Wissenschaftsphilosophie unter Einbeziehung von Konzepten aus der Philosophie des Geistes[6] erfasst werden. Dieser Eindruck ist allerdings nicht ganz richtig.

In einem Artikel von 2019 haben Paul Grünke und ich die ›Tiefe‹ der mit KI assoziierten Intransparenz untersucht.[7] Wir haben hier, Paul Humphreys (2009)[8] folgend und erweiternd, eine dreifache Unterscheidung von Stufen der Intransparenz vorgeschlagen: Ein Prozess ist (i) intransparent, wenn man nicht alle seine epistemisch relevanten Elemente kennt, (ii) essentiell intransparent, wenn man sie nicht alle kennen *kann*, und (iii) fundamental intransparent, wenn *niemand* sie alle kennen kann. Die dritte Stufe ist unsere Erweiterung. Eine weitere Neuerung ist die Unterscheidung der Quelle der Intransparenz: Kommt sie durch Komplexität zustande oder ist sie der Methode inhärent?

Kommt nun eine *de facto* Erweiterung der Tiefe der Intransparenz durch die KI hinzu? Die Antwort ist: Nein, alle Stufen der Intransparenz können auch unabhängig von KI auftreten. Ist es aber nicht so, dass die KI aufgrund ihrer Methode, d.h. dem Übergeben des Lernens neuer Fakten an die Maschine, ihre besondere Opazität erhält? Die Antwort ist: Ja, aber dass Methoden inhärent intransparent sein können, ist dennoch nichts Neues. Wie lässt sich dies zeigen?

---

6 Siehe auch Florian J. Boge: »Functional Concept Proxies and the Actually Smart Hans Problem. What's Special About Deep Neural Networks in Science«, in: *Synthese* 203, S. 16.

7 Florian J. Boge und Paul Grünke: »Computer Simulations, Machine Learning and the Laplacean Demon. Opacity in the Case of High Energy Physics«, in Michael M. Resch, Andreas Kaminski, und Petra Gehring (Hg.): *The Science and Art of Simulation II*, Wiesbaden (im Erscheinen), Online: https://philsci-archive.pitt.edu/17637/ (aufgerufen: 15.10.2025).

8 Paul Humphreys: »The Philosophical Novelty of Computer Simulation Methods«, in: Synthese 169, Heft 3, S. 615–626.

In dem Aufsatz bieten wir eine genaue Analyse der Verwendung von Technologie bei wissenschaftlichen Messungen an, um darauf unser Verdikt zu basieren. Warum sollte Technologie überhaupt als epistemisch intransparent gelten? Kaminski (2018)[9] argumentiert z.B., dass bei Computersimulationen erst die Verflechtung von Technik und Mathematik zu einer echten epistemischen Intransparenz führt – im Grunde ließe sich ja jeder Aspekt eines Gerätes (z.B. eines digitalen Computers) genau durchleuchten.

Wie wir in dem 2019er Aufsatz zeigen, ist dies aber nur halb richtig. Beispielsweise gibt es Unsicherheiten im Verhalten von Messinstrumenten, die in vielerlei Hinsicht denen des Funktionierens der KI ähnlich sind. Etwa wissen selbst Hersteller:innen immer nur bis zu einem gewissen Grad, wie ein von ihnen hergestelltes Instrument oder Bauteil im Detail funktioniert. Vieles ist heuristisches Wissen, Messung, oder auch bloß Praxiserfahrung. Dieser Aspekt wird amplifiziert, wenn verschiedene Bauteile – oft von verschiedenen Hersteller:innen fabriziert – zusammenspielen müssen. Ohne dieses Zusammenspiel können viele Instrumente nicht funktionieren; durch die Interaktion kommen jedoch in der Regel weitere Quellen der Unsicherheit hinzu. Es muss hier allerdings keine besonders große Anzahl an Teilen vorliegen, weshalb dieser Aspekt keine reine Komplexitätsfrage ist – die entsprechende Intransparenz ist der Messmethode inhärent.

Wie wir an einem Detailbeispiel aus der Hochenergiephysik zeigen, kann die Interpretation eines Messergebnisses in entscheidender Weise von solchen Unsicherheiten abhängen, und Forschende müssen diese Unsicherheiten daher immer wieder re-evaluieren und wo möglich reduzieren. Es gibt also epistemisch relevante Elemente der Messung, die unbekannt sind, und jeder Messung mit hinreichend weit entwickelten Messinstrumenten wohnt somit eine gewisse epistemische Intransparenz inne.

Ganz ähnlich ist es nun aber eben im Falle der KI: Viele Algorithmen basieren auf heuristischen Prinzipien, werden durch Erfolg in Benchmark-Studien gerechtfertigt, oder setzen sich allgemeiner gesprochen einfach in der Praxis durch. Wieso ein Algorithmus letztlich so gut funktioniert, oder warum er an bestimmten Stellen versagt, ist dabei oft nicht transparent.

Ebenso ist oftmals unklar, wie das Zusammenspiel vieler einzelner Teile, mit ihren jeweiligen Unsicherheiten, sich genau auswirkt. Dies ist beson-

9 Andreas Kaminski: »Der Erfolg der Modellierung und das Ende der Modelle. Epistemische Opazität in der Computersimulation«, in: Andreas Brenneis et al. (Hg.): *Technik – Macht – Raum. Das Topologische Manifest im Kontext interdisziplinärer Studien*, Wiesbaden 2018, S. 317–334.

ders salient im Falle Tiefer Neuronaler Netzwerke, bei denen sich wiederholende Strukturen, die im Einzelnen eigentlich verstanden werden könnten, so verschachtelt werden, dass ihr Zusammenwirken letztlich intransparent wird. Auch dies ist keine reine Komplexitätsfrage: Selbst bei verhältnismäßig kleinen Neuronalen Netzen, die im Prinzip im Detail ausgelesen werden könnten, ist zunächst nicht klar, was einzelne Knotenpunkte im Gesamtkontext tun bzw. wie das Netz im Ganzen zu seiner Voraussage kommt.

Ähnliche Schwierigkeiten wie bei einem Messinstrument bestehen auch in Hinblick auf den ›Hersteller‹: Viele der mathematischen Funktionen, die in üblichen Programmierumgebungen für Maschinelles Lernen verwendet werden, sind bereits vorprogrammiert, werden dabei allerdings nur näherungsweise berechnet. Die genaue Methode der Approximation kann variieren, was zumindest für den Nutzer in der Regel verborgen bleibt. Hinzukommt, dass die tatsächliche Realisierung auf einem Computer nicht exakt der theoretischen mathematischen Approximation entspricht, da sowohl die Übersetzung in Computercode als auch die Umsetzung auf der Hardware weitere Veränderungen induzieren.[10] Damit bleiben einzelne Details des ›Aufrufens‹ vorprogrammierter Funktionen selbst für ihre Programmierer:innen verborgen.

Es gibt, wie wir sehen, zahlreiche Analogien zwischen Messinstrumenten und Maschinellem Lernen, und die Intransparenz des letzteren steht in einer gewissen Kontinuität zur ersteren. Aus wissenschaftsphilosophischer Sicht zeichnet sich somit allerdings eine entscheidende Rolle der Technikphilosophie ab: Sie kann uns helfen, KI als neue Technologie zu begreifen und ihre Besonderheiten im Vergleich mit traditionellen Technologien einzuordnen und zu verstehen. Haben wir ein allgemeineres Verständnis davon, wie die epistemische Intransparenz von Technologien zustande kommt und was sie für die Forschung impliziert, so gibt es mit Sicherheit auch einen Transfer solcher Einsichten in die philosophische Analyse der Verwendung von KI in der Forschung und darüber hinaus.

10 Siehe hierzu auch Florian J. Boge: »How to Infer Explanations From Computer Simulations«, in: *Studies in History and Philosophy of Science Part A* 82, S. 25–33.

Jan Georg Schneider

Über den Zusammenhang von linguistischer KI-Forschung und Technikphilosophie

Der vorliegende Beitrag geht der Frage nach, inwiefern eine linguistische Forschung zu ›großen Sprachmodellen‹ (LLMs) von der Technikphilosophie profitieren kann. Um diesen Zusammenhang zu verdeutlichen, lege ich zuerst dar, worin aus meiner Perspektive der entscheidende Unterschied zwischen menschlichen Texten und KI-generierten Gebilden besteht.

Die verbalen *Produkte*, die LLM-Chatbots erzeugen, sind auch für Linguisten und Sprachphilosophen immer wieder erstaunlich. Im Hinblick auf grammatikalische und lexikalische Korrektheit, Kohäsion, Textsortenangemessenheit und vermeintliche Argumentativität sind sie von menschlichen Texten oft kaum unterscheidbar. Es handelt sich um »intelligible Texturen«,[1] um verbale Gebilde, die sich als intelligente Texte lesen lassen, ohne selbst mit Intelligenz und Intentionalität geschrieben worden zu sein. Bei aller Ähnlichkeit der materiellen Erzeugnisse, also der Texturen, unterscheiden sich die *Prozesse* kategorial: Selbst wenn die generierten Ausgaben noch viel besser würden und sich als Produkte in der Regel gar nicht mehr von menschlichen Texten unterschieden, bliebe diese kategoriale Differenz erhalten. Im Kern besteht sie darin, dass der Chatbot keine sprachliche *Handlung* im vollumfänglichen Sinne vollziehen kann: Er behauptet nicht etwas über etwas – *tí katà tinós* –, sondern er berechnet auf der Basis maschinellen Trainings statistisch, welche Tokens mit der größten Wahrscheinlichkeit auf welche folgen, und zwar berechnet er dies unter der gewichteten Bedingung des Vorkommens aller vorausgegangenen Tokens, d.h. mithilfe rekurrenter Schleifen. Dass wir die erzeugten Gebilde als Texte mit Referenzhandlungen lesen, liegt am menschengemachten Input, mit

1 Jan G. Schneider: »Intelligible Texturen. Welche Rolle kann ChatGPT bei der Aufsatzbewertung spielen?«, VK:KIWA, 25.3.2024, https://doi.org/10.5281/zenodo.10877034 (aufgerufen: 22.10.2025). Vgl. auch Jan G. Schneider: »Rethinking Reference and Authorship: On the Philosophical Status of LLM-Generated Verbal Products«, in: *Journal für Medienlinguistik* 8 (2026), Heft 2, S. 11–35, https://doi.org/10.21248/jfml.2026.82

dem das System trainiert wurde, und an dem, was wir in diese Texturen *hinein*lesen. Hinter einem als intelligent lesbaren sprachlichen Gebilde können wir nicht mehr automatisch einen intelligenten Autor bzw. eine intelligente Autorin mit Intentionen vermuten, auch wenn wir so sozialisiert sind, dies zu tun.[2]

Im Gegensatz zum statistisch-maschinellen Lernen der ›großen Sprachmodelle‹ erwerben Menschen – so mein theoretischer Hauptpunkt – ihre Sprache(n) von Anfang an in *exemplifizierenden*[3] *Referenzhandlungen*: Ein Beispiel ist immer ein Beispiel für jemanden in einer bestimmten Situation. Mit jeder Äußerung eines Wortes, wird dieses erstens als ›Type‹, also als Schema oder Muster, exemplifiziert, sodass wir das Wort als solches identifizieren und ›speichern‹ können; zweitens wird es in einer syntaktischen Kombination, drittens in einer semantischen Bedeutung und viertens in einer pragmatischen Verwendung exemplifiziert.[4] Dieser zentrale Gedanke sei nun an folgenden Beispielsätzen verständlicher gemacht:

Geht ihr nachher noch einkaufen? (A)
Ich wundere mich, dass er ihm immer noch auf den Leim geht. (B)
Das geht ja gar nicht! (C)

In allen Beispielsätzen wird der Type *geht* exemplifiziert, und zwar jeweils in unterschiedlichen syntaktischen Verwendungen: A exemplifiziert *geht* in Verberststellung, B in Verbendstellung, C in Verbzweitstellung. Semantisch betrachtet, liegt in A eine wörtliche Bedeutung vor, in den beiden anderen eine metaphorische, wobei die Grundidee der Fortbewegung in B noch vorhanden, in C jedoch verblasst ist. Auch die pragmatische Exemplifikation ist jeweils eine andere: In A erscheint *geht* im Rahmen einer Frage, die sprechakttheoretisch aber wohl eher als Bitte zu verstehen ist. In B ist zwar ein Aussagesatz formuliert, aber keine reine Feststellung getroffen, sondern

---

2 Vgl. Christoph Durt, Tom Froese und Thomas Fuchs: »Large Language Models and the Patterns of Human Language Use: An Alternative View of the Relation of AI to Understanding and Sentience« PhilSci Archive Preprint 2023, S. 11, https://philsci-archive.pitt.edu/22744/ (aufgerufen: 22.10.2025).

3 Zum Begriff der Exemplifikation, wie er hier verwendet wird, vgl. Catherine Z. Elgin *With Reference to Reference*, Indianapolis 1983.

4 Vgl. Jan G. Schneider: »Sprachliche Typenbildung durch Exemplifikation. Über den Zusammenhang von System, Gebrauch und Normativität« in: Marcus Müller u.a.: *Diskursgrammatik*, Berlin, Boston 2025, S. 37–61, im Anschluss an Christian Stetter: *System und Performanz. Symboltheoretische Grundlagen von Medientheorie und Sprachwissenschaft*, Weilerswist 2005 und Nelson Goodman: *Languages of Art. An Approach to a Theory of Symbols, Indianapolis*, Cambridge 1976.

auch Verwunderung zum Ausdruck gebracht, vielleicht auch Kritik. In C wird – wieder im Kleid eines Aussagehauptsatzes – ein Vorwurf, eine explizite Kritik vorgetragen, eine klare Ablehnung formuliert.

Gleichzeitig lernen wir durch das Exemplifizieren umgekehrt natürlich immer auch das Denotieren, als zweite Grundart der Referenz im Sinne von Goodman[5] und Elgin[6]: Wir lernen in syntaktischen Umgebungen, wie wir mit sprachlichen Ausdrücken in Kontexten auf Gegenstände der Welt Bezug nehmen können; und in diesem Wechselspiel von Denotieren und Exemplifizieren lernen wir auch die Intensionen einzelner Begriffe: Wir lernen Wörter in Differenz zu anderen Wörtern zu gebrauchen, und dadurch erfahren wir semantische und pragmatische Nuancen in Situationen, lebensweltlichen Umgebungen, in welchen es für uns um viel, im Ernstfall um Leben und Tod, gehen kann; für die Maschine dagegen geht es nie um etwas.[7] Etwas über etwas sagen können heißt: In Situationen auf der Basis lebensweltlicher Erfahrungen und im mehr oder weniger freien Umgang mit Regeln entscheiden können, ob etwas unter einen bestimmten Begriff fällt, ob also ein bestimmtes Prädikat auf ein bestimmtes Referenzobjekt, sei es nun konkret oder abstrakt, zutrifft oder nicht. Dieses Vermögen ist das, was Kant ›Urteilskraft‹ genannt hat.

Da bisherige KI-Systeme solche Erfahrungen nicht machen, können sie nicht über Urteilskraft verfügen. In begrenztem Maße operieren sie zwar ebenfalls und sehr effektiv mit ›Exemplifikationen‹ – vor allem auf der syntaktischen Ebene. Der wesentlichste Unterschied besteht jedoch darin, dass bei LLMs die ›Exemplifikation‹ der Sprachformen, und damit der syntagmatischen und paradigmatischen Relationen, per se nicht handlungsfundiert und damit auch nicht intentional ist. Daher liegt keine echte Exemplifikation im Sinne Goodmans und Elgins vor, sondern ausschließlich ein statistisch fundiertes syntaktisches ›Exemplifizieren‹ in Ko-Texten. Hier handelt es sich beim ›Exemplifizieren‹ eben nicht um ein Beispiel für jemanden in einer konkreten Situation, sondern um statistische Berechnung. Es gibt beim maschinellen Lernen keine direkte kulturelle Verankerung in Kontexten, kein kulturell gesichertes regelhaftes Fortsetzen-Können des Zeichengebrauchs. Im Gegensatz dazu lässt sich der menschliche Sprach-

---

5 Goodman: *Languages of Art.*

6 Elgin: *With Reference to Reference.*

7 Emily M. Bender und Alexander Koller: »Climbing Towards NLU. On Meaning, Form, and Understanding in the Age of Data«, Proceedings of the 58th Annual Meeting of the Association for Computational Linguistics, 2020, S. 5185–5198, hier: S. 5189.

erwerb als ein fortwährendes, stets situationsgebundenes Exemplifizieren und Denotieren auf allen sprachlichen Ebenen, nicht nur der syntaktischen, sondern z.B. auch der semantischen und der pragmatischen, begreifen. Dieser kategoriale Unterschied zwischen menschlichem Spracherwerb sowie menschlichem Sprachgebrauch auf der einen Seite und statistischem maschinellen Lernen und Output auf der anderen bleibt bis auf weiteres gegeben, mindestens solange wie die Maschinen nicht – mit Humboldt gesprochen – die »Verstehbarkeit [ihrer] Worte« in der Interaktion mit Anderen »versuchend« prüfen,[8] selbst Erfahrungen in der Welt machen, dabei situativ Intentionalität und auch Gefühle entwickeln.

Als Linguist stelle ich mir jedoch darüber hinaus die Frage, für welche Interaktionstypen und Textsorten es vielleicht sogar ausreicht, zumindest hilfreich ist, bloße intelligible Texturen zu verwenden. Bei welchen Textsorten genügt die Ähnlichkeit der Produkte, um KI sinnvoll nutzen zu können, bei welchen ist der prozessuale Unterschied so relevant, dass die KI mit größter Vorsicht zu genießen ist, vielleicht sogar gänzlich abgelehnt werden sollte? Je mehr Urteilskraft vonnöten ist, je folgenschwerer und neuer der formulierte Wissensbestand (was naturgemäß und dem Anspruch nach z.B. bei wissenschaftlichen Texten der Fall ist), desto problematischer ist es, sich auf die KI zu verlassen. Je schematisierter und standardisierter ein Vorgang (man denke beispielsweise an eine Standard-Rede über ein Standard-Thema), desto eher können Chatbots zumindest unterstützend genutzt werden. Voraussetzung muss es bei der Anwendung jedoch immer sein, dass man den Sachverhalt selbst gut genug kennt, um bei möglichen Fehlern der KI rechtzeitig Verdacht schöpfen zu können und einzugreifen.

Neben der kategorial-philosophischen Frage, zu der ich mich oben positioniert habe, gibt es also eine empirische, aus der sich eine ganze Forschungsprogrammatik ableiten lässt: Wo reicht die massenhafte syntaktische Exemplifikation von Wörtern in realen Kotexten, mit der LLMs trainiert werden, aus, um die mangelnde Referenzialität, d.h. die mangelnden Kontexte, auszugleichen, und wo nicht? Sowohl auf die philosophisch-kategoriale als auch auf die empirische Frage können wir nur dann belastbare Antworten geben, wenn wir die KI, in unserem Falle vor allem das maschinelle Lernen von generativer KI, technisch hinreichend verstehen, um es (technik-)philosophisch reflektieren zu können. Die Technikphilosophie ist hier also von entscheidender Bedeutung, wenn wir die Verbindung

8 Wilhelm v. Humboldt: *Gesammelte Schriften. Band 5*, hrsg. v. Albert Leitzmann u.a., Berlin 1903 ff. Photomechanischer Nachdruck, Berlin 1968, hier S. 377.

von technologischer Entwicklung und geisteswissenschaftlicher Reflexion sichern und vertiefen wollen. Dass in der Regel vor allem *ethische* Stellungnahmen und *ethische* Technikfolgenabschätzung von der Philosophie erwartet werden, ist in Ordnung; dabei ist aber auch zu betonen, dass eine *technik*philosophische Reflexion auf der Basis einer aktuellen Technologie-Kenntnis ebenfalls erforderlich ist, um gesellschaftliche Orientierung zu gewährleisten. Für mich als Sprachwissenschaftler besteht der spezifische Nutzen und Mehrwert der Technikphilosophie vor allem darin, dass linguistische Forschungsergebnisse über menschlichen Spracherwerb und -gebrauch mit dem aktuellen technologischen Stand LLM-basierter Chatbots verglichen werden können, um mehr über die wirklichen Spezifika natürlicher Sprachen und gleichzeitig über die erstaunlichen Funktionsweisen generativer KI zu lernen.

Anna Strasser

Technikphilosophie in den Debatten um generative KI

Seit der weltweiten Verbreitung von Chatbots, die auf *Large Language Models* (LLMs) basieren, kann man einen explosionsartigen Anstieg von Beiträgen zu generativen KI beobachten. Sehr unterschiedliche Disziplinen beschäftigen sich mit der Frage, wie man die Interaktionen mit diesen neuartigen Tools beschreiben kann, was sie leisten können und welche gesellschaftlichen Folgen damit einhergehen. Es ist offensichtlich, dass die rasante Entwicklung und Verbreitung generativer KI-Tools das Potenzial haben, viele unserer Lebensbereiche nachhaltig zu verändern.

Gleichzeitig stehen sich sowohl in der öffentlichen Debatte als auch in wissenschaftlichen Diskursen unvereinbare Positionen gegenüber: Auf der einen Seite gibt es optimistische Heilsversprechen, die in dem technologischen Fortschritt einen Garant für einen Zuwachs an Wissen und dadurch auch für mehr Freiheit sehen, wodurch viele der aktuellen und zukünftigen Probleme menschlicher Gesellschaften gelöst werden könnten. Auf der anderen Seite häufen sich dystopische Einschätzungen, die mit Risikoanalysen bezüglich der Zunahme von Dequalifizierung, einer wachsenden Technikabhängigkeit und daraus resultierenden Ungerechtigkeiten davor warnen, dass eine unreflektierte Anwendung dieser Technologie zu fragwürdigen Veränderungen führen kann. Hier eröffnet sich die Notwendigkeit, in den Debatten zu der Frage, was es heißt, ein Mensch zu sein, neue Faktoren zu berücksichtigen.

Solche Auseinandersetzungen stellen eine interdisziplinäre Herausforderung dar, denn um Phänomene, die sich aus Interaktionen mit generativen KI-Tools ergeben, angemessen zu beschreiben, ist sowohl ein technisches Wissen über die Funktionsweise dieser Tools als auch eine Beurteilung, inwiefern die Anwendung dieser Technologie die Rolle der Menschen verändern kann, dringend erforderlich. Gerade in Bezug auf die Frage nach den Auswirkungen der Technologie auf Gesellschaft und Kultur kann Technikphilosophie aus meiner Sicht einen wertvollen Beitrag leisten, wenn sie eine technisch versierte Analyse mit Fragen der Technikfolgenabschätzung zusammenbringt.

Mein Plädoyer wäre, dass differenzierte Beschreibungen, welche Leistungen generative KI-Tools aufgrund welcher Architekturen und Lernmethoden erbringen können, mit der Frage, was die Anwendung der generativen KI-Technologie für unser Menschenbild bedeutet und inwiefern sie das Potenzial hat, unsere kulturellen Praktiken nachhaltig zu verändern, zusammengebracht werden sollten.

Die Analyse der Tools impliziert sowohl eine Aufarbeitung der grundsätzlichen technischen Ursachen, die zu einer Einschränkung bezüglich der Reliabilität der Outputs solcher Tools führt, als auch eine kritische Aufarbeitung, inwiefern derzeitige Methoden zur Bewertung der Leistung von Systemen in der Informatik, wie z.B. Benchmarks, keine eindeutige Diagnose der Fähigkeiten der Tools möglich machen, da sich solche Methoden lediglich auf den Output beziehen und nicht die Prozesse, die den Output ermöglichen, bewerten. An dieser Stelle wäre eine Auseinandersetzung mit den sich in Entwicklung befindenden *interpretability techniques* in der Informatik hilfreich, die über eine Beurteilung der Input-Output-Muster hinausgehen.[1]

Das heißt, Technikphilosophie sollte es leisten, z.B. das Zustandekommen von Halluzinationen und anderen schlichtweg falschen Aussagen zu erklären, indem herausgearbeitet wird, dass LLMs aufgrund ihrer Architektur lediglich Hypothesen aufstellen. Ebenso sollten die Entwicklung der LLMs (Trainingsdaten, unüberwachte Lernmethoden (*self attention*) und überwachte Lernmethoden wie z.B. *reinforcement learning*) als auch ihre Bedienung (verschiedene Formen des Promptens, z.B. *chain of thought*) ins Blickfeld genommen werden. Darüber hinaus wäre es ein weiteres Feld, Methoden zur Bewertung der Leistung von Systemen in der Informatik, wie z.B. Benchmarks, kritisch zu untersuchen und herauszuarbeiten, welche Rolle hier Datenverfälschung, Robustheit der Ergebnisse und Probleme mit zweifelhaften Benchmarks spielen.[2] Ein weiteres Thema wäre die zunehmende Ununterscheidbarkeit zwischen menschlichem und maschinellem Output. Hier gibt es bereits diverse Studien, die zeigen, dass

1 Eine gute Einführung und Übersicht findet man in Raphaël Millière und Cameron Buckner: »A Philosophical Introduction to Language Models – Part II: The Way Forward«, in: *Preprint arXiv* (2024), https://doi.org/10.48550/arXiv.2405.03207.

2 Melanie Mitchell: »How do we know how smart AI systems are?«, in: *Science* 381 (2023), Heft 6654, https://doi.org/10.1126/science.adj5957.

weder Menschen[3] noch Detektionssoftware[4] in der Lage sind, mit Sicherheit zwischen maschinen-generiertem und menschen-kreiertem Text zu unterscheiden. Die Befunde bezüglich der inhärenten Limitierung der Reliabilität dieser neuen KI-Tools können dann unter Berücksichtigung der Konsequenzen der zunehmenden Ununterscheidbarkeit neue Erkenntnisse bezüglich der sozialen Auswirkungen dieser Technologie ermöglichen.

Hier eröffnen sich dann diverse Fragestellungen. Neben der Frage, ob die oben angesprochene Ununterscheidbarkeit zu einer epistemologischen Krise führen kann[5] oder ob eine explizite Kennzeichnung von maschinen-generierten Texten machbar und zielführend wäre, wäre dies z.B. eine Untersuchung, inwiefern die Integration dieser Technologie in verschiedenen Lebensbereichen dazu führen kann, dass Menschen vormals erlernte Fähigkeiten verlieren (*deskilling*) und sich an die Art und Weise der Textproduktion von KI-Tools anpassen.[6] Aber auch Fragen, ob ehemals etablierte Praktiken, die auf Vertrauensbeziehungen beruhen, erschüttert werden können und inwiefern dem Menschen eine veränderte Rolle zukommt.

Geht man zurück zu der These von Ernst Kapp[7] (einer der Begründer der Technikphilosophie), die besagt, dass technische Artefakte letztlich als ›Organprojektionen‹ zu verstehen seien, lässt sich diese These angesichts der neuen KI-Tools in eine neue Frage umformulieren, nämlich inwiefern man z.B. LLMs als Projektionen unserer kognitiven Fähigkeiten verstehen könnte. In einem zweiten Schritt stellt sich dann die Frage nach den Wechselwirkungen zwischen dem Benutzen solcher Tools und der zukünftigen Entwicklung von kognitiven Fähigkeiten beim Menschen. Hier kann Technikphilosophie an aktuell diskutierten Fragen – wie, ob Schreiben eine

---

3 Eric Schwitzgebel, David Schwitzgebel und Anna Strasser: »Creating a Large Language Model of a Philosopher«, in: *Mind & Language* 39 (2024), Heft 2, S. 237–259, https://doi.org/10.1111/mila.12466.

4 Debora Weber-Wulff u.a.: »Testing of Detection Tools for AI-Generated Text«, in: *International Journal for Educational Integrity* 19 (2023), https://doi.org/10.1007/s40979-023-00146-z.

5 Anna Strasser: »Why a careless use of AI tools may contribute to an epistemological crisis«, in: *Philosophy & Digitality*, 2 (2025), Heft 1, S. 78–96. https://doi.org/10.18716/PD.V2I1.11662.

6 Barrett R. Anderson, Jash Hemant Shah und Max Kreminski: »Homogenization Effects of Large Language Models on Human Creative Ideation«, in: *C&C '24: Creativity and Cognition*, https://doi.org/10.1145/3635636.3656204.

7 Ernst Kapp: *Grundlinien einer Philosophie der Technik*, Braunschweig 1877.

Zukunft habe[8] und anderen Debatten, die man in der Medienphilosophie findet – anknüpfen. Die Folgen der möglichen Erschütterung von Vertrauensbeziehungen, auf denen menschliche Gesellschaften aufbauen, lassen sich zum Beispiel durch eine Untersuchung der Interaktionen mit sogenannten digitalen Replikas[9] – Chatbots, die das Verhalten von bestimmten Menschen simulieren – herausarbeiten. Verschiedene Philosophen haben hier sehr deutliche Warnungen formuliert, so schreibt Daniel Dennett:

> »These counterfeit people are the most dangerous artifacts in human history, capable of destroying not just economies but human freedom itself.«[10]

Und Yuval Noah Harari äußert sich folgendermaßen:

> »AI has gained some remarkable abilities to manipulate and generate language, whether with words, sounds or images. AI has thereby hacked the operating system of our civilisation.«[11]

Eine Untersuchung der sich in Entwicklung befindenden kulturellen Praktiken, welche die Art und Weise der Verwendung dieser Tools prägen, bietet Anknüpfungspunkte zur Technikkritik, die seit den 1950er Jahren z.B. von Günther Anders[12] formuliert wurde. Anders hat die zukünftige Rolle des Menschen als »Objekthirten«[13] beschrieben und darüber hinaus auf ein

---

8 David Gunkel: »Does Writing Have a Future?«, in: *Philosophy & Digitality* 2 (2025), Heft 1, S. 68–77, https://doi.org/10.18716/pd.v2i1.11661.

9 Eines der ersten digitalen Replika ist DigiDan, der mit der Zustimmung von Daniel Dennett unter Verwendung seines Gesamtwerkes entwickelt wurde, jedoch nicht für die Öffentlichkeit zugänglich ist: Anna Strasser, Matthew Crosby und Eric Schwitzgebel: »How Far Can We Get in Creating a Digital Replica of a Philosopher?«, in: Raul Hakli, Pekka Mäkelä und Johanna Seibt (Hg.): *Social Robots in Social Institutions*, Amsterdam 2023, S. 371–380, https://doi.org/10.3233/FAIA220637.

10 Daniel Dennett: »The Problem with Counterfeit People«, in: *The Atlantic*, 16.05.2023, https://www.theatlantic.com/technology/archive/2023/05/problem-counterfeit-people/674075 (aufgerufen: 21.08.2025).

11 Yuval Noah Harari: »Yuval Noah Harari Argues That AI Has Hacked the Operating System of Human Civilisation«, in: *The Economist*, 28.04.2023, https://www.economist.com/by-invitation/2023/04/28/yuval-noah-harari-argues-that-ai-has-hacked-the-operating-system-of-human-civilisation (aufgerufen: 21.08.2025).

12 Günther Anders: *Die Antiquiertheit des Menschen. Über die Seele im Zeitalter der zweiten industriellen Revolution*, München 1956. Günther Anders: *Die Antiquiertheit des Menschen. Band 2: Über die Zerstörung des Lebens im Zeitalter der dritten industriellen Revolution*, München 1980.

13 Anders: *Die Antiquiertheit des Menschen*, S. 91–109.

existenzielles Problem hingewiesen, das aus seiner Sicht darin bestehe, dass Menschen die Tendenz haben, sich den Maschinen zu unterwerfen, da sie selbst begehren, ein perfektes, effizientes und optimiertes Produkt zu werden.[14] Hier lässt sich die weitergehende Frage stellen, ob generative KI-Tools letztendlich eine handelnde Rolle einnehmen werden und Menschen in verschiedenen Hinsichten zu Objekten machen.

Idealerweise könnten Beiträge aus Technikphilosophie sowohl Aufklärung über Chancen und Gefahren der Anwendung dieser neuen Technologie herausarbeiten, indem sie analysieren, wie mit geeigneten Verifikationsmethoden diese KI-Tools so verwendet werden können, dass sie einem wissenschaftlichen Fortschritt zuträglich sind, wie es z.B. anhand von *AlphaFold*[15] schon demonstriert worden ist, und gleichzeitig aufzeigen, inwiefern ein unreflektierter Gebrauch in allen möglichen Lebensbereichen diverse Veränderungen bezüglich der Rolle des Menschen bei der Gestaltung ihrer Gesellschaften implizieren kann. All dies fordert eine Offenheit für interdisziplinäre Auseinandersetzungen.

14 Ebd., S. 138.

15 John Jumper u.a.: »Highly accurate protein structure prediction with AlphaFold«, in: *Nature* 596 (2021), S. 583–589, https://doi.org/10.1038/s41586-021-03819-2.

Karoline Reinhardt

KI-Ethik – mit oder ohne Technikphilosophie?

Die recht junge Subdisziplin der Angewandten Ethik, die sich mit jenen Technologien befasst, die unter dem Schlagwort ›Künstliche Intelligenz‹ gefasst werden, ist ein sehr dynamisches und volatiles Feld. Die Technologien, die im Mittelpunkt der Untersuchungen stehen, ändern sich – aufgrund von Neuerungen im technologischen Bereich, aber auch aufgrund von unterschiedlichen Debattenlagen in der breiten Öffentlichkeit. Während vor einigen Jahren noch autonome Waffensysteme und autonomes Fahren im Fokus der auch wissenschaftlichen Aufmerksamkeit standen, rückten zeitweise Pflegeroboter und die mit ihnen einhergehenden ethischen Fragen in den Vordergrund, dann wurden wieder vermehrt Fragen von Datenschutz und Überwachung diskutiert. Gegenwärtig bekommen vor allem Large Language Models, wie sie Anwendungen wie Claude und ChatGPT zugrunde liegen, große Aufmerksamkeit.

Wie in allen Bereichen der Angewandten Ethik, sind dabei auch in der KI-Ethik unterschiedliche Disziplinen wissenschaftlich aktiv – neben der Philosophie etwa auch die Theologien, die Sozial-, Politik-, Rechts- und Wirtschaftswissenschaften, zum Teil auch Medien-, Kultur- und Literaturwissenschaften. All diese Disziplinen widmen sich innerhalb der KI-Ethik normativen Fragen, oft auf höchst unterschiedlicher Grundlage und mit verschiedenen methodischen Ansätzen. Entsprechend heterogen gestaltet sich auch der Zugang zur Normativität: Worin diese besteht und worauf sie sich gründet, wird disziplin- und teilweise auch paradigmenspezifisch unterschiedlich beantwortet.

Ausgehend von diesen Beobachtungen möchte ich in diesem Debattenbeitrag zwei Punkte stark machen: Zum einen: Wenn die (philosophische) KI-Ethik nicht allein getrieben sein will von den jeweils gerade aktuellen technologischen Entwicklungen und Debattenlagen, braucht sie eine grundständige Rückbindung an Grundfragen der Philosophie. Hierzu zählt im Bereich der KI-Ethik auch die Auseinandersetzung mit Überlegungen der Technikphilosophie. Zum anderen: Auch wenn die philosophische Ethik, wie in anderen Bereichen der Angewandten Ethik auch, nur eine Stimme in einem multidisziplinären Feld sein mag, ist sie doch eine unverzichtbare Stimme. Ihre Aufgabe kann sie dabei nur erfüllen, wenn sie zwar Dialogfähigkeit hat, gleichzeitig aber ihre disziplinären Stärken kennt und pflegt.

Technikphilosophische Grundüberzeugungen durchziehen KI-Ethik, philosophische wie nicht philosophische Ansätze. Sie betreffen etwa die Frage nach dem Verhältnis von Mensch und Technik oder nach dem ›Werkzeugcharakter‹ von Technik überhaupt, sowie auch konkreter Technologien und Anwendungen. Oft bleiben diese Überzeugungen implizit. Eine Auseinandersetzung mit Technikphilosophie hilft, sie explizit zu machen, zu evaluieren und kritisch zu prüfen, gelegentlich zu neuen Einsichten und Schlüssen zu gelangen. Das Nachdenken über Technik zwischen Welt- und Selbstverhältnissen trägt meines Erachtens dazu bei, KI-Technologien nicht bloß als Werkzeuge, sondern als konstitutive Elemente sozio-technischer Lebensformen mit weitreichenden ethischen Implikationen zu begreifen. So ist es beispielsweise für die ethische Bewertung von KI-gestützten Empfehlungssystemen – etwa im Bereich personalisierter Nachrichten oder algorithmischer Entscheidungsassistenz – nicht ausreichend, lediglich deren technische Performanz oder potenzielle Verzerrungen und Diskriminierungen zu betrachten, sondern es müssen auch grundsätzlichere Fragen danach gestellt werden, welche Rückkopplungseffekte zwischen technischen Systemen und Selbst- sowie Weltverhältnis entstehen. Technikphilosophische Überlegungen etwa zu Konstitution, Situiertheit und Inskription sind daher für KI-ethische Debatten wichtige Anknüpfungspunkte, weil sie helfen, die, wie ich es nennen möchte, sozioreaktiven, soziosymbolischen und soziogenerativen Dimensionen von technischen Artefakten angemessen zu berücksichtigen. Das heißt, etwa auch zu betrachten, welche Wertvorstellungen in Technologien eingeschrieben werden, welche Interpretationen der Welt durch Technologien vermittelt werden und welche sozialen Strukturen und Praktiken Technologien hervorbringen.

Gleichzeitig gehört es zu den spezifischen Stärken und Aufgaben philosophischer Ethik, normative Grundfragen zu erkennen, Begriffe zu hinterfragen und Rechtfertigungsstrukturen zu prüfen. Um aber in einem multidisziplinären Kontext die spezifischen Stärken beizubehalten und die Aufgaben der philosophischen Ethik zu erfüllen, braucht es eben nicht nur inter- und transdisziplinäre Kompetenzen, sondern auch eine klare disziplinäre Rückbindung: inhaltlich, methodisch und hinsichtlich der theoretischen Bezugspunkte. Hierfür ist es eine starke Anbindung an philosophische Subdisziplinen notwendig, neben der Allgemeinen Ethik insbesondere auch an die Politische Philosophie, die Sozialphilosophie und freilich auch die Technikphilosophie. Denn KI sind nicht nur stochastische Modelle, sondern eben auch Techniken sowie Technologien – und das vielleicht tatsächlich in der gesamten Bandbreite an Konnotationen dieser beiden Worte. Eine Technik, die mit großen Herausforderungen einhergeht – nicht nur hinsichtlich ihrer ethischen Implikationen, sondern auch hinsichtlich der Frage, *was* sie eigentlich ist, was sie auszeichnet, was sie von anderen Technologien und anderer Technik unterscheidet. Erst wenn man auch für die technikphilosophischen Dimensionen, die durch KI berührt werden, ein Verständnis entwickelt hat, kann man sinnvolle Antworten auf die ethischen Fragen entwickeln, die sie aufwirft – und gegebenenfalls überhaupt erst erkennen, welche das sind.

Susanne Beck

Zwischen Norm und System: Warum das Recht die Technikphilosophie braucht

Das Recht sieht sich gegenwärtig mit zahlreichen Herausforderungen konfrontiert: Demokratien schwanken unter dem Druck rechtspopulistischer Bewegungen, ökologische Kipppunkte rücken näher, die soziale Ungleichheit steigt – und gleichzeitig entwickelt sich eine technologische Infrastruktur, die mehr Macht über Lebensrealitäten gewinnt, als dass Rechtsordnungen sie ohne weiteres einhegen können. Vor diesem Hintergrund ist es aus meiner Sicht nicht nur eine interessante theoretische Frage, ob die Technikphilosophie für die rechtsphilosophische Auseinandersetzung mit Künstlicher Intelligenz (KI) relevant ist. Die Befassung mit der Technikphilosophie ist eine normative Notwendigkeit, und das gleich aus mehreren Gründen.

1. Technikphilosophie als notwendige Öffnung des juristischen Blicks

Das klassische Rechtsdenken (analytisch, normativ im Rahmen des eigenen Systems und zumeist dogmatisch auf die Auslegung der Gesetze ausgerichtet) neigt dazu, Technik als neutrale Umweltvariable zu behandeln. Die Technikphilosophie hingegen erinnert uns daran, dass Technik nie nur Werkzeug ist. Technik ist gesellschaftlich situiert, sie trägt Werte, reproduziert Machtverhältnisse, strukturiert Wahrnehmung und erzeugt Handlungsspielräume, kann sie aber auch schließen. Technik ist mithin selbst immer auch eine normative Praxis.[1] Ein Rechtsdenken, das diese normativen Implikationen nicht in den Blick nimmt, bleibt blind für zentrale Phänomene unserer Zeit und gegenüber jeder Technologie, die zu regulieren versucht wird. Auch wenn es im Recht hierzu durchaus Debatten

1 Peter-Paul Verbeek: *Moralizing Technology. Understanding and Designing the Morality of Things*, Chicago, London 2011.

gibt,[2] kann durch die Technikphilosophie hier zweifellos eine Erweiterung des Blicks stattfinden.

Wer etwa KI-Systeme regulieren will, muss verstehen, wie sie die Welt modellieren, nicht nur im empirischen Sinne, sondern auch in ihren impliziten normativen Setzungen: Welche Annahmen über den Menschen, über Verantwortung, über Normalität und Abweichung, über Kontrolle und Vertrauen liegen ihrer Funktionsweise zugrunde? Das sind nur einige der Fragen, die wir im Recht stellen müssen, deren Antworten wir aber nicht in der Rechtswissenschaft selbst entwickeln können.

2. Die teilweise Unsichtbarkeit des Technischen im Recht

Eines der größten Erkenntnishindernisse in der juristischen KI-Diskussion ist aus meiner Sicht die Tendenz zur rechtlichen Abstraktion bzw. der Versuch, ein Gebiet insgesamt zu erfassen oder zu regulieren (was sich letztlich in der KI-Verordnung niederschlägt). Diese hat durchaus eine inhärente Notwendigkeit, schon aufgrund der Pflicht zur Gleichbehandlung, führt aber auch dazu, dass viele konkrete soziale und technische Dynamiken aus dem Blick geraten. Die algorithmische Entscheidungslogik wie sie sich etwa in polizeilichen Risikobewertungen niederschlägt (z.B. Predictive Policing), wird auf das Problem der Verantwortlichkeit oder Datenschutzes reduziert, weil das die Probleme sind, die eben im Bereich von KI immer diskutiert werden und typischerweise rechtlich erfasst sind, ohne die epistemische Gewalt der Systeme zu reflektieren.[3] Hier bietet die Technikphilosophie eine entscheidende Korrektur: Sie lenkt die Frage von den inhärenten Risiken der Technik an sich darauf, was Technik in der konkreten Situation macht, und zwar im sozialen, epistemischen und politischen Sinn. Die

2 Vgl. etwa Dan Wielsch: »Die Ordnungen der Netzwerke. AGB – Code – Community Standards«, in: Martin Eifert und Tobias Gostomzyk (Hg.): Netzwerkrecht. Die Zukunft des NetzDG und seine Folgen für die Netzwerkkommunikation, Baden-Baden 2018, S. 61–94.

3 Shoshana Zuboff: The Age of Surveillance Capitalism. The Fight for a Human Future at the New Frontier of Power, New York 2019; Louise Amoore: *Cloud Ethics. Algorithms and the Attributes of Ourselves and Others*, Duke University Press 2020.

Rechtswissenschaft kann davon nur profitieren, wenn sie diese Fragen und Perspektiven integriert (am Beispiel prädiktiver Technologien[4]).

3. Der politische Auftrag der Interdisziplinarität

Das Recht stellt nicht nur Ordnung in der aktuellen Situation her, es gestaltet auch Zukunft. Diese basiert auf gewaltfreier Auflösung von Konflikten, auf einer Idee von Gerechtigkeit, und von tatsächlicher Durchsetzung der Gesetze. Wenn aber dieses System auf eine technologische Entwicklung trifft, die zunehmend intransparent, privatwirtschaftlich kontrolliert und global verteilt ist, braucht es neue Antworten, die nicht aus dem geschlossenen System des Rechts entwickelt werden können.

Aus der Technikphilosophie können wir entnehmen, dass auch Technik Zukunft gestaltet,[5] aber eben auf andere Weise als das Recht es tut. Hier liegt der Auftrag an das Recht, und damit auch die Rechtswissenschaft: Technik muss nicht nur eingehegt und reguliert, sie muss ebenso demokratisch verhandelt werden wie das Recht. Dafür braucht unser System und auch das Recht neue Formen der Beteiligung, etwa indem bei Zulassungsprozessen verstärkt die Personen, die von der Technologie betroffen sind, einbezogen werden, oder möglicherweise sogar gesetzlich angeordnet wird, dass diese Personen am Entwicklungsprozess der Technologie selbst teilnehmen. Solche oder vergleichbare Ideen können nur in interdisziplinären Kontexten gefunden werden, in denen Jurist:innen nicht die Oberhoheit über das Normative beanspruchen, sondern sich als Teil eines kollaborativen Aushandlungsprozesses verstehen.

4. Warum das Recht allein oft zu spät kommt

Die juristische Auseinandersetzung mit KI war und ist zum Teil immer noch dominiert vom Fokus auf spezifische, typisch juristische Themen: Persönlichkeitsrecht, Datenschutz, Produkthaftung. Das war wichtig, aber

4 Christoph Burchard: »Strafrecht in der Diagnosegesellschaft. Zum politischen eines durch Gesellschafts- und Zeitdiagnosen orientierten Strafrechts«, in: Beatrice Brunhöber u.a. (Hg.): *Strafrecht als Risiko*, Baden-Baden 2023, S. 77–94.

5 Andrew Feenberg: *Transforming Technology. A Critical Theory Revisited*, Oxford, New York 2002.

oft reaktiv, der Technikentwicklung nachlaufend. Das ist zum Teil dem Recht inhärent, zugleich ist es möglicherweise Zeit, auch das zu hinterfragen und ein vorausschauendes, gestalterisches Denken zu priorisieren. Aus der Technikphilosophie gibt es zahlreiche Warnungen davor, die politische Dimension der Technik zu unterschätzen, die bisher jedoch in der juristischen Debatte kaum ankommen. Dazu gehört aus meiner Sicht die unzureichende rechtswissenschaftliche Reflexion über das Menschenbild, das sich implizit in vielen KI-Anwendungen findet. Dieses hat Auswirkungen nicht nur auf die potentielle Diskriminierung durch KI, sondern auch auf so zentrale Fragen wie die Ersetzung bestimmter Lebensbereiche und Tätigkeiten durch KI (berufliche Tätigkeiten, aber auch Kreativität, zwischenmenschliche Beziehungen, usw.). Aber auch die Frage, wie sich die Verantwortlichkeit in der Interaktion mit KI verändert, gehört zum Menschenbild – in dem Fall dem der Rechtswissenschaft, das möglicherweise auch einer neuen Hinterfragung bedarf. Und aus dieser Frage sollte sich dann auch die wiederum nur interdisziplinär beantwortbare Frage ergeben, wie in verschiedenen Kontexten eine »bedeutsame menschliche Kontrolle«[6] über die KI erhalten werden kann, in der wir unser Mensch-Sein fortführen, weiterhin Verantwortung tragen und eine Unterstützung erfahren können. Das beschränkt nicht nur Systeme, die Verhalten prädiktiv analysieren und manipulieren können, sondern betont Systeme, die geeignet sind, mit Menschen gemeinsam eine Entscheidung zu treffen, für die der Mensch tatsächlich noch Verantwortung tragen kann.

5. Braucht das Recht also die Technikphilosophie?

Die klare Antwort muss an dieser Stelle lauten: Ja, und zwar mindestens aus diesen Gründen:

- Erstens, weil Technikphilosophie hilft, die blinden Flecken der juristischen Betrachtung zu beleuchten: Epistemische Gewalt, strukturelle Ungleichheit, technologische Normsetzung.
- Zweitens, weil sie ein Verständnis von Verantwortung bietet, das nicht nur auf Akteure, sondern auf Systeme, Infrastrukturen und Designentscheidungen schaut.

---

6 https://meaningfulhumancontrol.de (aufgerufen: 20.01.26).

- Drittens, weil sie das Recht daran erinnert, dass es nicht reicht, die Vergangenheit zu ordnen, es muss auch als kollektives Projekt mit Blick auf die Zukunft verstanden und möglicherweise insofern auch erneuert werden.[7]

7 Restliche Literaturauswahl: Beck, S. et al. (2019): »Brauchen wir eine Roboterethik?«, in: *Jahrbuch Technikphilosophie* 5 (2019), S. 231–267; Luciano Floridi und Josh Cowls: »A Unified Framework of Five Principles for AI in Society«, in: *Machine Learning and the City. Applications in Architecture and Urban Design*, S. 535–545.; Maximilian Nussbaum: *Die strafrechtliche Verantwortlichkeit von Anbietern (innerhalb) sozialer Netzwerke. Zugleich ein Beitrag zum Allgemeinen Teil des Medienstrafrechts*, Berlin 2025.; Georgia Stefanopoulou: *Digitale Gesellschaft und Strafrecht*, Tübingen 2025; Wielsch, D. (2021): »Gleichheitsdimensionen im Privatrecht. Übersetzungen zwischen Recht, Gesellschaft und Technik«, in: Stefan Grundmann und Jan Thiessen (Hg.): *Von formaler zu materialer Gleichheit*, Tübingen, S. 125–157.

Kommentar

Gerry McGovern

The Cloud is on the Ground

The Magic Tricks of Silicon Valley

Digital is very physical. Every year it demands a greater share of the earth's materials and resources. And yet, for decades digital has managed a magic trick where before the eyes of the public its physical nature has become largely invisible. People hold smartphones in their hands, but they don't think they're holding anything physical, anything material. They think they're holding a brand. They have become so attached to the phone that they hardly even know they're holding it at all. The phone has become part of their hand. The sixty or so materials they hold are invisible, immaterial. There is only a digital portal through which they dive and navigate. As AI and data centers explode, that magic trick is wearing thin. It's becoming harder and harder to deny the physical reality of digital, the huge and growing impact it has on our environment. The Cloud is on the ground.

Digital is reshaping our planet, churning it into AI servers and smartphones, and a million other products, that are designed for planned obsolescence, that are designed for e-waste. E-waste has its own magic trick. Even though it is the fastest growing and among the most toxic waste streams in the world, it manages to remain largely invisible because the Global North dumps so much of it in the Global South.

For digital, this is a long story of invisibility. Through a series of carefully constructed magical tricks going back to the 1950s, or before, it has managed to convince us – only too willing to be convinced – that it is immaterial, in the Cloud, "green" and "clean," "renewable" and "sustainable." We are being told that digital leads to the "dematerialization" of the economy. Nothing could be further from the truth. As the data centers proliferate, as AI hunger for materials, energy, and water becomes more voracious, some are reluctantly waking up to the fact that Big Tech is the single greatest accelerant of environmental collapse.

In the beginning, Big Tech told a carefully crafted Big Lie. In those early days of Silicon Valley, the soil and water was soaked in a multitude of chemicals and heavy metals used in the making of silicon chips and other electronics. The e-waste sites proliferated. Chemicals, ethers, and gases used in the chip "clean rooms" would cause all sorts of health issues, particularly for the reproductive health of the mainly migrant female workforce. The high-tech sewage dumped freely in public drains, along with the leaky underground chemical tanks, laced the environment with cadmium, nickel, lead.

The planners of Silicon Valley had wanted to paint a new picture. They wanted to make a clean break from the old smokestack industries of the past and their riffraff working class. They wanted a "university" experience, a world of brainpower, not brawn-power, where the products of the new world got made in white male engineers imaginations. Of course, this sort of world was not possible, so from the 1950s onwards, Big Tech began to master the fine art of greenwashing, deception, and illusion. It would take a valley of orchards and turn it toxic brown while branding it bright green. Its planners eagerly embraced the architecture of seeming open spaces, campuses and parks, low-rise university-style buildings, soft, green landscaping, evoking sustainability, renewability, and "pastoral capitalism." Underneath the slick branding, the chemicals bubbled in carefully hidden underground tanks, the gases rose, and the heavy metals stirred. "A lot of that design was about deliberately placing industrial infrastructure out of sight," Josh Lepawsky, professor of geography at Memorial University of Newfoundland and Labrador, who researches the geographies of discards, of maintenance, and of repair, explained to me:

> Literally putting it underground. Things like chemical storage tanks needed to store the chemicals for the manufacturing process. So, it was a deliberate urban design process, and I think it has been with us since at least the 1950s. Why does it all matter? One of the ways that it matters is that it is very useful for the marketing and the industrial interests out of which digital technologies emerge, that they can trade on these images of being light, green. Think of all of the metaphors that go with the digital technologies we use, like 'The Cloud', for example. This myth of digital as ethereal can be very useful as a way to divert attention from the many classic problems that come along with industrial production, that is the use of energy and materials and the pollution that pretty much always results.

Of course, underground, these chemical tanks were much harder to maintain. They were much more likely to leak, and the chemicals they leaked were highly toxic and top secret. "More than 400 chemical products are used in semiconductor manufacturing," Ian Williams, professor of applied environmental science at the University of Southampton, UK, told me. "Many of these chemicals are potentially very hazardous and about 40 % contain trade secret ingredients, so no-one knows what is used or generated. This matters because it means no-one knows if the substances are potentially carcinogenic, mutagenic or reprotoxicants." Digital is very chemical. Yet, digital has been marketed as "clean," as a "green" alternative to the old dirty industries. All this "clean" energy from digital is built on a bed of 400 or more chemicals, and chips that every year require more materials and more ultrapure water. Chips that become less and less recyclable. How can that be clean? It's a magic trick.

In the nascent Valley, the bright green new world order needed to "attract a better class of workers," as Stanford University business manager, Alf E. Brandin, said in 1956. They wanted engineers and thinkers, marketers and branders, and fewer of those unkempt working-class riffraff, those illiterate and disposable female migrant workers coming from Mexico and the Philippines to steal the jobs nobody else wanted to do. Or at least that was the impression Alf E. Brandin and his modern marketers wanted to present, and as we all know, when it comes to marketing, impressions count more than reality. Thus, the Stanford Industrial Park was renamed the Stanford Research Park. Companies that located there "had to follow strict building codes, which included 'complete concealment' of things like smokestacks, generators, transformers, ducts, storage tanks, and air conditioning equipment," writer and philosopher Aaron Sachs explained. The buildings were kept low lying, hugging the ground, blending into the landscape, becoming the landscape.

The working class. They couldn't get rid of them. While manufacturing was declining in much of the US from the 1960s onwards, it was growing rapidly in the Valley. "In 1970, 70 percent of the production workers in the electronics industry were women, about half of whom were minorities, mostly Mexican-Americans and Filipino-Americans," Sachs wrote. Cheap and disposable. The incidence of headaches, miscarriages, and cancers was high due to inhaling the hydrocarbon solvents used to clean semiconductors. Luckily, these poor women were easy to discard without worrying too much about lawsuits. This culture of extreme worker disposability would become a core characteristic of this new Valley. Making toxic products in a macho, toxic, no-worker-rights culture would be refined and later marketed as the liberating bright green "gig economy." It would include workers in Africa and South America on $2 or less a day, working for Big Tech to clean out the rape, murder, and child abuse from the magical AI systems that are in reality a sewer of lies and awful content. Meanwhile, the tech executives were ever wary. One of their favorite pastimes – yoga and meditation included – was weekend retreats focused on how to bust unions.

When you hide reality, reality becomes even bigger, and the harms that you hide become much more damaging. However, magic tricks can work for a while, and Silicon Valley illusions boomed as great "green" branding. However, impressions cause reality distortions. By keeping things low and out of sight, urban sprawl spread faster than anywhere else in the United States. Those low-lying "campuses" grew everywhere as the Valley experienced surging growth, snarling traffic, putting intense pressure on housing, particularly that for ordinary-working class people. For those poor, stressed, unhealthy female migrant workers, who were still so unfortunately needed in this brave bright green, clean tech world. "By 1970," Sachs wrote, "San Jose had only 3.2 hectares of open space per 1,000 residents, half of which consisted of school playgrounds, compared to 14.2 hectares per 1,000 people in San Francisco and 28.7 per 1,000 in Washington, DC." The greenwashing of the Valley was in full flow.

As the 1970s progressed, they found it more and more difficult to hide the harms. Santa Clara County would move from being known as the Valley of Heart's Delight to the Valley of Superfund Sites, as it attained the notorious reputation of having more toxic dumpsites than any other county in the USA. It was a region full of stressed people stuck in traffic, struggling to get by. Poisoned land and water, and house prices were crazy. Long, long commutes, particularly for the poorest workers. Rising homelessness and starker income divides, as the average working wage declined, while the tech bros cluttered the stars with their satellites, while reaping the richest of dividends.

It was time for another magic trick. Why bring these riffraff Mexican and Filipino illiterate women to the vaunted Valley, when you could outsource the harm to their dirtbag country? There, you could keep dumping toxins straight into the soil, air and waterways – in even larger quantities – and nobody would complain, so desperate were they for progress, modernity, development. You could exploit workers too in a way that was no longer possible in a namby-pamby government-interfering USA that was losing its raw capitalist bleeding edge. Didn't everywhere desperately want to be hard silicon: Silicon Isle, Silicon Glen, Silicon Delta, Silicon Heartland, Silicon Forest, Silicon Savannah, Silicon Oasis, Silicon Desert? The bright green silicon machine was marching and conquering everywhere it went.

It would now be "Designed in The Valley," with the manufacturing, worker abuse, and pollution disappearing even further into the cloud of poor countries scrambling for crumbs of the future.

The outsourcing of harm and the pursuit of the very cheapest labor, while wildly successful for Silicon Valley, did have some longer-term drawbacks. By the 2020s, China was rising, and nearly all the best chips were made in Taiwan. Security and dominance fears grew in the USA and a major push began to bring back water-guzzling chip manufacturing to the drought-stricken deserts of Arizona and the lush jungles of nearby "friendly" countries, such as Costa Rica.

"Who wants to carry bunches of bananas rather than go to work in a microprocessor factory producing the world's most in-demand technology?" Costa Rica president Rodrigo Chaves asked a group of local teenagers. How could any ambitious teenager resist that sort of offer, especially in a country struggling with high unemployment? Business-friendly Chaves had been relentless in pushing what he termed "economic reactivation" as his government rolled back environmental protections and refused to ratify the Escazú Agreement, a treaty seeking to protect environmentalists in the most dangerous continent on earth for such activists. "It's paradoxical that a country as emblematic as Costa Rica, recognized worldwide for its environmental commitment, is only interested in the economic benefits that a company like Intel can generate for its gross domestic product," Pablo Gámez Cersosimo, a Costa Rican researcher specializing in technology and biodiversity, told me. "In Costa Rica, there is an absence of critical thinking, of national-level debate, about the environmental impact derived from the semiconductor industry."

Silicon Valley "is fundamentally misleading and ahistorical in its approach," Aaron Sachs wrote. It doesn't have a past that it hasn't buried in some underground leaking chemical tank or in some e-waste dump in some poor country. Its present and future are constantly being reinvented by bright green marketers and branders, who excel at telling compelling stories of fantasy convenience, innovation and efficiency. Hardcore accelerated innovation is the religion and every traffic-snarled road leads to some vaunted progress. "Perhaps most dangerous is the seemingly concerted attempt of high-tech boosters to inspire scorn for the actual, physical world," Sachs wrote in 1999. He mentioned futurists like Gregory Stock, who celebrated "comfortable indoor environments." These tech bros deliberately set out to weaken and ultimately eliminate "the emotional links between humans and the 'natural' environment." Why? Because the physical environment is the key competitor of digital technology. The more time you spend online, away from Nature, the more money they make and power over you they acquire.

According to tech futurists like Gregory Stock, the only function biodiversity had was to entertain humans. "There is an immense roster of species," he noted, "that neither affect nor interest the vast majority of humankind." This was in 1999 and these tech bro views have only accelerated and hardened since then, as, unsurprisingly, biodiversity has collapsed all around us. Not because of some accidents but because of Valley design and culture. Because of the triumph of technology, chemicals and plastics, of engineers, chemists, and scientists. The Valley is not finished yet, by any means. It has big dreams of extending its surveillance capitalism world while crushing any competition from our environment. By the 2010s, the "best minds" of what had now become the Valley of Pimps and Pushers were relentlessly focused on designing for engagement and addiction. By the 2020s, they were openly calling for a cleansing of old Valley and the building of a new and more secure Valley away from the working-class riffraff and the homeless, where the tech elite could live out their fantasies of world domination in quiet and comfort, surrounded by big screens of clean nature.

Meanwhile, our environment and biodiversity collapses. In the last two generations, as Big Tech rose, we humans have managed to do three times more damage to our environment than the previous 8,000 generations did. Since 1970, on the North American continent where Big Tech's dreams have unfolded most, three billion birds have been exterminated. How many trillion insects? We have moved from consumers of the Earth to devourers of our environment. And all we hear from Big Tech is: accelerate, accelerate, accelerate. We must make the "Green" Transition to "clean" and "renewable" energy as quickly as possible. Like so much about Big Tech, it's all built on myth and the lies about digital lightness and immateriality. There is no "Green" Transition because there is no green tech. There is no such thing as "green" solar panels or "clean" wind turbines. There is no such thing as "renewable" energy unless you think silicon, copper, cobalt, lithium, aluminum, steel, concrete, rare earths, etc. etc. are renewable. Sorry. The materials are material. Digital is physical. We must stop talking in such illusory and deceptive language. While reality might not be what it used to be, it is still reality.

There is no such thing as Artificial Intelligence – not yet, anyway. It's just advanced autocomplete that is designed to addict, designed to control, designed to strip more and more skills from people, and remove them further and further from Nature, from our physical environment. To put them in a fantasy land of energy-burning bitcoin, where they can gamble their lives and futures away. Because there's nothing the Valley of Pimps and Pushers likes more than a functioning, gambling digital addict. This is the end goal of the tech bro magic trick. This is the reality they want for us. It is high time that we asked whether this is the reality we want for ourselves?

Glosse

Lucy Osler and Joel Krueger

When AI Gossips

People are chatting with AI chatbots about their lives, their decisions, their feelings. They're asking for advice, seeking companionship, processing difficult experiences. And while ChatGPT is perhaps the best-known example, it is just one player in a rapidly expanding ecosystem: Google's Gemini has woven itself into Gmail and Docs, Anthropic's Claude now speaks through Alexa, platforms like Replika and Character.AI exist explicitly to offer digital companions that provide emotional support and intimacy.

Alongside the hyped-up enthusiasm about all the different ways AI will supposedly improve our lives runs a parallel current of anxiety. What happens when we increasingly trust these systems? Will our cognitive capacities atrophy? Will algorithmic biases distort our worldview? And then there's the matter of accuracy. Or rather, the troubling lack of it. Chatbots have been caught fabricating academic papers and legal cases, inventing product reviews for items that don't exist, and offering delightfully unhinged life tips (apparently, a little non-toxic glue helps cheese stick to particularly sloppy pizza). Such errors have, in common parlance, come to be known as "AI hallucinations".

While most of us might raise an eyebrow at recipes involving adhesives, many errors slip past unnoticed, especially when nestled among outputs we recognize as correct. Worse, users absorb these mistakes, incorporate them into their own thinking and writing, which then becomes training data for the next generation of models. The low-quality AI-generated content now flooding the internet and degrading our collective epistemic resources has acquired its own label: "AI slop".

But the problems with AI-generated errors extend beyond mere inaccuracy. What these systems say about *people* – about us – matters. OpenAI was threatened with a defamation lawsuit after ChatGPT falsely claimed an Australian mayor had been imprisoned for bribery. An American radio host sued after the chatbot detailed how he'd been accused of fraud and embezzlement. A legal scholar discovered that ChatGPT had described him being accused of sexual harassment in a Washington Post article – an article that does not exist, concerning events that never happened. These aren't just errors. They're reputational grenades, capable of reshaping how someone is perceived personally and professionally, their shrapnel traversing the increasingly porous boundary between online and offline life.

And AI-generated outputs can go beyond pseudo-factual claims to include evaluative judgements. Take Kevin Roose, the New York Times tech reporter who wrote about an unsettling conversation he had with Microsoft's Bing chatbot and raised concerns about how emotionally manipulative these systems can be. Following publication, multiple chatbots began generating hostile assessments of Roose. For example, Google's Gemini accused him of sensationalism and dubious journalistic ethics. Meta's Llama went even further, producing a multi-paragraph character assassination that concluded with a blunt "I hate Kevin Roose".

We suggest that what's happening here is something akin to human gossip.[1] What makes gossip *gossip*? It involves a triadic structure: speaker, hearer, absent subject. You cannot gossip to your sister about her. It involves passing on information that goes beyond common knowledge, and it typically carries negative evaluative judgments about norm violation. It's not gossip to mention that your sister attended Edinburgh University, but it would be gossipy if you told someone she cheated her way in. To borrow a useful term: gossip is *juicy*. It also generates intimacy, creating the feeling that the information has been shared specifically with the hearer to create a sense of connection and shared understanding.

The Roose case fits these patterns. Reponses were generated about an absent subject (Roose found out the bots seemed to hate him from concerned friends and family). The outputs strayed into evaluative terrain, implying professional norm violations in juicy language about questionable ethics and style. And while the chatbots themselves lacked the intention to create intimacy, we can see how these evaluatively charged responses might foster feelings of being confided in. Indeed, as social AI becomes increasingly sophisticated and more aggressively marketed, we might imagine systems being explicitly designed to engage in precisely this kind of conversational exchange. AI gossip that is a feature, not a bug; part of the formula engineered to make our chatbots sound more human-like and to build affective bonds with users.

We think AI gossip is distinctive in certain ways. For one thing, AI presents its outputs with an air of authority, backed by vast datasets, often

1 For a longer analysis of AI gossip, see: Joel Krueger and Lucy Osler, "AI gossip," *Ethics and Information Technology* 28 (2026): 10.

delivered alongside other information we know to be accurate. This lends the gossip a particular veneer of credibility. For another, human gossip is typically constrained by social norms. We know there are lines we shouldn't cross, things that go "beyond the pale". AI operates under no such constraints. Its gossip, in this sense, is *feral.*

Framing certain outputs as AI gossip helps to capture their social and affective impact. It also pulls into view how these outputs can take on a life of their own. When users rely on and repeat AI-generated claims, and those claims become part of the data on which AI models are trained, the gossip spreads. As these outputs become embedded within the broader information ecosystem – quoted, remixed, and featured in other media – they can solidify into a persistent narrative that can prove remarkably difficult to dislodge. This can lead to very real social harm: reputational damage, professional blacklisting, shame, anxiety. Someone might even experience something like betrayal upon discovering that their favourite chatbot has been gossiping about them behind their back.

Those with money and influence can fight back. Roose, for instance, employed a reputation management consultant to help mitigate the damage. Those with fewer resource, though, have no such recourse. AI gossip thus risks amplifying existing social inequalities, reproducing hierarchies of credibility and vulnerability.

In short, understanding AI outputs as gossip highlights not only the epistemic risks of these technologies but their relational and affective impact. What is going wrong here is not just that they produce false statements. AI chatbots can potentially form whisper networks without conscience, spreading stories without consequence; at least, without consequence for those doing the whispering.

Verzeichnis der Autorinnen und Autoren

Susanne Beck, LL.M. (LSE) ist seit 2013 Professorin für Strafrecht, Strafprozessrecht, Strafrechtsvergleichung und Rechtsphilosophie an der Leibniz Universität Hannover, nach ihrem Studium, Promotion und Habilitation an der Universität Würzburg und einem Masterstudium an der London School of Economics. Ihre Forschung verbindet strafrechtliche Grundlagenfragen mit Herausforderungen der Gegenwart, insbesondere im Kontext moderner Technologien sowie Demokratie und institutioneller Verantwortung.

Susanne Beck, LL.M. (LSE), has been a full professor of Criminal Law, Criminal Procedure, Comparative Criminal Law and Legal Philosophy at Leibniz University Hannover since 2013, following her studies, doctorate and habilitation at the University of Würzburg and an LL.M. programme at the London School of Economics. Her research bridges foundational questions of criminal law with contemporary challenges, particularly in the context of modern technologies, democracy, and institutional responsibility.

Florian J. Boge ist Juniorprofessor für Wissenschaftsphilosophie mit dem Schwerpunkt Künstliche Intelligenz an der TU Dortmund. Er leitet die Emmy Noether-Gruppe »UDNN: Scientific Understanding and Deep Neural Networks« und ist Associated PI am Lamarr-Institut für Maschinelles Lernen und Künstliche Intelligenz. Er studierte Philosophie, Linguistik und Physik an den Universitäten Düsseldorf, Köln und Oxford. 2017 hat er an der Universität Köln mit der Arbeit *Quantum Mechanics Between Ontology and Epistemology* promoviert (2018 als Buch in den *European Studies for Philosophy of Science* erschienen). Seine Aufsätze zu Themen wie Computersimulation, Quantenphysik, Experiment und Beobachtung oder dem Wissenschaftlichen Realismus sind in Zeitschriften wie *British Journal for Philosophy of Science*, *Philosophy of Science*, *Synthese*, *Erkenntnis*, *European Journal for Philosophy of Science* und *Foundations of Physics* erschienen. Bis 2026 war er Associate Editor für das *European Journal for Philosophy of Science*. Gegenwärtig verfasst er ein Cambridge Element in *Philosophy of Science* mit dem Titel *Machine Learning and the Progress of Science*.

Florian J. Boge ist Junior Professor for Philosophy of Science with a focus on Artificial Intelligence at TU Dortmund. He heads the Emmy Noether Group »UDNN: Scientific Understanding and Deep Neural Networks« and is Associated PI at the Lamarr Institute for Machine Learning and Artificial Intelligence. He studied philosophy, linguistics and physics at the Universities of Düsseldorf, Cologne and Oxford. In 2017 he obtained his PhD at the University of Cologne with the thesis *Quantum Mechanics Between Ontology and Epistemology* (published 2018 as a volume in the *European Studies for Philosophy of Science*). His papers on subjects such as computer simulation, quantum physics, experiment and observation or scientific realism have appeared in journals such as *British Journal for Philosophy of Science*, *Philosophy of Science*, *Synthese*, *Erkenntnis*, *European Journal for Philosophy of Science* and *Foundations of Physics*. Until 2026, he was Associate Editor for the *European Journal for Philosophy of Science*. Presently, he is writing a Cambridge Element in *Philosophy of Science* with the title *Machine Learning and the Progress of Science*.

Sebastian Bücker studierte Informatik, mathematische Logik und Philosophie an der TU Darmstadt. Er arbeitet seit 2022 als wissenschaftlicher Mitarbeiter am Höchstleistungsrechenzentrum (HLRS) der Universität Stuttgart und seit 2023 ebenfalls am Zentrum Verantwortungsbewusste Digitalisierung (ZEVEDI) in Darmstadt. Ihn interessiert die Frage, wie weit uns intentionale Sprechweisen bezüglich künstlicher Intelligenzen tragen können und er versucht zur Untersuchung der damit verbundenen Fragen ebenfalls Resultate der theoretischen Informatik mit einzubeziehen.

Sebastian Bücker studied computer science, mathematical logic and philosophy at TU Darmstadt. He has been working as a research assistant at the High-Performance Computing Center (HLRS) at the University of Stuttgart since 2022 and also at the Centre Responsible Digitality (ZEVEDI) in Darmstadt since 2023. He is interested in the question of how far intentional ways of speaking could take us with respect to artificial intelligence and is also trying to incorporate results from theoretical computer science while investigating the associated questions.

Kai Denker studierte Philosophie, Geschichte und Informatik an der Technischen Universität Darmstadt. Nach seiner Promotion 2018 mit einer Arbeit zur Philosophie der Mathematik bei Gilles Deleuze ist er Wissenschaftlicher Mitarbeiter am Institut für Philosophie der TU Darmstadt und Verbundkoordinator im DatenTreuhand-Kompetenznetzwerk DaTNet. Zuvor war der Verbundkoordinator des BMBF/BMFTR-geförderten Verbundvorhabens »Meme, Ideen, Strategien rechtsextremistischer Internetkommunikation (MISRIK)«.

Kai Denker studied Philosophy, History and Computer Science at TU Darmstadt. After completing his doctorate in 2018 with a thesis on the philosophy of mathematics in the work of Gilles Deleuze, he became a research assistant at the Institute of Philosophy at the same university, as well as a network coordinator at the DaTNet data trust competence network. He was previously the network coordinator of the joint project »Memes, Ideas, Strategies of Right-Wing Extremist Internet Communication (MISRIK)«, funded by the BMBF/BMFTR.

Christian Driesen ist Philosoph und Übersetzer. 2014 promovierte er an der Freien Universität Berlin mit der Arbeit *Theorie der Kritzelei* (Turia + Kant, 2016). Er lehrt gegenwärtig Ästhetik sowie Theorie und Geschichte des Designs am Fachbereich Gestaltung der Hochschule Darmstadt. Zuletzt erschien im Verlag Textem *Die sürrealistische Revolution. 1924–1929.*

Christian Driesen is a philosopher and translator. In 2014, he received his doctorate from the Freie Universität of Berlin with a thesis entitled *Theorie der Kritzelei* (*Theory of doodling*, Turia + Kant, 2016). He currently teaches aesthetics and the theory and history of design at the Department of Design at Darmstadt University of Applied Sciences. His most recent publication is with Textem Publishing *Die sürrealistische Revolution. 1924–1929.*

María Antonia González Valerio, PhD, is a philosopher and Professor at the National Autonomous University of Mexico (UNAM). Her research focuses on ontology–aesthetics and on interdisciplinary approaches across art, science, and the humanities. Her work advances a contemporary philosophy of nature grounded in an ontology–aesthetic framework. She is the Head of the research group Arte+Ciencia (Art+Science), which brings together artists, scholars, and scientists in collaborative, interdisciplinary research. The group develops undergraduate and postgraduate education, specialized theoretical research, artistic productions, and exhibitions. She is the author of *Through the Scope of Life: Art and (Bio)Technologies Philosophically Revisited* (Springer, 2023), *Cabe los límites: Escritos sobre filosofía natural desde la ontología estética* (UNAM/Herder, 2016), *Un tratado de ficción* (Herder, 2010), and *El arte develado* (Herder, 2005).

María Antonia González Valerio, PhD, ist Philosophin und Professorin an der National Autonomous University of Mexico (UNAM). Ihre Forschungsschwerpunkte sind Ontologie-Ästhetik und interdisziplinäre Ansätze in Kunst, Wissenschaft und Geisteswissenschaften. Ihre Arbeit fördert eine zeitgenössische Naturphilosophie, die auf einem ontologisch-ästhetischen Rahmen basiert. Sie ist Leiterin der Forschungsgruppe Arte+Ciencia (Kunst+Wissenschaft), die Künstler:innen, Wissenschaftler:innen und Forscher:innen in einer interdisziplinären Forschungszusammenarbeit zusammenbringt. Die Gruppe entwickelt Bachelor- und Masterstudiengänge, spezialisierte theoretische Forschung, künstlerische Produktionen und Ausstellungen. Sie ist Autorin von *Through the Scope of Life: Art and (Bio)Technologies Philosophically Revisited* (Springer, 2023), *Cabe los límites: Escritos sobre filosofía natural desde la ontología estética* (UNAM/Herder, 2016), *Un tratado de ficción* (Herder, 2010) und *El arte develado* (Herder, 2005).

Bruno Gransche ist Philosoph und Zukunftsforscher mit einem Schwerpunkt auf künftige Mensch-Technik-Verhältnisse, insbesondere bezüglich Digitalisierung, KI und sozio-aktive Systeme. Sein akademisches Profil umfasst Technikphilosophie und -Ethik sowie Anticipatory Thinking, die er an verschiedenen Universitäten lehrt und international beforscht. Gransche ist seit 2020 Privatdozent und Projektleiter an der Universität Karlsruhe KIT. Er arbeitete, studierte, promovierte und habilitierte an den Universitäten Heidelberg, Bologna (IT), Siegen und Karlsruhe. Er ist Fellow am Fraunhofer Institut für System- und Innovationsforschung ISI, wo er in der angewandten Forschung in Future Studies und Foresight bis 2016 arbeitete.

Bruno Gransche is a philosopher and futures studies scholar with a focus on emerging human-technology relationships, particularly in the areas of digitalization, AI, and socio-active systems. His academic profile includes philosophy of technology, ethics and anticipatory thinking, which he teaches at various universities and researches internationally. Gransche has been an Associate Professor (PD) and Principal Investigator at the University of Karlsruhe KIT since 2020; he worked, studied and completed his doctorate and habilitation at the universities of Heidelberg, Bologna (IT), Siegen, and Karlsruhe. He is a Fellow at the Fraunhofer Institute for Systems and Innovation Research ISI, where he worked in applied research in Futures Studies and Foresight until 2016.

Jessica Hainke hat in Konstanz und Kiel Philosophie, Germanistik und Deutsch als Zweitsprache studiert (Master of Arts und Master of Education). Seit 2024 ist sie wissenschaftliche Mitarbeiterin und Doktorandin am Institut für Neuere Deutsche Literatur und Medien an der Christian-Albrechts-Universität zu Kiel. Ihre Interessens- und Forschungsgebiete liegen in den Bereichen Kultur- und Technikphilosophie, Wissenschaftstheorie, Digital Humanities, Literaturtheorie, Lyrik und Kinder- und Jugendliteratur. Derzeit arbeitet sie an einer Dissertation zum literaturtheoretischen Werk des Wissenschafts- und Technikphilosophen Max Bense. Darüber hinaus ist u.a. ein Artikel zur Kinder- und Jugendliteratur des Schriftstellers Max von der Grün in Vorbereitung.

Jessica Hainke studied Philosophy, German Literature, and German as a foreign language in Konstanz and Kiel (Master of Arts and Master of Education). Since 2024, she is research associate and teaches at the Institut für Neuere Deutsche Literatur und Medien at the Kiel University / Christian-Albrechts-Universität zu Kiel. Her research interests are the Philosophy of Science, Digital Humanities, theory of literature, poetry and children's and young adult literature. At the moment she works on her doctoral thesis about the theory of literature in the writings of the philosophist Max Bense. Furthermore, she is writing a paper on the young adult literature of the writer Max von der Grün.

Nicole C. Karafyllis ist seit 2010 Professorin für Philosophie an der Technischen Universität Braunschweig. Sie studierte Philosophie und Biologie in Erlangen, Stirling (UK) und Tübingen. Forschend und lehrend war sie in Frankfurt am Main, Stuttgart, Kairo, Wien, Abu Dhabi und Mexico City tätig. Die Frage nach der Technik interessiert sie im biologischen (Biofakte), phänomenologischen, historischen und interkulturellen Kontext. Zu ihren Veröffentlichungen zählen: *Sexualized Brains*, mit Gotlind Ulshöfer (Hg.), Cambridge/MA 2008; *Willy Moog (1888-1935). Ein Philosophenleben*, Freiburg 2015; »Philosophy and the History of Technology: Thinking about Technics«. in: *The Cambridge History of Technology*, hg. von Dagmar Schäfer et al., vol. 1. Cambridge 2027 (im Ersch.).

Nicole C. Karafyllis has been a full professor for philosophy at Technische Universität Braunschweig since 2010. She studied philosophy and biology at Erlangen, Stirling (UK) and Tübingen (Germany). As a researcher and lecturer she worked at Frankfurt am Main, Stuttgart, Cairo, Vienna, Abu Dhabi and Mexico City. The question concerning technology is treated by her in relation to biology (biofacts), phenomenology, history and intercultural affairs. Among her publications are: *Sexualized Brains*, with

Gotlind Ulshöfer (ed.), Cambridge/MA 2008; *Willy Moog (1888-1935). Ein Philosophenleben*, Freiburg 2015; »Philosophy and the History of Technology: Thinking about Technics«. in: *The Cambridge History of Technology*, ed. by Dagmar Schäfer et al., vol. 1. Cambridge 2027 (forthcoming).

Dawid Kasprowicz ist wissenschaftlicher Mitarbeiter und Koordinator des Fellow-Programms am Käte Hamburger Kolleg Kulturen der Forschung an der RWTH Aachen. Studium der Medienwissenschaft und Philosophie an der Ruhr-Universität Bochum und der Université du Littoral Côte d'Opale in Dunkerque. 2019 erschien seine Dissertation mit dem Titel *Der Körper auf Tauchstation. Zu einer Wissensgeschichte der Immersion* (Nomos), 2020 das gemeinsam mit Stefan Rieger herausgegebene *Handbuch Virtualität* (Springer). Seine Forschungsthemen umfassen Theorie, Medien und Geschichte des Embodiment, phänomenologische Wissenschaftstheorie und Mensch-Roboter-Interaktionen.

Dawid Kasprowicz is a research assistant and coordinator of the fellow program at the Käte Hamburger Kolleg Cultures of Research at RWTH Aachen University. He studied media studies and philosophy at the Ruhr-University Bochum and at the Université du Littoral Côte d'Opale in Dunkerque. His dissertation *Der Körper auf Tauchstation. Zu einer Wissensgeschichte der Immersion* was published in 2019 (Nomos), and 2020 he published together with Stefan Rieger the *Handbook on Virtuality* (Springer). His research interests contain the theory, media and history of the concept of embodiment, phenomenological philosophy of science, and man-robot-interactions.

Joel Krueger is an Associate Professor of Philosophy at the University of Exeter. He works in phenomenology, philosophy of mind, and cognitive science on topics like emotions, sociality, psychopathology, and human-AI interactions. Recent publications include »AI Gossip« (co-authored with Lucy Osler), »Home as Mind: AI Extenders and Affective Ecologies«, and »Digital Deathlessness: Emotions and AI Chatbots in Pathological Grief«. He is an editor for *Phenomenology and the Cognitive Sciences*, *Passion*, and *Music & Science*.

Joel Krueger ist außerordentlicher Professor für Philosophie an der Universität Exeter. Er beschäftigt sich mit Phänomenologie, Philosophie des Geistes und Kognitionswissenschaft zu Themen wie Emotionen, Sozialität, Psychopathologie und Interaktionen zwischen Mensch und KI. Zu seinen jüngsten Veröffentlichungen zählen »AI Gossip« (zusammen mit Lucy Osler), »Home as Mind: AI Extenders and Affective Ecologies« und »Digital Deathlessness: Emotions and AI Chatbots in Pathological Grief«. Er ist Herausgeber der Zeitschriften *Phenomenology and the Cognitive Sciences, Passion* und *Music & Science.*

Johannes Lenhard hat seit 2024 die Heisenberg-Professur »Philosophy *in* science and engineering« an der RPTU (Kaiserslautern) inne. Sein Doktor in Mathematik (Universität Frankfurt) wurde durch eine Habilitation in Philosophie (Universität Bielefeld 2012) ergänzt. Zu seinen Veröffentlichungen gehören *Calculated Surprises. A Philosophy of Computer Simulation* (Oxford UP, 2019) und *Cultures of Prediction. How Engineering and Science Evolve with Mathematical Tools* (MIT Press, 2024, gemeinsam mit Ann Johnson).

Johannes Lenhard holds the Heisenberg Professorship »Philosophy *in* science and engineering« at RPTU University of Kaiserslautern-Landau since 2024. His doctorate in mathematics (U Frankfurt) was complemented by a habilitation in philosophy (U Bielefeld 2012). Publications include *Calculated Surprises. A Philosophy of Computer Simulation* (Oxford UP, 2019), and *Cultures of Prediction. How Engineering and Science Evolve with Mathematical Tools* (MIT Press, 2024, co-authored with Ann Johnson).

Gerry McGovern published *Ireland, The Digital Age, The Internet*, an Irish government-sponsored report on the digital future, in 1996. The same year, Nua, a company he co-founded, was awarded the Best Overall World Wide Web Business Achievement Award by the European Union. The Irish Times would describe him as one of five visionaries who have had a major impact on the development of the Web. He has published nine books. His 2020 book, *World Wide Waste: How digital is killing the planet and what to do about it*, focused on reducing digital waste. His latest, *99th Day: A Warning About Technology*, deals with a rapidly oncoming environmental and civilizational collapse, driven by the excesses and wastes of an abusive technological society, and particularly by white male supremacy culture. https://gerrymcgovern.com/books/99th-day/

Gerry McGovern veröffentlichte 1996 *Ireland, The Digital Age, The Internet*, einen von der irischen Regierung geförderten Bericht über die digitale Zukunft. Im selben Jahr wurde Nua, ein von ihm mitbegründetes Unternehmen, von der Europäischen Union mit dem Best Overall World

Wide Web Business Achievement Award ausgezeichnet. Die Irish Times beschrieb ihn als einen von fünf Visionären, die einen großen Einfluss auf die Entwicklung des Internets hatten. Er hat neun Bücher veröffentlicht. Sein 2020 erschienenes Buch *World Wide Waste: How digital is killing the planet and what to do about it* befasst sich mit der Reduzierung von digitalem Abfall. Sein neuestes Werk, *99th Day: A Warning About Technology*, behandelt den rasch bevorstehenden Zusammenbruch der Umwelt und der Zivilisation, der durch die Exzesse und Verschwendung einer missbräuchlichen technologischen Gesellschaft und insbesondere durch die Kultur der weißen männlichen Vorherrschaft verursacht wird. https://gerrymcgovern.com/books/99th-day/

Daniel Minkin studierte u.a. Philosophie und Germanistik in Gießen und Frankfurt. 2018 promovierte er an der Universität Marburg mit der Arbeit *Rationalität philosophischer Forschung*, die 2021 im Mentis-Verlag erschien. Zu seinen Forschungs- und Kompetenzbereichen gehören Philosophie der Künstlichen Intelligenz, Erkenntnis- und Wissenschaftstheorie sowie Metaphilosophie. Als wissenschaftlicher Mitarbeiter des Projekts »Trust in Information« am Höchstleistungsrechenzentrum Stuttgart forschte er zum Vertrauen in computergestützte kriminologische Verfahren. Zu diesem Thema erschien zuletzt der mit Lou Brandner in Koautorschaft entstandene Aufsatz »Borderline Decisions?« in der *Zeitschrift für Technikfolgenabschätzung in Theorie und Praxis*.

Daniel Minkin studied philosophy and German language and literature in Giessen and Frankfurt, among other subjects. In 2018, he received his PhD from the University of Marburg with a dissertation on *Rationalität philosophischer Forschung* [“*Rationality of Philosophical Research*”], which was published by Mentis in 2021. His research and areas of expertise include the philosophy of artificial intelligence, epistemology, philosophy of science, and metaphilosophy. As a research assistant in the ‘Trust in Information’ project at the High-Performance Computing Centre Stuttgart, he conducted research on trust in computer-assisted criminological procedures. His most recent publication on this topic is the essay ‘Borderline Decisions?’, co-authored with Lou Brandner and published in the *Journal for Technology Assessment in Theory and Practice*.

Lucy Osler is a lecturer in philosophy at the University of Exeter. She specialises in phenomenological and 4E approaches to technology, human-AI relations, affectivity, and psychopathology. Recent publications include: »AI Gossip« (co-authored with Joel Krueger), »Hallucinating with AI: Distributed Delusions and AI Psychosis«, and »Narrative Railroading«. She is the Vice President of the »European Philosophical Society for the Study of Emotions« and is an editor for *Passion* and *Philosophy of AI*.

Lucy Osler ist Dozentin für Philosophie an der Universität Exeter. Sie ist spezialisiert auf phänomenologische und 4E-Ansätze zur Technologie, Mensch-KI-Beziehungen, Affektivität und Psychopathologie. Zu ihren jüngsten Veröffentlichungen gehören: »AI Gossip« (zusammen mit Joel Krueger), »Hallucinating with AI: Distributed Delusions and AI Psychosis« und »Narrative Railroading«. Sie ist Vizepräsidentin der »European Philosophical Society for the Study of Emotions« und Herausgeberin von *Passion* and *Philosophy of AI*.

Karoline Reinhardt ist seit 2022 Tenure-Track-Professorin für Angewandte Ethik an der Universität Passau. Sie studierte Philosophie und Politikwissenschaften an der Eberhard Karls Universität Tübingen und der New York University. Sie lehrte und forschte an der Ankara Üniversitesi, der London School of Economics und der Karl-Franzens-Universität Graz. Außerdem war sie Postdoctoral Fellow am Philosophy & Ethics Lab des DFG Exzellenzclusters »Maschinelles Lernen: Neue Perspektiven für die Wissenschaft« sowie wissenschaftliche Mitarbeiterin am Internationalen Zentrum für Ethik in den Wissenschaften der Universität Tübingen. Sie arbeitet zu Fragen der Angewandten Ethik, insbesondere zur Ethik der Künstlichen Intelligenz und zur Migrationsethik sowie Theorien von Vertrauen, Verantwortung und Pflicht sowie Supererogation. Sie ist Mitherausgeberin der *Zeitschrift für Praktische Philosophie*. Zu ihren Veröffentlichungen zählen: »Trust and Trustworthiness in AI Ethics«, in: *AI & Ethics* 3, 2023, 745-755; »Zum Verhältnis von Angewandter und Allgemeiner Ethik«, in: *Allgemeine Zeitschrift für Philosophie* 50 (2), 2025, 157-174; mit Jörg Noller (Hg.) *Handbuch Philosophie und Digitalität*, Wiesbaden 2025.

Karoline Reinhardt has been a tenure-track professor of Applied Ethics at the University of Passau since 2022. She studied philosophy and political science at Eberhard Karls University of Tübingen and New York University. She has taught and conducted research at Ankara University, the London School of Economics, and the University of Graz. In addition, she was a postdoctoral fellow at the Philosophy & Ethics Lab of the DFG Cluster of Excellence »Machine Learning: New Perspectives for Science« and a research associate at the International Center for Ethics in the Sciences at the University of Tübingen. Her research focuses on questions of applied ethics, in particular the ethics of artificial intelligence and migration ethics, as well as theories of trust, responsibility, and duty, as well as supererogation. She is co-editor of the *Journal for Practical Philosophy*. Her publications include: »Trust and Trustworthiness in AI Ethics«, AI & Ethics 3 (2023), 745–755; »On the Relationship between Applied and General Ethics«, in: *Allgemeine Zeitschrift für Philosophie* 50(2) (2025), 157–174; and, with Jörg Noller (eds.), *Handbuch Philosophie und Digitalität*, Wiesbaden 2025.

Jan Georg Schneider ist Universitätsprofessor für Deutsche Sprachwissenschaft an der RPTU in Landau. Er studierte an der RWTH Aachen die Fächer Philosophie, Germanistische Sprachwissenschaft und Neuere Deutsche Literaturgeschichte. 2001 wurde er an der RWTH mit einer sprachphilosophischen Arbeit promoviert; 2007 habilitierte er sich dort mit einer linguistischen Untersuchung zur Medialität von Sprache. Er lehrte und forschte außerdem in Münster, Leiden, Namur, Paris und Toulouse. Zu seinen aktuellen Themenschwerpunkten gehört die Erforschung von KI-Systemen aus linguistischer und semiotischer Perspektive. Wichtige aktuelle Schriften sind der Herausgeberband *Media as Procedures of Communication* (zusammen mit Martin Luginbühl, 2024 bei Benjamins) sowie der Aufsatz »Rethinking Reference and Authorship: On the Philosophical Status of LLM-Generated Verbal Products« (2026, *Journal for Media Linguistics*).

Jan Georg Schneider is a university professor of German linguistics at RPTU in Landau. He studied philosophy, German linguistics and modern German literary history at RWTH Aachen University. In 2001, he received his doctorate from RWTH with a thesis on the philosophy of language, in 2007, his habilitation with a linguistic study on the mediality of language. He has also taught and conducted research in Münster, Leiden, Namur, Paris and Toulouse. His current research focuses, among other topics, on AI systems from a linguistic and semiotic perspective. Important recent publications include the edited volume *Media as Procedures of Communication* (together with Martin Luginbühl, 2024, Benjamins) and the research article »Rethinking Reference and Authorship: On the Philosophical Status of LLM-Generated Verbal Products« (2026, *Journal for Media Linguistics*).

Jens Schröter, Prof. Dr., ist seit 2015 Inhaber des Lehrstuhls für Medienwissenschaft an der Universität Bonn. Leitung (zusammen mit Prof. Dr. Anna Echterhölter, PD Dr. Sudmann und Prof. Dr. Alexander Waibel) des

VW-Main Grants »How is Artifical Intelligence Changing Science?« (Start: 1.8.2022, 4 Jahre); Leitung (zusammen mit Dr. Felix Hüttemann) des VW-›Aufbruch‹-Projekts »The Computerized Palate. Digital Technologies and the ›Lower Senses‹« (Start 1.4.2025). Winter 2021/22: Fellowship, Center of Advanced Internet Studies, Bochum. Aktuelle Veröffentlichungen: (zusammen mit Andreas Sudmann et al., ed.) *Beyond Quantity. Research with Subsymbolic AI*, Bielefeld 2024; (zusammen mit Christoph Ernst): *UFOs. Mediale Sichtungen*, Stuttgart 2025. Siehe www.medienkulturwissenschaft-bonn.de, www.theorie-der-medien.de, www.fanhsiu-kadesch.de.

Jens Schröter, Prof. Dr., has held the Chair of Media Studies at the University of Bonn since 2015. Head (together with Prof. Dr. Anna Echterhölter; PD Dr. Sudmann and Prof. Dr. Alexander Waibel) of the VW Main Grant »How is Artifical Intelligence Changing Science?« (start: 1/8/2022, 4 years); Head (together with Dr. Felix Hüttemann) of the VW ›Open Up‹ project »The Computerized Palate. Digital Technologies and the ›Lower Senses‹« (start: 1/4/2025). Winter 2021/22: Fellowship, Center of Advanced Internet Studies, Bochum; Recent publications: (together with Andreas Sudmann et al., ed.) *Beyond Quantity. Research with Subsymbolic AI*, Bielefeld 2024; (together with Christoph Ernst): *UFOs. Mediale Sichtungen*, Stuttgart 2025. Visit www.medienkulturwissenschaft-bonn.de, www.theorie-der-medien.de, www.fanhsiu-kadesch.de.

Theresa Schütz ist Theaterwissenschaftlerin und forscht als Postdoktorandin am Sonderforschungsbereich 1171 »Affective Societies« an der Freien Universität Berlin. Sie promovierte 2021 zu Immersion im Gegenwartstheater, schloss Forschungen zu Lebens- und Arbeitsformen von Künstler*innenkollektiven an und beschäftigt sich aktuell mit Dimensionen institutionellen Wandels im Kulturbetrieb. Weitere Forschungsschwerpunkte sind: Affekttheorie, Bildtheorie und Wirkungsästhetik. Im Sommersemester 2024 war sie Vertretungsprofessorin für Philosophie an der Folkwang Universität der Künste. Zu ihren Veröffentlichungen gehören unter anderem: *Theater der Vereinnahmung. Publikumsinvolvierung im immersiven Theater*, Berlin 2022 (Open Access) sowie gemeinsam mit Jenny Schrödl: *Stimme – Emotion – Kritik. Festschrift für Doris Kolesch*, Berlin 2025.

Theresa Schütz is theatre scholar and postdoctoral researcher at the CRC »Affective Societies« at Freie Universität Berlin. She completed her doctorate in 2021 on immersion in contemporary theater, followed up with research on immersive life forms of artist collectives, and is currently working on dimensions of institutional change in the cultural field. Further research interests are: Affect theory, image theory and reception aesthetics. In the summer semester 2024 she was a substitute professor of philosophy at the Folkwang University of the Arts. Her publications include: *Theater der Vereinnahmung. Publikumsinvolvierung im immersiven Theater*, Berlin 2022 (Open Access) and together with Jenny Schrödl: *Stimme – Emotion – Kritik. Festschrift für Doris Kolesch*, Berlin 2025.

Anna Strasser ist eine freischaffende Philosophin. Nach einem interdisziplinär ausgerichteten Studium (Philosophie, Mathematik, Germanistik und Angewandte Informatik) hat sie 2004 mit der Arbeit *Kognition künstlicher Systeme* an der Albert-Ludwigs-Universität in Freiburg promoviert. Im Anschluss an Postdoktorandenstellen in Freiburg (Institut für Kognitionswissenschaft) und Berlin (Berlin School of Mind and Brain) hat sie die *Denk-Werkstatt Berlin* gegründet und es folgten Forschungsaufenthalte bei Daniel Dennett (Tufts University) und bei Eric Schwitzgebel (UC Riverside) in den USA. Sie beschäftigt sich mit Themen der sozialen Kognition an der Schnittstelle von Philosophie, Psychologie und KI. Neben Publikationen in internationalen Journals (z.B. »Creating a large language model of a philosopher«, https://doi.org/10.1111/mila.12466) hat sie 2024 einen Sammelband zu generativer KI (*Anna's AI Anthology. How to live with smart machines?*) herausgegeben und arbeitet derzeit an einem Buch mit dem Titel *Inbetweenism*, in dem sie einen begrifflichen Rahmen für die Beschreibung des sozialen Status von KI Systemen in Mensch-Maschinen-Interaktionen vorschlägt. Weitere Informationen: https://www.denkwerkstatt.berlin.

Anna Strasser is an independent, freelance philosopher. After interdisciplinary-oriented studies (philosophy, mathematics, German studies, and applied computer science), she received her PhD in 2004 with a thesis entitled *Cognition of Artificial Systems* at the Albert Ludwig University in Freiburg. Subsequently, she held postdoctoral positions in Freiburg (Center of Cognitive Science) and Berlin (Berlin School of Mind and Brain) before founding the *DenkWerkstatt Berlin*. This was followed by research stays in the US, e.g., with Daniel Dennett (Tufts University) and Eric Schwitzgebel (UC Riverside). Her work focuses on topics in social cognition at the intersection of philosophy, psychology, and AI. In addition to various publications in international journals (e.g., »Creating a large language model of a philosopher« https://doi.org/10.1111/mila.12466), she has edited in 2024 an anthology on generative AI (*Anna's AI Anthology. How to live with smart* *machines?*) and is currently working on a book entitled *Inbetweenism*, in which she proposes a conceptual framework for describing the social status of AI systems in human-machine interactions. Further information can be found on her website: https://www.denkwerkstatt.berlin.

Sven Thomas ist seit 2022 wissenschaftlicher Mitarbeiter an der Universität Paderborn und arbeitet in Prof. Suzana Alpsancars Arbeitsgruppe für »Philosophie und Ethik wissenschaftlich-technischer Kulturen«. Er studierte Mathematik und Philosophie in Darmstadt, Oslo und Chennai. In seinem Dissertationsprojekt *Das Sprechen mit Maschinen. Eine Tätigkeit und deren Konstitution des Sozialen* untersucht er die Implikationen des sprachlichen Umgangs mit Maschinen auf die Konstitution des Welt- und Selbstbildes der Nutzenden sowie deren Sozialität. Hierbei bezieht er sich hauptsächlich auf die Arbeiten von Günther Anders, Hannah Arendt, Walter Benjamin und Emmanuel Lévinas.

Sven Thomas has been a research assistant at the University of Paderborn since 2022 and works in Prof. Suzana Alpsancar's research group on »Philosophy and Ethics of Techno-Scientific Cultures«. He studied Mathematics and Philosophy in Darmstadt, Oslo, and Chennai. In his dissertation project, *Talking to Machines: An Activity and Its Constitution of the Social*, he examines the implications of linguistic interaction with machines on the constitution of users' worldview and self-image, as well as their sociality. In doing so, he draws primarily on the works of Günther Anders, Hannah Arendt, Walter Benjamin, and Emmanuel Lévinas.

Jörn Wiengarn studierte Physik, Politik und Wirtschaft, und Philosophie/Ethik an der TU Darmstadt und absolvierte hier das Erste Staatsexamen. Nach der Promotion in Philosophie an der Universität zu Köln, war er als wissenschaftlicher Mitarbeiter am HLRS Stuttgart tätig. Seit 2022 ist er wissenschaftlicher Mitarbeiter am Philosophieinstitut der TU Darmstadt. Seine Forschungsinteressen liegen im Bereich der Sozialepistemologie, insbesondere im Zusammenhang mit Wissenschaft und Technik.

Jörn Wiengarn studied Physics, Politics and Economics, and Philosophy/Ethics at TU Darmstadt and completed his First State Examination there. After earning his doctorate in Philosophy at the University of Cologne, he worked as a research associate at HLRS Stuttgart. Since 2022, he has been a research associate at the Institute of Philosophy at TU

Darmstadt. His research interests are in the area of social epistemology, particularly in relation to science and technology.